U0351157

液力偶合器选型匹配 500 问

刘应诚　编著

北 京
冶金工业出版社
2010

内 容 提 要

本书专门研究液力偶合器的选型匹配。全书共分9章，第1~3章简述液力偶合器基础知识，第4章简述液力偶合器选型匹配基础知识，第5~7章详细地介绍了限矩型液力偶合器、调速型液力偶合器、液黏调速离合器的选型匹配，第8章简述了液力偶合器订货与供货注意事项，第9章简述了液力偶合器使用与维护常识。本书的特点是理论联系实际、可操作性强、通俗易懂、深入浅出、内容丰富、观点新颖，积累了编著者30多年的经验和见解。

本书适合冶金、电力、矿山、煤炭、石油、化工企业及设计院的科技人员阅读，可作为职工培训教材和相关职业学校参考资料，亦可供工科院校的师生们和液力偶合器营销人员参考。

图书在版编目(CIP)数据

液力偶合器选型匹配500问/刘应诚编著. —北京：冶金工业出版社，2010.3

ISBN 978-7-5024-5156-1

Ⅰ.①液… Ⅱ.①刘… Ⅲ.①液力偶合器—选型—问答 Ⅳ.①TH137.331-44

中国版本图书馆 CIP 数据核字(2010)第 037474 号

出 版 人　曹胜利
地　　址　北京北河沿大街嵩祝院北巷 39 号，邮编 100009
电　　话　(010)64027926　电子信箱　postmaster@cnmip.com.cn
责任编辑　陈慰萍　美术编辑　张媛媛　版式设计　葛新霞
责任校对　刘　倩　责任印制　牛晓波
ISBN 978-7-5024-5156-1
北京印刷一厂印刷；冶金工业出版社发行；各地新华书店经销
2010 年 3 月第 1 版，2010 年 3 月第 1 次印刷
787mm×1092mm　1/16；24 印张；578 千字；359 页；1-3000 册
49.00 元

冶金工业出版社发行部　电话：(010)64044283　传真：(010)64027893
冶金书店　地址：北京东四西大街 46 号(100711)　电话：(010)65289081
(本书如有印装质量问题，本社发行部负责退换)

前　言

液力偶合器是国家推广的节能产品，具有轻载启动、过载保护、减缓冲击、隔离扭振、协调多动力机均衡同步驱动、调速、离合、柔性制动等多项优异功能，但是这些优异功能均是在正确选型匹配的前提下实现的，因而正确选型匹配是发挥液力偶合器优异功能的基础，应当引起重视。

虽然液力偶合器技术引进已经 30 年了，但是因为种种原因，这门技术至今仍然不为更多的人所了解，尤其一些设计院、主机厂和第一用户的科技人员，因不精于偶合器的选型匹配，常产生一些错误，使液力传动技术没有得到最好的应用。因而普及液力偶合器选型匹配的常识，必定对推广偶合器的应用大有益处。

笔者已经年过古稀，自引进液力技术那天起，便一直从事与液力偶合器有关的工艺、设计、经营、信息、管理等方面的工作，其间还从事液力协会工作 8 年，对液力行业怀有深厚感情。30 年来笔者与用户不断沟通合作，共同探讨了许多有关液力偶合器选型匹配的问题，积累了许多宝贵经验，迫切希望在有生之年能将这些经验贡献给社会，以报答液力行业对笔者的培育之恩。

鉴于以上三方面的原因，笔者联合了部分业内同仁尽全力编写了这本书。本书的特色在于：

一是理论联系实际，可操作性强。不仅从理论上讲清了液力偶合器选型匹配的原则和内容，而且列举实际案例，将选型匹配应注意的事项、选型匹配常犯的错误均写得比较清楚、明白。阅读本书对于提高读者选型匹配的能力大有帮助。

二是通俗易懂、深入浅出，力求用通俗的语言来诠释深奥的道理，用简单易记的经验公式代替烦琐难懂的公式。用诸多的例题讲明选型匹配的程序与步骤，使读者易于读懂和理解。

三是内容丰富。本书是目前研究液力偶合器选型匹配内容最丰富的书之一。全书内容涉及限矩型液力偶合器、调速型液力偶合器、液力偶合器传动装置、特殊功能的液力偶合器、液黏调速离合器等液力传动元件的选型匹配。

四是观点鲜明、风格独特、创新性强，虽然书中也引用了大量的前辈们的宝贵经验，但绝不是简单的抄袭借用，而是推陈出新，发扬光大。笔者在本书中对于液力偶合器的两种驱动方式、变速电动机驱动的限矩型液力偶合器选型匹配、球磨机用液力偶合器的选型匹配以及调速型液力偶合器选型匹配中的若干问题，均提出了独到见解。本书所介绍的许多经验公式非常简单实用，是笔者多年来的经验积累。

在本书即将出版之际，笔者要感谢那些在笔者成长的过程中给予笔者大量帮助的人，特别要感谢广大用户对笔者的厚爱，感谢出版社的领导和编辑们给了笔者完成夙愿的机会。

本书由刘应诚编著，吴立平、杨乃乔、董泳、侯继海、王万涛、王庆良等参与编写或提供资料，郭艳辉、郭琳、侯井德、刘丽英、刘天元等负责录入、编排、打印、联络等工作。

由于作者水平所限，书中遗漏和不妥之处，敬请广大读者和专家给予指正。

刘应诚
2009 年 11 月

目　　录

第一章 绪 论

一、本书的编写目的

1. 编写这本书有什么必要性?

液力偶合器是国家重点推广的节能产品。我国自 1978 年引进液力传动技术以来,液力传动技术已伴随着改革开放获得了 30 年的发展。目前我国液力偶合器年产约 8 万台,社会保有量超过 30 万台,在国民经济的各部门得到应用,并取得了相当好的技术经济效益。

液力偶合器具有轻载启动、过载保护、减缓冲击、隔离扭振、协调多动力机均衡同步驱动、离合、调速、柔性制动等许多优异功能,但这些优异功能均须在正确选型匹配的前提下方可获得。因此,选型匹配对于充分发挥液力偶合器的功能和提高其使用可靠性非常重要。关于液力偶合器的选型匹配,此前所出版的书籍(包括笔者已出版的 3 本书),大多是从理论上论述选型匹配的重要性和介绍一般性的选型匹配内容,缺乏可操作性,往往是读者看了半天,还是不会实际操作。因此,编写一本可操作性强的、凝聚技术引进 30 年来液力偶合器选型匹配经验的书,十分必要。

2. 笔者为什么迫切希望编好这本书?

自 1978 年引进液力传动技术以来,笔者便一直从事与液力偶合器有关的工艺、设计、经营、信息、管理等工作。特别是其间还从事了液力协会管理工作 8 年,接触和研究了许多有关液力偶合器选型匹配的问题,与用户一起探讨了许多有关液力偶合器选型匹配的理论和实践,积累了许多此方面的经验。非常庆幸笔者能有全面学习和实践液力传动技术的机遇,如今笔者已年过古稀,深感这些经验得之于社会,还应当还之于社会,因而迫切希望在有生之年能将这些经验总结出来,奉献给读者,以期能对液力行业和工业节能技术的发展略尽绵薄之力。

二、本书的阅读和使用

3. 本书有什么特点?

本书的特点是通俗易懂、理论联系实际、深入浅出、内容丰富,特别是书中将选型匹配应注意的事项和易发生的问题用表格的形式简单明了地表达出来,使读者可以一目了然。此外,本书还尽可能多地列举了液力偶合器选型匹配的实例,通过典型案例使读者能够掌握选型匹配的方法和步骤,对提高读者选型匹配的操作能力大有益处。再者,本书采用一问一答的形式,设问具体,解答精练,所有的问题均编成目录,给读者查阅提供方便。

4. 为什么本书在液力偶合器的基础理论方面采取简写的手法？

单就一本书来说，内容应当尽量全面和详尽。但是由于在此书之前，笔者已经在冶金工业出版社出版了《液力偶合器使用与维护 500 问》一书，该书已经较完整地论述了液力偶合器的基础理论知识，如果本书再重复一遍，不仅使篇幅过长，而且也有重复充数之嫌，所以编写本书时，对液力偶合器的基础理论知识采用简写的手法，大多用表格进行概括表述。

在学习液力偶合器选型匹配之前，必须将液力偶合器的原理、特性、功能、结构、分类等基础理论知识弄明白，从粗通的角度看，阅读本书已经可以达到目的。读者若希望进一步了解更多的内容，可参阅笔者编写的《液力偶合器使用与维护 500 问》（冶金工业出版社，2009年1月第1版）或《液力偶合器应用与节能技术》（化学工业出版社，2006年1月第1版）、《液力偶合器实用手册》（化学工业出版社，2008年6月第1版）等书。笔者采取简写的目的，是为了腾出篇幅更详尽地论述限矩型和调速型液力偶合器选型匹配的有关内容。

5. 怎样阅读和使用本书？

（1）要粗通液力偶合器基础理论知识。许多人搞不好液力偶合器的选型匹配，很大原因是根本不懂液力偶合器。连液力偶合器的结构原理都不知道，又谈何选型匹配呢？所以学习本书的第一步是要粗通液力偶合器的基础知识，在此基础上再逐步学习选型匹配方法和注意事项。

（2）重视提高实际操作能力。液力偶合器选型匹配不仅仅是理论，更重要的是实践，重点要提高实际操作能力。有些人讲理论明明白白，一到实际操作就丢三落四。而在选型匹配时稍出现一点错误，就会给后续的使用带来许多麻烦，甚至导致根本无法使用。所以必须通过学习和实践，逐步提高选型匹配的操作能力，最大限度地降低选型匹配错误。

（3）重点研读选型匹配应注意事项和常发生的错误。书中所列的选型匹配注意事项和常发生的错误，是笔者集 30 年的经验编写而成的，有一定的代表性，基本上包括了选型匹配常发生的问题。前车之鉴值得警惕，只有弄清应注意的事项和常发生的错误，才能在选型匹配中避免发生类似错误。

（4）多做例题多学多练。本书选编了较多的液力偶合器选型匹配例题，读者可以对照例题进行练习，也可以根据实际要求进行选型匹配，然后与例题的解答进行对照检查，这样就逐渐地精通了液力偶合器的选型匹配。

（5）多记案例多做研究。在实际工作中，常常发生许多有关液力偶合器选型匹配方面的案例，有成功经验，也有失败教训。要养成收集和汇编资料的好习惯，将平时这些经验教训记下来，结合本书进行学习和研究，这样便可以加深认识，巩固学习效果，为以后的选型匹配工作积累经验。

（6）全面掌握各种资料。要想真正搞好液力偶合器的选型匹配，必须学习各方面的有关认识，掌握相关资料。不仅要有液力偶合器的资料，还应有与液力偶合器相关的动力机、工作机、减速器、联轴器、制动器、V 带轮、密封件、轴承、液压元件、控制元件等方面的资料。本书只是抛砖引玉，介绍了部分相关资料，论述了选型匹配的相关内容，读者可以按照这个思路搜集各方面的技术资料，积累各方面有用的知识和经验，以备选型匹配时使用。

（7）用好目录。本书将所有问题均编成目录，读者遇到问题可先查目录，然后按目录查找相关内容，这样便可以迅速找到需要了解的问题答案。

6. 阅读和使用本书应树立怎样的思维方式？

A 应树立理论必须与实践相结合的观念

搞好液力偶合器的选型匹配，首先应当搞明白理论，完全不懂得液力传动理论是无法搞好选型匹配的。但是又不能完全拘泥于纯理论之中，那样反而会把真正要注意的东西丢掉了。

例如，有的单位原使用国外进口的偶合器，在国产化时非要与进口机型一样，各项技术参数均要达到进口偶合器的水平，否则就认为不能用。实际上，液力偶合器参数可调整的幅度很大，可以通过调整充液率或其他手段，达到使用要求，而不必非要与进口产品一模一样。因而在进行偶合器的选型匹配时，应当充分考虑现场的实际情况。选型匹配的最终目的是为了安全可靠使用，而不要过分强调某一项技术参数与国外是否一样。

再如从理论上说，液力偶合器无法与双速或调速电动机相匹配，但实际上国内外均有这样匹配使用的实例。因此不能认为理论上说不通就不使用偶合器了，而应当总结实际经验，找出液力偶合器与双速电动机匹配切实可行的选型方法，在实践中发展和完善液力传动理论。

另外，从理论上说液力偶合器的泵轮力矩系数是非常重要的技术参数，有些标准和招标文件就以此来判定液力偶合器的优劣。而从实际使用看，只有到了某个规格液力偶合器的功率极限时，泵轮力矩系数的高低才有意义。如果动力机功率在液力偶合器功率带的极限之内，其意义就不大。例如，YOX450 偶合器在 1500r/min 时若泵轮力矩系数等于 1.65×10^{-6}，其最高可传递 90kW 功率，若泵轮力矩系数为 1.6×10^{-6}，则只能传递 87kW 功率。如果电动机功率为 90kW，则泵轮功率应等于 0.95 乘以电动机功率，即 85.5kW。由此可见，泵轮力矩系数的高低并没有影响液力偶合器的匹配。当电动机功率为 75kW、55kW、45kW 时，泵轮力矩系数的高低对选型的意义就更不大了。因此应当从实际使用的角度出发来判定液力偶合器的优劣和选型匹配是否合适，而不能仅以泵轮力矩系数一项来作为评定液力偶合器好坏的唯一标准。液力偶合器的选型匹配关键要注重使用可靠性，全面衡量偶合器的质量。

B 应学会"黑匣"思维方式

所谓"黑匣"思维方式，是指对某一复杂系统，只要懂得如何输入、如何输出就可以了，而不必深究其系统内的每个环节。以液力传动为例，实际上液体在偶合器中的运动是相当复杂的三元流动，至今国内外的专家学者均未建立起经得起实践检验的数学模型。但理论的深奥并不影响实际应用，在选型匹配时，只要粗通液力传动的基础知识，明白各类偶合器的选型匹配方法和注意事项即可。液力偶合器选型匹配重要的是积累经验，观察实际使用效果，不需要逐章逐节地学习本书。

C 要树立系统观念

液力偶合器在整个机组系统中只是一个传动装置，相当于一个功能特异的联轴器。它本身不是独立机器，而是为系统配套服务的元件。正确选型匹配的目的就是为了使偶合器能与动力机、工作机更好地联合工作。所以要想搞好偶合器的选型匹配，必须树立系统观念、全局观念,更多地去了解系统,了解动力机和工作机。例如,不同的系统对偶合器的要求是不一样的。带式输送机为了降低皮带的启动张力,要求偶合器的启动过载系数要低,启动特性要软;而球磨机为了提高启动能力,要求偶合器的启动过载系数要高,启动特性要硬。因此,偶合器的选型匹配应当从分析整个系统的要求入手。常常有这样的事发生,有人在选型时一不提供动力机型号、特性,二不告知工作机特性要求,在系统要求不清楚的情况下,随意选配偶合器,结果将偶合器型式和规格选错了,直到安装调试时才发现不对,造成较大的损失。所以树立系统观念,全面考虑系统的要求,才能够搞好液力偶合器的选型匹配。

三、推广应用液力偶合器传动对促进我国节能事业发展的重要意义

7. 推广应用液力偶合器传动对促进我国节能事业的发展有什么重要意义?

改革开放之后,我国的国民经济获得了突飞猛进的发展,各项经济指标正在赶超世界先进水平。但是我们也应看到,当前我国能源浪费相当严重。据报道,2006 年我国 GDP 总量约占世界总量的 5% 左右,但为此消耗的标准煤、钢材和水泥,却分别约占世界消耗量的15%、30% 和 54%。国内外的发展经验告诉我们,依靠消耗大量能源来换取发展是不可能持续的,也无法解决能源供需矛盾这一难题。只有依靠技术进步节约能源,建设资源节约型社会,才是唯一正确的发展道路。节能的技术多种多样,其中先进传动节能和调速节能简单易行,效益显著,应当大力推广。

所谓先进传动节能,是指用先进节能的传动方式替代落后耗能的传动方式。其中液力偶合器传动因具有轻载启动、过载保护、减缓冲击、隔离扭振、协调多动力机均衡驱动等优异功能,所以在大惯量难启动机械上应用,能够改变“大马拉小车”的落后传动方式,节能效果显著。我国是一个机械大国,数以亿万计的大惯量难启动机械年复一年地沿用落后的传动方式,能源浪费惊人。如果这些大惯量、难启动、经常过载的机械设备应用限矩型液力偶合器传动,节约能源将相当可观。

所谓调速节能,是指许多需要调节流量或间歇运行的风机水泵,使用液力偶合器调速调节替代落后耗能的节流调节,能够节约大量能源。据中国电工学会统计,我国的风机水泵耗电量约占工业用电量近一半,占全国发电总量的 31%。目前仍有相当数量的风机水泵沿用落后耗能的节流调节方式,若改成调速调节则可节约大量能源。而调速型液力偶合器就是成熟、可靠、适用、廉价的调速产品,特别适合在风机水泵上使用。

由以上分析可见,推广应用液力偶合器传动对于推动我国节能事业的发展意义重大。液力偶合器产品曾被国家八部委联合推荐为节能产品。在国家的大力支持和推广下,液力偶合器在各领域的应用逐渐扩大。尤其是近几年,调速型液力偶合器产量增长较快,由前些年的年产 600 台左右猛增至目前的年近 4000 台。但尽管如此,与实际应该应用的数量相比还相差甚远,有待进一步推广应用。

8. 什么是节能成本,为什么要重视对节能成本的考核?

节能投资与节能效益之比称为节能成本。节能成本反映了节能的投入与产出的关系,节能成本是节能效果最直观最具体的表述,离开节能成本来谈节能效果是虚假的。从根本上讲,节能的目的不仅仅是为了节约能源,而是通过节约能源来降低成本提高效益。如果虽

然节约了能源,但因投入太大,十几年甚至几十年都收不回改造投资,那么这种节能方案就是失败的,是为节能而节能的形式主义。因而在进行节能改造与分析时,一定要重视对节能成本的考核。

9. 推广应用液力偶合器调速对于降低风机水泵的节能成本有何意义?

现在有一种怪现象,在讨论节能方案时,只看节能效果,不计节能投入。因为节能效果与个人的分配挂钩,而节能投入则是国家出钱,花多花少与己无关。在这种思想支配下,不管多么贵的调速装置都敢用,甚至明摆着有廉价的调速装置也不用,非要用昂贵的。例如,同样是220kW、1500r/min 的风机,如果用进口的磁力调速器需要45 万元,而用国产的调速型偶合器,则不到8.5 万元。因为都是依靠滑差调速,所以两者的节能效果是一样的。如果用进口的,投入比使用国产的多出4 倍多,而产出却一样,这就大大提高了节能成本。若全社会都这样干,那整个社会为节能付出的代价就太大了。从全面的技术经济效益比较,液力偶合器调速是投入最低、节能显著、节能成本最低的调速技术。如果能大力推广应用,将大大节约全社会的节能成本,为节能事业作出贡献。

表1-1是调速型液力偶合器功率与价格对照表,在进行节能技术论证时,可参考此表,比对节能成本,作出合理的选择。由表1-1可以看出,调速型液力偶合器在高转速大功率的风机水泵上应用具有绝对优势,应优先考虑选用。

表1-1 调速型液力偶合器功率与价格对照表(仅供参考)

输入转速 /r·min^{-1}	最大传递功率/kW	匹配偶合器规格	偶合器单价 /万元·台$^{-1}$	偶合器单位功率 价格/元·kW^{-1}	偶合器所配换热器单位 功率价格/元·kW^{-1}
1000	100	YOT560	8.5	850	
	215	YOT650	10.5	488	
	440	YOT750	12.5	284	
	615	YOT875	16.5	268	
	1860	YOT1000	21.5	116	
	4400	YOT1150	24.5	57	
1500	110	YOT450	6.5	590	
	200	YOT500	7.5	375	
	340	YOT560	8.5	250	10
	730	YOT650	10.5	144	
	1480	YOT750	12.5	84	
	3260	YOT875	19.5	60	
3000	500	YOT400	6.5	120	
	900	YOT450	7.5	83	
	1625	YOT500	11.5	71	
	3250	YOT580	20.5	63	
	4300	YOT620	30	70	

第二章 液力偶合器传动基础理论知识

一、传动与液力传动概述

10. 什么是传动装置,它是如何分类的?

任何机械均由动力机、传动装置和工作机三部分组成。位于动力机与工作机之间,担负传递动力和改善动力特性任务的装置称为传动装置。最简单的传动装置如刚性联轴器,只负责将动力机的动力传递到工作机上。当动力机的特性不能满足工作机的需要时,就需要使用具有特殊性能的传动装置对动力机的特性予以改善,以适应工作机的需要。

传动装置可分为机械传动、电气传动和流体传动三种。其中流体传动又可分为液压传动、液力传动、液黏传动和气压传动四种。

11. 什么是液力传动,它是如何分类的?

由流体力学可知,液体在运动中具有三种能量,即动能、压能和位能。主要依靠液体的压能传递动力的称为液压传动。主要依靠液体的动能传递动力的称为液力传动。

液力传动主要分为液力偶合器和液力变矩器两大类,统称液力元件。其中液力偶合器又可分为普通型、限矩型、调速型、液力偶合器传动装置和液力减速(制动)器五种。

12. 液力传动是什么时候发明的?

液力传动发明于 20 世纪初,最早用于船舶工业,作为船舶动力与螺旋桨之间的传动装置。当时船舶动力已经出现了大功率、高转速的汽轮机,而受到"气蚀"的限制,螺旋桨的转速不能很高,因此迫切要求在动力机与螺旋桨之间加装大功率的减速装置。但受当时齿轮制造水平的限制,无法制造出适应船舶需要的减速器。于是德国的盖尔曼·费丁格尔教授受离心泵和水轮机工作原理的启发,首先设想将离心泵与水轮机用管子连起来(见图 2-1)。这样,动力机带动水泵旋转,泵出来的水通过管道进入水轮机,冲击水轮机的涡轮旋转并带动螺旋桨运行,于是输出和输入依靠液体的动能便连接在一起了。这个设想虽好,但效率太低,于是专家们反复思考,认为在水泵中起主要作用的是泵轮,在水轮机中起主要作用的是涡轮,如果将这两个轮子靠近并装进一个壳体,取消不必要的水槽和水管等装置,则效率即可大大提高,由此便诞生了液力传动。1905 年,费丁格尔教授发明的世界第一台液力变矩器首先在船舶中得到应用。

13. 液力传动工业的现状与发展如何?

在国外,液力传动工业的重点是为汽车配套,包括为轿车、公共汽车、轨道车配套的液力传动自动变速器,为重型载重汽车配套的液力减速器以及为汽车冷却风扇配套的硅油离合器等。有资料表明,世界各国生产的载重量为 30~80t 的重型汽车中,95% 以上采用了液力

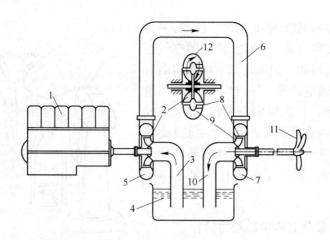

图2-1 液力传动原理示意图

1—发动机；2—离心泵的工作轮；3—离心泵的进水管；4—集水槽；5—泵的涡壳；6—连接管路；7—水轮机的涡壳；

8—导水机构；9—水轮机的工作轮；10—水轮机的尾水管；11—螺旋桨；12—液力传动的原理简图

传动。1998年以后，美国生产的轿车几乎100%装备了液力自动变速器。德国、法国、日本等国生产的轿车，液力自动变速器的装车率也在不断提高，目前已达普及水平。我国的液力传动自动挡轿车也在逐渐增多。

在国外，液力传动产品的第二大市场是工程机械、大惯量机械和离心式风机水泵。种类繁多的工程机械(包括煤矿井下机械及石油机械)几乎全部使用了液力传动。几乎所有的大惯量、难启动、经常超载和冲击扭振严重的机械都用了液力传动。几乎所有的需要流量调节和间歇运行的风机水泵都采用了调速装置。调速型液力偶合器在大功率、高转速的工作机上使用占有绝对优势。

我国的液力传动事业始于20世纪50年代自行研制内燃机车和CA770红旗高级轿车的液力传动系统，而后煤炭行业、水泵行业相继出现了应用液力传动的范例。1978年我国开始引进液力传动技术。大连液力机械厂、蚌埠液力机械厂和成都工程机械厂等相继从英国、联邦德国、日本和美国引进了液力偶合器和液力变矩器专有技术，从此我国的液力传动工业进入了大发展阶段。据中国液压气动密封件工业协会液力专业分会不完全统计，目前国内从事液力元件生产的企业近110家，年生产液力变矩器约12万台、限矩型液力偶合器约8万台、调速型液力偶合器近4000台，产品行销全国各地并小批量出口，在煤炭、矿山、冶金、电力、石油、石化、化工、建材、建筑、制革、港口、食品、制药、轻工、纺织、交通、城建、市政等部门广泛应用，取得了显著的经济效益。

从长远技术发展来看，限矩型液力偶合器以其结构简单、价格低廉、功能优越、使用维护简便而被广泛使用，目前和将来都难以有更好的产品替代，所以发展前景远大。调速型液力偶合器受变频调速、磁力调速等其他调速技术的冲击，在国外市场份额有所下降，但在国内液力偶合器调速仍然占据主导地位，在大功率、高转速、高电压场合占绝对优势。

二、液力偶合器传动原理

14. 怎样用通俗的道理讲清流体动力传动的基本原理？

流体动力传动的工作原理，可以用两台电风扇演示清楚(见图2-2)。我们知道，叶片

式流体机械在工作机理上是可逆的。例如,一台
转动的风扇可以使空气流动,反之,流动的空气也
可以使静止的风扇转动。如果将两台电风扇面对
面放置,一台风扇通电旋转,另一台不通电的风扇
也会跟着转动起来。与风扇同理,若将空气换成
液体,动力机带动偶合器的一个轮子(泵轮)旋转
搅动液体,另一个轮子(涡轮)也会像不通电的风
扇一样被流体冲动。这就是液力传动最基本的
原理。

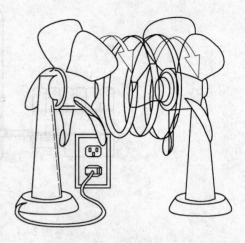

15. 液力偶合器是怎样传递动力的?

液力偶合器的实质是离心式水泵与涡轮机的
组合。它主要由输入轴、输出轴、泵轮、涡轮、外

图 2-2 流体动力传动示意图

壳、辅助腔及安全保护装置等组成(见图 2-3)。输入轴一端与动力机相连,另一端与泵轮
相连;输出轴一端与涡轮相连,另一端与工作机相连。泵轮与涡轮对称布置,轮内设置一定
数量的叶片。外壳与泵轮固连成一个密封腔,腔内充填工作液体以传递动力。所配置的易
熔塞、易爆塞等安全保护装置,能保证偶合器在超载时不发生事故。

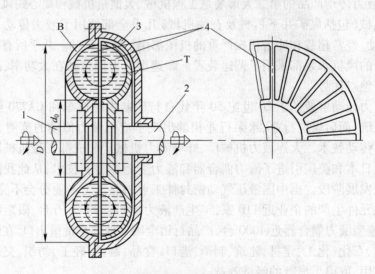

图 2-3 液力偶合器结构示意图
1—主动轴;2—从动轴;3—转动外壳;4—叶片;
B—泵轮;T—涡轮

当动力机通过输入轴带动偶合器泵轮旋转时,充填在偶合器工作腔内的工作液体受离
心力和工作轮叶片的双重作用,从半径较小的泵轮入口被加速加压抛向半径较大的泵轮出
口,同时,液体的动量矩获得增量,即泵轮将动力机输入的机械能转化成了液体动能。当具
有液体动能的工作液体由泵轮出口冲向对面的涡轮时,液流便冲击涡轮叶片使之与泵轮同
方向转动,也就是说液体动能又转化成了机械能,驱动涡轮旋转并带动工作机做功。释放完
液体动能的工作液体由涡轮入口流向涡轮出口并再次进入泵轮入口,开始下一次循环流动。

· 8 ·

就这样,工作液体在泵轮与涡轮间周而复始不停地做螺旋环流运动,于是输出与输入在没有任何机械连接的情况下,仅靠液体动能便柔性地连接在一起了(见图2-4)。

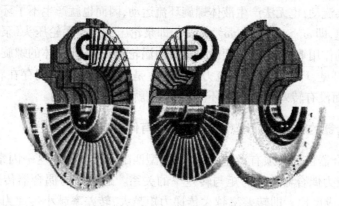

图2-4 液力偶合器传动原理示意图

16. 为什么液力偶合器不充液就不能传递动力?

液力偶合器内无任何直接的机械连接,完全依靠液体的动能来传递动力。如果不充液,偶合器内的泵轮与涡轮之间便没有介质,也就无法形成液体动能,泵轮也就不能驱动涡轮旋转,输入端与输出端便不能偶合连接,也就无法传递扭矩和功率。所以偶合器一定要按规定正确充液。

17. 液力偶合器传递动力的能力为什么大体上与充液率成正比?

因为液力偶合器是依靠液体的动能传递动力的,所以,在规定的充液范围内,充液越多传递动力越大,充液越少传递动力越小。液力偶合器传递功率的能力大体上与其充液率成正比。

18. 液力偶合器传动为什么必须有滑差?

当泵轮旋转时,工作液体被叶片夹持与泵轮一起旋转,因而产生离心力,其大小由 $mr\omega_1^2$ 决定。泵轮中的液体质点在此力的作用下,由泵轮入口流向泵轮出口,形成如图2-5中箭头所示的环流,这与离心泵的工作原理是相同的。所不同的是离心泵中没有涡轮,所以泵出来的水直接排出泵体外。而液力偶合器有涡轮,且涡轮在泵轮所形成的环流冲击下也旋转运动。

由于涡轮旋转,所以涡轮中的工作液体也产生离心力,其大小由 $mr\omega_2^2$

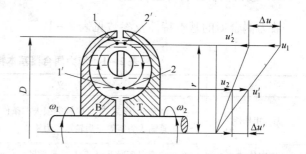

图2-5 环流运动与环流力矩产生原理图
1—泵轮出口;1′—泵轮进口;2—涡轮出口;2′—涡轮进口;B—泵轮;
T—涡轮;D—偶合器循环圆有效直径;ω_1—泵轮转速;ω_2—涡轮转速;
r—环流半径;u_1—泵轮出口圆周速度;$u_1{}'$—泵轮进口圆周
速度;u_2—涡轮出口圆周速度;$u_2{}'$—涡轮进口圆周速度;
$\Delta u'$—涡轮出口与泵轮进口间的圆周速度差;Δu—泵轮
出口与涡轮进口间的圆周速度差

决定。在此力的作用下,涡轮中的工作液体形成抵抗泵轮工作液体进入的反抗压头,出现力矩反馈现象。若涡轮与泵轮转速相等,即 $\omega_1 = \omega_2$,则 $mr\omega_1^2 = mr\omega_2^2$,涡轮与泵轮间压差为零,所以工作液体不会流动,也无法产生液体螺旋环流运动,因而也就产生不了环流力矩。若泵轮转速大于涡轮转速,即 $\omega_1 > \omega_2$,则 $mr\omega_1^2 > mr\omega_2^2$,即泵轮压头大于涡轮压头,泵轮与涡轮间产生压差。在此压差的作用下,工作液体便由泵轮流向涡轮,形成工作液体的螺旋环流运动。

由以上分析可见,环流运动和环流力矩的产生是以泵轮与涡轮间存在转差率(滑差)为前提条件的。因而没有转差率就没有环流力矩,也就没有液力传动。

19. 液力偶合器的转差率(滑差)对选型匹配有何影响?

因为液力偶合器传动必须有滑差,所以在选型匹配时必须注意这一因素的影响。

(1)要注意液力偶合器传递力矩与转差率的关系。通常液力偶合器传递力矩与转差率成正比,与转速比成反比。即转差率越大传递力矩越大,转差率越小传递力矩越小。在选型匹配时应当本着效率与力矩系数兼顾的原则,选择合适的转差率(即滑差),要保证既有较高的力矩系数,又有合理的转差率,不至于因滑差过大而引起偶合器发热。我国标准规定,限矩型液力偶合器的额定转差率为4%,调速型液力偶合器的额定转差率为3%。

(2)要核算经液力偶合器传动之后,因滑差影响而降低的偶合器输出转速能否达到工作机的要求。因为液力偶合器传动必须有滑差,所以其输出转速永远低于输入转速,在选用偶合器时应当验算因滑差而引起降低的输出转速是否影响工作机的正常工作。

(3)要注意滑差功率损失对系统的影响。特别是调速型液力偶合器,因为它是依靠滑差调速,所以滑差功率损失较大,若选型不对或热平衡系统选配不合理,就可能造成偶合器发热损坏。因而在调速型液力偶合器选型匹配时应当计算滑差功率损失并选配合理的工作油循环流量和冷却器换热面积及冷却水流量。

三、液力偶合器的特性

20. 液力偶合器有哪些特性?

液力偶合器的基本特性及参数见表2-1。

表2-1 液力偶合器基本特性及参数

特 性	定 义	参 数 关 系
无变矩作用	在忽略轴承、密封、空气摩擦等损失的条件下,液力偶合器泵轮输入力矩等于涡轮输出力矩	$M_B = -M_T$
同向传动	在正常牵引工况下,泵轮与涡轮的转向总是相同的	
始终存在转差率 s	泵轮转速恒大于涡轮转速,用转差率 s 来表示泵轮与涡轮转速相差的程度(也可称为滑差)	$s = (n_B - n_T)/n_B = 1 - i$ $i = n_T/n_B$
效率恒等于转速比 i	液力偶合器输出转速(涡轮转速)与输入转速(泵轮转速)之比称为转速比 i。液力偶合器输出功率 P_T 与输入功率 P_B 之比称为效率。效率恒等于转速比	$i = n_T/n_B$ $\eta = P_T/P_B = M_T n_T/(M_B n_B)$ $= n_T/n_B = i$

特 性	定 义	参 数 关 系
泵轮力矩系数 λ_B	评价液力偶合器能容大小的参数,按相似原理,同一系列几何形状相似的液力偶合器,在相似工况下所传递的力矩值与液体密度1次方、泵轮转速的2次方和有效直径的5次方成正比	$\lambda_B = M_B / (\rho g n^2 D^5)$
过载系数 T_g	液力偶合器最大力矩与额定力矩之比	$T_g = M_{max}/M_n$
启动过载系数 T_{gQ}	液力偶合器启动力矩与额定力矩之比	$T_{gQ} = M_Q/M_n$
制动过载系数 T_{gZ}	液力偶合器制动力矩与额定力矩之比	$T_{gZ} = M_Z/M_n$
波动比 e	液力偶合器外特性曲线的最大波峰值与最小波谷值之比	通常波动比 e 应小于 1.6

表中,M_B 为泵轮力矩,N·m;M_T 为涡轮力矩,N·m;s 为转差率;i 为转速比;n_B 为泵轮转速,r/min;n_T 为涡轮转速,r/min;η 为效率;P_B 为泵轮功率,kW;P_T 为涡轮功率,kW;ρ 为工作液体密度,kg/m³;g 为重力加速度,m/s²;D 为工作腔有效直径,m;T_g 为过载系数;T_{gQ} 为启动过载系数;T_{gZ} 为制动过载系数;M_{max} 为最大力矩,N·m;M_n 为额定力矩,N·m;M_Z 为制动力矩,N·m;e 为波动比。

21. 液力偶合器有哪些特性曲线?

液力偶合器特性曲线有外特性曲线、原始特性曲线、输入特性曲线、全特性曲线及调节特性曲线等,详见表2 – 2。

表 2 – 2　液力偶合器特性曲线分类及说明

分 类	特 性 曲 线 图	说 明
液力偶合器外特性曲线		表示液力偶合器在牵引工况下,力矩、效率与输出转速的关系曲线。由测试数据绘制而成,通常是指最大充液率下的输出特性曲线,即表明液力偶合器最大传递力矩能力的曲线。不同规格、不同充液率的液力偶合器其外特性曲线不相同
液力偶合器通用外特性曲线		由于液力偶合器传递力矩的能力与其充液量近似成正比,故同一规格偶合器充液量不同,其特性曲线也不同。每一充液率必然对应一条特性曲线,称之为部分充液时的外特性曲线,又称为液力偶合器通用外特性曲线

分 类	特性曲线图	说 明
液力偶合器原始特性曲线		表示液力偶合器泵轮力矩系数与转速比的关系曲线，即 $\lambda_B = f(i)$ 曲线。几何形状相似的同一系列液力偶合器在相似工况下，不论规格大小原始特性曲线大体相同，原始特性曲线用于不同系列、不同腔型液力偶合器比较，也可通过原始特性曲线了解液力偶合器的其他性能
液力偶合器输入特性曲线		表示不同转速时，液力偶合器输入力矩与其转速的关系曲线。根据测试数据绘制而成，可以用来考察在不同转速时，液力偶合器传递力矩的情况，绘制与动力机联合工作的特性曲线，考察与动力机的匹配是否合理
液力偶合器调节特性曲线		表示调速型液力偶合器泵轮力矩系数与导管开度 K（即充液率）及转速比的关系曲线。调节特性曲线用来考察调速型液力偶合器在不同充液率和不同转速比时传递力矩的能力，调节特性是非线性的，必要时应设法校正
液力偶合器全特性曲线		包括液力偶合器牵引、反传和反转工况在内的外特性曲线
液力偶合器牵引工况特性曲线		表示功率由泵轮输入，涡轮输出，且两工作叶轮旋转方向相同工况的特性曲线。牵引工况是液力偶合器最常用的工况，有三个特殊工况点应予以注意： （1）设计工况点：$i = i^*$，$i^* = 0.96 \sim 0.985$； （2）零速工况点：$i = 0$，$n_T = 0$，可能是启动工况，也可能是制动工况； （3）零矩工况点：$i = 1$，循环流量 $Q = 0$，$M_T = M_B = 0$，工作液体无环流运动

分类	特性曲线图	说明
液力偶合器反传工况特性曲线	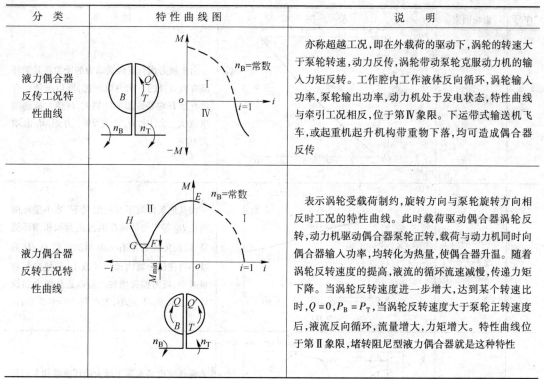	亦称超越工况,即在外载荷的驱动下,涡轮的转速大于泵轮转速,动力反传,涡轮带动泵轮克服动力机的输入力矩反转。工作腔内工作液体反向循环,涡轮输入功率,泵轮输出功率,动力机处于发电状态,特性曲线与牵引工况相反,位于第Ⅳ象限。下运带式输送机飞车,或起重机起升机构带重物下落,均可造成偶合器反传
液力偶合器反转工况特性曲线		表示涡轮受载荷制约,旋转方向与泵轮旋转方向相反时工况的特性曲线。此时载荷驱动偶合器涡轮反转,动力机驱动偶合器泵轮正转,载荷与动力机同时向偶合器输入功率,均转化为热量,使偶合器升温。随着涡轮反转速度的提高,液流的循环流速减慢,传递力矩下降。当涡轮反转速度进一步增大,达到某个转速比时,$Q=0$,$P_B=P_T$,当涡轮反转速度大于泵轮正转速度后,液流反向循环,流量增大,力矩增大。特性曲线位于第Ⅱ象限,堵转阻尼型液力偶合器就是这种特性

22. 影响液力偶合器特性的主要因素有哪些?

影响液力偶合器特性的主要因素见表2-3。

表2-3 影响液力偶合器特性的主要因素

序号	影响因素	简 图	说 明
1	循环圆形状(腔型)	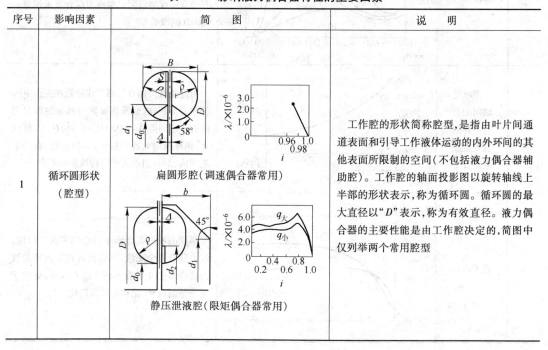 扁圆形腔(调速偶合器常用) 静压泄液腔(限矩偶合器常用)	工作腔的形状简称腔型,是指由叶片间通道表面和引导工作液体运动的内外环间的其他表面所限制的空间(不包括液力偶合器辅助腔)。工作腔的轴面投影图以旋转轴线上半部的形状表示,称为循环圆。循环圆的最大直径以"D"表示,称为有效直径。液力偶合器的主要性能是由工作腔决定的,简图中仅列举两个常用腔型

序号	影响因素	简 图	说 明
2	循环圆有效直径 D	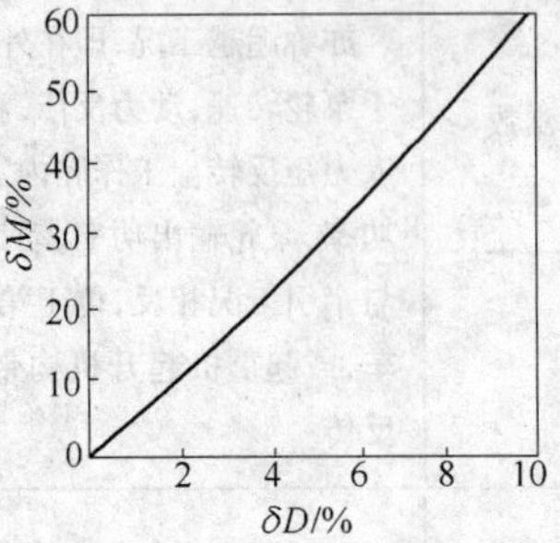	由于液力偶合器传递动力的能力与其循环圆有效直径的 5 次方成正比，所以循环圆有效直径 D 对特性影响特别大，D 越大传递功率越大。如图，D 增大 2%，力矩 M 也增大 10%
3	循环圆内外直径之比 D_0/D	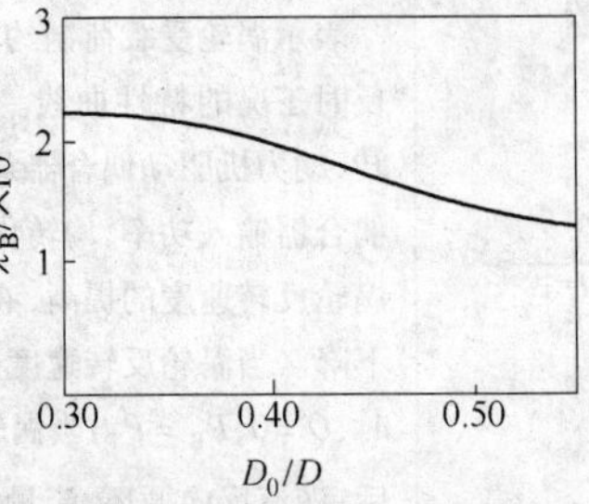	在其他条件均不变的情况下，减小循环圆内径 D_0 等于增加液流的过流面积和循环流量，因而传递力矩有可能增加。但 D_0/D 的减小将使偶合器内毂尺寸减小，致使叶片数量减少，液力损失增加。所以近代偶合器设计不追求 D_0/D 过小，常取 $D_0/D = 0.5$ 左右
4	流道宽度与循环圆有效直径之比 B/D	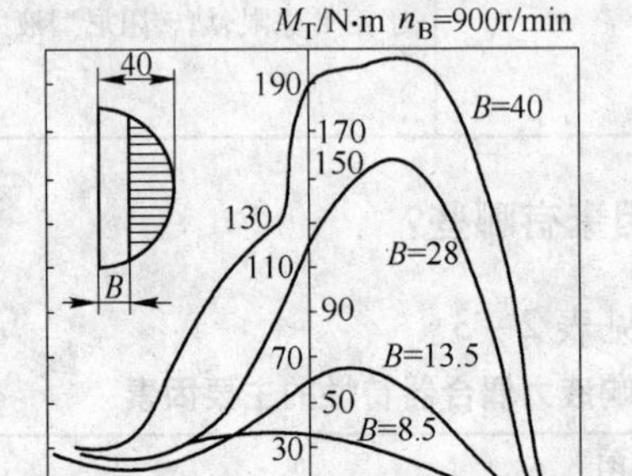	流道宽度增加等于增大循环流量和参与传递力矩工作液体的充液量，所以流道宽度 B/D 增大，传递力矩亦增大。但过宽的流道深度，不仅会增大液力损失，而且也给加工带来困难。流道宽度 B 通常为 $(0.135 \sim 0.16)D$，有些双腔或堵转阻尼型液力偶合器采用 $B = 0.09D$ 的浅腔型
5	工作叶轮轴向间隙与循环圆有效直径之比 Δ/D	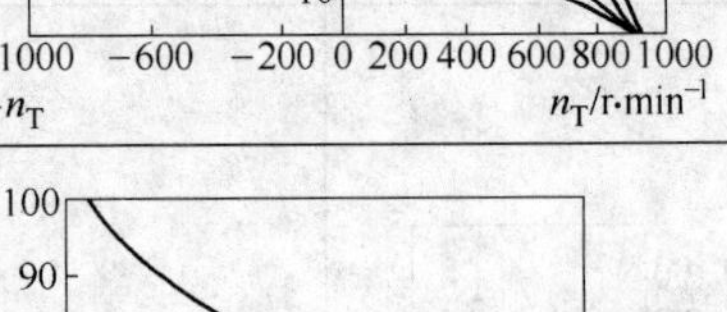	为避免液力偶合器两工作叶轮在工作中因轴向力而相碰，通常在泵轮与涡轮的轴向间留有一定间隙 $\Delta = (0.005 \sim 0.01)D$。$\Delta$ 值过大，则可能增大容积损失；但据试验，在一定范围内，Δ/D 值的大小对特性影响不大
6	有无内环	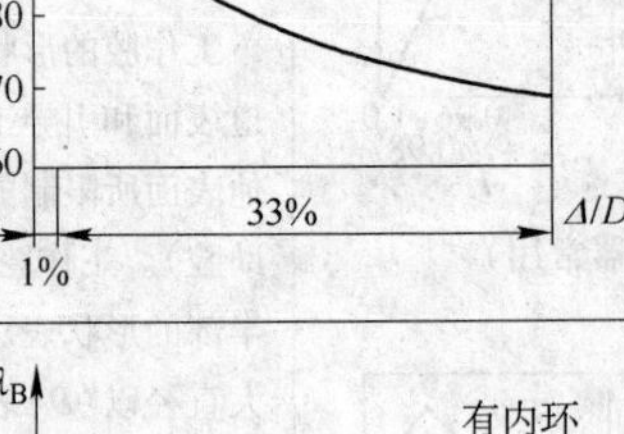	早期的液力偶合器多数心部带内环结构，液力偶合器全充液，发展到现在带内环的液力偶合器已几乎看不到。没有内环，更便于充液量的调整，结构也得以简化

序号	影响因素	简 图	说 明
7	工作叶轮叶片数		从理论上说,叶片无穷薄、叶片无限多,才最能体现液力传动的真实情况。但实际上叶片数量过多不仅使叶轮有效腔容降低,过流面积减少,而且使液力损失增加,从而使流体的循环流量和传递力矩降低。叶片数量过少,则液流在出口处偏离增大,循环流量转换不充分,冲击损失和容积损失增大,传递力矩降低。叶片数多少还对过载系数有一定影响,叶片数相对较多的偶合器过载系数较低。通常涡轮叶片数比泵轮叶片数差 1~3 片,最佳叶片数通过试验确定
8	叶片倾斜角度	 1—径向直叶片;2—前倾 45°叶片; 3—后倾 45°叶片	一般偶合器均采用倾斜角度为零的径向直叶片。这样的叶栅便于制造,又可以正反转。改变叶片倾斜角度会改变偶合器特性参数,前倾斜叶片会加大泵轮力矩系数,后倾斜叶片会降低泵轮力矩系数。通常液力减速(制动)器采用前倾 45°的叶片,这样有利于增大制动力矩
9	叶片结构	 叶片一长一短相间布置 叶片一长两短相间布置	叶片结构形式对液力偶合器特性参数有很大影响: (1)为了降低扩散(收缩)液力损失,尽量达到工作叶轮进口与出口等容积,常采用长短相间叶片; (2)为了降低过载系数,涡轮叶片常采用大小腔,或在泵轮、涡轮的内缘倒角; (3)叶片结构合理的液力偶合器液力损失低,传递力矩高,过载系数低
10	叶片厚度	 叶片轴向 叶片径向 不等厚结构 不等厚结构	从理论上讲叶片越薄越好,但受制造工艺和叶片强度的制约,叶片不可能制得过薄,但是叶片过厚会降低叶轮的有效腔容,使传递力矩降低。叶片过薄又使强度降低,容易出现叶片损坏等故障。为既不影响传递力矩,又能增加叶片强度,往往将叶片制成径向或轴向不等厚的

序号	影响因素	简　图	说　明
11	叶轮流道表面质量	 1—光洁；2—粗糙	叶轮流道表面质量对特性有较大影响,叶轮流道表面粗糙,摩擦阻力大、损失功率增大;叶轮流道表面光洁,摩擦阻力小、工作液体循环流动速度加快、传递力矩增大、损失功率减小
12	工作叶轮数量		液力偶合器有单腔和双腔之分,双腔液力偶合器工作腔内有两个泵轮和两个涡轮,传递力矩近似等于单腔液力偶合器的 2 倍,叶轮应力降约低24%,质量比同功率单腔偶合器约降低31%,基本上可平衡轴向力,径向尺寸降低13%,轴向尺寸略长
13	输入转速 n_B		液力偶合器传递功率的能力与其输入转速的 3 次方成正比,所以输入转速对液力偶合器的特性影响极大,例如,当输入转速降低 1/2 时,传递功率降低至原来的1/8
14	调速范围		(1)调速型液力偶合器与恒扭矩机械匹配调速范围为1∶3,与离心式机械匹配调速范围为1∶5,超过此调速范围则运行不稳定; (2)调速型液力偶合器与离心式机械匹配最大发热工况点在 $i=0.66$ 点,长期在最大发热工况点附近工作,偶合器效率不高发热严重; (3)液力偶合器在低充液率下特性曲线不稳定,调速范围过大,对运行稳定性有影响
15	工作液体密度		液力偶合器传递力矩的能力与工作液体密度的 1 次方成正比,所以工作液体密度越大,传递力矩越大。例如,以水为工作介质的液力偶合器传递力矩的能力是以油为工作介质的液力偶合器的 1.15 倍

序号	影响因素	简 图	说 明
16	工作液体黏度		工作液体黏度越高，对叶轮工作腔的摩擦力增大，流动时的阻力就越大，工作液体环流运动的速度就降低，传递力矩也必然降低。工作液体黏度低，流动性好，传递力矩能力大，但过低的液体黏度对润滑和密封不利
17	工作液体温度		工作液体温度高，液体黏度低，流动性好，对工作腔表面的摩擦力减少，损耗功率少，传递力矩大。但过高的温度会使工作液体老化、机械变形、密封件老化失效，故工作液体温度常控制在 (65 ± 5)℃，最高可达90℃
18	充液率		(1)影响传递功率值。充液越多传递功率越大，反之，充液率降低，传递功率降低； (2)影响转差率和输出转速。当外载荷一定时，充液率高，则转差率小，输出转速高，反之，充液率低，转差率大，输出转速降低，发热量上升； (3)影响偶合器稳定性。低充液率时偶合器不稳定区增大，高充液率时偶合器不稳定区缩小
19	转差率 S（或转速比 i）		(1)影响传递功率值。转差率加大，泵轮力矩系数提高； (2)影响效率从而影响发热。转差率大，效率降低，损失功率多，偶合器发热上升； (3)影响过载系数。转差率大，额定工况的泵轮系数提高，从而使过载系数降低，反之，转差率小，过载系数增大

续表 2－3

序号	影响因素	简　图	说　明
20	雷诺数 *Re*	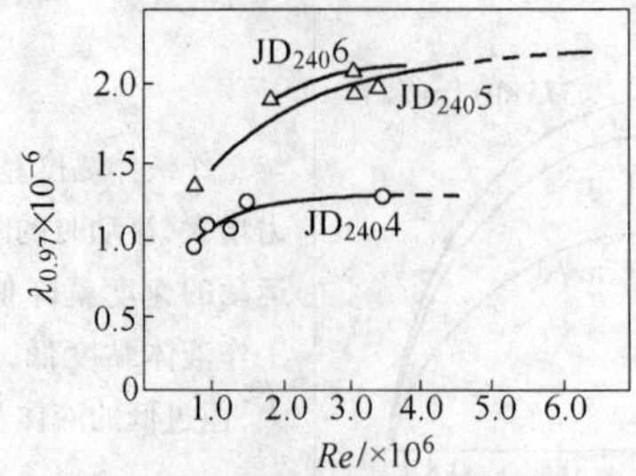JD240 6 JD240 5 JD240 4 2.0 1.5 1.0 0.5 0 λ0.97×10⁻⁶ 1.0 2.0 3.0 4.0 5.0 6.0 Re/×10⁶	试验表明，雷诺数 *Re* 值的大小对液力偶合器特性影响不大，尤其当 *Re* 值大到一定程度即在所谓的自动模化区时，偶合器特性将不随 *Re* 值而变化。但是在相似设计时，若实物偶合器与模型偶合器的 *Re* 不等，则其性能也有所变化
21	驱动方式	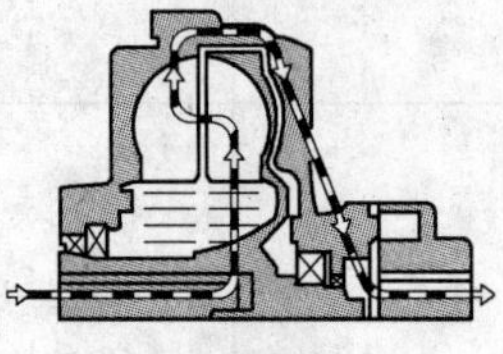 内轮驱动 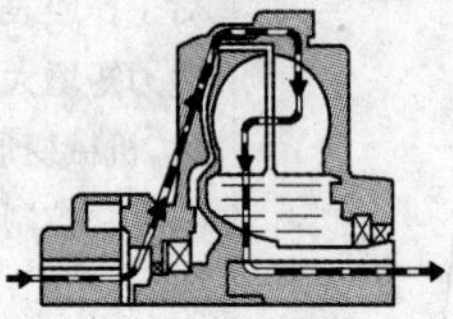 外轮驱动	(1)内轮驱动。腔内的叶轮作泵轮，外部叶轮作涡轮，偶合器的质量由电动机轴承担(联轴器在减速机端)； (2)外轮驱动。腔内的叶轮作涡轮，外部的叶轮作泵轮，偶合器的质量由减速机承担(联轴器在电动机端)； (3)专门设计的内轮驱动式液力偶合器，其特性与外轮驱动没有太大变化； (4)将原外轮驱动的偶合器输入、输出倒置，其特性有一定变化
22	阻流板	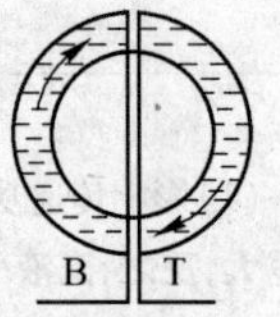B T 不带阻流板的环流 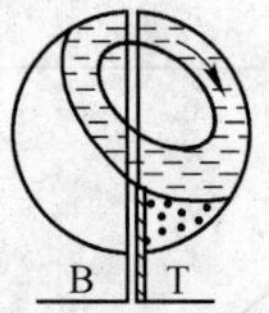B T 带阻流板的环流	在偶合器涡轮内缘设置阻流板，以阻止在低转速比时环流由小环流向大环流转化，从而改善偶合器的特性，降低环流改道所造成的力矩振荡、输出转速波动，对降低偶合器的过载系数也有一定作用
23	侧辅腔	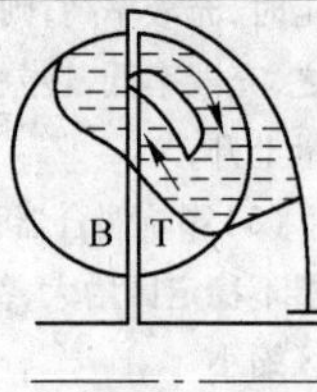B T 额定运转工况 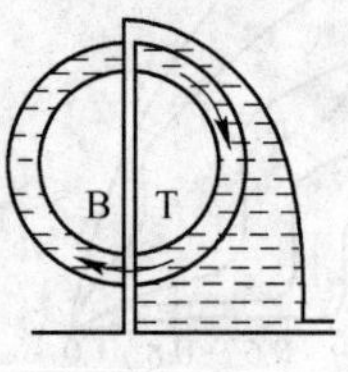B T 启动或超载工况	(1)在超载或启动时，液流由工作腔向侧辅腔分流，使工作腔内的实际充液量降低，传递力矩降低，起到过载保护作用； (2)由于靠静压泄流，故泄液速度慢，抗瞬时过载能力不足
24	前辅腔	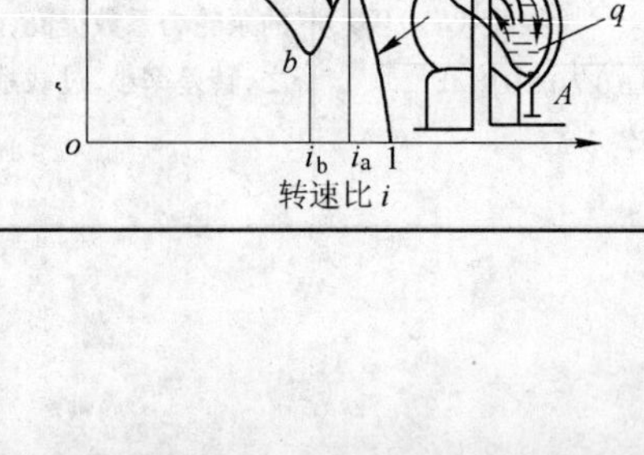d V C q c q–V 力矩M a b q B A o i_b i_a 1 转速比 i	(1)图中虚线是无前辅腔液力偶合器的特性。由图可见，前辅腔对于降低液力偶合器超载时的传动力矩有一定作用，防动力过载作用灵敏； (2)前辅腔对于改善偶合器特性作用有限，若前辅腔容积过大，则力矩跌落过大；若容积过小，则分流能力不足，改变特性的能力过小。因而单独采用前辅腔作用不大，常与后辅腔合用

序号	影响因素	简 图	说 明
25	后辅腔	 转速比 i	(1)改善低转速比及超载工况特性,由于后辅腔容积较大且与前辅腔合用,所以分流流量较多,工作腔内实际参与传递力矩的工作液体量值降低,传递力矩大为降低,过载保护能力增强,泄流速度快、抗瞬时过载能力强; (2)改善启动工况特性,使启动性能柔和,启动时间延长
26	辅助腔的容积及分配	 转速比 i Ⅰ—辅助腔容积小;Ⅱ—辅助腔容积大	侧辅腔、前辅腔、后辅腔的容积大小和合理分配对偶合器特性影响较大
27	过流孔	 转速比 i	(1)阻流板通往前辅腔的过流孔、前辅腔通往后辅腔的过流孔、后辅腔通往工作腔的过流孔的大小和数量对特性影响较大; (2)过流孔的大小与匹配由试验确定
28	过流阀	 阀孔开放工况　　阀孔关闭工况	(1)过流阀主要有前辅腔通往后辅腔的过流阀和后辅腔通往工作腔的过流阀; (2)调节过流阀的开度,即可调节液流的充、泄速度,从而可控制液力偶合器延时启动特性
29	供油压力	 $1 — p_g = 0.05\text{MPa}$;$2 — p_g = 0.20\text{MPa}$	液力减速(制动)器和调速型液力偶合器的供油压力对特性有较大影响,尤其液力减速(制动)器。调节供油压力即可调节制动力矩,这是液力减速(制动)器控制制动力矩的重要手段。调速型液力偶合器的供油压力将影响工作液体循环流动及换热、润滑能力

序号	影响因素	简 图	说 明
30	供油流量		(1)循环流量过低,单位时间内流体换热能力降低,使偶合器发热,工作液体升温,甚至无法工作; (2)循环流量过大,偶合器工作腔内的充液率无法迅速降低,造成输出力矩与转速无法及时下降,从而影响调速范围。如图中曲线4,由于供油流量高,所以调速范围只有1:3,而不是正常的1:5; (3)循环流量过高则启动时间降低

23. 液力偶合器的特性如何计算和换算?

液力偶合器的特性计算和换算见表2-4。

表2-4 液力偶合器特性的计算与换算

序号	计算与换算内容	公 式	说 明
1	转差率 s 与转速比 i 的换算	$s = 1 - i$ $i = 1 - s$	液力偶合器泵轮和涡轮转速之差与泵轮转速之比的百分率称为转差率 s 由 $s = \frac{n_B - n_T}{n_B} \times 100 = (\frac{n_B}{n_B} - \frac{n_T}{n_B}) \times 100$,因为 $\frac{n_T}{n_B}$ = 转速比 i,故 $s = 1 - i, i = 1 - s$
2	效率与转差率的换算	$\eta = i = 1 - s$	液力偶合器的效率等于转速比,因为转速比 $i = 1 - s$,所以效率 $\eta = 1 - s$
3	已知泵轮力矩系数、泵轮转速及有效直径,计算力矩	$M_B = \lambda_B \rho g n_B^2 D^5$	液力偶合器传递力矩与工作液体密度的1次方、泵轮转速的2次方和工作轮有效直径的5次方成正比
4	已知泵轮力矩系数、泵轮转速及有效直径,计算功率	$P_B = \frac{\lambda_B \rho g n_B^3 D^5}{9550}$	液力偶合器传递功率与工作液体密度的1次方、泵轮转速的3次方和工作轮有效直径的5次方成正比
5	已知泵轮力矩、泵轮转速和有效直径,计算泵轮力矩系数	$\lambda_B = \frac{M_B}{\rho g n_B^2 D^5}$	泵轮力矩系数与泵轮力矩 M_B 成正比,与工作液体密度的1次方、泵轮转速的2次方和工作腔有效直径的5次方成反比
6	已知泵轮功率、泵轮转速和有效直径,计算泵轮力矩系数	$\lambda_B = \frac{P_B \times 9550}{\rho g n_B^3 D^5}$	泵轮力矩系数与泵轮功率成正比,与工作液体密度的1次方、泵轮转速的3次方和工作腔有效直径的5次方成反比
7	已知泵轮力矩系数、泵轮力矩、泵轮转速,计算工作腔有效直径	$D = \sqrt[5]{\frac{M_B}{\lambda_B \rho g n_B^2}}$	

序号	计算与换算内容	公 式	说 明
8	已知泵轮力矩系数、泵轮功率、泵轮转速,计算工作腔有效直径	$D = \sqrt[5]{\dfrac{9550 P_B}{\rho g n_B^3}}$	
9	功率与力矩换算	$M_B = \dfrac{P_B \times 9550}{n_B}$ $P_B = \dfrac{M_B \cdot n_B}{9550}$	常用的偶合器选型表是以输入转速和传递功率为主要参数,如果因需要而将主参数变为力矩,则要进行换算
10	输入转速变化特性换算	$M_2 = M_1 \left(\dfrac{n_2}{n_1}\right)^2$ $P_2 = P_1 \left(\dfrac{n_2}{n_1}\right)^3$	液力偶合器传递力矩与转速的 2 次方成正比; 液力偶合器传递功率与转速的 3 次方成正比
11	有效直径变化特性换算	$M_2 = M_1 \left(\dfrac{D_2}{D_1}\right)^5$ $P_2 = P_1 \left(\dfrac{D_2}{D_1}\right)^5$	液力偶合器传递力矩、传递功率与工作腔有效直径的 5 次方成正比
12	工作液体密度变化特性换算	$M_2 = M_1 \dfrac{\rho_2}{\rho_1}$ $P_2 = P_1 \dfrac{\rho_2}{\rho_1}$	液力偶合器传递力矩、功率的能力与工作液体密度的 1 次方成正比
13	传递力矩与功率变化时,有效直径的换算	$D_2 = D_1 \sqrt[5]{\dfrac{M_2}{M_1}}$ $D_2 = D_1 \sqrt[5]{\dfrac{P_2}{P_1}}$	液力偶合器传递力矩、功率的能力与有效直径的 5 次方成正比
14	传递力矩与功率变化时,泵轮力矩系数换算	$\lambda_{B2} = \lambda_{B1} \dfrac{M_{B2}}{M_{B1}}$ $\lambda_{B2} = \lambda_{B1} \dfrac{P_{B2}}{P_{B1}}$	液力偶合器泵轮力矩系数与传递扭矩或功率的 1 次方成正比
15	泵轮力矩系数变化时,所传力矩与功率的换算	$M_{B2} = M_{B1} \dfrac{\lambda_{B2}}{\lambda_{B1}}$ $P_{B2} = P_{B1} \dfrac{\lambda_{B2}}{\lambda_{B1}}$	液力偶合器泵轮力矩系数与传递扭矩或功率的 1 次方成正比
16	最大力矩变化时,过载系数的换算	$T_{g2} = \dfrac{M_{\max 2}}{M_{\max 1}} \cdot T_{g1}$	液力偶合器的过载系数等于最大力矩与额定力矩之比
17	不同功率单位换算	1PS = 735.499W 1HP = 745.7W 1kW = 1.36PS 1kW = 1.34HP	通常功率用 W(瓦)或 kW(千瓦)作单位,但有些进口设备或柴油机驱动的设备用"马力"作单位。马力有公制和英制两种,公制马力用 PS 作代号,英制马力用 HP 作代号。无严格要求时,可按 1 马力 = 0.75kW 换算

四、液力偶合器的分类与结构

24. 液力偶合器有哪些基本型式和派生型式?

液力偶合器的基本型式有普通型、限矩型和调速型三种。液力偶合器的派生型式有液力偶合器传动装置和液力减速器。

25. 液力偶合器的型式代号和结构代号是怎样规定的?

液力偶合器型号表示如下:

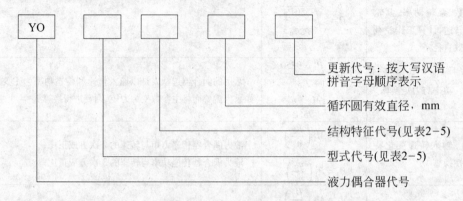

YO [ ] [ ] [ ] [ ]

更新代号:按大写汉语拼音字母顺序表示

循环圆有效直径,mm

结构特征代号(见表2-5)

型式代号(见表2-5)

液力偶合器代号

表2-5 液力偶合器型式代号和结构特征代号表(摘自 GB/T 5837—93)

型式代号	普通型液力偶合器			限矩型液力偶合器					调速型液力偶合器			液力偶合器传动装置			液力减速器	
	P			X					T			C			J	
结构特征代号	快放阀式	滑环式	放油式	静压泄液式	动压泄液式	复合泄液式	阀控延充式	闭锁式	进口调节式	出口调节式	复合调节式	前置齿轮式	后置齿轮式	复合齿轮式	车辆用	固定设备用
	K	H	F	J	D	F	T	B	J	C	F	Q	H	F	C	G

【标记示例】 工作腔有效直径为560mm 的出口调节式调速型液力偶合器,表示为:液力偶合器 YOTC560 GB/T 5837。

26. 液力偶合器工作腔有效直径是如何规定的?

液力偶合器工作腔有效直径应符合表2-6 的规定。

表2-6 液力偶合器循环圆有效直径参数表(摘自 GB/T 5837—93) （mm）

125	140	160	180	200	220	250	280	320	360	400	450	(487)
500	560	650	750	(800)	875	1000	1150	1320	1550	1800	2060	

注:1. 括号内为不推荐参数。

2. 液力偶合器传动装置循环圆有效直径除应符合表2-6 的规定外,亦可采用422、463、510 三参数。

27. 液力偶合器基本性能参数是如何规定的?

在雷诺数 $Re \geqslant 5 \times 10^6$ 条件下,液力偶合器的基本性能参数应符合表2-7 与表2-8 的规定。

表 2 - 7 液力偶合器基本性能参数表(摘自 GB/T 5837—93)

型 式	额定泵轮力矩系数 $\lambda_B/min^2 \cdot m^{-1}$	额定转差率 $s/\%$
普通型液力偶合器	$\geqslant 1.65 \times 10^{-6}$	3
调速型液力偶合器	$\geqslant 1.65 \times 10^{-6}$	3
液力偶合器传动装置		
液力减速器	$\geqslant 17.0 \times 10^{-6}$	100

表 2 - 8 限矩型液力偶合器性能参数表(摘自 GB/T 5837—93)

型 式	循环圆有效直径/mm	$q_c = 80\%$ 时泵轮力矩系数 $\lambda_B/min^2 \cdot m^{-1}$	额定转差率 $s/\%$
限矩型液力偶合器	≤320	$\geqslant 1.30 \times 10^{-6}$	4
	360 ~ 560	$\geqslant 1.45 \times 10^{-6}$	
	≥650	$\geqslant 1.55 \times 10^{-6}$	

注:1. q_c 为充液率,即充入液力元件的工作液体容积与腔体容积之比。

2. 雷诺数 $Re = n_B D^2/\nu$,式中,n_B 为泵轮转速,r/min;D 为循环圆有效直径,m;ν 为工作液体运动黏度,m^2/s。

28. 什么是普通型液力偶合器,它有何特点和用途?

(1)普通型液力偶合器定义。

普通型液力偶合器是指没有任何限矩、调速及其他措施的液力偶合器(见图 2 - 6)。

(2)普通型液力偶合器结构性能。

1)结构:结构最简单,只有泵轮、涡轮、外壳、输入轴、输出轴、易熔塞等零件。

2)性能:泵轮力矩系数较高,性能曲线陡直,过载系数高达 6 ~ 20,零速力矩系数高,启动能力强。

(3)普通型液力偶合器特点与用途。

普通型液力偶合器结构简单,轴向尺寸短,价格低廉,无过载保护功能,启动力矩大,常常是全充液工作,用于只需要解决启动困难、隔离冲击扭振,而不需要过载保护的工作

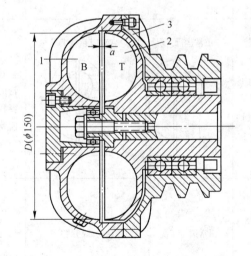

图 2 - 6 普通型液力偶合器图(带 V 带轮式)
1—泵轮;2—涡轮;3—外壳

机上。普通型液力偶合器国内已无厂家生产,但在进口的球磨机和破碎机上仍有配备此种偶合器的,这应当引起业内人士的注意。

29. 什么是限矩型液力偶合器,它有何特点和用途?

采用某种措施在低转速比时限制力矩升高的液力偶合器称为限矩型液力偶合器。其结

构原理及优缺点见表2-9。

表2-9 限矩型液力偶合器结构原理及优缺点

型式	原理简图		结构特点	限矩原理	优缺点
挡板式	正常运行工况	启动或超载工况 挡板	在涡轮出口处或泵轮入口处安装阻流板	正常运转时,工作液体做小环流运动,不触及阻流板。过载时,涡轮受阻转速降低,环流改道做大环流运动,工作液体受到挡板的阻碍并产生涡流造成能量损失,从而阻止输出力矩升高	能降低波动比,有一定限矩作用,但不能单靠挡板限矩,挡板尺寸过大影响力矩系数。常与其他限矩措施合用
静压泄液式	正常运行工况	启动或超载工况 侧辅腔	在涡轮一侧设置容量较大的侧辅腔	正常工作时,侧辅腔与工作腔内的压力平衡,在离心力作用下,工作液体大部分进入工作腔。超载时,涡轮转速降低,侧辅腔液环降速,压力降低,工作腔液体做大环流运动,压力上升。在压差作用下,液体由工作腔向侧辅腔流动,工作腔充液率降低,力矩不再升高	限矩性能较好,但突然超载时,因泄流较慢,故动态过载系数较高,防瞬时过载能力差。由于结构简单,小型偶合器常采用此型
动压泄液式(1)	正常运行工况 前辅腔	启动或超载工况	在涡轮与泵轮的内缘设置容积较大的前辅腔	正常工作时,前辅腔中的工作液体在离心力作用下进入工作腔。超载时,液体做大环流运动,在此动压力作用下,液流冲进前辅腔,使工作腔充液率降低,力矩无法升高	有一定的限矩作用,但易出现力矩跌落现象和制动力矩提高现象,结构简单,轴向尺寸短。小型偶合器常用此型式
动压泄液式(2)	正常运行工况 后辅腔 前辅腔	启动或超载工况 a b	不仅设置前辅腔,而且在泵轮一侧设置后辅腔。前、后辅腔间,后辅腔与工作腔间有过流孔	正常工作时,在离心力作用下,前后辅腔中的液体进入工作腔参与环流运动。超载时液体做大环流运动产生动压力,迫使液流首先冲进前辅腔,并继而冲进后辅腔,使工作腔内充液率降低,限制力矩无法提高。启动时由于部分工作液体在前辅腔和后辅腔中,工作腔充液率低,故可延缓工作机的启动时间	启动特性好,防瞬时过载能力强,通过调整过流孔面积或改变后辅腔的容积,可以使过载系数降得很低,延时启动时间加长,结构比较复杂,轴向尺寸较长

型式	原理简图	结构特点	限矩原理	优缺点
复合泄液式	正常运行工况　启动或超载工况　侧辅腔　过流孔	内轮驱动,腔内叶轮作泵轮,在泵轮一侧设置有较大容积的侧辅腔,泵轮与侧辅腔间有过流孔	正常工作时,液体在离心力作用下,进入工作腔。超载时,液体在大环流运动产生的动压力作用下,冲进侧辅腔,同时还有部分工作液体在静压力作用下,流向侧辅腔,从而使工作腔充液率降低,力矩无法提高。过载消除后,液体在离心力作用下又回到工作腔	结构类似于静压泄液型,但功能却类似于动压泄液型。结构简单,轴向尺寸短,偶器器质量由电动机轴承担,可避免减速机断轴
阀控延充式	开始启动时　转速上升时　后辅腔　前辅腔　延充阀	结构与动压泄液式(2)相似,在前、后辅腔间安装了延充阀,有的在后辅腔与工作腔间安装节流阀	启动时,延充阀打开,在大环流动压下,液体通过延充阀进入后辅腔,使工作腔充液率降低,启动力矩低,泵轮转速上升至某临界速度,在离心力作用下延充阀关闭,工作腔向后辅腔的通道关闭,后辅腔中的液体逐渐进入工作腔。过载时,达到阀的作用速度时,过流阀打开,液体泄流,进行过载保护	结构比较复杂,启动过载系数可以降得较低,能使工作机延时启动,对阀的作用速度要求严格,阀有时会出现故障
多角型腔	正常运行工况　启动或超载工况	工作腔的循环圆形状是多角型的,外缘仍是圆滑曲线,而内缘则是折角曲线	正常工作时,液流在外缘曲线段工作,不触及折线段,所以对传递力矩无影响。超载和启动时,液体做大环流运动,在折角处产生转向阻力和涡流,增加液力损失,消耗能量,限制力矩升高	力矩系数较高、过载系数较低、结构最简单、轴向尺寸短,因在限矩时产生涡流损失,故易引起发热,大型偶合器较少用此腔型

30. 什么是调速型液力偶合器,它有何特点和用途?

　　能够在运行中调速的液力偶合器称为调速型液力偶合器。调速型(含离合型)液力偶合器的类型、特点和用途见表 2-10。

表 2 – 10　调速型(含离合型)液力偶合器结构原理及优缺点

调节类别	名称	简图	结构原理	优缺点及用途
	离合启动型液力偶合器	1—油箱(罐)和空气过滤器;2—油泵;3—限压阀;4—压力表(断开);5—热交换器;6—温度计;7—电磁阀;8—连接管道;9—排放管道;10—回流管道;11—温度连接开关;12—油窗;13—加热器	离合启动型液力偶合器多数只具备充油、排油功能,采用全充全排的调节方式。为快速离合,一般都设置快速放油阀,也有的在充液和排液时用阀门控制,其实质与喷嘴阀控式调速型液力偶合器基本相同	结构比较简单,能够快速离合,可以控制充液速度,提供延时启动功能,解决大惯量机械的启动问题,也可用于多动力机驱动、并车
进口调节	喷嘴伸缩导管回转壳体调速型液力偶合器	B—泵轮;T—涡轮;1—泵轮轴;2—涡轮轴;3—喷嘴;4—辅腔;5—导管;6—冷却器	泵轮外壳上设置喷嘴,喷出工作液体在回转壳体贮油腔内形成油环,因油环随壳体转动,所以产生动压力。当导管迎着油环旋转方向插进表层时,工作液体便被导管引出而进入冷却器,冷却后重新进入工作腔。由于出口流量基本恒定,所以调整导管的位置,即可改变油环厚度,也就调节了工作腔内的充液量	结构简单、紧凑,自带回转壳体贮油腔,散热性能好、轴向尺寸短、占地面积小、成本较低,有离合功能和调速功能。支承不够稳定,调速时液体的质心发生变化,输出转速高时工作液体进入工作腔。输出转速低时,工作液体进入贮油腔,影响平衡,回转壳体贮油较多,转动惯量大、易振动
	主动喷嘴阀控式调速型液力偶合器	B—泵轮;T—涡轮;1—泵轮轴;2—涡轮轴;3—封闭壳体(油箱);4—喷嘴;5—旋转外壳;6—阀门;7—冷却器;8—供油泵	主动喷嘴阀控式调速型液力偶合器属外轮驱动,与泵轮一起旋转的外壳上设置喷嘴,喷嘴处的转速恒定,供油泵所供工作液体由阀门控制进入工作腔的量,进口流量大,工作腔内充液多,输出转速提高。反之,进口流量减小,工作腔充液量少,输出转速降低	结构比较简单、轴向尺寸短、成本较低,有离合功能和调速功能。与出口调节相比,调速反应不够灵敏,主动喷嘴式比被动喷嘴式调速时间长

调节类别	名称	简 图	结构原理	优缺点及用途
进口调节	被动喷嘴阀控式调速型液力偶合器	 B—泵轮;T—涡轮;1—泵轮轴;2—涡轮轴; 3—封闭壳体(油箱);4—喷嘴;5—旋转外壳; 6—阀门;7—冷却器;8—供油泵	被动喷嘴阀控式调速型液力偶合器属内轮驱动,与涡轮相连的壳体上设置喷嘴。由于喷嘴设置在输出端,所以喷嘴处的转速不是恒定的。出口流量的变化与角速度的 2 次方和喷嘴所在处的半径和工作液体内环半径的 2 次方差成正比,因与两个因素有关,所以调速较灵敏	结构简单、轴向尺寸短、成本较低,有离合和调速功能。 与出口调节相比,调速不够灵敏,但与主动喷嘴相比,调速反应时间略短
	喷嘴泵控式调速型液力偶合器	 1—充液油泵;2—润滑油泵;3—热交换器油泵; 4—压力表;5—压力继电器;6—泄油塞(喷嘴); 7—快速泄油阀;8—热交换阀;9—油位计; 10—温度继电器;11—充液过滤器; 12—润滑过滤器;13—真空继电器; 14—压力表;15—温度表	结构与喷嘴阀控式调速型液力偶合器基本相同,只是进口流量由阀门调节改为变量泵调节,变量泵常用齿轮变量泵、变频调速泵和液压调速装置等	结构简单、轴向尺寸短、占地面积小、成本较低、自动化程度较高、控制方式多样,有调速功能和离合功能。 与出口导管调节相比,调速反应不够灵敏
	固定导管阀控式调速型液力偶合器		在偶合器导管腔中设置固定导管,其作用相当于一个油泵,用来排油,进口流量由阀门控制,导管排出的油经冷却器冷却后又回到工作腔。因整个油路中容积不变,所以用阀门调节油量的增减就可调节工作腔的充液量,从而就调节了偶合器的输出转速	结构简单、轴向尺寸短、成本较低、固定导管排油能力强、排油时间短、流量大、冷却效果好、供油泵功率小、节能,具有调速和离合功能。 因供油泵功率小,所以充液时间长,固定导管设计不当会造成死油区,引起偶合器发热

调节类别	名称	简 图	结 构 原 理	优缺点及用途
进口调节	固定导管泵控式调速型液力偶合器	 4 5 6 T B 3 2 1 7 8 9 B—泵轮;T—涡轮;1—泵轮轴;2—涡轮轴; 3—通流孔;4—喷嘴;5—辅腔;6—导管; 7—冷却器;8—调速泵;9—单向阀	与固定导管阀控式结构基本相同,只是将阀门调节进口流量,改为变量泵调节进口流量	结构简单、轴向尺寸短、成本较低,固定导管排油能力强、冷却效果好,有离合和调速功能。 供油泵功率小,虽节能,但充液时间长,泵阀系统泄漏时会产生"丢转"现象
出口调节	转动导管调速型液力偶合器	 45° 	偶合器设置贮油回转壳体,固定箱体内装有转动导管,因转动导管中心与偶合器回转中心有一偏心距,所以转动导管即可改变贮油腔内的油环厚度,从而就调节了工作腔内的充液量,使输出转速得到调节	结构简单、成本低、操作简便、轴向尺寸短、便于与电动机连成一体结构,调速灵敏、调速时间短、精度高。 转动导管时有较大阻力,不适合大规格调速型液力偶合器选用
	伸缩导管调速型液力偶合器	4 5 6 3 T B 1 2 7 10 8 9 B—泵轮;T—涡轮;1—泵轮轴;2—涡轮轴; 3—旋转外壳;4—通流孔;5—辅腔;6—导管; 7—冷却器;8—泵;9—油箱;10—进油孔	调速原理与转动导管式液力偶合器相同,利用伸缩导管来改变导管腔的油环厚度。因导管腔与工作腔连通,所以调节导管开度也就调节了工作腔充液量,从而调节了偶合器输出转速。导管驱动装置有电动执行器和液压油缸两种	调速时间短、调速精度高、反应灵敏、供油泵功率大、流量高、充排油时间短、冷却能力强,可控制充油启动时间,使工作机延时启动、支承稳定可靠、传递功率大、转速高。 结构复杂、成本较高、轴向尺寸较长、占地面积较大

调节类别	名称	简 图	结构原理	优缺点及用途
复合调节	伸缩导管阀控式调速型液力偶合器	 B—泵轮;T—涡轮;1—泵轮轴; 2—涡轮轴;3—通孔;4—辅腔;5—导管; 6—联锁机构;7—阻流阀;8—冷却器;9—供油泵	在伸缩导管调速型液力偶合器的基础上,设置进、出口配流阀,当需要提高输出转速时,顺时针转动操纵手柄,导管内缩,主滑阀下移,挡住部分甚至全部出油口,于是进油多、出油少,工作腔内充液量迅速增加,转速迅速提高。当需要降速时,则反方向转动手柄,其原理相同	反应灵敏、调速动作快、能合理调节供液量,达到工作液体等温控制,运行效率高。 结构较复杂、成本高,适合大功率、高转速液力偶合器和液力偶合器传动装置选用
	阀控进出口综合调节式调速型液力偶合器		偶合器的进口、出口均用阀门控制,设置联锁的综合调节阀,使工作腔的进出油路开度相互关联,复合调节	调速可靠、能自动按要求调节输出转速,结构较简单、成本低。 综合控制阀结构复杂,外壳固定,圆盘损失加大,功率损失多,易发热,不适合大规格偶合器选用

31. 什么是特殊功能的液力偶合器,它有何特点和用途?

特殊功能的液力偶合器是在常规偶合器的基础上进行变型设计而成的,将液力偶合器与闭锁离合器、制动器、V带轮、联轴器等元件相综合,从而产生具有特殊功能的偶合器,见表2－11。

表 2 –11 具有特殊功能的液力偶合器

序号	名 称	结 构 简 图	说 明
1	闭锁型液力偶合器		将液力偶合器与闭锁离合器相综合,有内置离心滑块摩擦离合器式、内置浮动离心块摩擦离合器式、外置离心飞块摩擦离合器式和内置液压离合器式等多种。该偶合器在启动和超载时发挥偶合器功能,在额定工况具有闭锁功能,能100%传递动力,节能
2	水介质液力偶合器		设置耐水的滑动轴承,或设置内外两道密封圈,内密封圈封水,外密封圈封油。为防止水介质汽化压力增大,使偶合器壳体爆炸,除设置易熔塞外,还设置易爆塞,主要用于煤矿井下或纺织、食品、粮食等不允许喷油污染的场合
3	双腔液力偶合器		液力偶合器工作腔内有两个泵轮和两个涡轮,标准腔型双腔偶合器传递功率近似等于单腔2倍。常用在V带轮式偶合器上或受线速度限制无法加大有效直径的调速型液力偶合器上,双腔液力偶合器基本可以消除轴向力,但过载系数较高,受重力影响双腔偶合器不宜立式使用
4	液力变矩偶合器		将液力偶合器与液力变矩器相综合,除泵轮、涡轮外还设置导轮,泵轮、涡轮与偶合器一样采用径向直叶片,导轮与变矩器一样是螺旋叶片。利用工作腔内的循环流态随转差率的变化而变化进行工作。小转差率时液流作小循环,导轮不起作用,是偶合器工况;大转差率时液流作大循环,液流通过导轮,是变矩器工况。具有一定的变矩功能,比液力变矩器效率高,不能正反转,变矩系数较小

序号	名　称	结 构 简 图	说　明
5	液力减速器		液力减速器是涡轮不动的偶合器的特殊型式,主要由转子(泵轮)、定子(涡轮)、主轴和进排油系统组成。转子随主轴转动,定子固定在箱体上,转子和定子共同组成工作腔。由于定子不动,所以全部机械能无法输出,在产生制动力矩的同时转化为热量,通过散热装置将热量带走,因而可以连续制动。为加大制动力矩,转子和定子常采用前倾叶片;为降低轴向力,常采用双腔型式。有车辆用和固定设备用两种
6	带液压胀套安全联轴器的液力偶合器	套筒法兰　过渡轴套　　　　　输出法兰 空心轴套 泵轮　涡轮	将液压胀套式离合器和普通型液力偶合器组合在一起,此偶合器平时不用,当汽轮机等大惯量工作机突然发生故障时,液压胀套联轴器立即切断与动力机的连接,改换成液力传动,由于液力偶合器的阻滞和缓冲作用,从而产生超载和超速两方面的保护功能
7	堵转阻尼型液力偶合器	电动机　　滑环 偶合器　　　　电缆 卷筒　　　小车 减速机 链轮　　　　链轮	堵转阻尼型液力偶合器提供的是一种柔性制动功能,俗称"液力弹簧",采用外轮驱动,有牵引、制动、反转三种工况,常用在卷缆机构上,当需要卷缆时,偶合器呈牵引工况,正转拉动电缆卷起;当小车不动时,偶合器是堵转制动工况,依靠制动力矩将电缆拉紧;当小车反方向行走时,小车通过电缆卷筒带动偶合器反转放缆。压滤机滤布张紧装置,印铁机链条张紧装置也常用此种型式的偶合器
8	制动轮式液力偶合器	制动轮 B　T 输入　　　　　输出 刚性联轴节	液力偶合器与制动轮的组合,通常制动轮(或制动盘)与偶合器的输出轴连接在一起。常用于带式输送机等既需传动又需制动的工作机上。有标准型制动轮式偶合器、易拆卸制动轮式偶合器、大后辅腔制动轮式偶合器多种。从传动型式上可分为内轮驱动制动轮式偶合器和外轮驱动制动轮式偶合器两种

序号	名　称	结 构 简 图	说　明
9	V 带轮式液力偶合器		液力偶合器和 V 带轮(或链轮、齿轮、塔轮等)的组合。其结构特点是输出与输入在同一端,偶合器是内轮驱动,电动机轴插进偶合器的轴孔内,偶合器悬挂在电动机轴上。用于卧式平行传动或立式平行传动的机械设备上。立式 V 带轮式偶合器又分为吊立(偶合器在电动机下吊着)和坐立(偶合器在电动机上坐着)两种
10	延时启动式偶合器	加大后辅腔式	后辅腔加大,分流容积加大,在启动或超载时,偶合器工作腔内的工作液体更多地流入后辅腔,使工作腔充液量更进一步降低,启动或制动力矩更低,启动特性变软,使工作机得以延时启动
		加大后辅腔带侧辅腔式	基本结构与加大后辅腔偶合器相同,在加装大后辅腔的基础上又设置大容积的侧辅腔,使分流容积更大,工作腔的充液量降得更低,启动力矩更小,启动特性更软,工作机延时启动时间更长
		定充液量阀控延充式	无外供油系统,在前辅腔与后辅腔,后辅腔与工作腔之间设置过流阀,通过调节过流阀,使工作腔通往后辅腔的流量加大,后辅腔通往工作腔的流量变小,即使工作腔的充液时间延长,启动力矩增长缓慢,工作机的启动时间得以延迟

序号	名　称	结构简图	说　明
10	延时启动式偶合器 变充液量阀控延充式		设置外供油系统,利用阀门控制偶合器的充液量和充液时间,达到缓慢启动工作机的目的,该偶合器就是通常说的离合启动型液力偶合器
	后辅腔带导管式		偶合器后辅腔带导流管,静止时工作液体大部分在后辅腔中;启动后,后辅腔的工作液体通过导管进入前辅腔和工作腔,调整过流阀即可使工作腔的充液时间延长,达到缓慢延时启动工作机的目的

32. 什么是液力偶合器传动装置,它有何特点和用途?

液力偶合器传动装置分类及结构特点见表 2 – 12。

表 2 – 12　液力偶合器传动装置分类及结构特点

名　称	结构简图	结构特点
前置齿轮增速型		偶合器前设置一对增速齿轮,以提高偶合器的输入转速,提高传递功率能力,降低偶合器规格,适合高转速机械使用

名 称	结 构 简 图	结 构 特 点
后置齿轮降速型		偶合器后设置一对降速齿轮,以适应低转速机械选用,输入转速较高,偶合器规格相对较小,传递功率较大,有时还加设液力减速器,以适应有柔性制动要求的工作机使用
后置齿轮增速型	输入端 输出端	偶合器输入转速通常是 3000r/min,偶合器后设置一对增速齿轮,目的是达到工作机所要求的速度
复合齿轮前增后减型		偶合器前设置一对增速齿轮,目的是提高偶合器输入转速和传递功率能力,降低偶合器规格。偶合器后设置一对降速齿轮,目的是适应低速机械选用需要
复合齿轮前增后增型		偶合器前设置一对增速齿轮,目的是提高偶合器输入转速和传递功率能力,降低偶合器规格。偶合器后再设置一对增速齿轮,目的是将输出转速提得更高

名 称	结构简图	结构特点
立式后置齿轮降速型		偶合器后设置直交轴锥齿轮传动的减速装置,以适应立式低速机械选用需要,有的还设置液力减速器,提供柔性制动功能
组合成套型	输入端　　　　　　　输出端	将调速型液力偶合器与增速器或减速器组合在一起,形成统一控制、集中供油的成套机组
多元组合型		将调速型液力偶合器与行星齿轮调速系统、液力变矩器、液力减速器、液压离合器等组合在一起,发挥各元件优越性,使之具有空载启动、过载保护、变矩、液力减速、齿轮调速和100%闭锁传动等各项优异功能
后置齿轮降速正车型	偶合器　　减速箱	基本结构与后置齿轮降速型相同,所设减速齿轮不是一对而是两对,因而其输出轴与输入轴同轴且旋转方向相同,俗称为正车传动

名　称	结 构 简 图	结 构 特 点
后置行星齿轮降速型	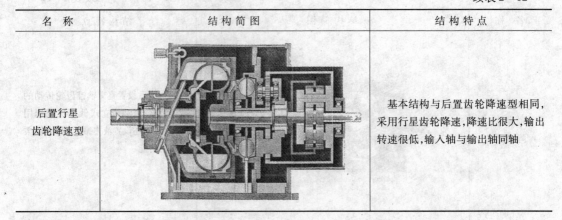	基本结构与后置齿轮降速型相同,采用行星齿轮降速,降速比很大,输出转速很低,输入轴与输出轴同轴

五、调速型液力偶合器调速原理

33. 利用液力偶合器进行调速有哪些方法?

利用液力偶合器进行调速的方法见表 2 – 13。

表 2 – 13　利用液力偶合器进行调速的方法分类

调速方式	原理简介	优缺点
改变输入转速调节	当负载力矩不变时,通过改变偶合器的输入转速使额定工况点力矩降低,迫使偶合器加大转差,降低输出转速	应用范围窄,只适合与能调速的动力机,如柴油机、汽油机、绕线式电动机等匹配。优点是不需要特殊偶合器
机械调节	利用机械传动机构挡住偶合器工作腔的一部分或全部,通过改变循环流量,从而改变输出力矩和输出转速	结构复杂,调速范围窄,液力损失大。优点是不存在不稳定区
容积调节	通过改变工作腔的充液量来改变偶合器的输出力矩和输出转速	调速方便,调节方式多样,调速精度较高,适用范围很广。缺点是存在不稳定区和转差功率损失

34. 为什么改变偶合器的输入转速能够进行调速?

采用改变偶合器的输入转速进行调速,偶合器本身没有任何变化。因为液力偶合器传递力矩的能力与其转速的 2 次方成正比,所以输入转速改变,其特性就改变。当负载力矩一定,即要求偶合器的输出力矩保持不变时,输入转速降低,转差率就要加大,输出转速就会降低,这实际上就是在调速,如图 2 – 7 所示。

由图 2 – 7 可见,柴油机的稳定运

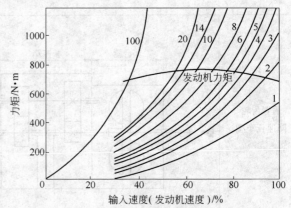

图 2 – 7　偶合器与柴油机联合调速特性曲线

行调速范围只能达70%左右,加上液力偶合器之后,调速范围扩大了。例如,在输入转速70%点,偶合器的转差率为10%左右。这样输出转速在降速70%的基础上,又降低了10%。不仅如此,原来超过70%最大调速范围,柴油机就进入不稳定区了,而加上液力偶合器之后,整个特性区全部都是稳定工作区。所以柴油机的调速范围就相对扩大了。

通过改变液力偶合器输入转速进行调速的方法简单易行,在有些柴油机或调速电动机驱动的机械设备上至今仍在使用。例如,大型塔机回转机构用的绕线式电动机加液力偶合器调速,因是间歇工作制,所以不用加冷却装置。再如,石油钻机液力传动装置,采用全充全排的供油方式加外部冷却器,达到了钻机的调速要求,是比较经济适用的一种调速方式。

35. 机械调节式液力偶合器是怎样进行调速的?

在全充液的情况下,利用机械传动机构遮住偶合器工作腔某个过流断面的一部分或全部,从而改变工作腔的循环流量,并进而改变偶合器的输出力矩和转速。这就是液力偶合器机械调节的调速原理。机械调节偶合器因其结构复杂、液力损失大、调速范围窄,目前已不使用。图2-8是带挡流环的调速型液力偶合器结构图,图2-9是带有回转叶片的调速型液力偶合器结构图。

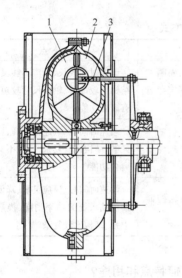
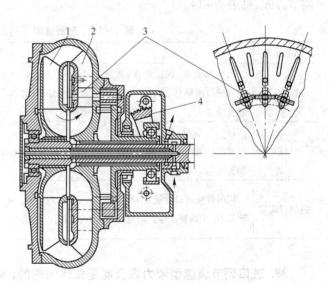

图2-8 循环流道内装有挡流环的调速偶合器
1—泵轮;2—涡轮;3—挡流环

图2-9 带有回转叶片的调速偶合器
1—涡轮;2—泵轮;3—回转叶片;4—扇形齿轮

36. 容积调节式调速型液力偶合器是怎样进行调速的?

由于液力偶合器传递动力的能力与其工作腔的充液率大致成正比,故如果在运行中设法改变偶合器工作腔的充液率,便可以在输入转速不变的情况下,改变其输出力矩和输出转速。由图2-10可见,不同充液量时,偶合器对应特性曲线 ab、ac、ad 三条,工作机特性曲线是 $-M_Z$。工作机特性曲线与不同充液量下的偶合器特性曲线分别交于1、2、3点,相对应的输出转速分别为 n_{T1}、n_{T2}、n_{T3}。很显然,调节了偶合器的充液率也就调节了它的输出转速,这是液力偶合器容积调速的最基本原理。

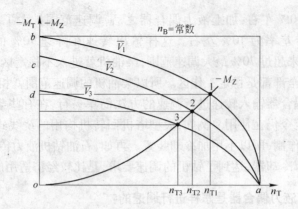

图 2-10　容积调节调速型液力偶合器调速原理

37. 液力偶合器容积(充液量)调节有几种方式?

现假设工作腔内充液量为 Q,若欲使其有 ΔQ 的变化,就必须使工作腔进、出口流量 Q_1 和 Q_2 不等,即 $\Delta Q = \Delta t(Q_1 - Q_2)$,式中 Δt 是调速时间。由此可以导出工作腔充液量的三种调节方式,见表 2-14。

表 2-14　充液量调节的三种方式

调节方式	定　义	常　用　结　构	优　缺　点
进口调节	出口流量 Q_2 保持正常,通过改变进口流量 Q_1 来调整工作腔的充液量	喷嘴导管、喷嘴阀门、喷嘴变量泵、固定导管阀门、固定导管变量泵等	调速时间较长、反应不够灵敏、结构比较简单、轴向尺寸较短,具有离合功能
出口调节	进口流量 Q_1 保持正常,通过改变出口流量 Q_2 来调整工作腔的充液量	转动导管式、伸缩导管式	调速时间短、调速精度高、反应灵敏、结构比较复杂,一般不具有离合功能
进出口调节	同时改变进口流量 Q_1 和出口流量 Q_2 来调整工作腔的充液量	导管阀控式、导管凸轮控制式、阀门控制式	调速时间短、反应灵敏、降低辅助供油系统的功率消耗、换热能力强、结构比较复杂

38. 进口调节调速型液力偶合器是如何调速的,各有何特点和用途?

进口调节调速型液力偶合器主要分为无供油系统和有供油系统两大类,以下简述各自原理、特点和用途。

　　A　无供油系统的喷嘴-导管组合偶合器调速原理

图 2-11 为无供油系统的喷嘴-导管组合偶合器的结构图。图中导管 8 安装在固定不动的导管座 10 上,转动操纵手柄 5 即可通过拨杆驱动导管上、下移动。当导管口伸向外壳 3 中的油环时,在旋转油环动压力作用下,油便从导管口被导入,并经导管座中的油路向偶合器工作腔供油。与泵轮 4 相连的外壳上有数个孔径一定的喷油孔(即喷嘴),工作腔内做完功的热油经喷嘴喷入旋转外壳的内缘,在离心力的作用下,形成一个油环。油环旋转形成的动压力迫使油液冲进导管,并经油路进入冷却器冷却后再次进入工作腔。喷嘴不断喷液,导管不断导液,由此形成偶合器流道内供油与排油的循环与调节。由于导管设计的供油能

力大于喷嘴的排油能力,所以导管口所到之处油便全被导出,因而导管口的位置就是油环内径的位置。

由图2-12(a)可见,当导管全缩进时,转动壳体内的油环厚度最大,工作腔内充油率为零,偶合器传递微小扭矩(因工作腔内有空气,仍有鼓风效应),若负载足够大,则偶合器输出端停转,具有离合功能。

由图2-12(b)可见,当导管全伸出时,转动壳体内的油环厚度最薄,工作腔内充油率最高,传递力矩最大(额定值)。

由图2-12(c)可见,当导管处于图2-12(a)和图2-12(b)所示的两个极限位置之间时,导管每移动并停留在一个位置,工作腔必对应一定的充液率,亦即必对应一定的输出转速。

以上就是喷嘴与导管组合的偶合器的调速原理。

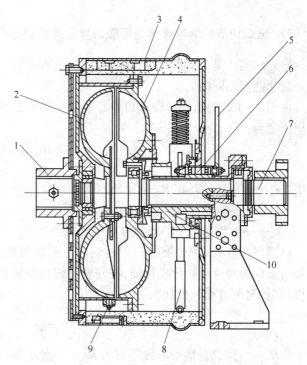

图2-11 喷嘴与导管组合的调速型液力偶合器结构图
1—输入轴;2—涡轮;3—旋转外壳;4—泵轮;5—操纵手柄;
6—偏心轴;7—输出轴;8—导管;9—喷嘴;10—导管座

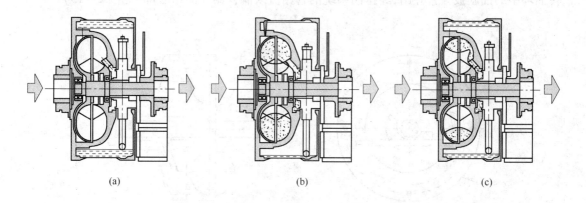

(a)   (b)   (c)

图2-12 喷嘴与导管组合的偶合器调速原理
(a)工作腔全排空;(b)工作腔全充油;(c)工作腔调整充液量

B 有供油系统的喷嘴-阀门式、喷嘴-变量泵式偶合器调速原理

有供油系统的喷嘴-阀门、喷嘴-变量泵偶合器调速原理实质上与无供油系统的喷嘴-导管调速原理相同。只是无供油系统的偶合器依靠自带储油壳体,用导管(相当于油泵)供油和调节工作腔内充油率。而有供油系统的偶合器不带储油回转壳体,依靠供油泵(或调速泵)、阀门来供油和调节工作腔充油率。

39. 出口调节伸缩导管调速型液力偶合器是如何调速的,有何特点和用途?

导管的实质是一种旋喷泵,具有截取随旋转容器一起旋转的油环中的液体的功能,这与油泵的功能是相同的。

由图2－13可见,当导管端口中心距偶合器中心线的半径为R_x时,旋转油环在此处的圆周速度为:

$$v_x = \frac{2\pi R_x n_B}{60} \qquad (2-1)$$

式中　v_x——旋转油环在R_x半径处的圆周速度,m/s;

　　　n_B——泵轮亦即旋转油环的转速,r/min;

　　　R_x——导管端口中心距偶合器中心的半径,m。

以圆周速度v_x旋转的油环,当碰到固定不转但能斜向或直向移动的导管端口时,旋转油环所形成的动能便转化成位能,在迎着旋转油环的导管口处产生一定的压头。按毕托管原理(即伯努利方程),此压头为:

$$H_x = \frac{v_x^2}{2g} \qquad (2-2)$$

式中　H_x——距偶合器中心线距离为R_x半径处的导管孔口压头,m;

　　　v_x——旋转油环在该处的圆周速度,m/s。

式(2－2)是在液环的自由液面与导管口的中心相一致的情况下建立的,若导管口深入液环的自由液面以下,则在导管口处不仅有油环动能所形成的位能,还有液环的离心力所形成的位能,因而其压头要比导管口与自由液面相一致时大。总之,在这一压头的作用下,旋转油环中的油就被导管导出,经排油系统的管路流入偶合器的油箱底部(见图2－13)。

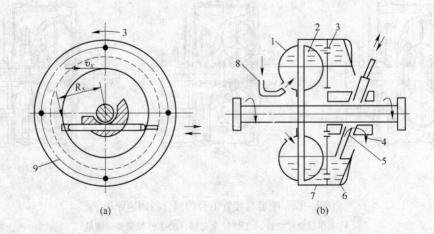

图2－13　导管调速原理示意图

1—泵轮;2—涡轮;3—流通孔;4—排油;5—导管;6—副叶片;7—转动外壳;8—进油管;9—旋转油环

由于供油泵供应偶合器流道的流量不变(即进口流量基本恒定),通过调节导管的开度来调节偶合器工作腔的充液量,并从而调节偶合器的输出力矩和输出转速,所以称之为出口调节调速方式。

在设计时,要保证导管的排油能力略大于油泵的供油能力,因而偶合器的充液液面始终与导管口齐平。导管可以在0开度(偶合器工作腔全排空)和100%开度(此时偶合器工作腔全充油)两个极限位置之间任意移动,每移动并停留一个位置,必有一个充液率与之相对应,也就必有一个涡轮转速(输出转速)与之相对应,从而达到无级调速的目的(见图2-14)。

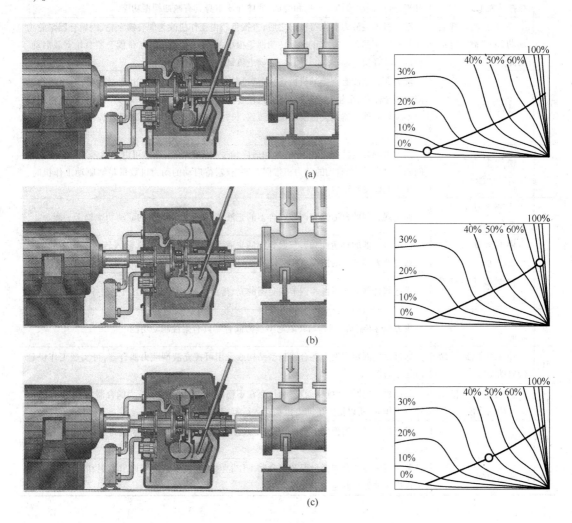

图2-14　导管调速过程示意图

(a)导管开度为0%时,工作腔充液率为0%,输出转速最低;

(b)导管开度为100%时,工作腔充液率为100%,输出转速最高;

(c)导管开度在0%~100%,充液率由0%~100%,输出转速可任意调节

六、液力偶合器的功能与特点

40. 液力偶合器有何优异功能?

液力偶合器的优异功能见表2-15。

表 2－15　液力偶合器的优异功能

序号	功能	功能说明
1	柔性传动自动适应功能	液力偶合器以液体为工作介质,输入与输出之间没有任何直接的机械连接,所以传动柔和平稳、自动适应性强
2	减缓冲击和隔离扭振功能	液力偶合器以液体为工作介质,输出与输入间无直接机械连接,将动力机与工作机隔离开来,避免振动的相互干扰和叠加,液体介质本身具有减冲缓振功能
3	使动力机轻载启动功能（"软"启动功能）	动力机加装液力偶合器传动之后,直接负载由工作机改为偶合器泵轮,因偶合器泵轮力矩与其转速的2次方成正比且转动惯量很小,故动力机近似等于带偶合器泵轮空载启动,所以启动轻快平稳,启动时间短,启动电流低,对电网冲击小
4	过载保护功能	液力偶合器没有直接的机械连接,其过载系数比电动机低,当出现过载时,输出端自动降速直至停转,泵轮与涡轮相对打滑,使传递力矩不再升高,保护动力机与工作机在超载时不损坏。偶合器上设置安全保护装置,长时间超载,安全保护装置发挥作用,避免偶合器损坏
5	协调多动力机顺序启动功能	因液力偶合器具有柔性传动、自动适应和过载保护功能,所以可以协调多动力机按一定间隔顺序启动,先启动的动力机带偶合器空转,待启动的动力机数量足够驱动工作机时,工作机便缓慢平稳启动
6	协调多动力机均衡载荷功能	通过偶合器的自适性和调节偶合器的充液率,使多台动力机的驱动功率趋于平衡
7	协调多动力机同步驱动功能	通过偶合器的自适性和调节偶合器的充液率,使多台动力机在输入转速不均衡的情况下通过液力偶合器的协调同步驱动工作机
8	协调多动力机平稳并车功能	通过偶合器的自适性和调节偶合器的充、排油系统,达到多动力机平稳并车的目的
9	柔性减速（制动）功能	液力减速（制动）器和堵转阻尼型液力偶合器具有柔性制动功能
10	使工作机延时缓慢启动功能	通过改进限矩型液力偶合器腔型结构或采用可控充液型液力偶合器,可实现工作机延时缓慢启动
11	扩大动力机稳定运行范围功能	柴油机、电动机直接驱动负载时,存在不稳定工作区,而加装液力偶合器之后,不存在不稳定工作区,所以扩大了动力机稳定运行范围
12	离合功能	带充排油系统的液力偶合器,可以通过控制充液,使偶合器充满或排空,从而具有离合功能
13	调速功能	调速型液力偶合器通过调节偶合器工作腔内的充液率来改变输出力矩和输出转速,使工作机获得无级调速

41. 液力偶合器有何特点？

液力偶合器的特点见表 2－16。

表 2－16　液力偶合器的特点

	特点	说明
优点	功能广泛、性能优异	具有十多项优异功能,能有效地改善传动品质,保护电动机和工作机在启动和超载时不受损坏,隔离冲击扭振
	对环境适应性强	可以在寒冷、炎热、潮湿、粉尘、需要防爆等环境下工作
	对环境无污染	对环境不产生任何污染,不需环境治理费用

特　点		说　明
优点	使用维护简便	结构比较简单,操作简便,维修容易,不需要复杂的养护技术,养护费用低
	可靠性高、使用寿命长	除轴承、油封以外,无任何直接机械摩擦,可靠性高,使用寿命长,可反复大修
	技术成熟可靠,使用范围广泛	液力偶合器自发明以来已有百年历史,在几百种机械设备上成功使用,均获得较高的技术经济效益
	性能价格比高	价格比较低廉,尤其大功率高转速液力偶合器,其性能价格比很高,其他任何调速装置均无法与之相比
	寿命周期费用低	初始投资少、养护费用低、能反复大修、使用寿命长,所以寿命周期费用较其他调速装置低
	可使用廉价电动机	可以使用廉价的鼠笼型异步电动机,替代价格昂贵的绕线式电动机,而获得同等甚至更好的传动特性
	效率比较高	限矩型液力偶合器额定效率大于 0.96,调速型液力偶合器与风机、水泵等离心式机械匹配运行效率达 0.85～0.97
	节能	由于液力传动解决了电动机启动困难的问题,与刚性传动相比,至少可使匹配电动机降低一个机座号,节约装机容量15%以上,节能效果显著
缺点	始终存在转差率,有转差功率损失	限矩型液力偶合器额定效率约等于0.96,有4%的转差功率损失。调速型液力偶合器与离心式机械匹配相对效率在0.85～0.97之间,根据工况不同,有15%～3%的转差功率损失;与恒扭矩机械匹配,效率等于转差比,当调速范围过大时,效率过低,发热严重
	输出转速始终低于输入转速	由于液力偶合器传动必须存在转差率,输出转速始终低于输入转速,且输出转速不能像齿轮传动那样准确无误
	输入转速低时,偶合器规格变大,性能价格比降低	由于液力偶合器传递力矩的能力与其转速的 2 次方成正比,输入转速降低之后,偶合器传递力矩的能力下降,性能价格比降低
	占地面积较大	需要在动力机与工作机之间占有一定的工作空间,老设备应用液力偶合器节能改造时,要增加一定的改造费用
	调速型液力偶合器要有冷却装置	由于调速型偶合器有转差功率损失,而损失的功率将转化成热量,必须使用冷却装置使偶合器发热与散热平衡,增加投资和运行费用
	调速范围相对较窄	与离心式机械匹配调速范围为1:5,与恒扭矩机械匹配调速范围为1:3
	无变矩功能	液力偶合器只能将输入力矩无改变地传递给输出端,而不具备随外载荷变化而变矩的能力

七、液力偶合器的相关术语

42. 液力偶合器的相关术语有哪些?

与液力偶合器相关的液力传动术语见表 2－17。

表 2 –17　与液力偶合器有关的液力传动术语(摘自 GB/T 3858—93)

序　号	术　语	代号	定　义
1	概述		
1.1	液力传动		以液体为工作介质,在两个或两个以上的叶轮组成的工作腔内,通过液体动量矩的变化来传递能量的传动
1.2	液力元件		液力偶合器与液力变矩器的总称,它是液力传动的基本单元
1.2.1	液力偶合器		输出力矩与输入力矩相等的液力元件(忽略机械等损失)
1.2.2	液力变矩器		输出力矩与输入力矩之比可变的液力元件
1.3	液力机械元件		由液力元件与齿轮传动组成的传动元件,其特点是存在功率分流
1.4	液力传动装置		具有液力元件及液力机械元件与齿轮传动的传动装置
1.4.1	液力偶合器传动装置		由液力偶合与齿轮机构组成的液力传动装置
1.4.2	液力变矩器传动装置		由液力变矩器与齿轮机构组成的液力传动装置
1.5	辅助系统		为保证液力元件或液力传动装置正常工作所必须的补偿、润滑、冷却、操纵及控制等系统的总称
1.6	补偿系统		为补偿液力元件的泄漏,防止气蚀和保证冷却而设置的供液系统
2	液力偶合器		输出力矩与输入力矩相等的液力元件(忽略机械等损失)
2.1	普通型液力偶合器		没有任何限矩、调速机构及其他措施的液力偶合器
2.2	限矩型液力偶合器		采用某种措施在低转速比时限制力矩升高的液力偶合器
2.2.1	静压泄液式限矩型液力偶合器		在低转速比时,利用侧辅腔液流的静压平衡来减少工作腔中充液量以限制力矩升高的液力偶合器
2.2.2	动压泄液式限矩型液力偶合器		在低转速比时,利用液流动压来减少工作腔中充液量以限制力矩升高的液力偶合器
2.2.3	复合泄液式限矩型液力偶合器		在低转速比时,同时利用液流动、静压来减少工作腔中充液量以限制力矩升高的液力偶合器
2.3	调速型液力偶合器		通过改变工作腔中充液量来调节输出转速的液力偶合器
2.3.1	进口调节式调速型液力偶合器		通过改变工作腔进口流量来调速的液力偶合器
2.3.2	出口调节式调速型液力偶合器		通过改变工作腔出口流量来调速的液力偶合器
2.3.3	复合调节式调速型液力偶合器		同时改变工作腔进、出口流量来调速的液力偶合器
2.4	单腔液力偶合器		具有一个工作腔的液力偶合器
2.5	双腔液力偶合器		具有两个工作腔的液力偶合器
2.6	闭锁式液力偶合器		在高转速比时,涡轮与泵轮同步运转的液力偶合器
2.7	液力减速器		涡轮固定,并起减速制动作用的液力偶合器

序　号	术　语	代号	定　义
3	叶轮与结构参数		
3.1	叶轮		具有一列或多列叶片的工作轮
3.2	泵轮	B	从动力机吸收机械能并使工作液体动量矩增加的叶轮
3.3	涡轮	T	向工作机输出机械能并使工作液体动量矩发生变化的叶轮
3.4	叶片		是叶轮的主要导流部分,它直接改变工作液体的动量矩
3.4.1	平面叶片		骨面为平面的叶片
3.4.2	径向叶片		骨面通过叶轮轴线的平面叶片
3.4.3	倾斜叶片		骨面与叶轮轴面相交的平面叶片
3.4.3.1	前倾叶片		泵轮流道出口处骨面向着泵轮转向的倾斜叶片,涡轮叶片的倾斜方向与泵轮相反
3.4.3.2	后倾叶片		泵轮流道出口处骨面与泵轮转向相反的倾斜叶片,涡轮叶片的倾斜方向与泵轮相反
3.5	叶栅		按照一定规律排列的一组叶片
3.6	无叶片区		工作腔内的无叶栅区
3.7	工作腔		由叶轮叶片间通道表面和引导工作液体运动的内、外环间的其他表面所限制的空间(不包括液力偶合器的辅助腔)
3.7.1	循环圆		工作腔的轴面投影图,以旋转轴线上半部的形状表示
3.7.1.1	有效直径	D	循环圆(或工作腔)的最大直径
3.7.1.2	工作腔内径	D_0	循环圆(或工作腔)的最小直径
3.7.1.3	外环		叶轮流道的外壁面
3.7.1.4	内环		叶轮流道的内壁面
3.7.1.5	流道		两相邻叶片与内外环所组成的空间
3.7.2	辅助腔		液力偶合器中用来调节工作腔内充液量的空腔
3.7.2.1	前辅腔		位于泵轮和涡轮中心部位的辅助腔
3.7.2.2	后辅腔		位于泵轮外侧的辅助腔
3.7.2.3	侧辅腔		位于涡轮外侧的辅助腔
3.7.2.4	导管腔		供导管吸排工作液体的辅助腔
3.8	流道宽度	b	叶片在循环圆上垂直于流线方向的宽度
3.9	叶片长度	L	叶片的骨线长度
3.10	叶片厚度	δ	垂直于骨面方向上叶片的厚度
3.11	阻流板		液力偶合器中为控制液流流动状态而在泵轮、涡轮之间加设的挡板
3.12	导管		调速型液力偶合器中用来调节工作腔充液量的导流管
4	性能参数		
4.1	外参数		液力传动中泵轮、涡轮和导轮的动力参数、运动参数(功率、力矩、转速)及由此导出的参数(效率、转速比、变矩系数等)
4.2	内参数		液力传动中液流参数(能头、流量、流速、压力)及其能量损失
4.3	圆周速度	u	叶轮上某点的旋转线速度

序 号	术 语	代号	定 义
4.4	相对速度	w	液体质点相对于液流的运动速度
4.5	牵连速度	U	液体质点与叶轮一起旋转时,该点所在位置的叶轮圆周速度
4.6	绝对速度	V	液体质点相对于固定坐标系的运动速度
4.7	轴面分速度	V_m	液体质点的绝对速度在轴面上的速度分量
4.8	圆周分速度	V_u	液体质量的绝对速度在圆周切线方向上的速度分量
4.9	速度环量	T	速度矢量在某一封闭周界切线上投影值沿着该周界的线积分。对于叶轮,即为设计流线上某点的圆周分速度与该点所在位置圆周长度之积
4.10	循环流量	Q	单位时间内流过循环流道某一过流断面的工作液体的容量
4.11	液力损失	h_Y	在液力元件循环流道内,工作液体因黏性、流道形状以及流动状态所引起的能量损失
4.11.1	摩擦损失	h_m	工作液体与流道和工作腔表面之间的摩擦及工作液体内部摩擦的液力损失
4.11.2	冲击损失	h_c	工作液体进入叶片流道时,液流相对速度方向与叶片进口骨线方向不一致而造成的局部液力损失
4.11.3	通流损失		除冲击损失以外的所有液力损失,它包括沿程摩擦和各种局部阻力损失
4.12	机械损失	N_j	圆盘损失、密封及轴承处的机械摩擦损失的总和
4.12.1	圆盘损失	N_P	流道外所有相对旋转表面与工作液体摩擦所引起的能量损失
4.12.2	鼓风损失	N_F	液力元件旋转件与空气介质由于鼓风所引起的能量损失
4.13	容积损失	q_r	由于泄漏所造成的容量损失
4.14	导管损失	N_d	工作液体绕导管流动及导出液流所引起的能量损失
4.15	效率	η	输出与输入功率之比
4.15.1	液力效率	η_Y	只考虑液力损失时的效率
4.15.2	机械效率	η_j	只考虑机械损失时的效率
4.15.3	容积效率	η_r	只考虑容积损失时的效率
4.15.4	最高效率	η_{max}	扣除所有最小损失后的液力元件的效率
4.16	输入力矩	M_1	液力元件所吸收的力矩
4.17	输出力矩	M_2	液力元件作用在工作机上的力矩
4.18	泵轮力矩	M_B	泵轮所吸收的力矩
4.19	涡轮力矩	M_T	外界负载作用于涡轮轴上的力矩
4.20	泵轮液力力矩	M_{BY}	在工作腔内,泵轮作用于液流的力矩
4.21	涡轮液力力矩	M_{TY}	在工作腔内,涡轮作用于液流的力矩
4.22	启动力矩	M_Q	零速工况时,涡轮由静止到开始运转时的瞬间输出力矩
4.23	制动力矩	M_Z	零速工况时,涡轮由运转到静止瞬间的输出力矩
4.24	标定力矩	M_n	液力偶合器额定工况时的力矩
4.25	泵轮力矩系数	λ_B	表示液力元件能容大小的参数
4.26	过载系数	T_g	液力偶合器最大力矩与标定力矩之比

序 号	术 语	代号	定 义
4.26.1	启动过载系数	T_{gQ}	液力偶合器启动力矩与标定力矩之比
4.26.2	制动过载系数	T_{gZ}	制动力矩与标定力矩之比
4.27	转速比	i	输出轴转速与输入轴转速之比
4.28	转差率	S	液力偶合器泵轮和涡轮转速之差与泵轮转速之比的百分率
4.29	额定转速	n_n	产品出厂规定的转速
4.30	充液量	q	充入液力元件腔体中的工作液体容量
4.31	充液率	q_c	充液量与腔体总容量之比的百分率
4.32	导管开度	K	导管实际行程和最大行程之比
4.33	波动比	e	液力偶合器外特性曲线的最大波峰值与最小波谷值之比
4.34	叶轮的轴向力	F_Z	工作液体对叶轮及其相联零件表面作用力的轴向分量
4.35	调速范围		调速型液力偶合器输出轴最高转速与最低稳定转速之比
4.36	几何相似		两液力元件过流部分及相应的各线性尺寸成比例和相应角度相等的情况
4.37	运动相似		几何相似的液力元件的转速比相同的情况
4.38	动力相似		具有几何相似和运动相似的情况
5	工况与特性		
5.1	工况	i	工作的状况,以转速比代表液力元件的工况
5.1.1	零矩工况		涡轮力矩为零时的工况
5.1.2	零速工况		转速比为零时的工况,其参数以下角标"0"表示
5.1.2.1	启动工况		零速工况下,涡轮由静止到运转的工况
5.1.2.2	制动工况		零速工况下,涡轮由运转到静止时的工况
5.1.3	计算工况		设计计算时所采用的工况,其参数以上角标"＊"表示
5.1.4	偶合工况		液力变矩器泵轮和涡轮力矩相等时的工况,其参数以下角标"h"表示
5.1.5	牵引工况		功率由泵轮传给涡轮时的工况
5.1.6	反转工况		泵轮正转,涡轮在外载荷带动下反转的工况
5.1.7	超越工况		在外载荷带动下,涡轮转速提高且超过 $-M_T=0$ 时的转速的工况
5.1.7.1	超越制动工况		在超越工况中,涡轮在外载荷带动下,泵轮从动力机吸收功率的工况
5.1.7.2	反传工况		在超越工况中,泵轮把功率反传给动力机的工况
5.2	相似工况		在几何相似条件下,液力元件的转速比相等的工况
5.3	内特性		液力元件工作腔中液流内参数之间的关系
5.4	外特性		泵轮转速(力矩)不变时,液力元件外参数与涡轮转速的关系
5.5	原始特性		泵轮力矩参数、效率、变矩系数与转速比的关系
5.6	通用外特性		不同泵轮转速(或不同泵轮力矩或不同充液率)下的外特性
5.7	全特性		包括牵引、反转和超越等全部工况区的液力元件的外特性
5.8	加速(启动)特性		原动机转速不变,涡轮轴转速从零加速到额定转速时的特性
5.9	制动特性		原动机转速不变,涡轮从额定转速减少到0时的特性

序 号	术 语	代号	定 义
5.10	输入特性		不同转速比时,输入力矩与其转速的关系
5.11	输出特性		液力元件与动力机共同工作时,输出力矩与其转速的关系
5.12	轴向力系数		表示液力元件轴向力大小的参数
5.13	共同工作范围		液力元件输入特性与动力机允许工作范围所形成的区域

八、液力偶合器的相关标准

43. 与液力偶合器相关的标准有哪些?

与液力偶合器有关的标准有国家标准和行业标准两种。其中行业标准主要有机械行业标准(JB)、煤炭行业标准(MT)和建筑行业标准(JG)三种,标准目录如下:

(1)《液力偶合器 型式和基本参数》(GB/T 5837—93)

(2)《液力传动术语》(GB/T 5838—93)

(3)《液力元件 系列型谱》(JB/T 8848—1999)

(4)《液力元件 图形符号》(JB 4237—86)

(5)《限矩型液力偶合器 出厂试验》(JB/T 9004.1—1999)

(6)《限矩型液力偶合器 型式试验》(JB/T 9004.2—1999)

(7)《普通型、限矩型液力偶合器 铸造叶轮技术条件》(JB/T 4234—1999)

(8)《普通型、限矩型液力偶合器 易熔塞》(JB/T 4235—1999)

(9)《液力偶合器 通用技术条件》(JB/T 9000—1999)

(10)《调速型液力偶合器 叶轮技术条件》(JB/T 9001—1999)

(11)《调速型液力偶合器、液力偶合器传动装置出厂试验方法》(JB/T 4238.1—2005)

(12)《调速型液力偶合器、液力偶合器传动装置出厂技术指标》(JB/T 4238.2—2005)

(13)《调速型液力偶合器、液力偶合器传动装置型式试验方法》(JB/T 4238.3—2005)

(14)《调速型液力偶合器、液力偶合器传动装置型式试验技术指标》(JB/T 4238.4—2005)

(15)《刮板输送机用液力偶合器》(MT/T 208—1995)

(16)《刮板输送机用液力偶合器检验规范》(MT/T 100—1995)

(17)《刮板输送机用液力偶合器易爆塞》(MT/T 466—1995)

(18)《煤矿用调速型液力偶合器检验规范》(MT/T 923—2002)

(19)《煤矿井下液力偶合器用高含水难燃液》(MT/T 243—91)

(20)《塔式起重机用限矩型液力偶合器》(JG/T 72—1999)

第三章 液力偶合器应用与节能简介

一、泵的种类、特性及工况调节

44. 什么是泵,泵有哪些类型,各有着怎样的工作原理?

泵是一种输送液体的流体机械。它是把原动机的机械能或其他能源的能量传递给液体,从而使液体的势能和动能增加,达到输送的目的。

按工作原理,泵可以分为叶轮式、容积式和其他式三大类,其中以叶轮式泵,尤其离心叶轮式泵应用最多。常用泵的种类及使用范围见图3-1,泵的分类及工作原理见表3-1。

45. 什么是泵的性能曲线?

泵制造厂每生产出一种型号的泵都要做性能试验。试验时逐渐改变泵的流量(通常用改变泵出口阀门开度来

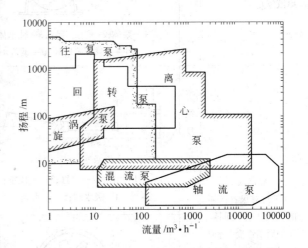

图3-1 常用的几种类型泵的使用范围

表3-1 泵的分类及工作原理

类 别		结构示意图	工作原理及适用场所
叶轮式 (利用叶轮旋转时对液体的动力作用,通过叶轮上的叶片把能量连续地传递给液体)	离心式泵	1—叶轮;2—压水室;3—吸入室;4—扩散管	叶轮旋转时,在叶轮中心附近压力降低,吸入液体,并沿叶轮内缘进入叶片通道,在惯性离心力作用下,液体被甩向叶轮外缘,同时获得压力能和动能,经涡壳或导流器输出。 离心式泵使用范围最广泛,在实际中应用最多
	轴流式泵	1—叶轮;2—导流器;3—泵壳	液体沿轴向进入旋转叶轮的叶片通道。由机翼理论知:旋转着的叶片对绕流液体作用有推力(升力),推力做功,使液体获得能量,并沿轴向排出。 轴流式泵适用于大流量、低扬程的场合

类　　别		结构示意图	工作原理及适用场所
叶轮式 （利用叶轮旋转时对液体的动力作用，通过叶轮上的叶片把能量连续地传递给液体）	混流式泵	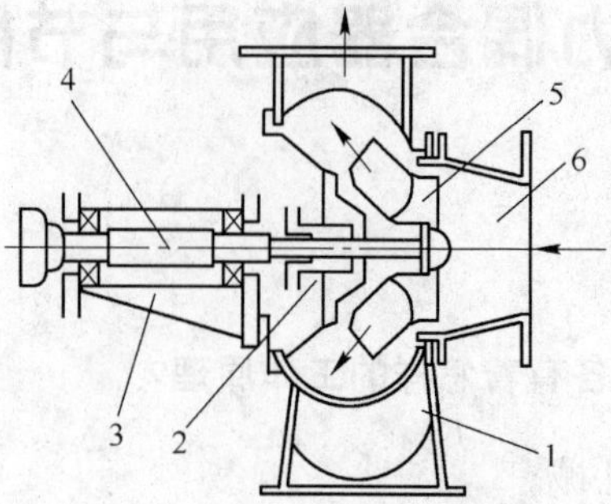 1—泵体；2—轴封装置；3—轴承体；4—泵轴；5—叶轮；6—泵盖	其叶轮形状和工作原理都同时具有离心式和轴流式二者的特点，介于离心式和轴流式之间，应用场合也介于离心式和轴流式之间
容积式 （通过对包容液体的密封工作空间容积的周期性变化，把原动机的能量周期性地传递给液体）	往复式泵	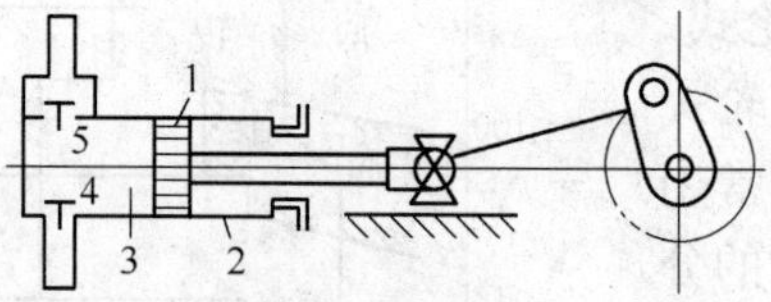 1—活塞；2—泵缸；3—工作室；4—吸水阀；5—压水阀	由曲柄连杆机构使活塞或柱塞在泵缸内做周期性的往复运动，以改变液体所占据的容积，从而不断吸入和压出液体，并使液体获得能量。 往复式泵适用于输送高扬程、小流量液体的场合
	回转式泵	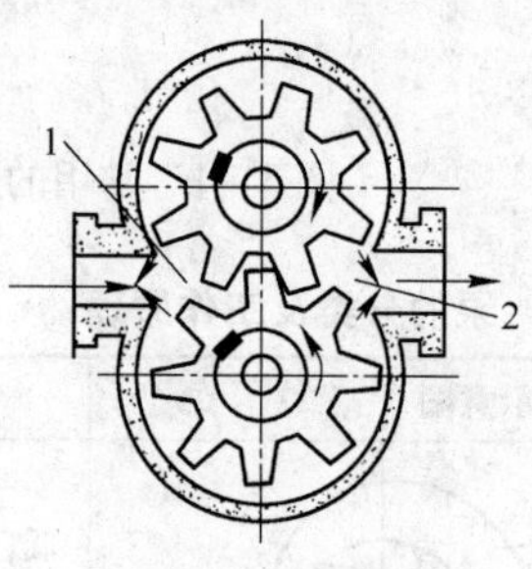 1—吸入腔；2—压出腔	回转式泵有齿轮泵、螺杆泵等。当齿轮或螺杆旋转时，它同泵壳内壁形成许多小的向出口方向移动的空间容积，且此容积在进口处逐渐扩大，在出口处逐渐减小，从而能不断吸入并压出液体。 回转式泵适用于输送黏滞性液体（如油）
其　他	喷射式泵	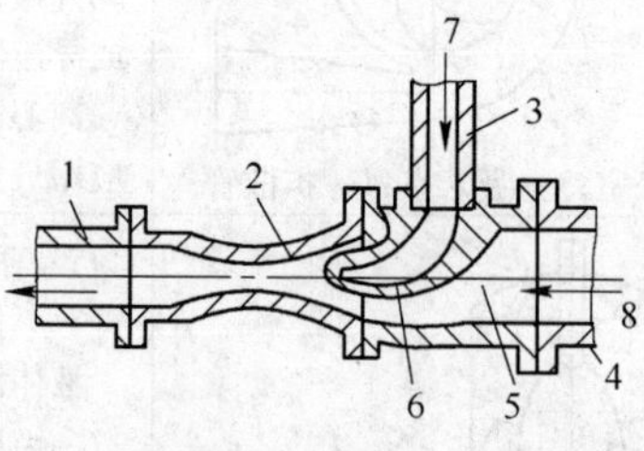 1—排出管；2—扩散室；3—管子；4—吸入管；5—吸入室；6—喷嘴；7—工作流体；8—被抽吸流体	工作流体 7 在压差作用下，由管路 3 进入喷嘴 6，并以高速喷出，结果使其周围的压力下降，吸入室 5 便从吸入管 4 吸进流体。 喷射式泵常用于抽真空

实现），测出在不同流量下泵的扬程和功率，并计算出效率，然后在直角坐标图上绘出泵的性能曲线，如图 3-2 所示。泵的特性曲线是液体在泵内运动规律的外部表现形式。

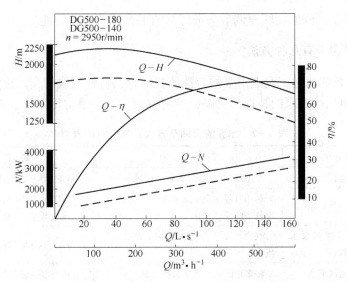

图 3 − 2 DG500 − 180 型、DG500 − 140 型锅炉给水泵的性能曲线图

（注：1. 此曲线为水温 20℃时试验所得；2. 虚线为 DG500 − 140 型泵的 $Q − H$ 及 $Q − N$ 曲线。）

46. 什么是泵的管路系统和管路特性曲线？

任何泵单独使用是无法工作的，必须将泵置入泵装置系统才能有效地工作。泵装置系统是指包括泵、泵的辅助件、吸入管路、压出管路以及吸入池和压出池等设备和部件的总称，通常称为管路系统。

把单位质量的液体由吸入池经管路系统输送到压出池，所需要的能量称为装置扬程。装置扬程与流量的关系曲线称为管路特性曲线，管路特性曲线为二次抛物线。

47. 什么是泵的运转特性曲线？

泵运行时的工况，不仅取决于泵本身的特性，还取决于管路特性。将泵的管路特性曲线与泵的性能曲线画在同一坐标图上，就成为泵的运转特性曲线。泵的运转特性曲线主要用来查看泵实际运行工况点的流量和扬程。例如，在图3−3中，泵的特性曲线 $H − Q$ 与管路特性曲线 R，相交于 A 点，A 点就是泵的运行工况点，表示出当泵的工况点为 A 时，A 点所对应的横坐标和纵坐标便是泵的实际流量和扬程。

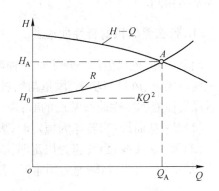

图 3 − 3 泵的运转特性与运行工况点

48. 为什么要对泵进行工况调节？

（1）工艺调节的需要。例如锅炉给水泵，当发电量变化时，锅炉的出力就要变化，因而给水泵的工况也要进行调节。

（2）安全运行的需要。有时泵为了避免汽蚀、水击、喘振等异常现象，也需要进行工况调节。

（3）节能的需要。例如用转速调节法进行泵的工况调节会节约能源。

49. 泵的工况调节有几种方法？

由第47问知泵的运行工况点由泵的特性曲线与管路特性曲线的交点决定，所以进行泵的工况调节也必须从改变泵的特性和管路特性两方面入手。最常用的调节方式见表3－2。

表3－2　水泵流量调节方式及耗能对比表

运行状况	调节方式	调 节 原 理	能 耗 对 比
恒速运行	间歇运行	在不需要供水时，水泵停止运行	节能，但不方便，仅用于小容量水泵
	并联台数控制	利用开停水泵的数量来调节流量，使流量呈阶梯状变化	节能，但不方便，占地面积大，效率低，水泵数量多，维护量大
	变更多级水泵工作轮的数目	改变水泵工作轮的数量，从而调节流量	节能，不方便，没有灵活性
	打回流调节	将多余的流量重新打回水池	打回流所耗用的功率全部浪费了
	节流调节	排水管道上设置闸阀，通过调节阀门的开度改变管网曲线来调节流量	节流后管网压力升高，节流损失加大，效率降低，能源浪费严重
变速运行	调速调节	利用调速装置，改变水泵的转速，通过改变水泵的特性曲线来调节流量	节能显著，操作方便灵活

二、风机的种类、特性及工况调节

50. 什么是风机，风机如何分类？

风机是原动机的机械能转变为气体的压力能和动能的机械设备。按工作原理分类，风机可分为离心式风机、轴流式风机、混流式风机和罗茨式风机四种。它们的结构和工作原理与泵基本相同。

51. 什么是风机的特性曲线？

同泵一样，风机生产厂每生产一种风机都要在试验台上进行性能试验，测出在转速恒定时风压与风量、风量与功率、风量与风机效率的关系，在坐标图上表示的称为风机特性曲线。表示风机性能的特性曲线常用的有：
（1）$H－Q$ 曲线：当转速为恒定时，表示风压与风量关系特性曲线。
（2）$N－Q$ 曲线：当转速为恒定时，表示功率与风量间关系的特性曲线。
（3）$\eta－Q$ 曲线：当转速为恒定时，表示风机效率与风量间关系的特性曲线。

52. 什么是管网风阻特性曲线，有什么特点？

当管网的风阻 R 保持不变时，风量 Q 与通风阻力 h 之间的关系是确定不变的。表达通风阻力 h 与风量 Q 的关系，即 $h－Q$ 曲线称为风阻特性曲线，管网风阻特性曲线是一条抛物线关系的曲线，即通风阻力与风量的 2 次方成正比。

53. 什么是风机的运行工况点?

与泵的运行工况点相似,风机的运行工况点也是由风机的性能曲线与管网特性曲线的交点决定的。

54. 风机工况调节有几种方法,各有何特点和用途?

风机工况调节方法、特点及适用场合见表3-3。

表3-3　风机的工况调节方法、特点及适用场合

调节方式	调节原理	简　图	特点及适用场合
节流调节 (改变通风机出口或进口附近的节流阀或风口挡板的开度)	增加管路阻力,使管路特性曲线变陡,从而改变工作点的位置(当调节通风机进口附近的阀门(风门)、挡板时,通风机的性能曲线亦稍有变化)		简便、可靠,但调节的经济性差,只适用于小型离心式通风机,且在风量的调节较小时
入口静叶调节 (改变离心式通风机入口的角度或轴向导流叶片的角度或改变轴流式、子午加速式通风机入口静叶的角度)	改变入口导流器叶片或入口静叶的角度,使气流在流进叶轮时产生或改变旋绕的程度,从而使通风机的性能曲线产生改变,结果使工作点的位置变化(入口导流器或入口静叶均作为通风机本身的组成部分)		比较简便、可靠,当风量的调节量较小时,有高的调节效率,但风量调节量大时,调节效率迅速降低。一般说,轴流风机的调节效率高于离心式风机,而在离心式中前弯叶片型又高于后弯叶片型
动叶调节 (改变轴流式风机旋转叶轮上叶片的安装角)	改变叶轮叶片的安装角时,气流的轴向速度和冲角均将产生变化,通风机的性能曲线亦将发生变化,从而改变了工作点的位置		在很宽广的流量调节范围内,均具有高的调节效率,适用于流量调节范围大的大型轴流式通风机
转速调节 (变速方式主要可分为原动机变转速和利用传动装置变转速两类)	当叶轮的转速改变时,由转速变化时的换算公式可知,通风机的性能曲线亦将随之变化,从而改变了工作点的位置		需要能变速的原动机或变速的传动装置,故增加了投资和复杂性。在风量调节范围大时,调节效率高、节能,适用于流量调节范围大的情况

调节方式	调节原理	简　图	特点及适用场合
双速电动机＋入口静叶联合调节	是静叶调节和转速调节两种调节方式的组合。在入口静叶调节的基础上，加上双速电动机调速，由于离心式机械其流量与转速的1次方成正比，所以流量调节的范围增大		当风量调节范围较大时经济性高，电站大型锅炉的离心式送引风机有的采用这种调节方式
放空调节	在输送气体的管道上设置放风变通阀，不需要风量时将风排放到大气中		浪费能源，有噪声污染和有害气体污染，调节不方便

三、风机、水泵调速运行节能原理

55. 离心式风机和水泵的流量、压头、功率与转速有何关系？

当离心式风机、水泵的转速从 n 改变到 n' 后，其流量 Q、压头 H 及功率 P 的关系如下：

$$Q'/Q = n'/n$$
$$H'/H = (n'/n)^2$$
$$P'/P = (n'/n)^3$$

即在相似工况下，流量与转速的 1 次方成正比，压头与转速的 2 次方成正比，功率与转速的 3 次方成正比。

56. 风机、水泵节流调节为什么耗能？

所谓节流调节，就是用关小阀门开度改变管网曲线的办法来调节流量。节流调节浪费能量由图 3－4 可见。图中 $(H-Q)$ n_1 为水泵在额定工况时的性能曲线，它与管网曲线 R_1 交于 A 点（额定工况点），其流量、压头、效率分别为 Q_1、H_1、η_A。若需将流量降低一半，则必须关小阀门，使管网曲线由 R_1 变为 R_2，并与 $(H-Q)n_1$ 性能曲线交于 B 点，此时的流量、压头、效率分别为 Q_2、H_2、η_B。由图可见，oH_2BQ_2 围起来的面积相当于节流调节耗用功率，虽然流量降低后，耗用功率比额定流量时有所降低，但降低不多。节流调节浪费能源有三个原因：

（1）节流后压头升高，单位流量的能耗增加。

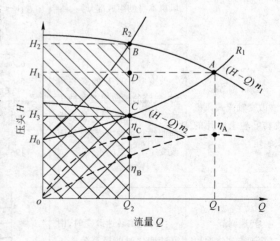

图 3－4　水泵节流调节与调速调节耗能比较

（2）节流后有附加节流损失。

（3）节流后运行点偏离高效区，由 η_A 降至 η_B，由于效率降低所以能耗增加。

57. 风机、水泵调速运行为什么节能？

不改变管网曲线，通过改变风机、水泵的转速从而改变其特性曲线来进行流量调节的称为调速调节。调速调节能够节能，这是由离心式风机、水泵自身的特点决定的。由于在相似运行条件下，离心式风机、水泵的流量与转速的 1 次方成正比，压头与转速的 2 次方成正比，轴功率与转速的 3 次方成正比。所以，当转速降低之后，流量一般会相应降低，而轴功率却大幅度降低。这是风机、水泵调速调节能够节能的根本原因。如图 3 - 4 所示，图中 $(H - Q)n_2$ 为水泵降速后的特性曲线，它与管网曲线 R_1 交于 C 点（流量降低后的运行工况点）。此时所耗功率相当于 oH_3CQ_2 围起来的面积，与节流调节相比，节能 50%。效率也比节流调节提高了，与原额定工况时的 η_A 大体相同。这是调速调节节能的又一原因。

四、风机、水泵调速节能与运行机制的关系

58. 风机、水泵的运行机制大概有几种？

从风机、水泵流量变化范围和在何种流量下的运行时间看，风机、水泵的运行机制可以分为 5 类：

（1）恒流量型：流量基本不需要调节。

（2）中低流量变化型：流量变化范围低于 50% ~ 100%（见图 3 - 5a）。

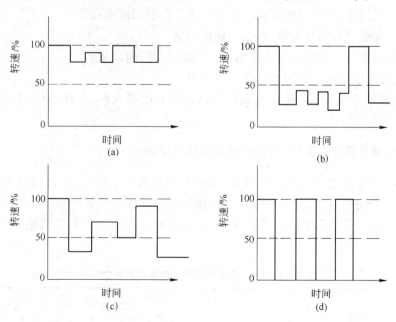

图 3 - 5　风机、水泵的流量变化类型

(a)中低流量变化型；(b)中高流量变化型；(c)全流量变化型；(d)全流量间歇型

（3）中高流量变化型：流量变化范围高于 50% ~ 100%（见图 3 - 5b）。

（4）全流量变化型：流量变化范围较大（见图 3 - 5c）。

（5）全流量间歇型：流量变化呈间歇状态（见图3−5d）。

59. 风机、水泵调速运行的节能效果与运行机制有何关系？

风机、水泵调速运行可以节能这是由它们自身的特性决定的。由于离心式风机、水泵的流量与转速的1次方成正比，而轴功率与转速的3次方成正比，所以当转速降低之后，流量一般降低，而功率则大幅度降低。因而调速运行的调节幅度越大，在低转速比运行的时间越长，采用调速运行越节能。风机、水泵采用调速运行的节能效果主要取决于运行机制，而与调速装置的选用有一定关系，但关系不大。

五、各种调速装置的技术经济性能比较

60. 调速装置有何选用原则？

（1）可靠性高。调速运行的风机、水泵大都在关键部门的关键岗位工作，一旦出现故障损失严重，所以要选用技术成熟、安全可靠、故障率低的调速装置。

（2）效率高。调速装置效率高，自身损失功率少，节能效果好。

（3）功率因数高。电业管理部门规定功率因数低于0.5的要罚款，所以要选用功率因数高的调速装置。

（4）对环境无污染。若对环境有污染，还必须进行治理，加大投资。

（5）对电动机正常运行无影响。不能因为调速影响电动机正常运行，降低电动机寿命。

（6）性能价格比高。必须高性能低价格，初始投资少，不能为了节能而浪费资金。

（7）节能效果显著，投资回收期短。最好一年左右收回改造投资。

（8）使用寿命长。可反复大修，寿命周期费用低。

（9）使用维护简便。无特殊复杂技术，故障排除容易，时间短。

（10）自动控制水平高。能用计算机自动控制。

（11）售后服务有保证。包括安装调试、人员培训、故障处理、备件供应、大修服务等是否周到、及时、高效、廉价。

61. 常用的调速装置有哪些，各自的技术经济性能如何？

任何一种调速装置想要全部达到第60问提出的要求是不可能的。只能在满足可靠性的原则下进行综合分析比较，重点考察性能价格比、初始投资、节能效果和投资回收时间、使用寿命及寿命周期费用、使用维护、售后服务等各方面。表3−4是各种调速装置的技术经济性能比较。

表3−4　各种调速装置技术经济性能比较

调速装置	调速原理	可靠性	转差损失	调速范围/%	调速精度	传递功率	功率因数		谐波污染	使用维护	总效率		初始投资
							100%转速	50%转速			100%转速	50%转速	
变极调速	改变电动机极对数	决定于换极开关	小	有级调速	高	各种功率	0.9	0.9	无	简易	0.95		低

调速装置	调速原理	可靠性	转差损失	调速范围/%	调速精度	传递功率	功率因数 100%转速	功率因数 50%转速	谐波污染	使用维护	总效率 100%转速	总效率 50%转速	初始投资
变频调速	改变频率 f	决定于元器件质量	小	14.3 ~ 100	高	中小功率	0.9	0.3	最大	技术水平要求高	0.95	0.8	最高
变压调速	改变电压 U	较高	有,不能回收	80 ~ 100	一般	小功率	0.8	—	较大	较简易	0.95	—	较低
串极调速	改变转差率 S	较高	有,能回收	50 ~ 100	高	中小功率	0.77	0.4	较大	技术水平要求较高	0.95	0.83	较高
转子串电阻调速	改变转差率 S	较高	有,不能回收	50 ~ 100	一般	各种功率	0.9	0.65	无	技术水平要求较高	0.95	0.5	低
电磁滑差离合器	改变转差率 S	高	有,不能回收	10 ~ 100	一般	小功率	0.9	0.65	无	技术水平要求较高	0.95	—	低
液力偶合器调速	改变偶合器转差率	高	有,不能回收	20 ~ 97	较高	无限制	0.9	0.65	无	较简便	0.97	0.5 $m=C$ / 0.85 $m \propto n^2$	较低
液黏调速	改变离合器转差率	较高	有,不能回收	0 ~ 100	较高	中小功率	0.9	0.65	无	技术水平要求较高	1		较低

注:m 为扭矩,C 为常数,n 为转速。

六、液力调速与变频调速技术经济分析

62. 液力调速与变频调速的技术性能比较如何?

液力调速与变频调速技术性能比较见表 3 – 5。

表 3 – 5　液力调速与变频调速技术性能比较

序号	项目	调速装置	说　明	对　比
1	调速精度和动态响应	液力调速	能满足工作机调速要求,导管开度与转速调节是非线性的,当工作机需要严格线性调节时应加装线性化调速凸轮和可变函数发生器,液力调速的动态响应低于变频调速	两种调速技术均能满足工作机调速要求,变频调速的调速精度高于液力调速
		变频调速	能满足工作机调速要求,调速精度较高,动态响应比较快	
2	调速范围	液力调速	与离心式机械匹配可达 5:1,与恒扭矩机械匹配可达 3:1	变频调速调速范围较宽,但两种调速均能满足风机、水泵的调速要求
		变频调速	通常可达 20:1	

序号	项 目	调速装置	说 明	对 比
3	传递功率范围	液力调速	从零点几千瓦至 6 万千瓦,传递功率范围很宽	液力调速比变频调速传递功率范围宽,大功率、超大功率工作机调速以液力调速为主
		变频调速	以中小功率为主,大容量变频调速目前较少	
4	输出转速范围	液力调速	液力偶合器传动装置最高可输出转速达20000r/min	液力调速在高转速工作机调速上占优势
		变频调速	受电动机转速限制,最高输出转速为 2 极电动机转速(3000r/min)	
5	输入转速对传递功率的影响	液力调速	传递功率的能力与输入转速的 3 次方成正比,输入转速降低偶合器规格增大,成本高	液力调速不适合在低速机械上使用,变频调速在低速机械上使用有优势
		变频调速	输入转速对传递功率无影响	
6	能否改善传动品质	液力调速	具有轻载启动、过载保护、减缓冲击、隔离扭振、协调多动力机均衡驱动、柔性传动与制动功能	在改善传动品质方面,液力调速优于变频调速
		变频调速	可以分级启动,基本上不改善传动品质	
7	占地面积	液力调速	占地面积大,需要在电动机和工作机之间占有一定空间,不利于旧设备改造,也不利于狭小空间使用	变频调速不用更换电动机,也不用留调速装置的位置,在此方面比液力调速优越,有利于旧设备调速节能改造
		变频调速	占地面积小,可以不移动和利用原电动机,有利旧设备改造和空间狭小场合使用	
8	对环境是否有污染	液力调速	对环境基本没有污染,若有漏油则可能使场地有油污	在对环境的污染方面,液力调速优于变频调速
		变频调速	变频调速在调速过程中所产生的高次谐波对电网有严重污染,必须予以治理	
9	对环境的适应性	液力调速	对环境的适应性较强,可以在煤矿井下、户外、炎热、严寒、粉尘、潮湿、高原等条件下使用	液力调速对环境的适应性远远高于变频调速,在环境恶劣的场合应当选择液力调速
		变频调速	变频器作为精密的电力电子装置,良好的安装环境是设备长期可靠运行的保证。通常变频器安装在室内,要通风散热良好、没有腐蚀性可燃性气体、没有粉尘、不受阳光直射、海拔高度低于 1000m	
10	技术复杂程度	液力调速	技术比较简单,属于流体传动和机械传动的范围,除液力传动本身较特殊外,其余均是常规技术,配套简单	液力调速比变频调速技术简单,所配套的冷却器和控制系统也较简单
		变频调速	技术比较复杂,属于精密的电力电子技术,尤其大容量、高电压变频调速更为复杂。除变频器本身复杂外,为治理谐波污染所配套的多种电抗器及制动单元等也较为复杂	
11	对使用与维护要求的复杂程度	液力调速	使用与维护较为简单,不需要高水平的使用维护技术	液力调速比较"皮实",而变频调速比较"娇贵",所以对使用与维护的要求,变频调速比液力调速高
		变频调速	对使用与维护技术要求高,有的需要进口配件,甚至有的不能维修	

序号	项 目	调速装置	说 明	对 比
12	能否向额定转速以上调速	液力调速	液力调速属于滑差调速,只能由额定转速向下调速,不能向上调速	在需要向上调速的场合,变频调速优于液力调速
		变频调速	变频调速是通过改变供电频率来调速的,供电频率可以上调也可以下调,故可向上调速也可向下调速	
13	能否反复大修	液力调速	液力调速装置可以反复大修,在寿命周期内可至少大修5次(每2~5年大修1次)	从能否反复大修、节省寿命周期费用方面考察,液力调速优于变频调速
		变频调速	变频调速基本上不能大修	
14	使用可靠性和寿命	液力调速	技术成熟、使用可靠,标准规定平均无故障工作时间达5000h,大修期不应低于16000h,使用寿命不应低于80000h	从寿命周期看,液力调速的寿命高于变频调速,进口变频器的可靠性比较高
		变频调速	由于使用年限较短,暂时无可靠性的资料,受电子元器件老化的影响,估计使用寿命不会比液力调速长,通常进口变频器承诺5年不坏	
15	对电动机和电网的影响	液力调速	能够使电动机轻载启动,降低启动电流和启动时间,降低对电网的冲击,保护电动机在超载时不受损坏,调速时不改变电动机转速	采用液力调速机组电动机不仅能够调速而且可以保护电动机在启动、超载时不受损坏,变频调速对电动机有一定的不良影响
		变频调速	(1)风冷式电动机,当转速降低后,影响冷却效果,使电动机发热; (2)存在高次谐波与换流瞬时压降,引起电网波形畸变,引起电动机铜损、铁损和机械损耗增加; (3)电动机因降速风冷效果差和损耗增加而升温,从而导致效率下降; (4)影响电动机寿命	
16	总功率因数	液力调速	电动机转速不变,功率因数变化较小,100%转速比时功率因数约为0.9,50%转速比时功率因数约为0.65	从功率因数方面考察,液力调速优于变频调速,总功率因数低不仅造成一系列损失,而且还会受到供电部门的罚款
		变频调速	电动机改变转速,功率因数变化较大,100%转速比时功率因数约为0.9,50%转速比时功率因数约为0.3,总功率因数较低	
17	总效率	液力调速	与离心式机械匹配,最大转差功率损失等于$0.157P_B$(P_B为泵轮功率),额定转速时功率损失为0.03,效率在0.97~0.85之间,与恒扭矩机械匹配,效率等于转速比,转速比越低效率越低	(1)从总效率上看,变频调速略高于液力调速; (2)与恒扭矩机械匹配,变频调速的效率高于液力调速; (3)变频调速的效率应从工频电源转化为变频电源,直至调速的全过程算起,那种认为全过程效率可达0.95的说法是毫无根据的
		变频调速	从工频电源往变频电源的转化过程中会损失一部分功率,100%转速比时效率为0.95,50%转速比时约为0.80,变频器发热功率损失约为4%~6%	

序号	项 目	调速装置	说 明	对 比
18	附加装置	液力调速	液力调速的附加装置主要有冷却器和控制装置,冷却器的换热面积随传递功率的增加而增加	液力调速的附加装置的数量和费用低于变频调速
		变频调速	主要是外围设备和用于治理谐波污染的设备。如电源侧进线交流电抗器、无线电干扰抑制电抗器、中间直流电抗器、输出滤波器或电抗器、制动单元及制动电阻、现场总线适配器等	
19	与工作机的匹配	液力调速	(1)特别适合于高转速、大功率、高电压电动机拖动的离心式风机、水泵匹配,节能效果显著; (2)不适合于调速范围很宽的恒扭矩机械匹配,因为效率等于转速比,调速范围越大越耗能	液力调速适合于高电压电动机拖动的高转速、大功率离心式机械匹配,不适合于低转速、恒力矩机械匹配
		变频调速	与离心式机械或恒扭矩机械匹配均可,特别对于低转速机械调速,采用变频调速比液力调速优越	
20	能否做到故障切换	液力调速	调速型液力偶合器出现影响运行的故障以后,必须停机检修,无法切换	这是变频调速与液力调速相比最大的优点,对于特别重要的一刻也不能停机的场合,应当选用变频调速
		变频调速	可设旁路刀闸切换装置,增加工频旁路。当变频器故障跳闸后,通过刀闸开关切换,使工频电源直接驱动电动机恒速运行	
21	控制质量	液力调速	可以实现计算机自动控制	控制质量基本相同
		变频调速	控制质量较高,能自动化控制	

63. 液力调速与变频调速的经济效益比较如何?

A 设备初始投资费用

液力调速初始投资费用较低,变频调速初始投资费用较高,尤其高转速、大功率应用场合相差更大。通常进口大容量变频器约 2000 元/kW,国产大容量变频器约 1500 元/kW,最低可达 1000 元/kW。为了便于对比,现在选择大中小三个功率档次水泵已选用液力偶合器调速的机组的实际投资与变频调速进行对比,变频调速取中间价,以 1200 元/kW 计算。

【例 3 - 1】 某发电厂 200MW 锅炉给水泵应用液力调速与变频调速的初始投资对比(见表 3 - 6)。

表 3 - 6 200MW 锅炉给水泵采用两种调速装置初始投资对比

项目 调速装置	电动机转速 /r·min⁻¹	电动机功率 /kW	设备总投资 /万元	对 比	备 注
液力调速	3000	5100	52	1	含全套附加装置费用
变频调速	3000	5100	612	11.8	未计附加装置费用

【例 3 - 2】 某自来水公司供水泵应用液力调速与变频调速初始投资对比(见表 3 - 7)。

【例 3 - 3】 某电厂灰渣泵应用液力调速与变频调速初始投资对比(见表 3 - 8)

由以上三例可见:在高转速、大功率工作机上,使用液力偶合器的初始投资费用比较低,远

表 3 - 7　自来水公司供水泵采用两种调速装置初始投资对比

调速装置　　　项目	电动机转速 /r·min^{-1}	电动机功率 /kW	设备总投资 /万元	对　比	备　注
液力调速	1000	400	12.5	1	含全套附加装置费用
变频调速	1000	400	48	3.84	未计附加装置费用

表 3 - 8　电厂灰渣泵采用两种调速装置初始投资对比

调速装置　　　项目	电动机转速 /r·min^{-1}	电动机功率 /kW	设备总投资 /万元	对　比	备　注
液力调速	1500	75	8	1	含全套附加装置费用
变频调速	1500	75	9	1.13	未计附加装置费用

远优于使用变频调速;而在低转速、小功率工作机上则二者投资费用相差不多。由于液力偶合器传递功率的能力与其转速的 3 次方成正比,所以同样规格偶合器输入转速越高,传递功率越大,每千瓦功率所含投资越低。反之,输入转速越低,传递功率越小,每千瓦功率所含投资越高。从长远发展看,无论如何变频调速的价格不可能降至原来的 1/10,所以在很长一段时间内变频调速在初始投资上无法与液力调速竞争。

B　寿命周期费用

寿命周期费用 = 初置费用 + 年维护费用 × 年数 + 大修费用 × 次数。现以调速型液力偶合器寿命周期为 20 年来进行对比。

(1)液力调速寿命周期费用。根据以往经验调速型液力偶合器年维护费用约占初置费用的 1/20,通常 3 ~ 5 年大修一次。现假设 20 年中大修 5 次,每次大修费用为初置费用的 1/5,传递功率为 2000kW,输入转速 3000r/min,所选调速型液力偶合器为 GWT58,全部初置费用 20 万元。则液力调速的寿命周期费用 = 20 + (20/20 × 20) + (20/5 × 5) = 60 万元,即液力调速寿命周期费用约为初置费用的 3 倍。

(2)变频调速的寿命周期费用。假如传递功率为 2000kN,用变频调速。由于变频调速使用时间较短,且没有关于寿命周期方面的资料,所以不好比较。现假设变频调速的寿命也有 20 年,且 20 年中不用大修,寿命周期费用就是初始投资费用,那么也得 1200 元 × 2000 = 240 万元(变频调速每千瓦的价格约为 1200 元),是液力调速的 4 倍,更何况变频调速根本用不了 20 年。

C　节能效果

严格地说节能效果除与调速装置的效率有关之外,与采用什么调速装置没有直接影响。节能效果只能是与风机、水泵的运行机制有关,与恒功率、恒转速运行相比,转速调节幅度越大,在低转速比工况运行时间越长越节能。由以上分析可见,液力调速与变频调速的效率大致相等,而液力调速的功率因数又较高,所以实际节能效益肯定不会比变频调速低。在进行选择什么样的调速装置可行性分析时,对于节能效益一项,关键从工作机的特性以及自身运行机制去考虑,而不用过多地从调速装置的角度去考虑。

D　投资回收期

由于液力调速与变频调速效率大致相同,风机、水泵应用这两种调速装置的节能效果也大致相同,所以两种调速装置投资回收期之比就等于初置费用之比。通常变频调速比液力调速的投资回收期长 4~8 倍。例如,辽阳某水厂 1990 年采用 GWT58、YOT$_{GC}$750 各一台调速型液力偶合器用于供水泵调速,设备总投资费用当年为 22 万元,节电率达 36%,年节约价值 38.2 万元,仅用 7 个月即收回设备投资。而由某市政工程设计院设计的同样规模的另一水厂,选用进口变频调速,总投资 200 多万元,仅用于治理谐波污染的费用就达 60 万元。两厂的节电率和节约价值大致相同,而投资回收期却相差 9 倍。

64. 怎样通过技术经济分析选配合适的调速装置?

从原则上说,风机、水泵选配调速装置必须符合第 60 问介绍的选配原则,但是任何一种调速装置要想全部符合选配原则也是不可能的,只能在满足可靠性原则的基础上进行技术经济分析和综合比较,重点考察调速装置的性能价格比,初始投资、节能效果、投资回收时间、使用寿命、使用维护和售后服务等各个方面。

由以上对液力调速和变频调速的技术经济分析可知,液力调速在高电压、高转速、大功率的风机、水泵上应用占绝对优势。而变频调速在中小功率、中低转速以及一机二用、要求占地面积小、旧设备改造等方面占有一定优势。选用时不仅要考察节能效益,而且要对比投资效益。因为节能的最终目的还是为了降低成本提高效益,若单纯为了节能而耗费大量短时间内无法收回的投资就得不偿失了。

七、调速型液力偶合器运行效率分析

65. 为什么要对调速型液力偶合器的运行效率进行分析?

液力偶合器的特性之一就是效率等于转速比,即 $\eta = i$。但是当调速型液力偶合器与抛物线型或直线型负载匹配时,用此公式计算效率便产生了问题。例如,当离心式风机调速至 $i = 0.20$ 时,若按 $\eta = i$ 公式,则此时效率也应等于 20%,等于说 80% 的功率全浪费了,有些文章就是据此将液力调速列为"低效调速装置"。而实际上却并非如此,因此有必要对调速型液力偶合器与抛物线型或直线型负载匹配的运行效率进行分析,以得出一个科学的正确结论。

66. 怎样对调速型液力偶合器的运行效率进行分析?

要想真正搞清调速型液力偶合器与抛物线型负载或直线型负载的运行效率必须从效率的定义出发进行分析。所谓效率是指输出功率与输入功率之比。正是依据此定义,才推导出液力偶合器效率等于转速比的结论,因 $\eta = \dfrac{P_T}{P_B}$,而 $\dfrac{P_T}{P_B} = \dfrac{M_T n_T}{M_B n_B}$,由于 $M_T = M_B$,所以 $n = \dfrac{P_T}{P_B} = \dfrac{n_T}{n_B} = i$。请注意,在这个公式的变换过程中,$M_T$ 与 M_B 均是不变的,即 M_B 就等于电动机功率,M_T 等于工作机功率。而调速型液力偶合器与抛物线型负载或直线型负载匹配时,情况发生了变化。首先,偶合器泵轮功率因调速而发生了变化,已不是原电动机功率了。第二,工作机功率(即偶合器输出功率)也因调速而发生变化,也不是原来的额定功率了。既然输出功率与输入功率均发生了变化,那么按效率的定义,应当是在某一工况点的输出功率与输入功率之比才是该工况点的效率,而不应该是某工况点的工作机功率与动力机额定功率之比了。由此可见,由效率的定义出发,才能将调速型液力偶合器的运行效率弄明白。

67. 什么是液力偶合器的相对效率,为什么要引入相对效率这一概念?

A 液力偶合器的效率

液力偶合器的特性之一就是效率 η 等于转速比 i。对于在运行中输入功率始终不变的限矩型液力偶合器或调速型液力偶合器与恒扭矩机械匹配,这个公式是正确无误的。

B 液力偶合器的相对效率

当调速型液力偶合器与抛物线型或直线型负载匹配时,用此公式来计算效率便产生了问题。例如,当离心式风机调速至20%时,若按 $\eta = i$ 公式,此时效率应等于20%,也就是说80%的功率都损失了。经理论计算,实际上此工况点的偶合器损失功率只占额定输入功率的3.2%,即根本没有损失80%的功率。为什么会出现这么大的差异呢? 这是因为液力偶合器与以上两种负载匹配时,在调速过程中,工作机功率(即偶合器输出功率)因调速而发生变化,偶合器的泵轮功率也因调节充液率(即调速)而发生变化。效率的本义是输出功率与输入功率之比,既然输出功率与输入功率均发生了变化,那么仍然用以输入功率不变为前提的效率公式来计算,显然是错误的了。为了真实地反映调速型液力偶合器与抛物线型负载或直线型负载匹配的功率损失情况,特引入相对效率的概念。所谓相对效率是指额定输入功率与任意工况点损失功率之差与额定输入功率之比。即

$$\bar{\eta} = \frac{P_e - P_S}{P_e} = 1 - \frac{P_S}{P_e} \tag{3-1}$$

式中　$\bar{\eta}$ ——相对效率;

　　P_e ——液力偶合器额定输入功率,kW;

　　P_S ——液力偶合器在任意调速工况点的损失功率,kW。

68. 有关液力偶合器效率的两个公式如何使用?

限矩型液力偶合器或调速型液力偶合器与恒扭矩机械匹配,应使用 $\eta = i$ 公式。调速型液力偶合器与抛物线型负载或直线型负载匹配,在进行节能分析和计算冷却器换热面积时应使用 $\bar{\eta} = 1 - \frac{P_S}{P_e}$ 公式。

八、应用液力偶合器调速的经济性

69. 与调速型液力偶合器匹配的常用负载有几种,各有什么特性?

(1)负载功率与其转速的3次方成正比的抛物线型负载,即 $P_Z \propto n_Z^3$,如离心式风机、水泵等。

(2)负载功率与其转速的2次方成正比的直线型负载,即 $P_Z \propto n_Z^2$,如压力不变的活塞式发动机增压器、调压运行的锅炉给水泵、部分罗茨鼓风机等。

(3)负载功率与其转速的1次方成正比的恒扭矩负载,即 $P_Z \propto n_Z$(或 $M_Z = C$),如带式输送机、斗式提升机和搅拌机等。

70. 调速型液力偶合器与不同负载匹配时的滑差功率损失如何计算？

在泵轮转速 n_B 不变的条件下，涡轮转速 n_T 就与转速比 $i = n_T/n_B$ 成正比。若负载机的额定功率为 P_Z，则以上三种负载的功率就可以相应地用以下形式表达：

抛物线型负载　　$P_Z = i^3 P_e$

直线型负载　　　$P_Z = i^2 P_e$

恒扭矩负载　　　$P_Z = i P_e$

负载功率就是偶合器输出轴上的功率，也就是涡轮功率，若把它除以偶合器的效率 η 就能得到偶合器输入轴上的功率，即泵轮功率 P_B。又因为在偶合器中 $\eta = i$，所以就有以下公式成立：

抛物线型负载　　$P_B = \dfrac{i^3}{i} P_e = i^2 P_e$

直线型负载　　　$P_B = \dfrac{i^2}{i} P_e = i P_e$

恒扭矩负载　　　$P_B = \dfrac{i}{i} P_e = P_e$

偶合器的损失功率 P_S 等于输入功率减去输出功率，即 $P_S = P_B - P_Z$。三种不同负载的损失功率如下：

抛物线型负载　　$P_S = P_B - P_Z = i^2 P_e - i^3 P_e = (i^2 - i^3) P_e$

直线型负载　　　$P_S = P_B - P_Z = i P_e - i^2 P_e = (i - i^2) P_e$

恒扭矩负载　　　$P_S = P_B - P_Z = P_e - i P_e = (1 - i) P_e$

以上损失 P_S 都是转速比 i 的函数，若要求取损失值最大时的转速比，可采用求导方法。

抛物线型负载：$\dfrac{\mathrm{d}P_S}{\mathrm{d}i} = (2i - 3i^2) P_e = 0$，即 $2i - 3i^2 = 0$，由此得 $i = 2/3$（即最大功率损失点在 $i = 2/3 = 0.667$ 处）。将 i 值代入 $P_S = (i^2 - i^3) P_e$ 式得 $P_{Smax} = \left[\left(\dfrac{2}{3} \right)^2 - \left(\dfrac{2}{3} \right)^3 \right] P_e = 0.148 P_e$。

直线型负载：$\dfrac{\mathrm{d}P_S}{\mathrm{d}i} = (1 - 2i) P_e = 0$，即 $(1 - 2i) = 0$，由此得 $i = 1/2$（即最大功率损失点在 $i = 0.5$ 处），将 i 值代入 $P_S = (i - i^2) P_e$，可得 $P_S = (0.5 - 0.5^2) P_e = 0.25 P_e$。

恒扭矩负载：由公式 $P_S = (1 - i) P_e$ 可直接求得。

71. 怎样判断调速型液力偶合器与不同负载匹配调速运行的经济性？

由第70问的分析可知，不同的负载类型采用调速型液力偶合器调速运行所获得的经济性是不同的，其中功率与转速成 3 次方关系的抛物线型负载，在调速过程中的滑差功率损失最小，相对效率最高，所获得经济效益最高。而恒扭矩机械应用液力调速，因为效率等于转速比，调速范围越大，功率损失越大，除小范围调速如带式输送机等以外，不推荐使用液力调速。各种负载机械应用液力调速的经济性见表 3 - 9。

必须说明的是，以上计算公式中的功率损失 P_S，仅指液力偶合器由调速引起的滑差损失或称为水力损失，实际上偶合器工作时还有转动件的鼓风损失、轴承与油封的摩擦损失、搅油损失、导流管中的液体流动损失、齿轮传动损失等,所以在计算偶合器发热功率损失和选配冷却器时还应将这些损失也考虑进去。

表 3 – 9 调速型液力偶合器转差功率损失与相对效率

负载类型	抛物线型力矩负载 $P_Z \propto n_Z^3$	直线型力矩负载 $P_Z \propto n_Z^2$	恒力矩负载 $P_Z \propto n_Z$
调速范围	1 ~ 1/5	1 ~ 1/5	1 ~ 1/3
转差功率损失 P_S/kW	$P_S = \dfrac{i^2 - i^3}{0.97^2} P_B$	$P_S = \dfrac{i - i^2}{0.97} P_B$	$P_S = (1 - i) P_B$
最大转差功率损失 P_{Smax}/kW	$0.157 P_B$	$0.258 P_B$	$0.667 P_B$
最大功率损失点 i_{Smax}	0.667	0.5	0.33
相对效率 $\bar{\eta}$	0.843 ~ 0.97	0.742 ~ 0.97	0.333 ~ 0.97
运行曲线			
典型机械	离心式风机、水泵、压缩机	调压运行的锅炉给水泵	带式输送机、搅拌机、提升机、容积泵

注:P_B—输入额定功率;P_Z—工作机功率;P_S—转差损失功率;P_{Smax}—最大功率损失;i_{Smax}—最大功率损失点的转速比;i—调速工况点的转速比;0.97—额定工况点转速比;$\bar{P}$—相对功率;$\bar{\eta}$—相对效率。

九、应用液力偶合器传动和调速的节能原理

72. 应用调速型液力偶合器调速为什么能节能?

采用液力偶合器调速的节能效益体现在以下五个方面:

(1)匹配合理,降低装机容量。由于调速型液力偶合器可使电动机带大惯量载荷空载启动,因而电动机选型时可适当降低安全系数,避免"大马拉小车"现象。与原来的刚性传动相比,最低可降低一个电动机机座号,装机容量约降低 10% ~ 25%,由于匹配经济合理,所以节能。

(2)降低电动机启动耗用功率。因液力偶合器解决了大惯量机械的启动困难问题,所以电动机的启动电流低,启动持续时间短,对电网冲击小,启动时耗用功率低。特别是对于多机驱动设备,由于应用液力传动可以使各电动机顺序启动,因而避免了多电动机同时启动对电网的冲击,降低了启动电流。对于启动时间长、启动频繁的机械,使用液力偶合器节能显著。

(3)降低设备故障率,提高设备使用寿命。因液力偶合器具有柔性传动、减缓冲击、隔

离扭振、过载保护等功能,所以应用液力偶合器传动能提高传动品质,降低设备故障率和延长设备使用寿命。例如,除尘风机使用一段时间后,就会因叶片挂尘而失去平衡。而应用液力偶合器调速,可以在低转速下用高压水冲洗叶片,这样就能使风机经常在平衡状态下运转,使用寿命得以提高。再如,渣浆泵的叶轮磨损量与其转速的 3 次方成正比,应用液力偶合器调速,在不需要高流量时,使渣浆泵降速运行,故可降低叶轮磨损和提高使用寿命。

(4)提高产量。应用液力偶合器调速之后,因降低了设备故障率和停工时间,故产量随之增加。例如,某钢厂在 25t 转炉除尘风机上使用调速型液力偶合器调速运行,风机大修期由原 329 炉/次提高至 898 炉/次,每年因减少停工而增产 2360.7t 钢,所回收的煤气纯度和质量均有所提高。

(5)变速调节节能。以上四个方面的节能和效益,任何设备应用液力偶合器传动均能获得。而变速调节节能却只有在离心式机械上应用才能获得。由上文分析可知,离心式机械的流量与转速的 1 次方成正比,而功率与转速的 3 次方成正比,所以降速之后,功率大幅度降低。而恒力矩机械应用液力偶合器不仅不节能,反而会因效率降低而耗能。

73. 应用限矩型液力偶合器传动为什么能节能?

应用限矩型液力偶合器传动的节能效益体现在以下五个方面:

A 电动机轻载启动节能

由于液力偶合器解决了电动机启动困难问题,所以电动机近似带沉重载荷空轻启动,因而启动电流低、启动时间短、对电网冲击小、启动过程耗电降低;启动时间越长,启动次数越频繁,使用液力偶合器传动越节能。图 3-6 为采用液力偶合器传动电动机启动节电示意图。

B 降低电动机装机容量节能

由于液力偶合器能解决大惯量机械难启动的问题,加之具有过载保护和隔离冲击扭振的功能,所以在设计选型时,无须刻意加大电动机选型裕度。通常按式(3-2)选型即可。

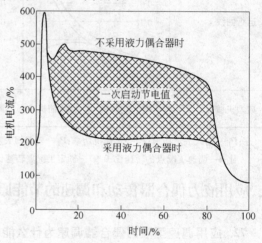

图 3-6 采用液力传动启动节能示意图

$$P_Z : P_B : P_d = 1 : 1.05 : 1.1 \qquad (3-2)$$

式中 P_Z——工作机轴功率,kW;

P_B——偶合器额定功率,kW;

P_d——电动机额定功率,kW。

采用液力偶合器传动与刚性传动相比至少可降低一个电动机机座号,降低装机容量 15%~20%。电动机机座号降低之后,其节能效果如下:

(1)功率因数提高。功率因数提高可减少电源容量和导线截面,降低线路上的电压损失和电压波动,提高供电输送能力。

(2)降低电动机空载损耗和总损耗。资料表明电动机下降一个机座号,总损耗平均下降4.8%。

(3)电动机正常运行电流降低。传递同样功率,小规格电动机比大规格电动机的运行电流低。

C 过载保护节能

(1)运行电流平稳,无过载时大电流冲击,平均运行电流降低。

(2)选型时不用考虑电动机承受超载载荷的安全裕度,降低装机容量。

(3)保护电动机和工作机在超载时不受损坏,降低设备故障率,延长设备使用寿命。

D 协调多动力机均衡驱动节能

(1)顺序启动节能。电动机按顺序启动大大降低启动电流和对电网的冲击,降低启动时耗电。有资料表明,当三台电动机共同驱动一台工作机时,按顺序启动电动机比同步启动节电50%。

(2)均衡载荷节能。由于各电动机载荷均衡,出力一致,单机超载率降低,从而使总的驱动功率降低,节约一定的电能。

E 减缓冲击和隔离扭振节能

(1)液力偶合器隔离了工作机的强烈冲击载荷和振动,使电动机运行平稳,避免了尖峰负荷的电流冲击,对节电有利。

(2)加装液力偶合器后,不用选择较大的安全系数,可以按正常运行时的要求选用电动机,电动机功率裕度大为降低,节约电能。

(3)确保电动机在冲击载荷作用下不受损坏,延长使用寿命。

十、液力偶合器的应用领域与应用效益

74. 调速型液力偶合器有哪些应用领域和应用效益?

调速型液力偶合器的应用领域和效益见表3－10。

表3－10 调速型液力偶合器的应用领域

行　业	应用调速型液力偶合器调速的设备	用　途　与　效　益
电　力	锅炉给水泵、循环水泵、热网循环泵、灰渣泵、煤浆泵、核电厂钠泵、风扇式磨煤机、锤式碎煤机、锅炉送风机、锅炉引风机、冷却风机、压缩机、带式输送机、柴油发电机、风力发电机等	(1)平稳空载启动; (2)无级调速,满足工艺要求; (3)减缓冲击扭振,避免汽蚀; (4)多机驱动并车; (5)延长设备寿命,降低设备故障率; (6)节能20%～40%
钢　铁	转炉除尘风机、铁水预处理除尘风机、高炉鼓风机、高炉除尘风机、化铁炉鼓风机、初轧厂均热炉风机、加热炉引风机、电炉除尘风机、焦化厂拦焦车及装煤车除尘风机、焦化厂煤气鼓风机、烧结厂排烟风机、球团竖炉煤气鼓风机、二氧化硫风机、压缩机、冲渣泵、除鳞泵、供水泵、污水泵、泥浆泵、排水泵、带式输送机、混料机等	(1)平稳空载启动; (2)无级调速,满足工艺要求; (3)减缓冲击扭振,避免风机喘振; (4)风机低转速冲洗叶轮维护; (5)延长设备寿命,降低设备故障率; (6)提高产量; (7)节能20%～40%
有色冶金	铜冶炼转炉鼓风机、镍冶炼炉排烟风机和鼓风机、铝厂焙烧窑窑尾风机、锌冶炼鼓风机和除尘风机、铝矿场泥浆泵、供水泵、压缩机、污水泵、渣浆泵、带式输送机等	

行 业	应用调速型液力偶合器调速的设备	用 途 与 效 益
水 泥	回转窑窑头和窑尾风机、立窑罗茨鼓风机、矿山生料浆体输送泥浆泵、带式输送机、供水泵、除尘风机等	(1)轻载平稳启动; (2)无级调速,满足工艺要求; (3)减缓冲击,隔离扭振; (4)延长设备寿命,降低故障率; (5)提高产量; (6)节能 15% ~35%
矿 山	带式输送机、泥浆泵、渣浆泵、油隔离泵、提升机、压缩机、各种风机水泵、化学矿山渣浆泵、压缩机、给排水泵、矿井主扇风机	(1)无级调速,满足工艺要求; (2)平稳空载启动; (3)多机驱动并车; (4)液力减速制动; (5)节能 15% ~35%
化 工	苯酐车间原料风机、化工厂供水泵、污水泵、酶制剂搅拌机、化肥造粒机、带式输送机、原料破碎机、硫酸风机、煤气风机	(1)无级调速,满足工艺要求; (2)改善传动品质; (3)节能 15% ~35%
轻纺造纸	造纸厂碱液回收锅炉风机、纺织厂空调风机、豆粕滚压机、制糖厂甘蔗渣煤粉锅炉风机	(1)无级调速,满足工艺要求; (2)改善传动品质; (3)节能 10% ~25%
石油石化	气体压缩机、压注泵、注水泵、管道输送泵、加料泵、管道压缩机、水处理泵、装船泵、原油加载泵、制冷压缩机、二氧化碳压缩机、丙烷压缩机、加氢装置、氢循环装置、湿气装置、炼油厂油泵、石油钻井机、钻井柴油机冷却风扇、柴油发电机	(1)无级调速,满足工艺要求; (2)改善传动品质; (3)节能 20% ~40%
煤 炭	带式输送机、下运带式输送机、选煤厂除尘风机、矿井主扇风机、水力采煤高压水泵、提升机	(1)无级调速,满足工艺要求; (2)协调多机,均衡驱动; (3)轻载平稳启动; (4)节能 10% ~25%
交 通	内燃机车主传动及冷却风扇调速、调车机车传动、地铁空调风机、船用主机调速、并车等	(1)无级调速,满足工艺要求; (2)协调多机均衡载荷同步运行; (3)轻载平稳启动,平稳并车; (4)节能 10% ~20%
市 政	自来水厂供水泵,市政污水泵,高层建筑给水泵,垃圾污泥泥浆泵,垃圾电厂风机、水泵,中水处理水泵,煤气鼓风机,小区供热锅炉房风机、水泵、热网循环泵	(1)无级调速,满足工艺要求; (2)改善传动品质; (3)节能 10% ~20%
军用设备	军用车辆冷却风扇调速、战地油泵车	(1)无级调速,满足工艺要求; (2)改善传动品质; (3)节能
水利工程	各种水泵	

75. 限矩型液力偶合器有哪些应用领域和应用效益?

限矩型液力偶合器的应用领域和效益见表 3 – 11。

表 3–11　限矩型液力偶合器应用领域表

行业	应用限矩型液力偶合器的设备	作用与效益
矿山	球磨机、棒磨机、破碎机、给料机、滚筒筛、带式输送机、刮板输送机、挖掘机、斗轮挖掘机、斗轮堆取料机、浓缩机、提升机、提升绞车、卷扬机、风机、水泵、压滤机	
电力	带式输送机、磨煤机、斗轮堆取料机、破碎机、碎渣机	
冶金	带式输送机、钢板吊装机、锻造给料机、桥式起重机、门式起重机、挖掘机、磨煤机、校直机、吊车卷缆机构	
煤炭	刮板输送机、带式输送机、转运机、抱煤机、翻车机、破碎机、给煤机、螺旋输送机、提升绞车、龙门式卸煤机、螺旋卸煤机	
石油	泥浆分离机、抽油机、抽油泵、石油钻机、近海石油作业船	
制革	制革转鼓、透平式干燥机、振荡拉软机、制革划槽	
建设建筑	塔式起重机、混凝土搅拌机、稳定土搅拌机、沥青搅拌机、平地机、铺路机、压路机、门式起重机、制砖机、破碎机、带式输送机	
建材材改	水泥球磨机、陶瓷球磨机、破碎机、水碾机、炼泥机、拉拔机、校直机、带式输送机、链式提升机、钢筋拉直机、钢筋预应力牵引机、拉丝机、起升式框架锯	
食品制药	风机、离心机、淀粉分离机、榨糖机、埋刮板输送机、门式起重机、啤酒罐装机、水泵	轻载启动、过载保护、减缓冲击、隔离扭振、协调多机均衡驱动、柔性制动、节能
邮电	邮包分拣机、悬挂式输送机	
化工	砂磨机、化肥造粒机、化肥裹药机、干燥机、离心机、带式输送机、风机、水泵、捏合机、混料机	
港口	带式输送机、卸煤机、翻车机、输粮机、输煤机、塔式起重机、门式起重机、埋刮板输送机、螺旋输送机、集装箱吊装机	
纺织	气流纺纱机、梳理机、梳棉机、梳毛机、粗纱机、条卷机、并卷机、合绳机	
游艺	各类旋转式游艺机、滑雪场拉升机、高山滑车	
交通水利	运河船闸开启机、铁路地基挖掘机、机场扫雪车、汽车厂悬挂式输送机、车库门启闭机、门式起重机、塔式起重机、地铁空调机	
轻工造纸	洗毯机、洗涤机、脱水机、回转式广告灯具、烟草烘干机、玻璃破碎机、造纸输送机、刨花板铺设机、木柴吊装机、木柴旋切机、木柴撕碎机、树皮分离机、涂料搅拌机、涂料甩干机、圆盘式蒸发器、烟草输送机、带锯机、印铁机	
铸造	混砂机、喷丸机、门式起重机、空压机	
橡塑机	注塑机、挤出机、炼胶机、拔丝机	
其他	大型车床、冲压机、空压机、爬墙机器人吊缆张紧装置、机场飞机拦截张紧装置	

第四章　液力偶合器选型匹配基础知识概述

一、液力偶合器选型匹配的重要性与选型匹配原则

76. 为什么要特别重视液力偶合器的选型匹配？

(1)正确选型匹配是发挥偶合器优异功能的基础。液力偶合器具有轻载启动、过载保护、减缓冲击、隔离扭振、协调多动力机均衡同步驱动、调速、离合、柔性制动等许多优异功能，但是这些优异功能均是在正确选型匹配的前提下实现的，因而选型匹配是发挥液力偶合器优异功能的基础，应当予以特别重视。

(2)正确选型匹配是确保液力偶合器传动机组可靠安全运行的基础。液力偶合器传动机组的可靠性不仅与设计、制造水平有关，而且与选型匹配有关。例如，若液力偶合器与硬齿面减速器匹配，由于硬齿面减速器的高速轴比电动机轴细很多，所以如果选用外轮驱动偶合器，让较细的减速器轴承担偶合器的质量，就经常发生减速器断轴事故。而如果选用内轮驱动偶合器，让电动机轴承担偶合器的质量，则可以减少减速器断轴事故，提高使用可靠性。由此可见，正确选型匹配对于提高偶合器乃至整个机组的可靠性作用很大。

(3)正确选型匹配是获得较高技术经济效益的基础。首先是偶合器的购置费用与选型匹配有关，选型匹配正确，所选偶合器匹配合理、经济适用，偶合器购置费用就低。其次是运行节能费用与选型匹配有关，所选偶合器能够在最佳节能工况运行，则运行费用就省，节能效益就高。反之，若选型匹配不当，运行费用就高，节能效益就差。

由以上分析可知，液力偶合器的选型匹配对于发挥偶合器的优异功能，确保其可靠使用和获得较高的技术经济效益均有很大影响，因而要特别重视液力偶合器的选型匹配。

77. 液力偶合器选型匹配有哪些原则？

液力偶合器选型匹配原则见表4－1。

表4－1　液力偶合器选型匹配原则

原　　则	说　　明
效率与泵轮力矩系数兼顾原则	液力偶合器泵轮力矩系数与转速比有关。转速比大，效率高，泵轮力矩系数小；反之，转速比小，效率低，泵轮力矩系数大。因而在选型匹配时，泵轮力矩系数与转速比（即效率）必须兼顾，力求效率较高，泵轮力矩系数也较大
满足工作机传动要求原则	要根据工作机的传动要求选配液力偶合器。如工作机需要解决启动困难、过载保护问题，则要选择限矩型液力偶合器；需要调速节能的则要选择调速型液力偶合器
高效节能原则	对恒力矩机械要选用限矩型液力偶合器，不是特别需要不推荐选择调速型液力偶合器，因为恒力矩机械使用调速型液力偶合器调速，调速范围越大效率越低。对于直线型或抛物线型负载变工况运行的工作机，推荐选用调速型液力偶合器，因为这类工作机调速运行可以节能，但是也不允许长期在最大发热工况点工作，因为这将浪费能源

原　则	说　　明
安全可靠原则	要能够保护电动机和工作机在启动和超载时不受损坏。对于限矩型液力偶合器来说,过载系数应当低于电动机的过载系数,且有超温、超压的安全保护装置。煤矿井下使用的调速型和限矩型液力偶合器应具备防爆功能
稳定运行原则	必须能保证整个系统在指定的稳定工况点下工作,不升速、不掉转、运行平稳、无波动起伏、调速灵敏可靠
与动力机、工作机(减速器、增速器)连接可靠原则	液力偶合器与动力机、工作机的连接必须安全可靠,安装拆卸方便,轴向尺寸短。调速型和较大规格限矩型液力偶合器必须使用不移动工作机和动力机即可拆卸的连接方式
满足环境要求原则	潮湿、粉尘、寒冷、炎热、易燃易爆等环境下使用的液力偶合器,必须具有适应恶劣工作环境的功能,特别是煤矿井下使用的液力偶合器要具备防爆功能
经济适用原则	所选偶合器要经济适用,综合技术经济性能高,在满足动力机、工作机传动要求的前提下,力争价格低、质量好、性能价格比高、可靠性和维修性好、使用寿命长

二、常用动力机及其与液力偶合器的联合运行

78. 常见动力机有几种,有何特性?

常见动力机种类及其特性见表 4 - 2。

表 4 - 2　常见动力机种类及其特性

名称	特　性　图	说　　明
汽油机		外特性力矩随转速变化比较大,有一个明显的最大力矩工况点,可以在最低稳定转速下稳定运转,最高转速毋须控制
柴油机		有两程调节和全程调节柴油机两种。两程调节柴油机仅对最大和最小速度起限制作用,中间区间由油门开度和负载平衡来决定,类似于汽油机的特性。全程调节柴油机亦有最高、最低两个转速限制,特性曲线比较平坦

名称	特 性 图	说 明
电动机		启动电流较大,一般为额定电流的 5~7 倍;启动力矩较低,一般为额定力矩的 1.4~2.2 倍。在启动大惯量负载时,启动时间长,启动电流大,会造成电动机过热甚至烧毁

79. 液力偶合器选型匹配时为何要了解电动机的分类型式?

在液力偶合器的选型匹配中,最常接触的是电动机,为搞好液力偶合器的选型匹配,必须对电动机的种类、型号、大致工作原理、启动过程、连接尺寸、功率等级、铭牌数据及主要系列等有所了解,否则就可能发生错误。以下各问是有关电动机分类的常识。

80. 电动机是如何分类的?

A 按工作电源分类

(1)按电源的波形分类,电动机可分为直流电源电动机和交流电源电动机。

(2)按电源的电压分类,电动机可分低压电源、高压电源、安全电压电源和特殊电压电源电动机。低压电源有 220V、380V;高压电源有 6kV、10kV 等;安全电压电源有 24V、36V 等;特殊电压电源如煤矿井下用电源有 660V、127V 等。

(3)按电源频率分类,电动机可分为工频电源电动机和变频电源电动机。工频电源是频率不变的电源,我国工频电源的频率是 50Hz,国外有些地方频率是 60Hz,变频电源是由工频电源经变频器转化的频率可变的电源。

B 按结构和工作原理分类

按结构和工作原理分类,电动机可分为同步电动机和异步电动机。

同步电动机可分为永磁同步电动机、磁阻同步电动机和磁滞同步电动机。

异步电动机可分为感应电动机和交流换向器电动机。感应电动机又分为三相异步电动机、单相异步电动机和串极异步电动机。交流换向器电动机又可分为单相串励电动机、交直流两用电动机和推斥电动机。

C 按启动与运行方式分类

按启动和运行方式分类,电动机可分为电容启动式电动机、电容启动运转式电动机和分相式电动机。

D 按用途分类

按用途分类,电动机可分为驱动用电动机和控制用电动机,控制用电动机又可分为步进电动机和伺服电动机等。

E 按转子结构分类

按转子结构分类,电动机可分为笼型感应电动机(旧标准称为鼠笼型异步电动机)和绕线转子感应电动机(旧标准称为绕线型异步电动机)。

F 按运转速度分类

按运转速度分类,电动机可分为高速电动机、低速电动机、恒速电动机和调速电动机。而调速电动机又可分为有级变速电动机、无级变速电动机两种。无级变速电动机又可分为电磁调速电动机、内反馈电动机、直流调速电动机、开关磁阻调速电动机和变频调速电动机等。

81. **在液力偶合器选型匹配时为何要弄清电动机和控制仪器仪表的电源电压、频率?**

(1)同一机座号的电动机若电源电压不同则可能传递功率不同,甚至有时连接尺寸也不同。例如,同样传递 220kW,若为 6kV 电压则需选 YKK355 – 4 电动机,而 10kV 电压,则需选 YKK450 – 4。因为机座号变了,所以连接尺寸也变了。若忽视电源电压,仅看电动机型号,往往就会将连接尺寸搞错,以致将液力偶合器的型号和连接尺寸选错。

(2)调速型液力偶合器所配仪器仪表的工作电源电压必须与现场的工作电源电压、频率相吻合,否则就会造成短路,将仪器仪表烧毁。例如,煤矿井下的工作电源往往是 660V 电压(有的仪表控制用 127V),如果在选配电动执行器时未注意电压的变化,误选了工作电压为 380V 或 220V 的电动执行器,轻则及时发现换货误了生产,重则将电动执行器烧毁造成事故。

(3)有些国家的电源电压和频率与我国不同,在选型匹配时也要搞清楚,不能照搬我国的标准。在订购电动执行器、电加热器及控制仪器仪表时应将电源电压、频率交代清楚。

由以上分析可见,在液力偶合器选型匹配时应当特别重视核对电动机的工作电压频率与现场仪表的工作电压、频率是否相符。

82. **在液力偶合器选型匹配时为什么要弄清电动机的型号?**

通常电动机的型号由型式代号、系列代号、中心高、铁芯长编号和极数几部分组成。不同型号的电动机其性能参数也不同,所以应特别重视对电动机型号的辨别。由图 4 – 1 电动机型号标示可知,若型式代号标 Y 型,表示是笼型电动机;标 YR 则是绕线式电动机。如果将型式搞错,在查电动机样本时也会查错。例如,同是机座号 560(中心高 560)的电动机,Y5601 – 4 电动机额定功率为 1600kW,而 Y5602 – 4 电动机额定功率为 1800kW,Y5603 – 4 电动机额定功率为 2000kW。若在选型时电动机的型号搞不清,或用户所标的电动机型号清楚,而查样本时忽略了其中的内容,就会造成偶合器选型错误。还有的用户仅告知电动机功率和转速,而不告知电动机型号和使用场合及生产厂家,也经常发生选型错误。又如,若只告知电动机额定功率 200kW,转速 1480r/min,则有的厂家生产的电动机选 $Y315M_2 – 4$ 即可,而有的厂家须选 $Y355S_2 – 4$ 才行。因为机座号变了,所以连接尺寸也不一样,很可能产生匹配错误。还有一些专用电动机,其连接尺寸也与一般电动机不同。例如 DSD – 55 – 4,55kW 矿用电动机的轴径为 55 mm,而一般 55kW、4 极、Y 系列电动机的轴径是 65mm,如果在选型时仅告知是 55kW、4 极电动机,则就很可能将偶合器的输入轴孔选错。

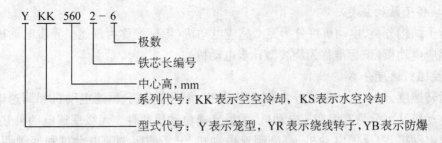

图4-1 电动机型号示例

83. 什么是电动机的机座号?

用电动机轴中心高表达的电动机规格称为机座号,如 Y560 即表示中心高为 560mm 的电动机。按标准规定机座号相同的电动机安装尺寸应当相同(非标的除外)。

84. 什么是电动机的铭牌,铭牌上有哪些数据?

通常电动机机座上都有一个铭牌,记载着电动机在正常运行时的条件及有关的技术数据。这些数据称为额定数据或铭牌数据。主要的铭牌数据有:

(1)额定功率 P_N,指电动机在额定运行情况下输出的机械功率,单位为 kW。

(2)额定电压 U_N,指电网加在电动机定子绕组的线电压,单位为 V。

(3)额定电流 I_N,指电动机在额定电压下使用达到额定功率时,流入定子绕组的线电流,单位为 A。

(4)接法,表示在额定电压下,电动机绕组的连接方法,用丫或△表示,若电压不变而把接法搞错,则会把电动机烧毁。

(5)额定频率 f_N,我国工业用电的频率为 50Hz,有的国家为 60Hz。

(6)额定转速 n_N,即电动机在额定电压、额定频率、额定负载下的转速,单位为 r/min。

(7)绝缘等级,绝缘等级决定了电动机的容许温升,有时不标绝缘等级而直接标明容许温升。

(8)防护等级,电动机的防护等级由字母 IP 和两个阿拉伯数字表示。I 是 International(国际)的第一个字母,P 是 Protection(防护)的第一个字母,IP 后面的第一个数字代表第一种防护形式(防尘)的等级,第二个数字代表第二种防护形式(防水)的等级。数字越大防护能力越强。防护等级与防爆无关,有防爆功能的电动机应特殊标明,通常在 Y 后面加 B,如YB315-4 等。

铭牌上除了标明上述额定数据外,还应标明电动机型号及生产厂。

85. 在进行液力偶合器选型匹配时,为什么要对其他调速装置进行分析研究?

选型匹配的过程就是一个研究分析考察对比的过程。只有对各种调速装置进行充分分析研究,才可能选择经济适用的调速装置,才可能清楚选型匹配方案的正确性。所以,不论是用户还是供应商,都应对各种调速装置进行研究,掌握各种资料,进行科学的分析对比,最终选择安全可靠、经济适用的调速装置,为风机、水泵调速节能运行奠定良好的基础。

86. 什么是柴油机和柴油机的型号,有何使用特性?

柴油机是一种常见的热机,它是利用柴油在其气缸中压缩、燃烧,使气体膨胀推动活塞做功,将热能转变为机械能的一种动力机械。

柴油机型号的规定是:用第一个数字表示气缸数,其余的数字表示气缸直径的毫米数。例如,195型柴油机就是一个气缸,气缸直径为95mm的柴油机。根据型号命名规定,没有任何字母标记的表示直列四冲程水冷机,其他的机型要另加拼音字母表示,在此不一一介绍了。

柴油机的技术参数包括动力指标和经济性指标两方面。动力指标包括功率、扭矩、平均有效压力等参数。经济性指标包括效率、燃油消耗率等参数。

柴油机的功率、扭矩、油耗率、排气温度等各项工作指标随某一运转参数(载荷或转速等)的变化关系曲线称为使用特性。研究使用特性是为了考察内燃机性能与配套机械的需要是否适应,还可以利用柴油机的特性曲线对不同柴油机进行比较与评价。柴油机的使用特性有多种,最常用的是速度特性和负荷特性。

87. 柴油机是怎样启动的,为什么柴油机不能带载启动?

静止的柴油机需用外力转动曲轴,使气缸内的工作介质获得发火燃烧的必要条件,然后才能开始运转。

转动曲轴需要克服机件的摩擦阻力、加速运动的惯性力以及气缸内压缩气体的阻力等。这些阻力合起来就形成启动阻力矩。启动阻力矩与柴油机大小有关。为使柴油机启动,还必须使曲轴达到一定的转速(启动转速)。低于此转速,则气体漏失多,热量散失大,因而压缩气体温度低,不足以发火燃烧。柴油机的启动转速一般为150~300r/min,根据柴油机所用的能量来源不同,常用的启动方式有人力启动、压缩空气启动和电动机启动。

小型柴油机可用人工启动,大型柴油机必须用压缩空气启动或电动机启动。不论用何种方法启动,柴油机的启动都比较困难,且必须有一定的启动速度,在启动时绝对不能拖动载荷,否则就把柴油机憋死了,根本启动不了。有些采用柴油机拖动的必须带载荷启动的工作机,则必须选用液力偶合器传动,利用液力偶合器空载启动功能,协调柴油机带负荷轻快启动。

88. 液力偶合器是怎样与柴油机联合工作和联合调速的?

液力偶合器与柴油机匹配有两大用途:

(1)使柴油机卸载启动。加装液力偶合器传动之后,柴油机的直接负载是液力偶合器泵轮,偶合器将柴油机与工作机隔开,使柴油机可以无载加热,平稳启动。

(2)利用柴油机与偶合器联合调速。因柴油机可以调速,所以可以利用柴油机的调速功能,使偶合器的输入转速发生变化,输入转速降低之后,偶合器无法在额定工况点下工作,于是便沿特性曲线向加大滑差的方向移动,从而加大滑差降低输出转速,利用滑差进行调速。

图4-2所示为液力偶合器与柴油机匹配的典型运行曲线。图中斜线代表液力偶合器在不同转速时不同转差率工况所能传递的力矩,相对较平坦的曲线则是柴油机外特性曲线,两曲线的交点就是联合运行工作点。

由性能曲线可见,当柴油机转速为额定转速时,液力偶合器的输入转速等于柴油机额定转速,转差率为 1.5%,输出转速是输入转速的 98.5%。当外载荷加大,作用在液力偶合器输出轴上的力矩加大,需要动力机发出更大力矩,于是,柴油机便沿特性曲线向降速方向移动,以增加力矩达到新的平衡。

与柴油机降速增矩相反,液力偶合器传递力矩的能力与其转速的 2 次方成正比,当输入转速(即柴油机转速)降低之后,液力偶合器的力矩大幅度降

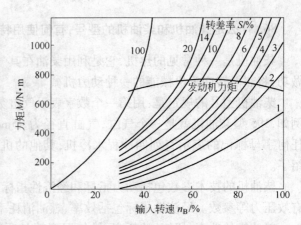

图 4-2　液力偶合器与柴油机匹配的典型运行曲线

低,已无法在原额定工况点下工作,于是便沿着降低速度后的特性曲线,向加大转差率提高力矩的方向移动,直到可以与负载力矩平衡,与柴油机建立新的联合运行工作点。

如果负载继续增加,柴油机转速继续下降,其驱动转矩曲线与液力偶合器 100% 转差率,即 $i=0$ 工况曲线相交,此时,柴油机保持低转速运行但不会熄火,而液力偶合器输出转速为零。

89. 柴油机加装液力偶合器传动有何优缺点?

柴油机加装液力偶合器传动的优缺点见表 4-3。

表 4-3　柴油机加装液力偶合器传动的优缺点

	序号	分　类	说　　　明
优点	1	扩大稳定运行范围	柴油机直接驱动负载时存在不稳定工作区,采用液力偶合器传动之后,没有不稳定工作区
	2	改善启动性能	柴油机近似空载启动,在不闷车的情况下,以最大转矩加速载荷达正常转速
	3	过载保护	当重载启动或突然加载时,可以保护柴油机不超载拖动,使工作机不受损坏
	4	减缓冲击扭振	平稳而无冲击地传递转矩,防止柴油机的冲击转矩传动到工作机轴上,避免柴油机与工作机的振动相互干扰和叠加
	5	调速	可以采用柴油机调节偶合器输入转速的办法,加大液力偶合器的转差率,从而对工作机调速
	6	多柴油机驱动均衡载荷	在多台柴油机同时驱动一台机器或一台动力站时,可以使柴油机顺序启动,均衡载荷,顺利并车和使工作机同步运行
	7	有利柴油机怠速运行	柴油机以不至于熄火的最低速度运行时(即怠速运行),液力偶合器的输出转速为零,处于堵转工况,保护柴油机在怠速运行时不受损坏
缺点	1	有转差功率损失	额定工况仍有 3% ~ 4% 的转差功率损失,效率最高达 0.97
	2	调速运行效率相对降低	利用加大偶合器转差率的方法进行调速,必然使效率降低,因而调速范围不能过大

90. 柴油机加装液力偶合器传动为什么会扩大稳定工作范围？

表4-4是柴油机驱动装与不装液力偶合器稳定性对比表。从表中可知，柴油机直接驱动工作机，稳定工作区间是从额定工况点到最大力矩工况点，超过最大力矩工况点，若外载荷继续增加，柴油机继续降速，最终因找不到稳定工作点而被迫熄火。加装液力偶合器之后，共同工作的所有工作点均是稳定工作点，也就是说，液力偶合器在任何工况下，均能与柴油机稳定工作，即使是偶合器输出转速为零，柴油机也不会熄火，因而稳定运行范围扩大了。

表4-4 装与不装液力偶合器稳定运行对比表

柴油机直接驱动负载	柴油机通过液力偶合器驱动负载
如图4-3所示，若柴油机与工作机在 a 点共同工作，柴油机转矩 T_f 等于阻力矩 T_a ，若因某种原因，变化至 a' 点和 a'' 点： （1）在 a' 点 $T_f > T_a$ ，柴油机要增速，但增速后，附近找不到 $T_f = T_a$ 的平衡点； （2）在 a'' 点 $T_f < T_a$ ，柴油机要降速，但一直降速到熄火也找不到平衡点。 所以 a 点不是稳定运行点。 若柴油机与工作机在 b 点共同工作，当外因驱使其变化至 b' 点和 b'' 点： （1）在 b' 点，$T_f < T_b$ ，柴油机要降速，重新回到 b 点，达到平衡； （2）在 b'' 点，$T_f > T_b$ ，柴油机要增速，也重新回到了 b 点，达到平衡。 所以，b 点是稳定工作点。 柴油机直接驱动工作机时，稳定运行范围从 T_{fmax} 至 T_{fe} ，超过 T_{fmax} 找不到稳定工作点，直到柴油机熄火	如图4-4所示，若柴油机与偶合器在 a 点共同工作，因某种原因促使其变化至 a' 点和 a'' 点： （1）在 a' 点 $T_a > T_f$ ，柴油机要降速，重新回到稳定工作点 a ； （2）在 a'' 点 $T_a < T_f$ ，柴油机要增速，也重新回到了稳定工作点 a 。 若柴油机与偶合器在 b 点共同工作，因某种原因促使其变化至 b' 点和 b'' 点： （1）在 b' 点，$T_b > T_f$ ，柴油机要降速，重新回到稳定工作点 b ； （2）在 b'' 点，$T_b < T_f$ ，柴油机要增速，也重新回到了稳定工作点 b 。 所以，加装液力偶合器后，柴油机与偶合器的所有工作点均是稳定的，稳定运行范围扩大，柴油机在任何时候均不会熄火

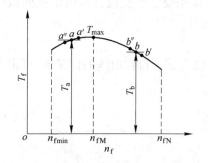
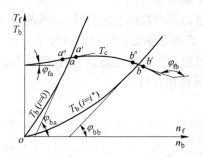

图4-3 柴油机直接驱动负载稳定性示意图　　图4-4 柴油机加装液力偶合器传动稳定性能示意图

91. 与柴油机匹配的液力偶合器对特性有何要求？

与柴油机匹配的液力偶合器对特性的要求见表4-5。

表 4 - 5　与柴油机匹配的液力偶合器特性的要求

要　求	说　　　明
特性要硬	在 $i = 0.85 \sim 0.97$ 区段的特性曲线要陡,额定工况点的泵轮力矩系数要高,以便提高效率、降低消耗
匹配要合理	液力偶合器 $i = 0$ 时的特性曲线应与柴油机特性曲线上的最大静转矩点相交,以便柴油机以最大转矩启动工作机
$i = 0$ 时的启动力矩系数要低	柴油机以最低稳定速度怠速运行时,液力偶合器输出转速为零,处于堵转工况,其 $i = 0$ 时的堵转力矩就是柴油机怠速运行时的附加力矩。显然,液力偶合器 $i = 0$ 时的启动力矩低,附加力矩就小,损失功率就低,如图 4 - 5 所示
避开喘振区	有些柴油机有喘振区,与液力联合运行要设法避开喘振区

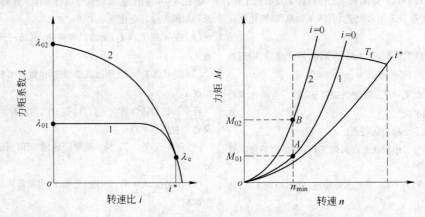

图 4 - 5　启动力矩不同的偶合器与柴油机的匹配对比

λ_{01}—1 号偶合器启动力矩系数;λ_{02}—2 号偶合器启动力矩系数;M_{01}—1 号偶合器启动力矩;

M_{02}—2 号偶合器启动力矩;A—柴油机怠速时与 1 号偶合器联合运行工作点;

B—柴油机怠速时与 2 号偶合器联合运行工作点;λ_e—两台偶合器额定工况力矩系数

92. 液力偶合器是怎样与电动机联合运行的?

为了搞清液力偶合器是怎样与电动机联合运行的,首先要了解交流异步电动机的机械特性和液力偶合器的输入特性,以下简单介绍。

A　交流异步电动机的机械特性

了解原动机的特性是进行合理匹配的必要条件,在没有试验特性曲线的情况下,可由式(4 -1)近似地计算。

$$M_i \approx \frac{2M_{\max}}{S_i/S_{\max} + S_{\max}/S_i} \qquad (4 - 1)$$

$$M_{\max} = K_{gz} \cdot M_e$$

$$K_{gz} = M_{\max}/M_e$$

式中　M_i——电动机在任意转速下的转矩,N·m;

　　　$M_{\max}$——电动机的最大转矩,N·m;

　　　K_{gz}——电动机的过载系数;

　　　M_e——电动机的额定转矩,N·m;

S_i——电动机在任意转速下的转差率；

S_{max}——电动机对应于最大转矩 M_{max} 时的转差率，也称临界转差率。

B 液力偶合器的输入特性

液力偶合器的输入特性是指泵轮力矩 M_B 与转速 n_B 之间的关系。由公式 $M_B = \lambda\rho n_B^2 D^5$ 知，当液力偶合器的腔型及所用工作液体选定之后，在任一工况下，泵轮力矩系数均为常数，故 $M_B = Kn_B^2$，式中 $K = \lambda\rho D^5$。$M_B = f(n_B^2)$ 称为液力偶合器的输入特性。

液力偶合器的输入特性是一组通过原点的抛物线束。从图 4－6 中可见，随着 i 逐渐增大，泵轮力矩 M_B 逐渐减小，而曲线的斜率则与泵轮力矩系数、工作液体密度、偶合器循环圆有效直径和工作腔中的充液率有关。当 D 愈大，λ 愈高、ρ 愈大、充液量愈多时（在规定范围内）曲线愈陡，反之亦然。

在电动机与液力偶合器联合运行中，电动机力矩为主动力矩，而工作液体作用于泵轮上的力矩为负载力矩。对电动机来说，液力偶合器的泵轮就是它的直接负载，因此，液力偶合器的输入特性就是电动机的负载特性。

液力偶合器的输入特性的绘制方法如下：

(1)根据原始特性求任一工况下的 λ 值，并认为在同一工况下 λ 值为常数。

(2)求该工况下不同泵轮转速下的泵轮力矩。

(3)将各转速下的泵轮力矩点连成光滑曲线，它就是该传动比 i 下的偶合器输入特性曲线。

(4)输入特性与电动机特性的交点，就是对应的泵轮实际加于电动机的负荷。

C 液力偶合器与电动机联合运行的输出特性。

当电动机直接驱动负载时，工作机的力矩特性就是电动机的机械特性。而当电动机通过液力偶合器驱动负载时，则液力偶合器涡轮输出轴的力矩变化，就不单纯是电动机的机械特性了，因为它受到液力偶合器输入特性的影响，但又不完全是原来偶合器涡轮的输出特性，因为它又受到电动机特性的影响。公式(4－2)可以把两者的关系联系起来。

$$M_B = \lambda_B \rho D^5 n_0^2 (1 - S)^2 \qquad (4-2)$$

式中 M_B——泵轮力矩，N·m；

λ_B——泵轮力矩系数，min^2/m；

ρ——工作液体密度，kg/m^3；

D——液力偶合器循环圆有效直径，m；

n_0——电动机的同步转速，r/min；

S——电动机任一瞬间的转差率。

由式(4－2)可知，电动机通过液力偶合器加于负载的驱动转矩，不仅与电动机本身的同步转速 n_0、转差率 S 有关，而且与偶合器的参数 λ、ρ、D 等有关。如果把偶合器的输入特性与电动机的机械特性画在同一坐标图上，则它们的交点的连线就是液力偶合器与电动机联合运行的输出特性(见图 4－6)。

联合运行输出特性的绘制方法如下：

(1)根据输入特性找出对应不同转速比 i 值下的电动机转速 n_d(即泵轮的实际转速)以及 M_d(即电动机对泵轮的输入转矩)。

（2）求每一转速比 i 下的涡轮转速 n_T。

（3）根据原始特性找出 $i=0$ 至 $i=i_e$ 所对应各点的效率 η，计算出各点的 $M_B = -M_T$。

（4）以 n_T 为横坐标，绘出 $M_T = f(n_T)$、$M_B = f(n_T)$、$\eta = f(n_T)$ 及 $n_B = f(n_T)$ 等曲线，如图 4-6 所示。

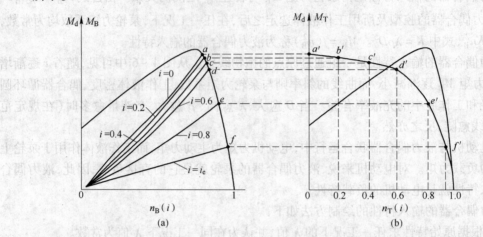

图 4-6　偶合器与电动机联合运行时输入特性与输出特性的关系
（a）输入特性；（b）输出特性

93. 电动机加装液力偶合器传动之后为什么能扩大稳定运行范围？

电动机直接驱动负载时的运行稳定性分析见表 4-6。

表 4-6　电动机直接驱动负载的稳定性

负载分类	简　图	稳定性分析
恒力矩负载（1—1） 恒功率负载（2—2）		对恒扭矩负载（1—1）和恒功率负载（2—2），电动机与工作机在 q—j 区段运行是不稳定的，在 j—t 区段运行是稳定的，a 点是不稳定工作点，b 点是稳定工作点
抛物线型负载 3 直线型负载 4		对抛物线型负载 3 和通过原点的直线型负载 4，工作机特性曲线上的任一点与电动机特性曲线的交点都是稳定工作点。因为当工况点变化后，可以重新回到原工作点 a 或 b

由表 4 – 6 可见,电动机与恒力矩和恒功率机械匹配时,存在不稳定工作区,而与抛物线型和直线型负载匹配时,没有不稳定工作区。因液力偶合器也是抛物线型负载,加装液力偶合器传动之后,电动机的直接负载是偶合器泵轮,所以不论与什么机械匹配,均不会出现不稳定工作区。

94. 不同特性的液力偶合器与电动机共同工作,其联合运行特性有何不同?

图 4 – 7 给出了四种液力偶合器的原始特性(见图中 1、2、3、4)。假定它们的有效直径、额定转速比、额定力矩系数和工作液体均相同,外载荷为恒力矩载荷,即 M 等于常数或外载荷为抛物线型,即 $M \propto n_{\mathrm{I}}^2$,见图 4 – 7(c)。假定这四台偶合器与同一台电动机共同工作,见图 4 – 7(b),现讨论其联合运行性能的差异,并从中得出正确选型匹配的结论。

A　电动机的启动性能比较

当电动机启动加速的瞬间,泵轮加给电动机的载荷为

$$M_{\mathrm{BO}} = \lambda_{\mathrm{BO}} \rho g n_{\mathrm{B}}^2 D^5 \tag{4 – 3}$$

式中　M_{BO}——偶合器在零速时的泵轮力矩,N·m;

λ_{BO}——零速时的泵轮力矩系数,min²/m;

ρ——工作液体密度,kg/m³;

g——重力加速度,m/s²;

n_{B}——泵轮转速,r/min;

D——偶合器工作腔有效直径,m。

由于在电动机启动瞬间 n_{d}(n_{d} 为电动机转速,$n_{\mathrm{B}} = n_{\mathrm{d}}$)从零开始加速,即 $n_{\mathrm{B}} = 0$,所以 $M_{\mathrm{BO}} = 0$,即电动机在启动瞬间几乎不带载荷启动,因而能够轻快平稳启动。四种类型的液力偶合器均能改善电动机的启动性能。

B　载荷的启动和加速性能比较

液力偶合器涡轮加速的快慢取决于共同工作输出特性曲线和载荷特性曲线所围成的面积,面积越大加速越快。由图 4 – 7(c)可见,四种类型的偶合器特性与载荷特性所围成的面积,均比电动机直接驱动与载荷特性所围成的面积要大,因此四种液力偶合器均提高了载荷加速能力,其中 1 型偶合器的启动力矩最大;3 型最小;1 型和 4 型的加速性能最好;2 型居中,3 型最差。

C　对电动机的保护性能比较

在外载荷超载时,液力偶合器的最大力矩系数 $\lambda_{\max}$ 决定着偶合器的保护性能。由图 4 – 7(d)可见,1 型偶合器的保护性能最差,在超载时,使电动机运行在不稳定工况 AB 段。此时电动机电流大,发热量大,闷车时间过长就会烧毁电动机。2、3、4 型偶合器的 $\lambda_{\max}$ 值较小且相等,其输入特性为同一条曲线。它们与电动机的共同工作点稳定在 BC 段,故在超载时能对电动机起到较好的保护作用。

D　波动性能比较

由图 4 – 7(a)可见,EF 区段为原始特性曲线的非稳定区,$\lambda'_{\max}$ 和 $\lambda'_{\min}$ 分别为非稳定区的最大和最小力矩系数。用波动比 $e = \lambda'_{\max} / \lambda'_{\min}$ 来表示不稳定的程度,e 的大小也反映了载荷启动和超载制动过程中工作装置载荷的波动情况。对阻力载荷 $e = 1$ 为最理想,但很难达

到,通常要求 $e \leqslant 1.6$;若 $e > T_g$,对恒扭矩负载则无法加速至额定工况。

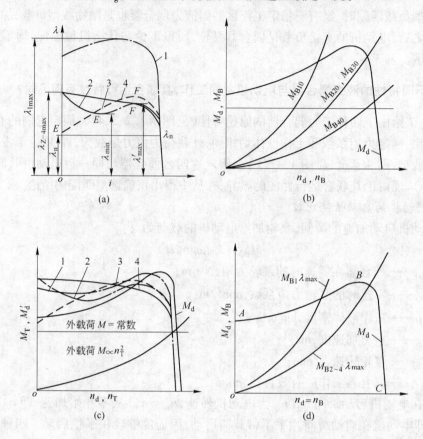

图 4-7　液力偶合器与电动机共同工作的分析

(a)四种原始特性曲线;(b)电动机外特性曲线及零速工况输入特性;(c)输出特性
及载荷特性;(d)力矩系数最大时液力偶合器对电动机的保护性能

95. 液力偶合器与电动机匹配应注意哪些事项?

(1)尽量将液力偶合器 $i=0$ 时输入特性曲线与电动机的最大转矩点相交,以利于电动机能以最大转矩启动负载。

(2)偶合器过载系数要低于电动机过载系数,以利于保护电动机不受损坏。

(3)让电动机功率留有一定裕度。若工作机轴功率为1,则工作机、偶合器、电动机的功率比取 1:1.05:1.1 为好。

(4)限矩型液力偶合器尽量选用功率上限。限矩型液力偶合器传递功率上限对应80%充液率,传递功率下限对应50%充液率。因偶合器的高充液率性能曲线优于低充液率的性能曲线,且高充液率时偶合器的不稳定区缩小,所以应尽量选择较小规格、高充液率的偶合器,而不要选择低充液率、较大规格的偶合器。

(5)由前文介绍知液力偶合器没有保护电动机压降过载的功能,所以长期低电压工作的电动机匹配偶合器时应注意过载保护问题。有资料表明,当电压下降10%,在全负荷运行时,电动机电流约增加11%,而液力偶合器的泵轮力矩系数仅增加1%。也就是说电压降低后,电动机超载而偶合器未超载,因而不会引起发热喷液、保护电动机。解决的办法是降低偶合器的充液率,降低输出力矩,这样才有可能保护电动机在超载时不被烧毁。

三、常用工作机及其与液力偶合器的联合运行

96. 与液力偶合器匹配的常用负载有几种,各有什么特性?

与液力偶合器匹配的常用负载及其特性见表4-7。

表4-7 与液力偶合器匹配的常用负载及其特性

负载名称	负载特性	说　　　明	典 型 机 械
恒力矩负载	$P \propto n$	负载功率与其转速的1次方成正比	带式输送机、搅拌机、球磨机、容积泵
直线型力矩负载	$P \propto n^2$	负载功率与其转速的2次方成正比	调压运行的锅炉给水泵
抛物线型负载	$P \propto n^3$	负载功率与其转速的3次方成正比	离心式风机、水泵、压缩机

97. 工作机对液力偶合器的匹配有何要求?

液力偶合器与工作机联合运行,必须适应工作机对液力偶合器的匹配要求,见表4-8。

表4-8 工作机对液力偶合器的匹配要求

匹配要求	说　　　明
适合工作机的载荷特性、节能	通常恒力矩负载常选用限矩型液力偶合器,因为恒力矩机械选用调速型液力偶合器转速比等于效率,调速范围大了不节能,而直线型和抛物线型负载多选用调速型液力偶合器,因为这两种类型工作机利用偶合器调速运行节能
满足工作机的传动要求	工作机种类繁多,对传动的要求各异,应根据工作机的基本传动要求来选择液力偶合器。例如,对于要求解决启动和过载保护的工作机可选用限矩型液力偶合器;对于需要变工况运行、调速节能的工作机则要选择调速型液力偶合器
满足工作机的使用环境和使用工况要求	例如,煤矿井下使用的液力偶合器必须具有防爆功能,露天使用的液力偶合器必须选用户外型的。间隙运行散热条件好的偶合器可选用大转差率;频繁启动、散热条件差的偶合器应选择小转差率
满足工作机的安装连接要求	工作机不同,所选偶合器的连接方式也不同。如工作机(减速机)的轴径比电动机轴细很多,则应选择内轮驱动液力偶合器,避免减速机承担偶合器质量和不对中径向力而断轴。再如,大型移动困难的工作机,则应选择易拆卸的偶合器,保证在不移动电动机、工作机的情况下拆装偶合器

四、液力偶合器与动力机、工作机的连接

98. 为什么在选型匹配时要特别重视液力偶合器与动力机、工作机的连接?

液力偶合器与动力机、工作机的连接是偶合器选型匹配中的重要内容,对液力偶合器顺

利安装调试和可靠安全运行影响较大。如果连接形式和联轴器选用不当,则会在运行中产生故障,影响机组运行可靠性。限矩型液力偶合器与动力机、工作机的连接形式多种多样,如果在选型匹配中搞不清楚所要选择的形式,就会出现错误,安装连接不上,甚至影响使用。调速型液力偶合器与动力机、工作机的连接虽然比限矩型液力偶合器简单,但也存在诸如连接尺寸的确定、联轴器的选用、配合性质的选择、旋向和观察旋向的位置的确定等不容忽视的问题。总之液力偶合器与动力机、工作机的连接是选型匹配中最容易忽视和出现错误较多的环节,应当特别予以重视。

99. 液力偶合器与动力机、工作机的常用连接形式有几种?

液力偶合器与动力机、工作机的常用连接形式见表 4 - 9。

表 4 - 9　液力偶合器与动力机、工作机的常用连接形式

简　图	说　明	用途及优缺点
弹性联轴节	液力偶合器输入端设弹性联轴节,输出端为内插孔式。偶合器的质量及安装不对中所产生的附加径向力由减速器轴承担	用于外轮驱动的限矩型液力偶合器。缺点是当减速器轴比电动机轴细时,易发生减速器断轴事故。因电动机轴是标准的,所以可以方便偶合器前半联轴节的储备
弹性联轴节	液力偶合器输出端设弹性联轴器,输入端为内插孔式,偶合器的质量和安装不对中产生的附加径向力由电动机轴承担	用于内轮驱动的限矩型液力偶合器。在减速器轴比电动机轴细时,用此连接结构可降低减速器断轴故障。因电动机轴是标准的,所以可以方便偶合器主轴的储备
刚性联轴节　弹性联轴节	液力偶合器输入端为刚性联轴节,输出端为弹性联轴节	用于易拆卸式限矩型液力偶合器或外轮驱动制动轮式液力偶合器

简　图	说　明	用途及优缺点
	偶合器输入端和输出端均为弹性联轴节	用于调速型液力偶合器,双支承限矩型液力偶合器,有时也用于限矩型液力偶合器。当用于两端无独立支承的限矩型液力偶合器时,不易定心,易振动

五、联轴器轴孔和连接形式与尺寸

100. 在液力偶合器选型匹配时为什么要执行《联轴器轴孔和联结型式与尺寸》（GB/T 3852—2008）的标准?

GB/T 3852—2008《联轴器轴孔和联结型式与尺寸》规定了联轴器的轴孔和连接形式、尺寸及标记,是液力偶合器与动力机、工作机(包括减速器)连接匹配时应当依据的标准。只有按标准规定的型式、尺寸和标记进行匹配才不至于产生错误,所以在进行液力偶合器选型匹配时,应当熟悉和执行这一标准。

101.《联轴器轴孔和联结型式与尺寸》（GB/T 3852—2008）标准有什么用?

(1)供需双方依据此标准确认轴孔型式及代号。例如,需方要求偶合器的半联轴器 Z 形孔,供方根据标准就应当设计与生产有沉孔的长圆锥形轴孔的半联轴节器。若根本不知道 Z 形孔是何意,又如何准确供货呢?

(2)供需双方依据此标准确认键槽形式及尺寸。例如,需方要求所供偶合器轴孔为 Y 形 A 形键,供方就依此标准生产圆柱形轴孔平键单键槽的偶合器。

(3)供需双方依据此标准确认轴孔和轴伸尺寸。标准规定了联轴器的轴孔尺寸系列和相应的轴伸系列,这样就规范了供需双方的选择范围,便于标准化、系列化生产和供应,对于提高互换性和节约成本作用很大。

102. 联轴器轴孔和连接形式与代号是怎样表达的?

联轴器轴孔和连接形式与代号见表 4 - 10、表 4 - 11。

表 4 - 10　联轴器轴孔型式与代号(摘自 GB/T 3852—2008)

名　称	型式及代号	图　示	备　注
圆柱形轴孔	Y 型		限用于长圆柱形轴伸电动机端

名　称	型式及代号	图　示	备　注
有沉孔的短圆柱形轴孔	J 型		推荐选用
有沉孔的长圆锥形轴孔	Z 型		
圆锥形轴孔	Z_1 型		

表 4 - 11　联轴器连接形式及代号（摘自 GB/T 3852—2008）

名　称	型式及代号	图　示	备　注
平键单键槽	A 型		
120° 布置平键双键槽	B 型		
180° 布置平键双键槽	B_1 型		

名 称	型式及代号	图 示	备 注
圆锥形轴孔平键单键槽	C 型		
圆柱形轴孔普通切向键键槽	D 型		
矩型花键	符合 GB/T 1144—2001		
圆柱直齿渐开线花键	符合 GB/T 3478.1—2008		通常液力偶合器轴孔与花键轴连接应有一段直轴与直孔的导向段

六、联轴器主、从动端轴孔连接形式及尺寸标记方法

103. 键连接的联轴器主、从动端轴孔连接形式及尺寸是如何标记的？

键连接的联轴器主、从动端轴孔连接形式及尺寸按图 4-8 所示标记。

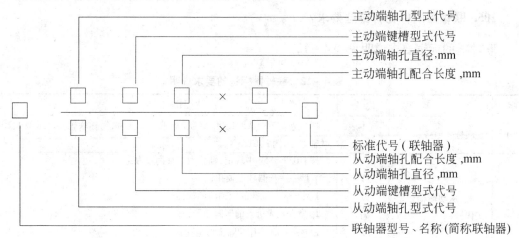

图 4-8 键连接的联轴器主、从动端轴孔连接形式及尺寸标记

（1）Y型(长圆柱形)轴孔代号、A型(平键单键)键槽的代号,标记中可以省略。

（2）当联轴器主、从动端轴孔连接形式与尺寸完全相同时,可只标记一端,另一端省略。

104. 花键连接的联轴器主、从动端轴孔连接形式及尺寸是如何标记的?

花键连接的联轴器主、从动端轴孔连接形式及尺寸按图4-9所示标记。

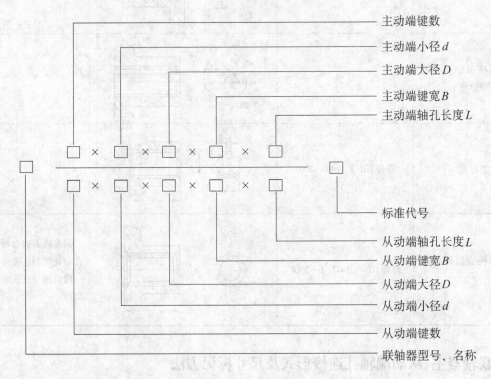

图4-9 花键连接的联轴器主、从动端轴孔连接形式及尺寸标记

（1）两端花键孔形式与尺寸相同时,只标一端,另一端省略。

（2）一端为花键孔,另一端为其他连接形式时,主、从动端分别标记。

105. 联轴器的标记有哪些要求?

联轴器的标记要求说明见表4-12。

表4-12 联轴器标记的要求说明

序号	名 称	代 号	说 明
1	联轴器型号	按本表1、2、3	按本表2、3中选取型号,型号后加联轴器名称,简称联轴器。示例1:LT4联轴器;示例2:LTZ3联轴器
2	主、从动端轴孔型式代号	Y	按GB/T 3852中规定,轴孔型式及代号为: Y型——长圆柱形轴孔;
		J	J型——有沉孔的短圆柱形轴孔;
		J_1	J_1型——无沉孔的短圆柱形轴孔;
		Z	Z型——有沉孔的圆锥形轴孔;
		Z_1	Z_1型——无沉孔的圆锥形轴孔

序号	名 称	代号	说 明
3	主、从动端轴与孔连接代号	A B B₁ C D	(1) 按 GB/T 3852 中规定的键槽型式及尺寸代号为： A 型——平键单键槽； B 型——120°布置平键双键槽； B₁ 型——180°布置平键双键槽； C 型——圆锥形轴孔平键单键槽； D 型——圆锥形轴孔普通切向键键槽
		INT Z m 30P 45 H	(2) 圆柱直齿渐开线花键按 GB/T 3478 中规定的标记为： INT——内花键； Z——齿数； m——模数； 30P——30°平齿根； 45——45°圆齿根； H——配合类别（内花键） 示例：花键副，齿数 24，模数 2.5，30°平齿根，其公差等级为 6 级，外花键为 30°圆齿根；其公差等级为 5 级，配合类别为 H/h，标记为 INT 24Z ×2.5m ×30P ×6H GB/T 3478.1
		Z d D B	(3) 矩形花键按 GB/T 144 中规定花键的标记为： Z——键数； d——小径； D——大径； B——键宽 示例：花键 Z = 6，d = 23H7/h7，D = 26H10/d11，B = 6H11/d10； 内花键 6 ×23H7 ×26H10 ×6H11 GB/T 144
4	主、从动端轴孔直径		从 GB/T 3852 中选取标准直径，主、从动可组合选用，但应符合标准直径
5	主、从动端轴孔配合长度		从 GB/T 3852 中选取标准直径和轴孔型式后，从标准中可查得轴孔配合长度
6	标准编号		为联轴器产品标准的编号 示例：弹性套柱销联轴器的标准代号为 GB/T 4323

七、与液力偶合器匹配的常用联轴器及其选配注意事项

106. 与液力偶合器匹配的常用联轴器有哪些？

与液力偶合器匹配的常用联轴器种类及其特性见表 4－13。

表 4 - 13　与液力偶合器匹配的常用联轴器

序号	名　称	型　号	图　例	参　数			特　点　及　应　用
				转矩范围/N·m	轴径范围/mm	最高转速/r·min⁻¹
1	鼓形齿式联轴器 JB/T 8854.2—2001	GⅡCL型		10～50000	16～200	4000～2100	无弹性传动元件,靠鼓形齿补偿两轴的相对位移,需在良好润滑和密封的状态下工作,径向尺寸小,承载能力大,常用于低速重载工况条件的轴系传动,偶合器较少采用此种联轴器
	鼓形齿式联轴器 JB/ZQ 4186—1997	WG型		1000～45000	38～200		
2	弹性套柱销联轴器 GB/T 4323—2002	LT LTZ		6.3～16000	9～170	8800～1150	结构紧凑、装配方便,具有一定的弹性缓冲性能,补偿两轴相对位移量不大,用于中小功率调速型液力偶合器和中小功率限矩型液力偶合器。外径较大,质量也较大,不适合大功率高转速偶合器选用
3	弹性柱销联轴器 GB/T 5015—2003	LZ LZD LZJ LZZ		112～2.8×10⁵	12～350	5000～460	有一定的弹性,能缓冲减振,制造容易,更换方便,传递转矩范围大,可代替部分齿式联轴器,用于中大功率的调速型液力偶合器。外径较小,质量较轻,适合高转速偶合器选用

序号	名 称	型 号	图 例	参 数			特 点 及 应 用
				转矩范围/N·m	轴径范围/mm	最高转速/r·min⁻¹	
4	梅花型弹性联轴器 GB/T 5272—2002	LM LMD LMS LMZ—I LMZ—II		16~25000	12~140	15300~1100	结构简单，维修方便，有缓冲减振性能，对加工精度要求不高，适应范围较广。缺点是必须移动被连接的工作机、动力机才能拆装，用于所有限矩型液力偶合器和分体装拆式偶合器
5	膜片弹性联轴器 JB/T 9147—2000	JM I JM I J		JM I：25~160000 JM I J：25~6300	JM I：14~320 JM I J：14~125	JM I：6000~710 JM I J：6000~1600	对环境适应性强，结构比简单，工作方便，无噪声，有一定缓冲减振能力，用于调速型液力偶合器，也可用于易拆卸限矩型液力偶合器
6	弹性柱销联轴器 GB/T 5014—2003	LX型 LXZ型		250~180000	12~340	8500~950	结构与弹性柱销齿式联轴器大致相同，由于没有外套，靠柱销抗剪切力传递扭矩，所以适合中小功率的调速型液力偶合器选用，易拆卸式和分体装拆式限矩型偶合器也有选用
7	轮胎式联轴器 GB/T 5844—2002	UL		10~25000	11~180	5000~800	补偿两轴相对偏移和缓冲缓冲击能力强，传递转矩范围较小，常用于限矩型液力偶合器，调速型液力型偶合器较少选用

107. 液力偶合器选配联轴器应注意哪些事项?

液力偶合器选用联轴器时应注意的事项见表4-14。

表4-14 液力偶合器选用联轴器注意事项

注 意 事 项	说 明
选用标准产品	方便易损件供应和更换,尽量不采用非标产品
选准联轴器技术参数	包括联轴器许用转矩、许用转速、许用连接轴孔等,不能仅仅按传递转矩来选型,当所配轴头尺寸超出联轴器轴孔范围时就选下一挡联轴器
注意联轴器与偶合器、动力机、工作机的连接与安装尺寸	联轴器与动力机、偶合器、工作机的安装连接尺寸,必须符合要求,不仅轴孔的配合尺寸和配合性质要符合要求,而且轴向尺寸也要符合要求。当联轴器外径较大时,要审核联轴器与设备有无干涉
保证不移动动力机、工作机能将偶合器拆下	所选用的联轴器必须能保证在不移动动力机与工作机的情况下,可将偶合器拆下
具有一定的补偿两轴相对偏移和一般减振动能	要选用能够补偿两轴相对偏移的弹性联轴器
坚固耐用、使用可靠、寿命长	要选择可靠性高的联轴器
外径较小、质量小、转动惯量小	要选用外径尺寸小、质量较小、转动惯量较小的联轴器,这有利于降低电动机、工作机启动时的阻力矩和提高运行平稳性
安装拆卸方便	要选择用常规工具即可安装拆卸的联轴器
安全性要高	要选择安全实用的联轴器,防止联轴器失效飞出伤人
经济实用	价格要低、采购方便、备件供应方便、维修简易

八、联轴器轴孔与轴伸的配合性质与固定方式选择

108. 为什么要重视联轴器轴孔及轴伸的配合性质选择?

选择合适的配合性质主要是为了顺利安装和安全可靠运行。如果配合性质选择不当,就会给安装带来困难。例如,限矩型液力偶合器因为大多是铝合金制造的,所以不允许用锤击法安装,如果选用过盈配合,则安装十分困难,甚至还可能将偶合器损坏。当然,在选择配合性质时还要充分考虑运行安全性。例如,调速型液力偶合器选用的联轴器在运转中不允许产生松动、窜轴、滚键等故障,所以必须选用既可以顺利安装又可以稳定运行的配合性质。

109. 圆柱形轴孔与轴伸的配合有何要求?

圆柱形轴孔与轴伸的配合要求见表4-15。

表 4 – 15　圆柱形轴孔与轴伸的配合要求

直径 d/mm	配合代号	说　　明
6 ~ 30	H7/j6	
30 ~ 50	H7/k6	通常电动机轴、减速器轴、工作机轴的公差取 j6、k6、m6，而联轴器轴孔的公差取 H7。基本上属于过渡配合，能保证顺利安装和稳定运行
>50	H7/m6	

110. 圆锥形轴孔与轴伸的配合有何要求？

（1）圆锥角公差应符合 GB/T 1134 中的 AT6 级的规定。通常用锥度塞规测量，用着色法检验，接触面应大于 75% 且靠近大端。

（2）圆锥形轴孔与轴伸的配合要求见表 4 – 16。

表 4 – 16　圆锥形轴孔与轴伸的配合要求

圆锥孔径 d/mm	配合代号	L 轴向极限偏差	圆锥孔径 d/mm	配合代号	L 轴向极限偏差
6 ~ 10		0 −0.22	55 ~ 80		0 −0.46
11 ~ 18	H8/k8	0 −0.27	85 ~ 120	H8/k8	0 −0.56
19 ~ 30		0 −0.33	125 ~ 180		0 −0.63
32 ~ 50		0 −0.39	190 ~ 220		0 −0.72

注：配合代号是指 GB/T 1570 规定的标准圆锥形轴伸的配合。

111. 联轴器键槽尺寸偏差及形位公差有何要求？

（1）单键槽与 180°布置双键槽对轴孔轴线的对称度，按 GB 1184 中对称度 7 ~ 9 级选用。

（2）120°布置的双键槽的位置度公差按 7 ~ 8 级选用。

（3）因联轴器的大端面及外径是动力机、偶合器、工作机三机找同心时的找正基准，所以要求以联轴器轴孔中心线为基准，其大外径与基准的同轴度允差 0.05mm，大端面与基准的跳动允差 0.05mm。

112. 联轴器轮毂与轴伸有哪些固定方式？

联轴器轮毂与轴伸的固定方式见表 4 – 17。

表 4 – 17　联轴器轮毂与轴伸的固定方式

固定方式	图　例	说　　明
过盈配合固定		调速型液力偶合器所配联轴器常用这种配合。电动机轴、工作机轴、偶合器轴与联轴器轮毂的配合常采用过渡配合或过盈配合固定。限矩型液力偶合器不允许用过盈配合固定，因为装拆均不方便

固定方式	图 例	说 明
弹性挡圈固定		这种固定方式在偶合器上很少用
紧定螺钉固定		限矩型易拆卸式液力偶合器的输入端半联轴节、输出端半联轴节与电动机轴、减速器的固定常用此种方式
紧定螺钉和钢丝固定		为防止紧定螺钉旋转松动脱落,在紧定螺钉的开口中固定一圈钢丝(钢丝拧紧后将头压入孔内),限矩型液力偶合器有用此种固定方式
挡圈和双螺钉固定		有些偶合器的输入轴与输出轴采用锥轴连接,常用此种固定方式与联轴器固定,此种方式常用于轴径较大的情况,当锥轴与偶合器主轴配合时,需要校核偶合器有无安装空间
圆螺母和止动垫圈固定		用于偶合器主轴与电动机或减速器的锥轴连接的固定。此种方式常用于轴径较小的情况,联轴节或偶合器主轴必须有容纳圆螺母的空间,否则不可用

固定方式	图　例	说　明
六角螺母和开口销固定	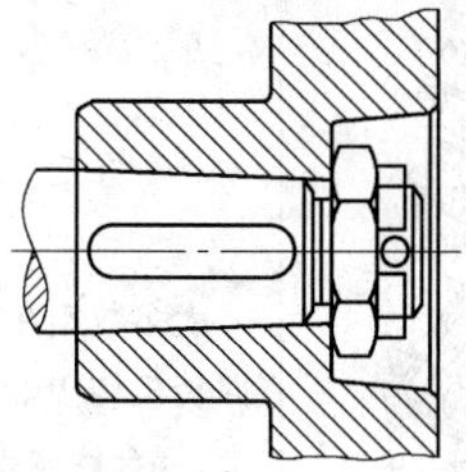	此种固定方式与圆螺母和止动垫圈的固定方式相同。当锥轴与偶合器主轴配合时,必须校核偶合器主轴有无安装空间
挡圈和螺钉固定	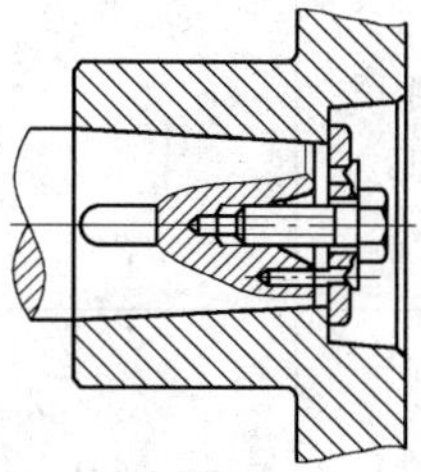	当偶合器主轴无法容纳与锥轴前端螺纹相配的圆螺母时,就需要用拉紧螺栓与挡圈将锥轴与偶合器主轴相固定,注意:拉紧螺栓一定要有防松措施,用户需要在锥轴上钻铰双方协商好的规定螺孔

九、与液力偶合器匹配的常用制动器种类及选配注意事项

113. 在有液力偶合器传动的系统里,制动器常设置在什么地方,有什么作用?

A　设置在偶合器的输出端

这是最常用的形式。例如,带制动轮的限矩型液力偶合器,其输出端半联轴节上固定制动轮,与制动器相配合,使被传动的机械减速或停车。带式输送机等常用此结构。注意:如果要求提供最终减速刹车功能,制动器一定要安装在偶合器输出端,因为液力偶合器输出与输入之间没有直接的机械连接,即便闸住了输入端,输出端仍可自由转动,所以只有闸住了输出端,工作机才可能得以制动。

B　设置在偶合器的输入端

这是极少采用的形式。有的下运带式输送机,为防止输送机因惯性力"飞车"造成动力反传,给偶合器(通常是调速型液力偶合器)和电动机造成危害,故在偶合器的输入端半联轴节上固定制动轮。当皮带机"飞车"而造成动力反传时,通过联锁停机装置使电动机停机,同时利用设置在输入端的制动器将偶合器的泵轮闸住,使之发挥液力制动器的功能,迫使输送机减速,并最终用机械制动器刹车。此种配置方式也可以用于带式输送机带载制动,先闸住泵轮用液力制动让输送带减速,最终用机械制动刹车。即液力偶合器的输出端和输入端均设制动器。

114. 与液力偶合器匹配的常用制动器有几种?

与液力偶合器匹配的常用制动器见表 4－18。

表 4 –18 与液力偶合器匹配的常用制动器

制动器名称	图　例	作　用
盘式电磁制动器	1—制动盘;2,3—摩擦盘;4—定位螺栓;5—电磁铁;6—弹簧;7,8—调整螺母;9—锁紧螺母;10—松闸手柄	大多数用在有液力偶合器传动的塔式起重机回转机构上。制动器固定在回转机构的底盘上,偶合器输出端通过接轴与制动器磁芯相连,通电后磁芯与铁盘接合制动
电磁铁、电磁液压、电力液压外抱瓦块式制动器		在带式输送机、堆取料机及其他起重运输机械上常用,是与液力偶合器匹配最多的制动器,常与带制动轮式偶合器配合。绝大多数安装在偶合器输出端,极少数置在偶合器输入端,发挥液力制动作用,见第 113 问中的 B
钳盘式制动器		这种制动器与液力偶合器匹配使用不多,但也有应用。液力偶合器输出半联轴节上固定一个制动盘,与制动器配合使工作机减速制动

115. 液力偶合器与制动器匹配应注意哪些事项?

液力偶合器与制动器匹配应注意的事项见表 4 – 19。

表 4 – 19　液力偶合器与制动器匹配注意事项

序号	注意事项	说　明
1	制动力矩必须足够	制动轮式限矩型液力偶合器上的制动轮直径与宽度必须与制动器相匹配,能够提供足够的制动力矩。制动轮式限矩型液力偶合器常用制动轮规格可参考各偶合器厂样本

序号	注意事项	说　明
2	必须核对制动轮直径与宽度是否符合标准	制动轮的直径大部分为 160mm、200mm、250mm、315mm、400mm、500mm、630mm、710mm、800mm,但也有的将 315mm 制动轮改为 300mm,其余不变。所以在选型匹配时应当核准制动轮直径与宽度是否符合标准
3	必须确定液力偶合器与制动器的安装定位基准	液力偶合器与制动器在安装时必须定位准确,由于制动轮端面至偶合器输出轴端的距离是定位基准,所以在订货时一定要把此距离标示清楚
4	在选择制动器和计算制动力矩时,除了要考虑工作机需要以外,还要能与偶合器最大力矩相匹配	在没用液力偶合器传动的系统中,选择制动器和计算制动力矩只考虑电动机和工作机制动力矩即可,而加装液力偶合器之后,还要考虑偶合器堵转时的最大力矩。例如,工作机需要 100N·m 制动力矩,所配偶合器为 YOX$_z$280(输入转速为 1500r/min),该偶合器额定功率为 8.7kW,最大扭矩为 $M_{max} = \dfrac{8.7 \times 9550}{1500} \times 2.5 = 138.48$N·m(式中 2.5 为偶合器过载系数)。很显然,若选制动力矩为 100N·m 的制动器是不行的,因为若在制动时没有及时停车,则偶合器的最大力矩大于 100N·m,制动器就不可能刹住车,还可能将制动器损坏

十、与液力偶合器匹配的常用减速器及其选配注意事项

116. 与液力偶合器匹配的常用减速器型式有几种?

减速器是原动机和工作机之间独立的闭式传动装置,用来降低转速和增大转矩,以满足工作机的需要。在某些场合也用来增速,称为增速器。

减速器的种类很多,按照传动类型可分为齿轮减速器、蜗杆减速器和行星减速器以及它们互相组合起来的减速器;按照传动的级数可分为单级减速器和多级减速器;按照齿轮形状可分为圆柱齿轮减速器、圆锥齿轮减速器和圆锥-圆柱齿轮减速器;按照传动的布置形式又可分为展开式减速器、分流式减速器和同轴式减速器。随工作机的不同,这些减速器均有可能与偶合器匹配使用。

117. 圆柱齿轮减速器型号是怎样标示的?

圆柱齿轮减速器分为单级(D)、两级(L)、三级(S)、硬齿面(Y)和中级齿面(Z)系列。此类减速器高速轴转速不大于 1500r/min,齿轮的圆周速度不大于 20m/s,工作环境的温度范围 -40~45℃,低于 0℃时,启动前润滑油应加热。型号标记示例见图 4-10。

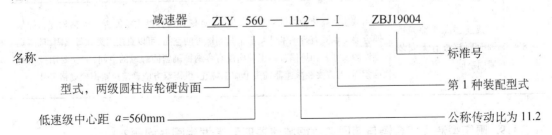

图 4-10　圆柱齿轮减速器型号标记

118. 根据减速器型号选配偶合器时应注意哪些问题？

有时用户不告知偶合器的输入端、输出端轴孔参数，而是告知电动机和减速器型号，让供方自己查找数据，确定所匹配的偶合器型号。此时如果数据核查错误，或需方所提供的型号有问题而供方发现不了，都会给偶合器选型匹配造成错误，因而应特别重视此方面的工作。应注意表4-20中所示的问题。

表4-20　根据减速器型号选配偶合器时应注意的问题

序号	应注意的问题	说　明
1	核查型号是否准确完整	型号是选型的基础，若型号不对或不完整，则供方就无法从样本上查到数据，无法获得偶合器选型的参数
2	要确定减速器生产厂	(1)虽然减速器有标准，但各生产厂生产的减速器并不完全一样，加之过去生产的减速器和进口的减速器与标准又不一样，所以必须明确减速器生产厂，然后查该厂的样本，这样才能保证准确无误。 (2)供方往往无法全部收集减速器生产厂的样本，如果不提供生产厂就无法索要样本，无法准确选型
3	减速器传动比要搞清楚	由于减速器传动比不同，其高速轴、低速轴的参数亦不同，所以如果不标注传动比，就很可能将数据查错，或根本无法查找
4	要核查有无特殊要求	例如，德国弗兰德公司生产的硬齿面减速器高速轴非常细，不允许承担偶合器的质量，因而应选择内轮驱动的偶合器，让电动机轴承担偶合器质量
5	要核查连接尺寸是否与偶合器匹配	当连接尺寸超出偶合器的标准尺寸时，应当核查能否进行变形设计，否则不应当承担订货。 当减速器的结构有可能影响偶合器安装时，应设法予以解决。例如，德国弗兰德减速器高速轴端带冷却风扇，冷却风扇的导流罩有可能与偶合器输出端干涉，应设法加长输出端半联轴节的长度，使之避开导流罩
6	要核查有无拆卸空间	例如，易拆卸制动轮式偶合器与德国弗兰德减速器匹配，因减速器有风扇导流罩，所以制动轮与导流罩间几乎没有间隙，不具备拆卸空间，因而偶合器也就失去了易拆卸功能。选型时应预先考虑到这一不利因素，从偶合器结构上进行改进，确保偶合器易拆卸
7	要核查需方所提供的减速器型号与参数有无矛盾	有时需方既提供减速器型号，又提供偶合器输出端轴孔尺寸，此时应核对所提供尺寸与减速器型号是否对应，是否有矛盾。常有这样的情况，需方将尺寸查错而与样本的实际尺寸矛盾，此时就应与需方沟通，确认准确参数
8	减速器高速轴为锥轴时要核查有无安装紧固空间	当减速器高速轴为锥轴时，要特别注意核查偶合器主轴能否与锥轴相配。如果偶合器主轴具有容纳锥轴及锥轴紧固螺母的空间，可以直接用圆螺母紧固，且需提供锥轴尺寸。如果偶合器主轴内没有容纳锥轴紧固螺母的空间，那就要用拉紧螺栓紧固，需方要在减速器轴头上加工螺孔，供需双方应确定拉紧螺栓规格尺寸

119. 限矩型液力偶合器与德国弗兰德减速器匹配常发生哪些问题？

德国弗兰德减速器设计先进、体积小、质量轻，国内已有生产厂，它在起重运输机械上的应用相当广泛。但是由于该减速器结构特殊,与液力偶合器匹配时常发生问题,见表4-21。

表4-21 德国弗兰德减速器与液力偶合器匹配常发生的问题

序号	发生的问题	说　明
1	减速器断轴	由于弗兰德减速器是硬齿面的,所以高速轴很细,有的甚至比国产减速器轴细近一半。例如,电动机轴若为 $\phi75mm$ 而减速器轴则只有 $\phi42mm$,甚至 $\phi38mm$,此时若采用外轮驱动偶合器,让很细的减速器轴承担偶合器的质量,加之其找正不对中,就很可能促使减速器断轴。造成这种故障的主要原因是偶合器选配不对,而减速器轴的安全系数低也是一个次要的原因
2	冷却风扇导流罩与偶合器输出端半联轴节干涉	弗兰德减速器大都在高速轴端设冷却风扇,冷却风扇的外面设置导流罩。这样减速器的高速轴就被导流罩罩住一部分。如果在偶合器选型时不注意这一问题,就很可能使偶合器输出端半联轴节安装不到位
3	冷却风扇导流罩与偶合器上的制动轮间隙过小,失去拆卸空间	易拆卸制动轮式限矩型液力偶合器与弗兰德减速器相配,常发生因拆卸空间不够而失去易拆卸功能的事情。原因是导流罩与制动轮紧挨着,根本没有操作空间,偶合器上的弹性套柱销拆不下来
4	样本尺寸查错	由于弗兰德减速器的样本形式与国内有差异,加之其表达方式有时易引起误会,故常发生查错样本的时候,导致与偶合器匹配时产生错误

120. 德国弗兰德减速器的型号是怎样标示的?

德国弗兰德减速器的型号标示见图4-11。

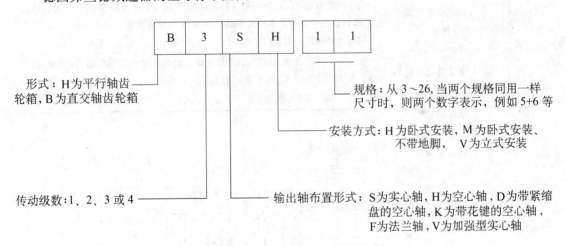

图4-11 德国弗兰德减速器的型号标示

121. 德国弗兰德减速器型号与国产减速器型号标示有何不同?

(1)由第117问可知,国产减速器的型号除了表示型式、规格之外,还包括传动比和装配型式。而弗兰德减速器型号中则没有,尤其传动比,在选型查表时是很重要的参数,若忽略了这一参数,很可能将表查错。因为弗兰德减速器不能从型号直接读出传动比,所以应特别注意在查表时要首先将传动比搞清楚。

（2）国产减速器型号中有装配型式，而弗兰德减速器直接通过型号表达，H 代表平行轴齿轮箱、B 代表直交轴齿轮箱。

（3）国产减速器型号、规格比较直观，规格的数字就是低速级中心距，而弗兰德减速器的规格用序号表示。

总之，由于两者标示不同，所以查表时应先把型号及型号标示搞清楚，不能凭老经验处理。

122. 液力偶合器与弗兰德减速器匹配时应注意哪些问题？

液力偶合器与弗兰德减速器匹配时应注意的问题见表 4 – 22。

表 4 – 22　液力偶合器与弗兰德减速器匹配时应注意的问题

序号	应注意的问题	说　明
1	确定合理的驱动方式	弗兰德减速器的特点是高速轴很细且轴伸很短，容易发生断轴事故，所以在选型匹配时应选择内轮驱动偶合器，将电动机轴插入偶合器主轴孔内，联轴器位于减速器一端，让电动机轴主要承担偶合器的质量和因不对中而引起的径向附加力
2	注意减速器有无冷却风扇	若减速器没有冷却风扇，则连接尺寸选择与常规选型匹配相同。若减速器有冷却风扇，则应保证偶合器的输出端半联轴节与风扇导流罩不干涉，图 4 – 12 为弗兰德减速器带冷却风扇与不带冷却风扇和偶合器的连接对比，由图可见，为了防止与导流罩干涉，偶合器的输出端半联轴节比较短
3	易拆卸制动轮式偶合器应保证易拆卸	由于减速器加了风扇导流罩，偶合器制动轮的外侧没有拆卸空间，手无法伸进去，弹性套柱销拆不下来也安不上去，失去了易拆卸功能。解决的办法是要保证制动轮能够向偶合器方向移动，让出一个拆卸空间，详见第五章第十三节
4	正确确定偶合器输出轴孔长度及总长	如图 4 – 13 所示，带冷却风扇的减速器与偶合器输出端半联轴节的配合孔径为 $\phi d6$，配合长度为 l_3，而不是 l_1，计算偶合器总长 l 时，也应从 l_3 的端面算起，而不是从 l_1 端面算起，否则就会将偶合器总长计算大了，安装时装不进去

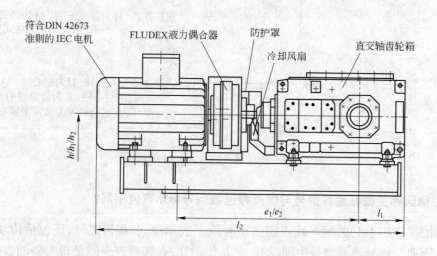

图 4 – 12　德国弗兰德减速器与液力偶合器匹配示意图

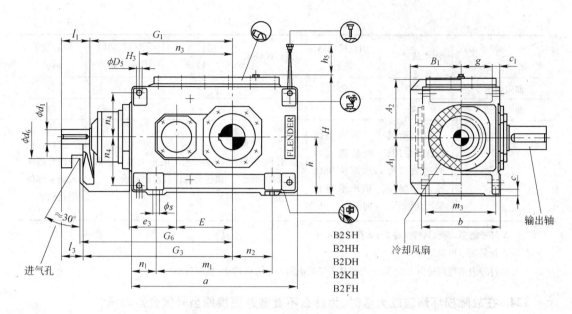

图 4 – 13　德国弗兰德减速器结构尺寸

十一、液力偶合器常用轴承及选配注意事项

123. 液力偶合器常用轴承有哪些,各有什么特性和作用?

液力偶合器常用轴承和特性见表 4 – 23。

表 4 – 23　液力偶合器常用轴承与特性

特　征　＼　轴承形式	深沟球轴承	四点接触球轴承	调心球轴承	圆柱滚子轴承	带单挡边圆柱滚子轴承	调心滚子轴承
载荷能力 径向载荷↑ 轴向载荷←						
高速运转	△△△△	△△△△	△△	△△△△	△△△	△△
旋转精度	△△△	△△△		△△△	△△	
噪声、振动	△△△△	△△△		△	△	
摩擦转矩	△△△△	△△△	△	△		
刚　性				△△	△△	△△△
耐振动、冲击性			▲	△△	△△	△△△
内外圈允许倾斜度	△		△△△	△		△△△
调心作用			☆			☆
内圈、外圈的分离				☆	☆	
内圈锥孔			☆			☆

特征 \ 轴承形式	深沟球轴承	四点接触球轴承	调心球轴承	圆柱滚子轴承	带单挡边圆柱滚子轴承	调心滚子轴承
轴向固定	◎	○	◎			◎
轴向移动	○		○	◎		○
应 用	限矩型偶合器最常用,调速型偶合器部分部位采用此轴承	调速型偶合器埋入轴承部位用此轴承承担轴向力	进口的调速型偶合器埋入轴承部位用此轴承	皮带轮式限矩型偶合器和调速型偶合器用此轴承		进口调速型偶合器埋入轴承部位用此轴承

注:1. △符号越多,表示其特性越好;▲符号表示不可。

2. ☆符号表示可以适用。

3. ◎符号表示可用轴向双向移动;○符号表示只能沿一个方向移动(轴向移动)。

124. 在故障损坏修理或大修时,为什么不要随意更换原型号偶合器轴承?

液力偶合器在设计时,对轴承选择和计算非常严格,定型产品所选轴承通常都通过了工业性运行考验,可靠性较高,所以不应随意更换。例如,调速型液力偶合器输入轴与输出轴连接部位的埋入轴承,常使用四点接触球轴承或深沟球轴承与四点接触球轴承组合、调心球轴承、调心滚子轴承等,目的是为了既承担径向力又承担轴向力。有的用户因采购不到四点接触球轴承而希望用深沟球轴承替代,这样虽然也可以短时间运转,但时间一长,因深沟球轴承承受轴向力的能力不如四点接触球轴承,就会加剧磨损,使偶合器产生跳动。再如,几乎所有的调速型液力偶合器中必有一套轴承采用无挡边或单边圆柱滚子轴承,目的是为了装拆方便和有利于轴系热膨胀后轴向间隙自动调整。若换成深沟球轴承,在热膨胀时轴系因无法伸长而变弯,使偶合器旋转组件跳动,造成整台偶合器振动。由以上分析可知,在故障损坏或大修时不可以随意改变偶合器的原轴承型号,若势必要更换改造,也应进行充分分析并征得制造厂的同意,以避免产生不良后果。

十二、液力偶合器常用密封元件及其选配注意事项

125. 液力偶合器常用的密封装置有哪些?

液力偶合器常用密封装置的种类见表 4 – 24。

表 4 – 24　液力偶合器常用密封装置分类

分　类		原　理	应　用
静密封	O 形圈密封	利用 O 形圈橡胶的材料变形封堵液体	限矩型、调速型液力偶合器均常用
	垫密封	利用石棉板等材料的变形、贴合封堵液体	
	填料密封	利用填料封堵液体外泄	
	胶密封	利用密封胶的黏合力,使两密封面贴合,堵住泄漏缝隙	常用于调速型液力偶合器

分　类			原　理	应　用
动密封	接触式密封	O 形圈	利用 O 形圈的弹性变形封堵液体	常用于调速型偶合器导管封油
		油封	利用油封唇口与轴间形成的油膜来封堵液体	限矩型、调速型液力偶合器均常用
		机械密封　弹簧式	动密封环与静密封环依靠弹簧力紧密贴合,封堵液体	限矩型偶合器常用
		机械密封　波纹管式	动环与静环依靠波纹管的弹力紧密贴合,封堵液体	
		机械密封　膜片式	动环与静环依靠弹性膜片的弹力紧密贴合,封堵液体	
	非接触式密封	迷宫密封	液体经过许多曲折的通道,经多次节流而产生很大阻力,阻碍液体泄漏	回转壳体式调速型液力偶合器常用
		螺旋密封	利用螺杆泵的原理,借助于螺纹旋转将液体赶回腔内	液力偶合器上用得不多
		离心密封　甩油盘	借助离心力的作用,将液体介质沿径向甩出,通过集液口流回油箱,阻止液体外泄	调速型液力偶合器常用此密封结构
		离心密封　叶轮	借助于叶轮的鼓风作用,形成风压、阻碍液体外泄	调速型偶合器用此结构
	组合密封		将几种密封装置组合使用,使密封性能更优越	限矩型和调速型液力偶合器都有应用

126. 液力偶合器常用的密封元件有哪些,选配时应注意哪些问题?

不论限矩型液力偶合器还是调速型液力偶合器,最常用的密封元件是油封和 O 形密封圈。油封的种类和用途见表 4 – 25。O 形密封圈的常用结构见图 4 – 14。液力偶合器常用密封元件选配注意事项见表 4 – 26。

表 4 – 25　油封的种类和用途

序号	分　类	简　图	用　途
1	单唇油封	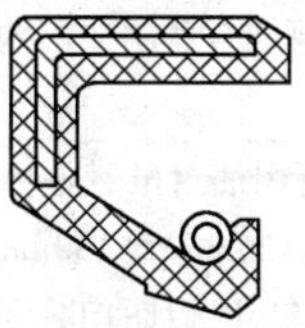	一般常用的油封,适用于没有灰尘的环境
2	双唇油封	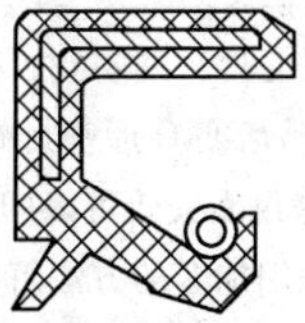	有防尘副唇,安装时两唇之间填充润滑脂,适用于有灰尘、泥水等环境

序号	分　类	简　图	用　途
3	单向回流油封		在唇口外密封面上有倾斜条纹,当轴旋转时产生回流效应,防止油液漏出,转速越高,密封效果越好。油封有方向性,要根据轴的旋向选择和安装油封
4	双向回流油封		在唇口外密封面上有凸、凹、三角形、正弦波形等条纹,当轴旋转时产生回流效应,没有方向性,适用于需要双向旋转的轴的密封

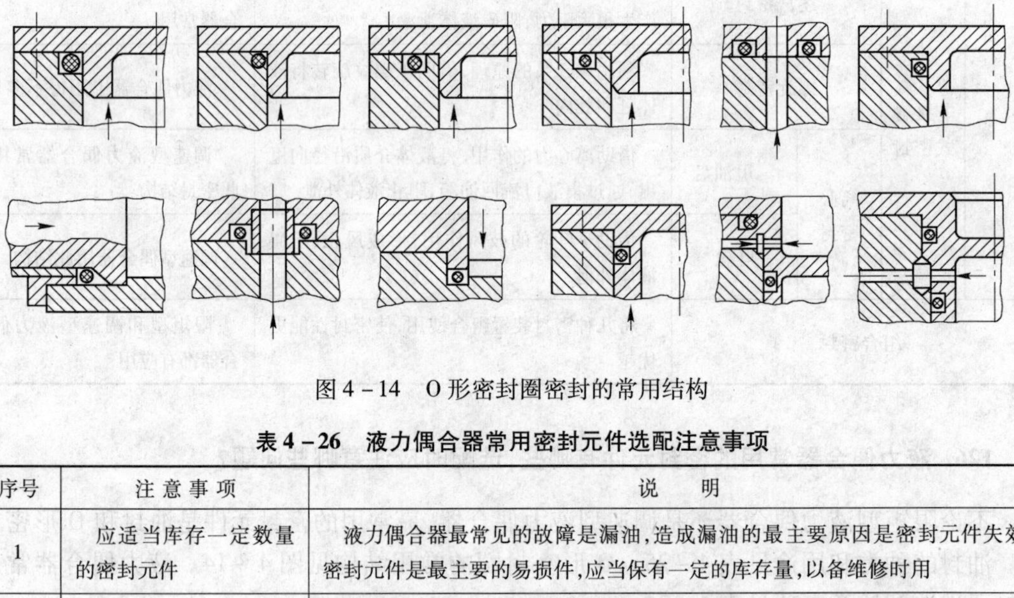

图 4 – 14　O 形密封圈密封的常用结构

表 4 – 26　液力偶合器常用密封元件选配注意事项

序号	注意事项	说　明
1	应适当库存一定数量的密封元件	液力偶合器最常见的故障是漏油,造成漏油的最主要原因是密封元件失效。密封元件是最主要的易损件,应当保有一定的库存量,以备维修时用
2	库存时间不可过长	通常油封和 O 形密封圈均是橡胶制成的,易老化,若库存量过大,一时用不了,时间一久就会老化变质,影响密封效果,所以库存时间不可太长,通常半年就应更换,最多不应超过一年
3	测准 O 形密封圈尺寸	液力偶合器所用 O 形密封圈绝大部分是非标的,购置时应当注明 O 形密封圈的规格,最好向原偶合器制造厂购买,实在无法买到可以采用切斜口黏接的方法解决
4	测准油封尺寸	液力偶合器所用油封虽然是标准的,但规格也不完全一样。例如,同是内孔 $\phi100$mm,外径就 125mm 和 130mm 两种,而宽度新旧标准也不一样,所以在购置时应当明确油封尺寸,以防时安不上
5	修配偶合器时应灵活选配密封元件	有些时候密封元件采购不到,又要不误生产,可以现场灵活选配其他密封元件或材料。例如,易熔塞 O 形密封圈损坏可以用密封垫替代,泵轮与外壳、泵轮与后辅室间 O 形密封圈失效可以用卡普隆绳替代,也可以用密封胶密封。油封外径不一样可以采用加套的方法解决等

十三、液力偶合器系列型谱

127. 液力偶合器为什么要系列化生产,有什么好处?

所谓液力偶合器系列化,就是将一些性能良好、技术成熟、使用可靠的模型偶合器按相似原理放大或缩小,设计、制造出循环圆腔型相似而有效直径按一定公比变化的一系列产品。液力偶合器系列化生产可以减少规格尺寸、降低胎具、模具、工艺装备数量,便于组织现代化大生产,最终可使成本降低、效益提高、供货期缩短和服务简便。

128. 液力偶合器的规格是怎样确定的?

为了使偶合器的规格降至最少,而且相邻两个规格的偶合器传递功率范围又能有一定的覆盖,不至于断挡,就需要研究出一个适当的公比,按公比确定偶合器的规格。我国的偶合器是按 $\sqrt[5]{1.8} = 1.125$ 为公比来确定规格系列的。为了将规格圆整,有时并不完全遵循这一公比,但大体上都相差不多,例如 220/200 = 1.1,250/220 = 1.136,280/250 = 1.12,320/280 = 1.143,360/320 = 1.125,400/360 = 1.11,450/400 = 1.125 等等。需要说明的是,有的教科书上说公比是 $\sqrt[5]{1.5} = 1.08$,显然与实际不相符了。表 4 - 27 所列是我国液力偶合器规格系列。

各国的偶合器规格系列并不一致,我国的规格系列与德国福依特公司比较接近(见表4 - 28),而与意大利传斯罗伊公司(见表 4 - 29)和德国弗兰德公司(见表 4 - 30)的规格系列有较大出入,因而在进口偶合器国产化时,应注意此方面的差异。

表 4 - 27 我国液力偶合器循环圆有效直径(规格)表　　　　　　　　(mm)

125	140	160	180	200	220	250	280	320	360	400	450	(487)	500
560	650	750	(800)	875	1000	1150	1320	1550	1800	2060			

表 4 - 28 德国福依特液力偶合器循环圆有效直径(规格)表　　　　　　(mm)

133	154	206	274	366	422	487	562	620	650
750	866	1000	1150	1210	1330	1390	1540	1780	

表 4 - 29 意大利传斯罗伊液力偶合器循环圆有效直径(规格)表

6k	7k	8k	9k	11k	12k	13k	15k
17k	19k	21k	24k	27k	29k	34k	

注:表中 k 基本上可看作是 1 英寸,例如,13k 约折合为 330mm。

表 4 - 30 德国弗兰德液力偶合器循环圆有效直径(规格)表　　　　　(mm)

222	257	297	342	370	395	425	450
490	516	565	590	655	755	887	

129. 什么是液力偶合器的系列型谱？

用功率 P 和角速度 ω 的对数值绘制成的,能表示不同规格偶合器在不同转速下所能传递的功率范围的曲线图,称为液力偶合器的系列型谱。系列型谱中,任一规格偶合器所能传递的功率范围称为功率带,见图 4 – 17。限矩型液力偶合器与调速型液力偶合器系列型谱的制定方法是不一样的,第 130 问至第 132 问分别简单介绍。

130. 限矩型液力偶合器系列型谱是怎样制定的？

限矩型液力偶合器系列型谱是按同一规格的偶合器不同充液率所能传递功率范围来制定的。型谱中该规格偶合器所能传递功率的上限所对应的充液率是 80%,所能传递功率下限所对应的充液率为 50%。由于 50% 充液率的泵轮力矩系数 $\lambda_{B0.5}$ 约为 80% 充液率泵轮力矩系数 $\lambda_{B0.8}$ 的一半,所以功率型谱上的功率带上限与下限也大体上相差 1 倍,如图 4 – 15 所示。

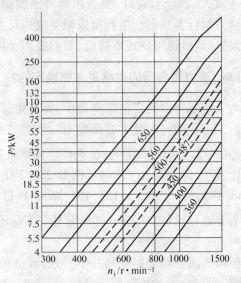

图 4 – 15　MT/T 208 标准中限矩型
液力偶合器功率型谱

131. 调速型液力偶合器系列型谱是怎样制定的？

与限矩型液力偶合器在运行中固定充液量不同,调速型液力偶合器在运行中是变充液量的,所以同一规格偶合器的传递功率范围不是按充液率确定的,而是按转差率的不同来确定的。通常调速型液力偶合器的最大传递功率是指转差率 $S=3\%$(即 $i=0.97$)时所对应的功率,而最小传递功率则是指转差率 $S=1.5\%$(即 $i=0.985$)时的传递功率,由于转差率为 3% 时的传递功率约等于转差率为 1.5% 时传递功率的 2 倍,所以调速型液力偶合器功率带的上限和下限也差不多相差 1 倍。值得一提的是,国内有些偶合器生产厂调速型液力偶合器传递功率范围定得过宽,致使有些选型匹配明明可以用上一规格的偶合器却用了功率较大的一挡,结果造成调速范围下降,有的甚至导管开度只有 50% 时即已达最高转速了,给运行带来不便。

132. 液力偶合器的系列型谱在选型匹配时有什么用？

液力偶合器的系列型谱也称功率图谱。在选型匹配时主要用来确定液力偶合器的输入转速、有效直径与传递功率的关系。它的作用有以下三个方面:

(1)当已知输入转速和传递功率时,通过功率图谱确定应选偶合器的规格。
(2)当已知偶合器规格和输入传递时,通过功率图谱查看传递功率范围。
(3)当已知偶合器规格和传递功率时,查看输入转速是否正确。

关于液力偶合器功率图谱的具体使用参看限矩型和调速型液力偶合器选型匹配的相关内容。

十四、与液力偶合器有关的液压传动系统简介

133. 液力偶合器传动系统与液压传动系统有何关系？

液力偶合器是依靠液体动能传递动力的，与液压传动截然不同，但在调速型液力偶合器的辅助系统中却离不开液压传动的支持。例如，油路系统、热平衡系统等实质上都是液压系统。所以在研究液力传动选型匹配时，有必要对液压传动的常识有所了解。

134. 液压传动有哪些基本术语？

液压传动的基本术语见表4-31。

表4-31 液压系统的基本术语

术 语	解 释	术 语	解 释
液压回路	由各种液压元件组成的具有某种机能的液压装置构成部分	气穴现象	流动液体的压力，在局部范围内下降到饱和蒸气的产生和溶解空气等的分离而生成气泡的现象，即为气穴现象，当气泡在流动中溃灭时，会在局部范围内出现超高压，并产生噪声等
回路图	用液压图形符号表示的液压回路图		
液压站	由液压泵、驱动用电动机、油箱、溢流阀等构成的液压源装置或包括控制阀在内的液压装置	流量跳跃现象	在调速阀(带压力补偿的流量控制阀)中，当流体开始流过时，出现流量瞬时超过设定值的现象
额定压力	能连续使用的最高压力		
背 压	在液压回路的回油侧或压力作用面的相反方向所作用的压力	颤 振	为减少摩擦和流体卡紧现象等对滑阀式的影响，改善其特性，所加的较高频率的振动
冲击压(力)	在过渡过程中上升压力的最大值		
开启压(力)	如单向阀或溢流阀等，当压力上升到阀开始打开，达一定流量时的压力	液压平衡	用液压力来平衡负载(包括设备自身)
关闭压(力)	如单向阀或溢流阀等，当阀的进口压力下降到阀开始关闭、流量减少到某规定量以下时的压力	流体功率	流体所具有的功率，对液压来说实际是用流量和压力的乘积表示
额定流量	在一定条件下确保的流量	管 路	传导工作流体的管道和管系
流 量	一般指液压泵在单位时间内输出液体的体积	主管路	包括吸油管路、压力管路和回油管路
排 量	容积式液压泵(或马达)每转输出(或输入)的液体体积	泄油管路	指泄油的回油管，或将它导入油箱的管路
动密封	用于相对滑动部分的密封	通 道	通过元件内部或在其内部的用机加工方法或铸出的传导流体的通道
		油口，连接口	元件上传导流体的通道的开口处
液体卡紧现象	在滑阀式阀等的内部，由于流动的不均匀性，产生对中心轴的压力分布不平衡，将阀芯压向阀体(或阀套)，使它不能动作的现象	节 流	减少流通断面积，使管路或通道内部产生阻力的机构，有长孔道节流和薄刃节流

术　语	解　释	术　语	解　释
滑阀式阀芯（圆柱阀芯）	与圆柱形滑动面配合,当它沿轴向移动时,进行流路开闭的零件	出口节流方式	节流阀装在执行元件进口侧管路中,通过节流调节动作速度的方式
泄油	从液压元件中的通道(或管道)向油箱或集流器等返回的油液或这种油液返回现象	旁路节流方式	将流向执行元件的一部分流量,通过装在旁通管路中的节流阀流回油箱,以调节执行元件动作速度方式
漏油	从正常状态下应该密封的部位流出来的少量油液	电－液方式	将电磁铁等电气元件组合到液压操纵器中的方式
静密封	用于静止部分,防止液体泄漏	先导控制方式	由先导阀等导入的压力进行控制的方式
流体传动装置	用流体作介质传递动力的装置	液压传动装置	利用流体的压力能传递动力的装置。在这种装置中使用容积式液压泵和液压执行元件(液压缸或液压马达)
进口节流方式	节流阀装在执行元件进口侧管路中,通过节流调节动作速度的方式		

135. 液压泵有哪些基本术语?

液压泵的术语见表 4 – 32。

表 4 – 32　液压泵的术语

术　语	解　释	术　语	解　释
液压泵	用于液压系统中的泵	柱塞泵	活塞或柱塞在斜盘、凸轮或曲柄等的作用下往复运行,将液体从吸油侧压向排油侧的泵
容积式泵	由壳体及与它内接的可动部件等构成的密闭容积的移动或变化,将液体由吸油口压向排油口的泵	轴向柱塞泵	活塞或柱塞的往复运动方向与缸体中心轴平行的柱塞泵
定量泵	每转的理论排量不变的泵	径向柱塞泵	活塞或柱塞的往复运动方向与驱动轴垂直的柱塞泵
变量泵	排量可变的泵		
齿轮泵	由壳体内的两个(或两个以上)齿轮,将液体从进油口压向排油口的泵	螺杆泵	使壳体内的带有螺旋的转子旋转,将油液从吸油侧压向排油侧的泵
叶片泵	转子槽内的叶片与泵壳(定子环)相接触,将吸入的液体由进油侧压向排油侧的泵	摆线泵	内齿轮泵的一种,有三元件和两元件两种

136. 液压执行元件有哪些基本术语?

液压执行元件的术语见表 4 – 33。

137. 液压阀有哪些基本术语?

液压阀的术语见表 4 – 34。

表 4 – 33　液压执行元件的基本术语

术　语	解　释	术　语	解　释
（液压）执行元件	利用流体能量做机械功的液压元件	定量马达	每转的理论输入排量不变的液压马达
液压马达	用于液压回路的、能做连续旋转运动的执行元件	变量马达	每转的理论输入排量可变的液压马达
容积式马达	用于流体从进口侧向排油侧流动,使与壳体内接的可动部件间的密闭空间发生移动或变化,从而实现连续旋转运动的执行元件	齿轮马达	输入压力液体使泵壳内相互啮合的两个(或两个以上)齿轮转动的液压马达
叶片马达	转子槽内的叶片与壳体(定子环)相接触,在流入的液体作用下使转子旋转的液压马达	柱塞马达	流入液体的压力作用于活塞或柱塞的端面,通过斜盘、凸轮、曲柄等使马达轴转动的液压马达
液压缸	输出力和活塞有效面积及其两边的压差成正比的直线运动式执行元件	摆动式执行元件	回转角度限制在360°以内的进行往复转动的执行元件
双作用(液压)缸	能由活塞的两侧输入压力油的液压缸	伸缩式(液压)缸	可以得到较长工作行程的具有多级套筒形活塞杆的液压缸
单作用(液压)缸	只能由活塞的一侧输入压力油的液压缸	液压缸推力	作用于活塞面积上的理论流体力
双杆(液压)缸	活塞的两侧都有活塞杆的液压缸	液压缸行程	指活塞杆的动作长度,带有缓冲装置的液压缸,包括缓冲长度
差动(液压)缸	利用液压缸两侧的有效面积差的液压缸	伺服执行元件	用于自动控制系统的伺服阀和执行元件的组合体
带缓冲装置的(液压)缸	具有缓冲机能的液压缸	增压器	能将输入压力变换,以较高压力输出的液压元件

表 4 – 34　液压阀的基本术语

术　语	解　释	术　语	解　释
压力控制阀	控制压力的阀的总称	分流阀	将液流向两个以上液压管路分流时,应用这种阀能使流量按一定比例分流,而与各管路中的压力无关
流量控制阀	控制流量的阀的总称		
方向控制阀	控制流动方向的阀的总称	换向阀	具有两种以上流动形式和两个以上油口的方向控制阀
顺序阀	在具有两个以上分支回路的系统中,根据回路的压力等来控制执行元件动作顺序的阀	遮盖(或搭接)	滑阀式阀的阀芯台肩部分和窗口部分之间的重叠状态,其值称为遮盖量
平衡阀	为防止负荷下落而保持背压的压力控制阀	溢流阀	当回路的压力达到这种阀的设定值时,流体的一部分或全部经此阀流回油箱,使回路压力保持在该阀的设定值的压力阀
带温度补偿的调速阀	能与液体温度无关并能维持流量设定值的调速阀		

术　语	解　释	术　语	解　释
安全阀	为防止元件和管道等被破坏,用来限制回路中最高压力的阀	手动操纵阀	用手动操纵的阀
		凸轮操纵阀	用凸轮操纵的阀
零遮盖	当滑阀式阀的阀芯在中立位置时,窗口正好完全被关闭,而当阀芯稍有一点儿位移时,窗口即打开,液体便可通过	先导阀	为操纵其他阀或元件中的控制机构,而使用的辅助阀
		液动换向阀	用先导流体压力操纵的换向阀
正遮盖	当滑阀式阀的阀芯在中立位置时,要有一定位移量(不大),窗口才可打开	液控单向阀	依靠控制流体压力,可以使单向阀反向流通的阀
		二位阀	具有两个阀位的换向阀
负遮盖	当滑阀式阀的阀芯在中立位置时,就已有一定开口量	电 - 液换向阀	与电磁操纵的先导阀组合成一体的液动换向阀
伺服阀	控制流量或压力,使之为电信号(或其他输入信号)的函数	阀的位置	用来确定换向阀内流通状态的位置
滑阀式阀(或滑阀)	采用圆柱滑阀式阀芯的阀	正常位置	不施加操纵力时阀的位置
梭阀	具有一个出口、两个以上入口,出口具有选择压力最高侧入口的机能的阀	中立位置	确定的换向阀的中央位置
电磁阀	这是电磁操纵阀和电磁先导换向阀的总称	偏移位置	换向阀中除中立位置以外的所有阀位
单向阀	流体只能沿一个方向流通,另一方向不能通过	锁定位置	由锁紧装置保持的换向阀的阀位
节流换向阀	根据阀的操作位置,其流量可以连续变化的换向阀	三位阀	具有三个阀位的换向阀
弹簧对中阀	正常位置为中立位置的三位换向阀,属于弹簧复位阀的一种	四通阀	具有四个油口的控制阀
弹簧偏置阀	正常位置为偏移位置的换向阀,属于弹簧复位的一种	弹簧复位阀	在弹簧力的作用下,返回正常位置的阀
卸荷阀	在一定的条件下,能使液压泵卸荷的阀	中位封闭	换向阀在中立位置时所有油口都是封闭的
节流阀	利用节流作用限制液体流量的阀,通常指无压力补偿的流量阀	中位打开	换向阀在中立位置时所有油口都是相通的
调速阀	与背压或因负荷而产生的压力变化无关并能维持流量设定值的流量控制阀	常　开	在正常位置压力油口与出油口是连通的
		常　闭	在正常位置压力油口是关闭的
		油口数	阀与管路相连接的油口数量
电磁操纵阀	用电磁操纵的阀	台肩部分	滑阀芯移动时的滑动面

138. 液压辅件及其他专业有何术语?

液压辅件及其他专业术语见表 4 - 35。

表 4 - 35 液压辅件及其他专业术语

术语	解释	术语	解释
过滤器	利用过滤作用,将流体中的固体颗粒清除的元件	油箱	储存液压油的容器
管道过滤器	用于管路中的过滤器	底板	与管道的连接口集中在一面,控制阀用密封件安装在它上面,进行配管的辅助板
油箱用过滤器	除用于压力管路和通气管路中的过滤器外,都属此类	油路板(集成块)	内部有起管路作用的通道,外部安有液压件,还有很多连接口的安装板
蓄能器	将液体在加压状态下储存起来的容器,这种储存的液体可作为临时的动力源等	工作油	用于液压设备或液压系统中的液体
压力继电器	当流体压力达到预定值时,使电接点动作的元件	液压油	用于液压设备中的油液或其他液体
软管组件	两端装有软管接头的耐压软管	抗燃性液压油	这是一种难燃的液压油,可以最大限度地预防火灾
管接头	连接管路或将管路装在液压元件上,这是一种在流体通路中能装拆的连接件的总称		

139. 液压系统有哪些常用公式?

$$泵和马达:几何流量(L/min) = \frac{几何排量(cm^3/r) \times 轴转速(r/min)}{1000}$$

$$泵和马达:理论轴转矩(N \cdot m) = \frac{几何排量(cm^3/r) \times 压力(10^5 Pa)}{20\pi}$$

$$轴功率(kW) = \frac{轴转矩(N \cdot m) \times 轴转速(r/min)}{9550}$$

$$液压功率(kW) = \frac{流量(L/min) \times 压力(10^5 Pa)}{600}$$

$$液压功率的热当量(kJ/min) = \frac{流量(L/min) \times 压力(10^5 Pa)}{10}$$

$$缸:几何流量(L/min) = \frac{有效面积(cm^2) \times 活塞速度(m/min)}{10}$$

$$缸:几何力(N) = 有效面积(cm^2) \times 压力(10^5 Pa) \times 10$$

$$管内油液流速(m/s) = \frac{流量(L/min) \times 21.22}{管子内径(mm) \times 管子内径(mm)}$$

140. 在密闭的液压系统中流量和压力有什么关系,认识这一关系有什么用处?

在密闭的液压系统中,由公式"$液压功率 = \frac{流量 \times 压力}{600}$"可知,当功率一定时,压力与流量成反比,即流量越大压力越低,流量越低压力越高。俗话说压力是"憋"出来的,就是这个意思。

认识液压系统中压力和流量的关系对于诊断和排除调速型液力偶合器中液压系统的故障很有用处。例如,当偶合器出口油路至进口油路间压力突然升高,即可判断为管路堵塞,将压力"憋"高。当油路系统压力降低,即可判断为有的地方泄漏(包括溢流阀溢流)。总之,在诊断和排除液压系统故障时,综合考虑压力和流量的关系非常有用。

第五章　限矩型液力偶合器选型匹配

一、限矩型液力偶合器选型匹配内容及其注意事项

141. 限矩型液力偶合器选型匹配有哪些内容？

限矩型液力偶合器选型匹配内容见表5-1。

表5-1　限矩型液力偶合器选型匹配内容

内　容	说　明
型式选择	限矩型液力偶合器的型式多种多样，要根据动力机、工作机对偶合器特性的匹配要求选择合适的液力偶合器型式，确定所选偶合器型号
规格选择与计算	根据动力机的功率、转速及工作机的轴功率、转速和匹配要求，选择或计算偶合器循环圆有效直径，确定所选偶合器规格
安全保护选择	(1)选择能够保护动力机、工作机在超载时不被损坏和能够延时启动的过载系数 (2)选择合适的安全保护装置
驱动方式选择	根据动力机、工作机的安装型式和电动机轴、工作机(减速器)轴径粗细情况来选择内轮驱动还是外轮驱动
安装与连接形式选择	根据动力机、工作机(减速器)的连接要求选择合适的安装连接形式，确定连接尺寸和配合性质
适应环境要求能力选择	根据动力机、工作机的使用环境要求，选择能够在特定环境下使用的液力偶合器，如煤矿井下使用的液力偶合器要选用防爆型的
适应特殊安装和运行工况能力选择	多动力机驱动、双速及变速电动机驱动、堵转运行、延时启动、频繁启动、V带轮传动、易拆卸、分体拆装等特殊安装和运行工况偶合器，要进行特殊匹配选型
充液率选择	液力偶合器充液率不同，传递功率亦不同。要根据动力机、工作机的要求选择合适的充液率，原则是能选择高充液率的不选择低充液率的，并要通过运行试验最后确定

142. 限矩型液力偶合器选型匹配时有哪些注意事项？

限矩型液力偶合器选型匹配时应注意的事项见表5-2。

表5-2　限矩型液力偶合器选型匹配注意事项

序号	注 意 事 项	说　明
1	明确需方要求	(1)产品要求明确，供需双方理解一致，且已形成书面文件或记录； (2)在洽商过程中双方表述不一致的合同、订单或技术协议等均已得到解决； (3)供方有满足需方要求的能力

序号	注 意 事 项	说　明
2	明确连接尺寸	限矩型液力偶合器型式和连接尺寸多种多样,稍有不慎就会将型式和连接尺寸搞错。因而必须注意以下问题: (1)连接尺寸图必须清清楚楚、明明白白,不能有任何含混不清的地方,不能有缺项; (2)需方所填的连接尺寸图必须准确无误,不能有错误和矛盾的地方,供方发现有错误和矛盾的地方必须督促需方改正; (3)尽量靠选标准产品与常规尺寸,发现要求与标准有出入时,应与需方协商解决,实在解决不了的再搞变型设计
3	明确动力机、工作机特性和匹配要求	液力偶合器与动力机、工作机匹配的实质是要保证液力偶合器能与动力机、工作机很好地联合工作。所以在选型匹配时必须明确动力机、工作机的性能参数,以及对液力偶合器的匹配要求,在此基础上选配合适的液力偶合器
4	明确使用环境	这是经常忽略的问题。例如,需方的偶合器实际上在煤矿井下使用,应选水介质防爆型的,但由于需方未明确表述或虽表述了而供方未注意而错选成油介质的偶合器了,所以在选型匹配时千万要明确偶合器在什么环境下使用
5	明确有无特殊要求	接到需方订单或技术协议后应认真审查,发现有特殊要求应与需方及时沟通,经沟通可用标准常规产品的要尽量用标准常规产品,实在不能用标准常规产品的应转技术部门,核对能否进行变型设计,不能进行变型设计的应向供方说明,并研究解决办法
6	变换供方时要核对型号及连接尺寸有无变化	由于目前国内生产的限矩型液力偶合器从型号到连接尺寸均不统一,所以变换供方后一定要认真核对有无出入,否则就会出错。例如,有的厂家用 YOXy 代表易拆卸式,而有的厂家用 YOXy 代表加大后辅腔式,如果不认真核对就会选错型式
7	提供备件要保证与原产品连接尺寸一致	鉴于以上所述原因,不同产品的备件也不能互换。所以在订购弹性盘、前半联轴节、后半联轴节等备件时,也必须审核清楚,确保所供备件与原产品的连接尺寸一致,保证能够顺利安装使用

二、限矩型液力偶合器型式选择及其注意事项

143. 限矩型液力偶合器怎样进行型式选择?

限矩型液力偶合器型式选择见表 5 - 3。

144. 限矩型液力偶合器型式选择有哪些注意事项?

限矩型液力偶合器型式选择注意事项见表 5 - 4。

表 5 – 3　限矩型液力偶合器型式选择

序号	传动与安装形式要求	型式选择	简　图	说　明
1	轻载启动、隔离冲击扭振,一般的过载保护,用于卧式直线传动	静压泄液式限矩型液力偶合器		结构比较简单、价格较低、轴向尺寸较短,具有一般的过载保护功能。但抗瞬时动态过载保护能力差,反应不够灵敏
2	轻载启动、隔离冲击扭振、保护动态过载,用于卧式直线传动	动压泄液式限矩型液力偶合器		结构比较复杂、轴向尺寸较长、价格较高、过载保护性能优越、抗瞬时动态过载保护能力强、反应迅速灵敏
3	减速器轴径比电动机轴径细很多,不允许减速器轴承重,用于卧式直线传动	内轮驱动复合泄液式限矩型液力偶合器		电动机轴直接插进偶合器主轴孔内,偶合器的质量主要由电动机轴承担。在电动机轴比减速器轴粗很多时,选择此型式可避免减速器断轴
4	电动机—偶合器—工作机卧式直线布置	输入、输出在异端的限矩型液力偶合器		通常在偶合器的输入端设置弹性联轴器,电动机轴与联轴器孔相连,减速机轴插进偶合器主轴孔内,偶合器的质量主要由减速机轴承担。当减速机轴比电动机轴细很多时,不要选此型

序号	传动与安装形式要求	型式选择	简 图	说 明
5	电动机—偶合器—工作机立式直线布置,电动机在上、工作机在下	输入、输出在异端的吊立式限矩型液力偶合器		偶合器在电动机下方吊着,称吊立式。偶合器的辅助腔应位于下方,易熔塞、加油塞应位于上方,便于加油,偶合器下方应有放油塞,便于放油
6	电动机—偶合器—工作机立式直线布置,工作机在上、电动机在下	输入、输出在异端的坐立式限矩型液力偶合器		偶合器在电动机的上方坐着,称坐立式偶合器。辅助腔应位于下方,易熔塞、加油塞应位于上方,偶合器下方应有放油塞,便于放油
7	电动机与工作机卧式平行布置	平行卧式传动V带轮式限矩型液力偶合器		偶合器输入与输出在同端,输出端可以是V带轮、链轮、齿轮、塔轮等。偶合器一般吊装在电动机轴上,较大规格偶合器或较大规格V带轮,则应在另一端加支承
8	电动机与工作机立式平行布置,电动机在上、偶合器在下	平行立式传动吊立V带轮式限矩型液力偶合器		偶合器在电动机下方吊着,偶合器的辅助腔应位于下方,易熔塞、加油塞位于上方,偶合器下方应有放油塞,便于放油

序号	传动与安装形式要求	型式选择	简 图	说 明
9	电动机与工作机立式平行布置,电动机在下、偶合器在上	平行立式传动坐立 V 带轮式限矩型液力偶合器		偶合器在电动机上方坐着,偶合器的辅助腔应位于下方,易熔塞、加油塞应位于上方,便于加油,偶合器下方应有放油塞,便于放油
10	偶合器输出端带制动轮,内轮驱动	内轮驱动制动轮式限矩型液力偶合器	制动轮 输入 输出 弹性联轴节	偶合器内轮驱动,电动机轴插进偶合器主轴孔内,输出端带弹性联轴器和制动轮,轴向尺寸较短,支承比较稳定
11	偶合器输出端带制动轮,外轮驱动	外轮驱动制动轮式限矩型液力偶合器	制动轮 输入 输出 刚性联轴节	偶合器输入端带刚性联轴节,与电动机轴连接,输出端带弹性联轴器与制动轮,轴向尺寸较长,支承没有内轮驱动制动轮式偶合器稳定
12	要求不移动电动机与工作机而将偶合器装上与拆下	易拆卸式限矩型液力偶合器	输入 输出 刚性联轴节 弹性套柱销联轴器	偶合器输出端带弹性套柱销联轴器,输入端带刚性联轴器,利用弹性联轴器两半联轴节之间的间隙,将偶合器的输入端联轴节松开螺钉轴向窜一下,即可拆下,而不用移动动力机与工作机

序号	传动与安装形式要求	型式选择	简　图	说　明
13	要求不移动电动机与工作机而将制动轮式偶合器装上与拆下	易拆卸制动轮式限矩型液力偶合器		易拆卸式偶合器与制动轮式偶合器的组合，用于既需传动又需制动的大型工作机上
14	要求工作机延时启动	加长后辅腔式限矩型液力偶合器		偶合器后辅腔加长、分流容积加大、过载系数降低、启动时间延长，用于需要延时"超软"启动的工作机上，如带式输送机等
15	要求工作机延时启动、内轮驱动、输出端带制动轮	加长后辅腔、内轮驱动、制动轮式限矩型液力偶合器		偶合器后辅腔加长，具有延时启动功能。偶合器内轮驱动，电动机轴直接插入偶合器主轴孔内，偶合器的质量主要由电动机轴承担，输出端带弹性联轴器和制动轮，轴向尺寸较短
16	要求工作机延时启动、外轮驱动、输出端带制动轮	加长后辅腔、外轮驱动、制动轮式限矩型液力偶合器		偶合器后辅腔加长，具有延时启动功能。外轮驱动，偶合器输入端带刚性联轴器，与电动机轴相连，偶合器输出端带弹性联轴器和制动轮，轴向尺寸较长

序号	传动与安装形式要求	型式选择	简图	说明
17	要求工作机延时启动，不移动动力机、工作机可以拆卸偶合器	加长后辅腔、易拆卸式限矩型液力偶合器		加长后辅腔偶合器与易拆卸式偶合器的组合。偶合器输入端带刚性联轴器，与电动机轴相连，输出端带弹性套柱销联轴器，可以不移动动力机与工作机拆装偶合器，用于要求延时启动的大型机械设备上
18	要求工作机延时启动，输出端带制动轮，不移动动力机、工作机可以拆装偶合器	加长后辅腔、易拆卸制动轮式限矩型液力偶合器		加长后辅腔偶合器与易拆卸制动轮式偶合器的组合。偶合器输入端带刚性联轴器，与电机轴连接；输出端带弹性套柱销联轴器与制动轮，可以不移动动力机与工作机拆装偶合器，用于需要延时启动和制动的大型机械设备上
19	要求工作机"超软"启动	加长后辅腔、带侧辅腔限矩型液力偶合器		偶合器既有加长后辅腔，又带侧辅腔，使分流容积加大，启动时工作腔内充液量降至很低，工作机"超软"启动，轴向尺寸较长、转动惯量较大、易引起振动
20	要求工作机"超软"启动、内轮驱动、输出端带制动轮	加长后辅腔、带侧辅腔、内轮驱动、制动轮式限矩型液力偶合器		内轮驱动，电动机轴直接插进偶合器主轴轴孔内，输出端带弹性联轴器和制动轮，轴向尺寸比外轮短，具有"超软"启动和制动功能

序号	传动与安装形式要求	型式选择	简　图	说　明
21	要求工作机"超软"启动、外轮驱动、输出端带制动轮	加长后辅腔带侧辅腔、外轮驱动、制动轮式限矩型液力偶合器		外轮驱动,偶合器输入端带刚性联轴器,与电动机轴连接,输出端带弹性联轴器和制动轮,具有"超软"启动和制动功能
22	要求工作机"超软"启动、不移动动力机、工作机可以拆装偶合器	加长后辅腔带侧辅腔、易拆卸式限矩型液力偶合器		加长后辅腔带侧辅腔偶合器与易拆卸式偶合器的组合。偶合器输入端带刚性联轴器与电动机轴相连,输出端带弹性套柱销联轴器,可以不移动动力机与工作机拆装偶合器,具有"超软"启动功能
23	要求工作机"超软"启动、输出端带制动轮,不移动动力机、工作机可以拆装偶合器	加长后辅腔带侧辅腔、易拆卸制动式限矩型液力偶合器		加长后辅腔带侧辅腔偶合器与易拆卸制动式偶合器的组合。输入端带刚性联轴器与电动机轴相连,输出端带弹性套柱销联轴器和制动轮,可以不移动动力机与工作机拆装偶合器,具有"超软"启动与制动功能
24	轴向尺寸无限制,但要求径向尺寸尽量小	卧式直线传动双腔限矩型液力偶合器	弹性联轴节　输入　输出	传递功率比单腔偶合器大1倍(指正常腔型),径向尺寸缩小13%,轴向尺寸略长,过载系数较大。常用于解决启动困难和减缓冲击扭振,对过载保护有严格要求的要慎重选择

序号	传动与安装形式要求	型式选择	简　图	说　明
25	在传递相同功率情况下，要求轴向尺寸尽量短，径向尺寸尽量小，工作机与动力机平行传动	卧式平行传动，V带轮式双腔限矩型液力偶合器		正常腔型的传递功率是单腔偶合器的 2 倍，浅腔型的传递功率是单腔正常偶合器的 1.5 倍，与同功率偶合器相比轴向与径向尺寸均小，过载系数较大。常用于解决启动困难和减缓冲击扭振，对过载保护有严格要求的要慎重选择
26	传递高转速、大功率，要求传动平稳、无振动、不加重电动机轴和减速机轴负担	卧式直线传动、双支承单腔限矩型液力偶合器		偶合器独立支承，不用挂装在电动机轴和工作机轴上，支承稳定可靠、减小振动，用于高转速、大功率、对振动要求低的机械设备上。由于轴承用脂润滑，寿命较低、轴向尺寸长、成本较高
27	传递高转速、大功率要求传动平稳、无振动，电动机、减速机轴负担小	卧式直线传动、双支承双腔限矩型液力偶合器		传递功率比单腔偶合器大 1 倍，支承稳定可靠，用于高转速、大功率、对振动要求严的机械设备上。由于轴承用脂润滑，寿命较低、轴向尺寸长、成本较高、过载系数较大，选择时应注意
28	要求液力偶合器能在煤矿井下使用	水介质限矩型液力偶合器		偶合器采用特殊结构，能够用清水或难燃液为工作介质，不仅设置了易熔塞还设置了易爆塞安全保护装置。由于水易汽化腐蚀轴承，所以使用寿命和平均无故障工作时间较短，非易燃易爆场合不要选用

序号	传动与安装形式要求	型式选择	简　图	说　明
29	要求液力偶合器在额定工况下能使输出与输入100%接合传动	闭锁式限矩型液力偶合器		设置闭锁机构,在偶合器额定工况下闭锁离合器接合,输出与输入100%接合,在启动和过载时离合器脱离仍能发挥偶合器功能,结构比较复杂、成本较高、效率高
30	要求液力偶合器具有柔性制动功能	堵转阻尼型液力偶合器		偶合器必须外轮驱动,有利散热,偶合器输入端带弹性联轴器与电动机轴相连,输出端与工作机相连,偶合器具有牵引、堵转和反转三种工况,需保证偶合器发热与散热平衡
31	要求液力偶合器具有一定的变矩功能	液力变矩偶合器		泵轮与涡轮是径向直叶片,配有导轮和导轮轴,利用偶合器在低转速比工况下做大环流运动,冲击导轮从而变矩,变矩系数不大,不能替代液力变矩器
32	要求液力偶合器具有延充性能	阀控延充式限矩型液力偶合器		偶合器腔内设置延充阀,在一定的转速比下,延充阀打开,工作液体进入后辅腔,而当达到另一转速比时,延充阀关闭,工作液体缓慢充入工作腔,发挥延时启动功能

序号	传动与安装形式要求	型式选择	简　图	说　明
33	要求液力偶合器具有安全离合功能	带安全离合器式限矩型液力偶合器	套筒法兰　过渡轴套　空心轴套　输出法兰　泵轮涡轮	安全离合器与液力偶合器的组合,能保证工作机在突然卡死时迅速脱开,避免被破坏。此偶合器平时不用,一旦机器超载,安全离合器发挥作用,套筒法兰与偶合器泵轮连接,改为液力传动

表 5 - 4　限矩型液力偶合器型式选择注意事项

序号	注意事项	说　明
1	选准型式	由表 5 - 3 可见,限矩型液力偶合器的型式和派生型式多种多样,选型时应根据需要选择经济适用的型式。例如,要求提供瞬时过载保护功能的就要选择动压泄液式限矩型液力偶合器;要求具有延时启动功能的就要选择加长后辅腔偶合器;平行传动的要选择 V 带轮式偶合器;要求具有制动功能的要选择制动轮式偶合器等,总之必须将型式选准。经常发生的问题是需方不了解偶合器,只说订偶合器而什么型式的不知道,这就要求供方仔细了解需方动力机、工作机的特性和使用要求,协助需方选好型式
2	选准型号	所有的型式均由型号代表,所以在选准型式的基础上还应将型号选准。由于各个偶合器生产厂的产品型号并不一样,所以在选型匹配时应仔细对照各厂偶合器型式与型号的差异,将型号选准
3	确认有无特殊要求	有时为了适应用户要求需要对产品的局部结构进行变形设计,在选型时应核对需方的这些特殊要求供方能否满足,当不能满足时应与需方协商解决
4	以不影响使用为原则确定替代方案	经常发生的是,没有专门的内轮驱动偶合器而用外轮驱动偶合器倒置代替,或是没有进口偶合器的型式而用国产性能相近的偶合器替代,所有这些都应当认真研究解决办法,制定可行替代方案,以不影响使用为原则,选择合适的偶合器型式

145. 限矩型液力偶合器型式选择常发生哪些错误?

限矩型液力偶合器型式选择经常发生的错误见表 5 - 5。

表 5 - 5　限矩型液力偶合器型式选择经常发生的错误

序号	常发生的错误	说　明
1	型式选择不准	限矩型液力偶合器的型式非常多,而有的用户不了解这一点,往往只说订偶合器,而什么型式的不知道。经常发生的问题是:应订水介质的订了油介质的,应订立式的订了卧式的,应订带大后辅腔的订了普通后辅腔的,应订带制动轮的订了不带制动轮的等,还有的应当选启动力矩大的而选了启动力矩小的

序号	常发生的错误	说　明
2	型号表达不准确	由于国内外的限矩型液力偶合器型号并不完全统一,所以在订货时稍不注意,就会将型号搞错,尤其是在订购备机或更换供方时常常发生这种错误。因为任何一种偶合器的结构型式均由型号标示,所以型号错了,型式自然就选错了

三、限矩型液力偶合器规格选择与计算及其注意事项

146. 为什么要特别重视偶合器规格的选择与计算?

液力偶合器传递功率的能力与其循环圆有效直径(规格)的 5 次方成正比,所以偶合器的规格对特性影响较大。如果偶合器规格选小了,那么在运行中就经常超载,促使偶合器发热喷液甚至损坏机件,影响使用可靠性。如果偶合器规格选大了,在低充液率下工作,不稳定区扩大,过载保护能力降低,同样影响使用可靠性,同时还不经济。因而应特别重视偶合器规格的选择与计算。

147. 怎样选择和计算限矩型液力偶合器的规格?

限矩型液力偶合器规格的选择非常重要,只有在规格选择合适的情况下,偶合器的功能才能很好地发挥。通常液力偶合器的规格选择和计算有四种方法。

A　作图法

首先找到所要匹配的电动机和偶合器的特性曲线,然后按"液力偶合器与电动机联合运行"中介绍的方法,绘制偶合器与电动机联合运行输出特性曲线图,根据输出特性曲线分析、评价匹配是否合理。这种方法从理论上看是可行的,但实际应用多有不便:

(1)用户很难找到准确的电动机和偶合器特性曲线。

(2)用户无法在作图前确定偶合器的规格和偶合器的充液率,因而无法确定用何种规格的偶合器和哪条特性曲线。

(3)通常用80%充液率的特性曲线进行匹配作图,但使用时却需要根据实际工况调整偶合器的充液率。调整充液率之后,偶合器的特性曲线发生变化,原来作图时的依据改变了,所作的图也失去准确性。

由以上分析可见,作图法用于理论定性研究是可行的,但用于实际选型匹配时,既过于复杂,又不见得准确,所以一般不用。近来用的计算机仿真匹配法的实质也还是作图法,不论计算机多么先进,若所输入的参数不准确,则所得出的结论也不会准确,所以一般不常用。

B　计算法

计算法是根据已知条件计算液力偶合器工作腔有效直径,按以下步骤进行:

(1)选择液力偶合器计算工况点 i^*。选择 i^* 时应以获得最佳技术经济效益为目的,视不同情况灵活而定。

1)连续运行的工作机,为避免偶合器发热,应保持额定工况点高效率,通常按国标选择 $i^* = 0.96$,也有选择 $i^* = 0.97$ 的。

2)间歇运行且散热条件好的工作机,一般计算工况点 i^* 可适当选取在转差率较高的位

置上。如塔机回转机构用偶合器,多选 $i^* = 0.90 \sim 0.93$。这样选的好处是可适当降低偶合器的规格和成本。

（2）初选电动机容量 P_d。

$$P_d = 1.1 P_Z / \eta_j \qquad (5-1)$$

式中　P_d——电动机功率,kW;

　　　P_Z——工作机轴功率,kW;

　　　η_j——减速器效率,kW。

（3）初选偶合器规格 D。

$$D = \sqrt[5]{\frac{9550 P_B}{\lambda_B^* \rho g n_B^3}} \qquad (5-2)$$

式中　D——偶合器规格,m;

　　　P_B——偶合器泵轮功率,kW,取 $P_B = 0.95 P_d$ 或 $P_B = 1.05 P_Z$;

　　　λ_B^*——偶合器计算工况点泵轮力矩系数,min^2/m;

　　　ρ——工作液体密度,kg/m^3;

　　　g——重力加速度,m/s^2;

　　　n_B——泵轮转速, r/min, $n_B = n_d$, n_d 为电动机转速。

计算法是偶合器选型匹配常用的方法,但用户使用也不方便,原因是公式中所用的计算工况点泵轮力矩系数 λ_B^* 用户不知道。况且不同生产厂家或不同型号偶合器,其泵轮力矩系数也不相同,如果 λ_B^* 选择不准确,则计算结果也不会准确。

C　查功率图谱法

图 5-1 为某偶合器厂限矩型液力偶合器功率图谱。图中横坐标为偶合器输入转速,纵坐标为偶合器传递功率。选型时先把要求的传递功率和输入转速确定好,然后将它们输入图中的横坐标和纵坐标。功率图谱中每个规格数字的上斜线表示该偶合

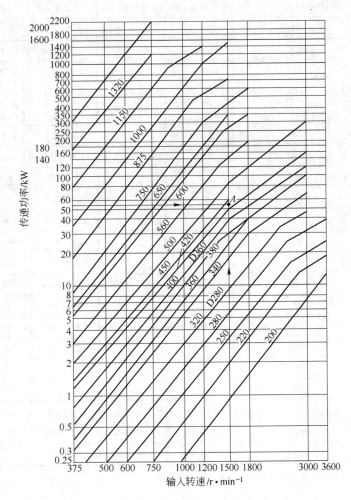

图 5-1　限矩型液力偶合器功率图谱

器传递功率的上限,下斜线表示传递功率的下限,两个斜线围成的面积称为功率带。横坐标与纵坐标的交点落在哪个型号偶合器的功率带内,就可以选用该型号偶合器。如果所选偶合器落在两个规格的交界线上,如何选则要视具体情况而定。

【例5-1】 电动机同步转速1500r/min,功率55kW,问应选多大规格的液力偶合器?

解: 选型时在图5-1中,由功率55kW坐标点处向右画线,由1500r/min坐标点处向上画线,两线交于A点,A点落于YOX450的功率带内,所以应选择有效直径为450mm的偶合器。

D 查功率对照表法

表5-6为某偶合器厂限矩型液力偶合器传递功率与规格对照表。查表时,先找到偶合器输入转速栏,由上向下画线,直到找到所需的功率范围,再由此点向左画线,找到所需的偶合器规格,如表中箭头所示。

表5-6 限矩型液力偶合器(以油为介质)传递功率与规格对照

规格/mm	传递功率/kW	输入转速/r·min⁻¹				
	500	600	750	1000	1500	3000
200			0.3~0.6	1~2	6~11	
220		0.2~0.4	0.4~1.1	1.5~3	8~15	
250		0.3~0.7	0.75~1.5	2.5~5.5	12~22	
280		0.6~1.1	1.5~3	4.5~8.7	20~37	
D280		1.4~2.8	3~6	9~17	35~55	
320		1.1~2.2	2.5~5.5	9~16	35~55	
340		1.6~3.1	3~9	12~22	40~65	
360		2~3.8	4.8~10	15~28	45~75	
D360		3.6~6.2	8.5~16	28~50	55~90	
380		2.5~5.5	6~12	20~40	55~100	
400		4~8	9~18.5	22~48	65~120	
420		4.5~9	10~20	30~60		
450		7~14	15~31	45~90		
500		11~22	25~50	70~150		
560		18~36	41~83	130~270		
600		25~50	60~115	180~360		
650		37~73	90~180	240~480		
750	36~75	70~143	165~330	380~760		
875	43~88	70~145	135~270	310~620	766~1100	
1000	83~165	145~300	270~595	620~1100		
1150	175~350	300~620	590~1200			

注:1. 过载系数 T_g =2~2.5;

  2. 额定转差率 S =4%;

  3. 选型时不准超出本表规定的最高转速。

【例 5 - 2】 电动机同步转速 1500r/min,功率 55kW,问应选多大规格的液力偶合器?若电动机同步转速变为 1000r/min,功率仍为 55kW,问应选多大规格的液力偶合器?

解:由表 5 - 6 中的 1500r/min 栏向下画线直到要求的 55kW 相应的功率带,由此功率带向左画线,所对应的 450mm 即是应选的偶合器规格。

若电动机同步转速变为 1000r/min,功率仍为 55kW,则可重复以上动作,由表 5 - 6 可见,应选 560mm 规格的偶合器。

148. 限矩型液力偶合器规格选择与计算应注意哪些事项?

限矩型液力偶合器规格选择与计算的注意事项见表 5 - 7。

表 5 - 7　限矩型液力偶合器规格选择与计算的注意事项

序号	注意事项	说　明
1	输入转速要正确	液力偶合器传递功率的能力与其输入转速的 3 次方成正比。如果输入转速搞不准,或不提供输入转速,那就无法选择和计算偶合器的规格。例如,同样是 YOX400 偶合器,若输入转速为 1500r/min,则最大传递功率可达 48kW,而输入转速为 1000r/min,则最大只能传递 18.5kW,可见输入转速对偶合器规格选择和计算的影响有多么大。选择和计算偶合器规格时,一定要先确定输入转速
2	特殊工况应当特殊处理	限矩型液力偶合器有多动力机驱动、双速或调速电动机驱动、堵转阻尼或延时启动等特殊工况,这些特殊工况在选择和计算偶合器规格时,不能只查功率对照表,而应按本章的第九、十、十一和十九节介绍的方法进行特殊处理,选择适合特殊工况运行的偶合器
3	进口偶合器国产化应注意规格的靠选要经济合理	由于国外偶合器与国内的规格系列不一样,所以在进口偶合器国产化时,不可以照搬国外的型号和规格,应当根据动力机、工作机的特性和运行要求,选择合适的偶合器。根据偶合器的输入转速(即电动机转速)和电动机功率来选择合适的偶合器规格,而不用要求规格尺寸与国外一样
4	水介质偶合器计算规格时,应注意介质密度变化的影响	由于水的密度比油的密度大,而液力偶合器传递功率与介质的密度成正比,所以水介质液力偶合器计算规格时,应先将所传递的功率除以 1.15,然后再按油介质偶合器的传递功率表去选择规格即可

149. 限矩型液力偶合器规格选择与计算常发生哪些错误?

限矩型液力偶合器规格选择与计算常发生的错误见表 5 - 8。

表 5 - 8　限矩型液力偶合器规格选择与计算常发生的错误

序号	常发生的错误	说　明
1	功率裕度系数选择过大而将偶合器规格选大	按规定以电动机功率乘以 0.95 或工作机轴功率乘以 1.05 来计算偶合器泵轮功率即可。可是有些人认为偶合器也应当加安全系数,于是选型时在电动机功率的基础上又加功率裕度来计算偶合器规格,结果将偶合器规格选大
2	忽略输入转速对偶合器传递功率的影响	液力偶合器传递功率的能力与其输入转速的 3 次方成正比,所以输入转速变化了,传递功率也就变化了。很多人不明白这一道理,以为同一规格偶合器无论在什么输入转速下都能传递同样功率,结果常常发生当输入转速改变以后,却不改变偶合器规格的错误

序号	常发生的错误	说　明
3	输入转速不明确而将偶合器规格选错	有许多订货厂家,只标型号不标转速,使供方无法校核规格是否合适,常发生因需方忽视输入转速而将偶合器规格选错的事
4	双速电动机驱动偶合器将规格选小	有许多用户不明白双速及调速电动机驱动的限矩型液力偶合器在规格计算时应以低速级的输入转速为主,而仍然按高速级的输入转速进行计算,结果将偶合器规格选小,偶合器在低速级功率不足或根本启动不了,出现发热、喷液现象
5	V带轮式偶合器没有考虑效率降低对规格计算的影响	V带轮式偶合器的效率损失比一般偶合器大,除4%偶合器自身的滑差功率损失之外,还有5%的V带传动效率损失,所以在计算偶合器规格时应将这一功率损失因素考虑进去。例如YOX360偶合器,若一般传动可以与30kW、4级电动机相匹配,若V带轮式偶合器则只能与22kW、4级电动机相匹配。很多用户不了解这一点,常将偶合器规格选小,产生频繁发热喷液现象
6	没有考虑运行机制对偶合器规格选择和计算的影响	有些间隙运行机械所配偶合器,应当选择较大转差率而没选择,仍按常规匹配,结果偶合器规格选得较大,不够经济

四、普通型、限矩型液力偶合器安全保护装置

150. 普通型、限矩型液力偶合器为什么要设置安全保护装置?

普通型、限矩型液力偶合器在超载时,输出转速急剧下降直至停转。此时,电动机照常运转,液力偶合器泵轮与涡轮间相对打滑,转差加大,效率降低。损失的功率转化成热量使偶合器中的工作液体迅速升温、升压,如不及时释放,则压力和温度就可能超出偶合器壳体的承压能力和工作液体的燃点,发生偶合器爆炸、起火等恶性事故。因此,必须设置安全保护装置,确保偶合器在超载时,能够迅速卸荷,避免发生事故。

151. 普通型、限矩型液力偶合器安全保护装置有几种,各有什么特点和用途?

普通型、限矩型液力偶合器安全保护装置的种类、特点和用途见表5-9。

表 5-9　普通型、限矩型液力偶合器安全保护装置

分类	名称	结构简图	工作原理和用途	优缺点
喷液式	易熔塞	易熔塞本体　易熔合金	易熔塞外观类似一般的螺堵,其芯部有一小孔,里面浇注易熔合金。当偶合器超载发热程度达到易熔合金熔化温度时,易熔合金熔化,工作液体在离心力作用下从小孔喷出,切断输入与输出的动力传动,保护过载。用于一切偶合器	结构简单,价格低廉,控制可靠,安装使用方便。 缺点是喷液后污染环境,浪费油液,易熔塞不能重复使用,喷液后需换用新的并重新灌油

分类	名称	结 构 简 图	工作原理和用途	优 缺 点
喷液式	易爆塞	压盖 易爆塞本体 易爆片砧垫 易爆片 密封垫圈	外观同易熔塞,在塞体与压盖间压了一块很薄的膜片,当偶合器腔内压力超过其爆破压力时,易爆片破裂而喷液,从而切断动力传动,保护过载。易爆塞是水介质偶合器专用的安全保护装置,油介质偶合器不用	所规定的爆破压力过高,往往易爆片未破而气体从油封跑出。一次性使用,膜片破裂后须换新的并重新加水,操作比较麻烦
不喷液式	机械式温控开关		在偶合器壳体上固定一个不喷液的易熔塞,其对面安装一个限位开关。当偶合器工作液体超温后,不喷液易熔塞中的易熔合金熔化,原来靠易熔合金凝固而固定的拨销在弹簧和离心力作用下被弹出,撞击对面的限位开关,使电动机停转,保护过载	能保证超载时偶合器不喷液,保护环境,节约用油。结构较复杂,成本高,拨销对开关有撞击,不喷液易熔塞不能反复使用,仍然需要安装喷液易熔塞作最终保护
	电子式温控开关	测速传感器 支架 转速监测仪	在偶合器外壳上安装一个磁电传感器探头,对面支架上固定磁电传感器,偶合器超载降速后,当达到设定的转速比时,转速监测仪发出报警信号并指令停机	能保证在不喷液的前提下,提供可靠的超载停机安全保护。缺点是比较复杂,价格高。为防止电子元件出故障,仍需安装喷液式易熔塞作最终保护

152. 普通型、限矩型液力偶合器易熔塞有几种型式,其规格尺寸是如何规定的?

按 JB/T 4235—1999 标准,易熔塞的结构分为三种基本型式,即 A 型易熔塞(见图 5-2)、B 型易熔塞(见图 5-3)和 C 型易熔塞(见图 5-4)。它们的规格尺寸见表 5-10。

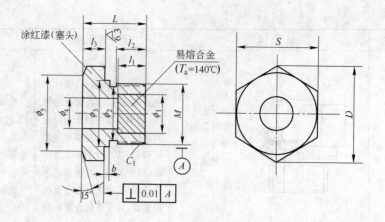

图 5-2　A 型易熔塞

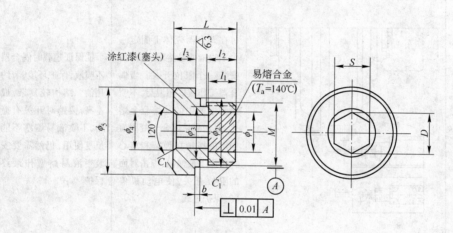

图 5-3　B 型易熔塞

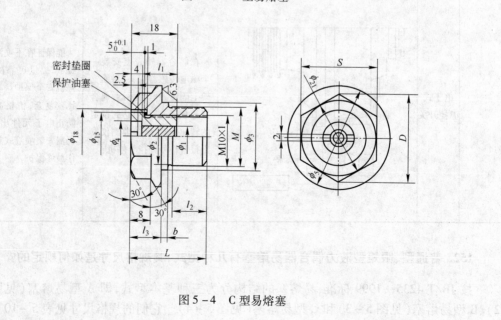

图 5-4　C 型易熔塞

表5-10　易熔塞尺寸表（JB/T 4235—1999）　　　　　　（mm）

叶轮有效直径	外螺纹尺寸	型式	D	S	ϕ_1	ϕ_2	ϕ_3	ϕ_4	ϕ_5	L	l_1	l_2	l_3	b	密封垫圈 JB/T 966.30	密封垫圈 JB/T 966.15
≤560	M16×1.5	A	27.7	$24^{0}_{-0.28}$	10	13.8	$18^{0}_{-0.12}$	9	24	23	7	9.5	9			垫圈18
		B	9.2	8				9.8	25							
>320~560	M18×1.5	C	25.4	$22^{0}_{-0.28}$	5	16	$22^{0}_{-0.14}$	7	32	30	14	12.5	13	1.5	垫圈10	垫圈22
≥650	M24×1.5	A	36.9	$32^{0}_{-0.34}$	16	21.8		15	32	30	10	12.5	13			垫圈27
		B	13.8	12			$27^{0}_{-0.14}$	14.5	34							
		C	25.4	$22^{0}_{-0.28}$	5	22		7	34	30	14	13.5	12		垫圈10	垫圈27

153. 普通型、限矩型液力偶合器易熔塞中的易熔合金熔化温度有几种，怎样选用？

普通型、限矩型液力偶合器易熔塞中的易熔合金熔化温度有 110±5℃、120±5℃、140±5℃、160±5℃和180±5℃等5种。

推荐使用易熔合金熔化温度场合：110℃——防爆场合；120℃、140℃——一般使用场合；160℃、180℃——反正转情况下，频繁启动场合，此温度已接近油的燃点，一般不用。

154. 普通型、限矩型液力偶合器易熔塞中的易熔合金由什么成分组成？

普通型、限矩型液力偶合器易熔塞中的易熔合金成分见表5-11。

表5-11　易熔合金成分

熔点/℃	成分/% 铋(Bi)	镉(Cd)	铅(Pb)	锡(Sn)	锑(Sb)
100	40		20	40	
105	48		28.5	14.5	9
108	42.1		42.1	15.8	
113	40		40	20	
117	36.5		36.5	27	
120	37		40	23	
124	55.5		44.5		
130	30.8		38.4	30.8	
132	28.5		43	28.5	
138	57			43	
142		18.2	30.6	51.2	

155. 为什么水介质液力偶合器要设置易爆塞，易爆塞有何结构和技术要求？

水介质液力偶合器以水为工作介质，由于水在温度较高时易于汽化，所以可能造成偶合器腔内压力升高，如不及时释放就可能使偶合器爆炸，所以必须设置易爆塞，保护偶合器在超载时不会爆炸。

图 5 - 5 是易爆塞的基本结构型式,主要由易爆塞座、压紧螺塞、爆破孔板、密封垫、爆破片等组成。当偶合器腔内压力超过 1.4MPa 以后,爆破片破裂,偶合器腔内的水喷出泄压,从而保护偶合器不被破坏。

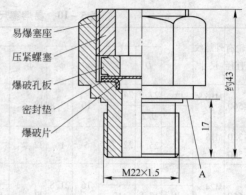

图 5 - 5　易爆塞的基本结构型式

叶轮直径不大于 560mm 的液力偶合器安装易爆塞的数量最少可以允许为 1 个;叶轮直径大于 560mm 的液力偶合器,应按最大发汽量时能安全泄放来确定易爆塞的最少安装数量。技术要求如下(摘自 MT/T 466—1995):

(1)1 个易爆塞只准许装 1 个爆破片。

(2)易爆塞的压紧螺塞的夹紧扭矩 $M = 5 \pm 1.0 N \cdot m$。

(3)易爆塞静态试验爆破压力 $P_S = 1.4 \pm 0.2 MPa$。

(4)易爆塞安全泄放能力:易爆塞用静态爆破压力 $1.6_{-0.1}^{0} MPa$ 的爆破片,在动态爆破后应能迅速泄放;不允许在易爆塞爆破后再发生增压现象。

(5)易爆塞质量:图 5 - 5 所示结构型式易爆塞的质量要求为 $166 \pm 0.5 g$。

(6)易爆塞的易爆塞座应有预卸压功能。

(7)爆破片的内外表面应无裂纹、锈蚀、微孔、气泡和夹渣,不应存在可能影响爆破性能的划伤。刻槽应无毛刺。

(8)爆破片静态试验爆破压力 $P_S = 1.4 \pm 0.2 MPa$。

(9)爆破片外径为 $\phi 25_{-0.21}^{0} mm$。爆破片材料应按能承受 180～200℃ 工作温度来选取。爆破孔板孔径 $d = 13_{0}^{+0.11} mm$;孔两端不允许出现圆角式倒角,外径为 $\phi 25_{-0.194}^{-0.100} mm$。

156. 普通型、限矩型液力偶合器在什么情况下要设置机械式或电子式温控开关?

有些不允许喷液的场合,如食品、医药、纺织等,或机台较高、经常无人值守的场合,必须使用不喷液的机械式或电子式温控开关。

157. 机械式温控开关的工作原理和特点是什么?

在偶合器壳体上固定一个不喷液的易熔塞,其对面安装一个限位开关。当偶合器工作液体超温后,不喷液易熔塞中的易熔合金熔化,原来靠易熔合金凝固而固定的拨销在弹簧和离心力作用下被弹出,撞击对面的限位开关,使电动机停转,从而保护过载。机械式温控开关(见图 5 - 6)能保证超载时偶合器不喷液,保护环境,节约用油。但其结构较复杂,成本高,拨销对开关有撞击,不喷液易熔塞不能反复使用,仍然需要安装喷液易熔塞作最终保护。

158. 电子式温控开关的工作原理和特点是什么?

电子式温控开关(见图 5 - 7)的实质是一种小型的转速仪。在偶合器外壳上安装一个磁电传感器探头,对面支架上固定磁电传感器,偶合器超载降速后,当达到设定的转速比时,转速监测仪发出报警信号并指令停机,从而保护过载。电子式温控开关能保证在不喷液的前提下,提供可靠的超载停机安全保护。缺点是比较复杂,价格高。为防止电子元件出故障,仍需安装喷液式易熔塞作最终保护。

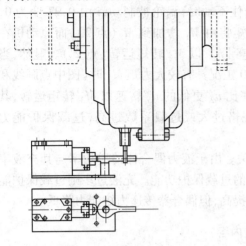

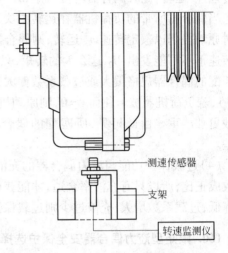

测速传感器

支架

转速监测仪

图5-6 机械式温控开关的基本结构型式　　　图5-7 电子式温控开关的基本结构型式

五、限矩型液力偶合器安全保护选择及其注意事项

159. 限矩型液力偶合器过载保护功能与选型匹配有何关系?

(1)过载保护功能与所选偶合器的型式和特性有关。液力偶合器有动压泄液、静压泄液、复合泄液等多种型式,其过载保护性能也不一样。其中静压泄液式液力偶合器过载时泄液速度较慢,动态瞬时过载保护能力差。而动压泄液式偶合器过载时泄液速度快,动态瞬时过载保护能力强,所以要获得理想的过载保护功能,必须选择合适的液力偶合器型式。

(2)过载保护功能与所选偶合器的过载系数有关。过载系数大,过载保护能力就差;过载系数小,过载保护效果就好。所以,要想获得理想的过载保护功能,必须选择合适的过载系数。

(3)过载保护功能与偶合器的合理匹配有关。由图5-8可见。若液力偶合器与柴油机或电动机在额定工况点正确匹配,那么在额定工况点1上,原动机将以额定转矩M_e和额

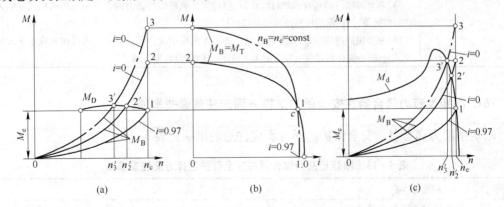

图5-8 偶合器与原动机匹配和过载防护

(a)偶合器与柴油机的匹配;(b)偶合器的外特性;(c)偶合器与异步电动机的匹配

M_B—泵轮力矩;M_d—电动机转矩;M_D—柴油机外特性转矩;n_e—额定转速;M_e—额定力矩

定转速 n_e 运转,此时偶合器所传力矩 $M_B = M_e = M_1$,泵轮转速 $n_B = n_e$,转速比 $i = 0.97$。

当偶合器所带的负荷机器在运转中突然被卡住不动时,涡轮被制动,i 由 0.97 变为 0,此时原动机仍以额定转速 n_e 运转,则偶合器的力矩将由 M_1 增加到 M_2(点 2),而原动机在此转速下不可能发出 M_2 这么大的转矩,只能降速到 n_2',以 M_2' 转矩运转(点 2')。显然,当所匹配的偶合器规格偏大或过载系数偏大,在 $i = 0$ 工况具有较大力矩 M_3 时(图中点画线和点 3),若负荷机器被卡住而 $i = 0$,则原动机只能在比 n_2' 更低的 n_3' 转速以 M_3' 转矩运转,其超载更加严重。由此可见,所匹配的偶合器的规格过大或过载系数过高,过载保护能力就差。

(4)过载保护功能与液力偶合器的充液率有关。由于液力偶合器传递功率与其充液率大致成正比,所以只有充液率合适,才能获得合格的过载保护功能。充液过多则过载保护能力降低,过载系数增大;充液过少则过载保护能力提高,但偶合器传递力矩能力降低。

160. 限矩型液力偶合器安全保护选择有哪些内容?

限矩型液力偶合器安全保护选择内容见表 5 – 12。

表 5 – 12　限矩型液力偶合器安全保护选择内容

选择项目	说　明
过载系数选择	(1)与一般鼠笼型电动机匹配,液力偶合器的过载系数应选择 2.2 ~ 2.5。 (2)与高启动力矩电动机匹配,液力偶合器的过载系数应适当大些,否则无法启动工作机。 (3)对电动机启动有严格要求的要考核液力偶合器启动过载系数,启动过载系数过高则对电动机无保护,启动过载系数过低则启动能力不足。 (4)需要延时启动或"超软"启动时,液力偶合器的过载系数要低,一般取 $T_g = 1.8 \sim 1.25$。 (5)过载系数与偶合器充液率有关,可以在试运行时调整偶合器充液率,以获得合格的过载保护能力
安全保护装置选择	(1)一般使用场合液力偶合器选用易熔塞作安全保护装置,优点是结构简单、功能可靠、成本低;缺点是喷液后污染环境、浪费油,易熔塞一次性使用。 (2)环境温度高,经常超载的场合应选择较高熔化温度的易熔塞,如 140 ~ 160℃。 (3)水介质液力偶合器除需选用易熔塞外,还需选用易爆塞,易熔塞和易爆塞需符合 MT/T 208 和 MT/T 466 标准要求。 (4)不允许喷液的场合,如粮食、食品、制药等机械使用的液力偶合器应选用机械式或电子式温控开关,但仍需选用易熔塞作最终保护。 (5)机架很高巡视困难,经常无人值守的工作机配用液力偶合器应选用机械式或电子式温控开关,防止偶合器超载喷液后因无人值守而无法停机,损坏轴承

161. 限矩型液力偶合器在安全保护选择方面应注意哪些事项?

限矩型液力偶合器在安全保护选择方面应注意的事项见表 5 – 13。

表 5 – 13　限矩型液力偶合器在安全保护选择方面注意事项

序号	注意事项	说　明
1	偶合器过载系数应等于或低于电动机的过载系数	如果偶合器的过载系数比电动机高,那么在系统超载故障时,偶合器对电动机便失去了过载保护功能,可能发生虽然用了偶合器但电动机照样烧毁的故障

序号	注意事项	说　明
2	注意过载保护与充液率有关	经常发生这样的情况,偶合器的型式和规格选得都对,可是依然不能发挥需要的过载保护功能。这主要的原因是充液率选择不对,若偶合器充液过多,传递功率过大,则过载保护能力就下降。合适的过载保护能力不仅仅是选择出来的,也是试验出来的,需要在安装调试的过程中,按一定的方法步骤验证过载保护是否合格
3	双速或调速电动机驱动时,高速级无过载保护	由于液力偶合器传递功率与输入转速的 3 次方成正比,所以输入转速提高,传递功率大幅度提高。过载系数是偶合器的最大功率与额定功率之比,显然最大功率因转速提高而提高,过载系数自然就提高了,因而在双速或调速电动机的高速级,偶合器失去过载保护功能。认识这一点非常重要,在选择过载保护功能时,应事先明确这一特性并采取必要措施,否则将对传动不利
4	并不是过载系数越低越好	过载系数是偶合器最大力矩与额定力矩之比,而偶合器的最大力矩代表着它的启动能力,如果最大力矩特别是启动力矩过低,偶合器的启动能力就差。例如,电厂用的锅炉空气预热器,质量与体积较大,转动惯量很高,往往用过载系数的电动机拖动,要求液力偶合器的过载系数不小于4,此时若选过载系数较小的偶合器,就无法完成传动任务了。再如,球磨机选配偶合器,其启动过载系数也不能选得过低,以避免启动不了而发热喷液
5	要求"超软"启动的工作机要选择合适的过载系数	要求"超软"启动的工作机,通常希望过载系数越低越好,一般 T_g 为 1.8 ～1.25。过载系数是由偶合器型式和充液量决定的,所以应选择合适的偶合器型式并通过试验确定合适的充液量
6	不论采取什么安全保护装置,都要用易熔塞作最终保护	限矩型液力偶合器的过载保护装置有易熔塞、易爆塞、机械式温控开关、电子式温控开关等。但最终都要用易熔塞作最后保护,因为易熔塞最为可靠,不至于出现误报的故障
7	易熔塞与温控开关的保护温度至少应差10℃	同时选择易熔塞和机械式或电子式温控开关时,易熔塞的熔化温度至少要比温控开关高 10℃,以防止温控开关没发生作用而易熔塞先喷液了,必要时需方应在订货要求中将此注明
8	水介质偶合器必须配备易爆塞	根据 MT/T 208 标准规定,水介质液力偶合器必须配备易爆塞,易爆塞须符合MT/T 208 和 MT/T 466 标准规定
9	所选择的易熔塞应符合标准规定	为保证配件通用,所选择的易熔塞应符合 JB/T 4235—1999《普通型、限矩型液力偶合器易熔塞》标准的规定,尤其连接尺寸绝对要与标准一致,这样便于互换通用

六、限矩型液力偶合器驱动方式选择及其注意事项

162. 液力偶合器有哪两种驱动方式,对传动有何影响?

A　液力偶合器的两种驱动方式

液力偶合器有内轮驱动和外轮驱动两种不同的驱动方式(见图 5 – 9)。

(1)内轮驱动:腔内的叶轮作泵轮,外部叶轮作涡轮。

(2)外轮驱动:腔内的叶轮作涡轮,外部叶轮作泵轮。

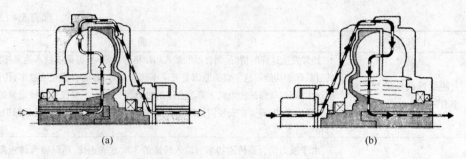

(a)   (b)

图 5-9　液力偶合器两种驱动方式

(a)内轮驱动;(b)外轮驱动

B　液力偶合器的两种驱动方式对特性的影响

(1)专门设计的内轮驱动偶合器的特性与外轮驱动偶合器没有明显差别(见图5-10)。

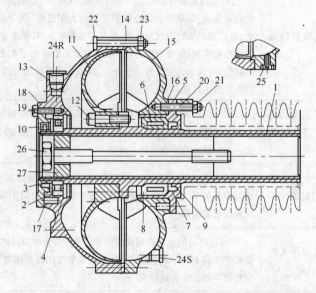

图 5-10　复合泄液式内轮驱动液力偶合器结构

1—输入轴;2,6—轴承;3,4,7,8—挡圈;5—轴承压盖;9,10—油封;11—泵轮;12,19,20,22—螺栓;13—外壳;

14,16,17—密封垫;15—涡轮;18—密封盖;21,23—螺母;24(24R、24S)—加油塞;25—易熔塞;26—拉紧螺栓;27—垫

(2)泵轮与涡轮循环圆形状相似的静压泄液型外轮驱动的液力偶合器,改为内轮驱动对特性的影响如下:

1)原涡轮上无过流孔或过流面积不够的静压泄液偶合器,改为内轮驱动后在过载泄流时受阻(见图5-11),会导致过载系数升高。

2)原涡轮上过流孔面积合适的外轮驱动静压泄液式偶合器,改为内轮驱动之后,由静压泄液变为复合泄液(见图5-12),其过载保护功能与动压泄液偶合器相似,防瞬时过载能力强,过载系数有可能会下降,其特性优于原静压泄液式。

(3)动压泄液式限矩型偶合器改为内轮驱动对特性的影响如下:

1)如图5-9所示的带大前辅腔的动压泄液式偶合器,具有内轮驱动和外轮驱动的双重功能。可以内轮驱动也可以外轮驱动,其特性没有太大变化。

2)如图5-13所示的带后辅腔的动压泄液式液力偶合器,由外轮驱动变为内轮驱动后

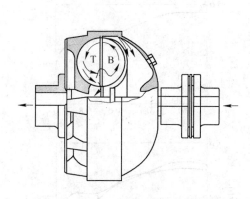

图 5 – 11　静压泄液式限矩型偶合器
改为内轮驱动(无过流孔)

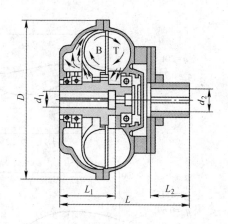

图 5 – 12　静压泄液式限矩型偶合器
改为内轮驱动(有过流孔)

其特性的变化见图 5 – 14 ~ 图 5 – 16(根据德国福依特公司资料整理)。

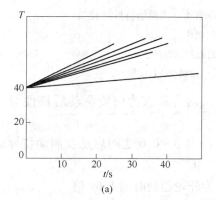

图 5 – 13　带后辅室的动压泄液式
液力偶合器

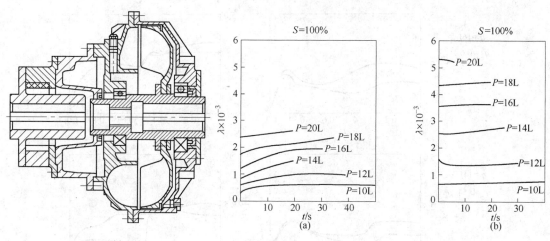

图 5 – 14　同一台动压泄液偶合器两种驱动
方式零速力矩系数对比
(a)外轮驱动;(b)内轮驱动

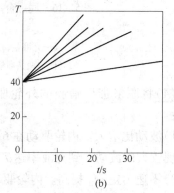

图 5 – 15　同一台动压泄液偶合器两种驱动方式启动温升特性对比
(a)外轮驱动;(b)内轮驱动

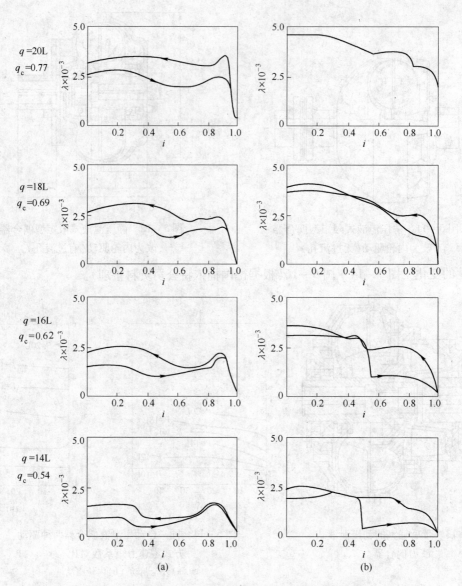

图 5－16　同一台动压泄液偶合器两种驱动方式原始特性比较

(a)外轮驱动；(b)内轮驱动

q—充液量；q_c—充液率(充液量与总腔容积的百分比)

(图中两条曲线，→指启动特性曲线，←指制动特性曲线)

(4)将原来带后辅腔的外轮驱动的动压泄液式偶合器改为内轮驱动后特性有以下改变：

1)波动比增大。内轮驱动在62%充液率以下，$i=0.3\sim0.6$之间启动及制动特性曲线均出现较大的波动。到充液率达77%时，波动比趋于正常。

2)零速力矩M_0提高。内轮驱动时零速力矩约为外轮驱动时的1.69倍。

3)额定工况力矩系数高。$S=4\%$、$i=0.96$时，内轮驱动泵轮力矩系数是外轮驱动的1.6倍；$S=6\%$、$i=0.94$时，内轮驱动泵轮力矩系数是外轮驱动的1.29倍。

4）过载系数较高。在低充液率时,特性曲线波动比大,过载系数较外轮驱动高,充液率65%以上时,对过载系数影响不大。

5）启动时温升较快。

（5）特性变化的原因。将原带后辅腔的外轮驱动的动压泄液式偶合器改为内轮驱动（俗称倒置）之所以能引起特性变化,有两个主要原因:

1）泵轮、涡轮功能互换影响特性改变。众所周知,动压泄液式偶合器泵轮与涡轮的结构不对称,在偶合器中泵轮发挥水泵的功能,而涡轮发挥涡轮机的功能。由于功能各异,所以结构也不一样。通常涡轮循环圆的内环直径比泵轮小,且多数设大小腔或长短相间的叶片,以有利于过载时泄流和降低环流改道所造成的影响。一旦反过来,泵轮要发挥涡轮的作用,涡轮要发挥泵轮的作用,由于结构不一样,所以必然出现差异。

2）泄流路线发生变化影响特性改变。由图5-17可见,动压泄液偶合器外轮驱动时,泄液路线是正的,偶合器低转速比时,做大环流运动,依靠环流的动压力,将液流倾泄至前辅腔,并继而通过过流孔进入后辅腔。泄流路线与液流动压力的作用方向一致。改为内轮驱动之后,环流方向相反,后辅腔不是位于泵轮的背后而是位于泵轮的对面,泄流路线与液流动压力方向相反,液流无法直接冲进前辅腔,而是靠液流冲击泵轮内缘的反击力进入前辅腔和后辅腔,这必然引起泄流不畅和增加涡流损失,产生力矩跌落、波动比增大和零速力矩提高等现象。

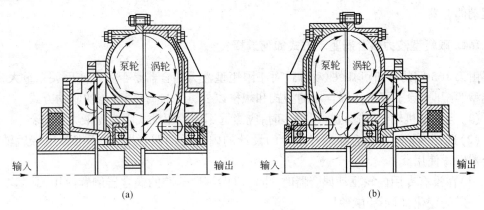

(a)   (b)

图5-17　不同驱动方式对泄流路线的影响
(a)外轮驱动;(b)内轮驱动

163. 液力偶合器的驱动方式与电动机轴、减速器轴的受力有何关系?

液力偶合器的驱动方式与电动机轴、减速器轴受力分析见图5-18。

由图5-18可见,该传动系统有三个特点:(1)偶合器外轮驱动;(2)电动机轴与减速器轴轴径相差悬殊,电动机轴$\phi75$、减速器轴$\phi42$;(3)弹性联轴节在电动机一端。由于减速器轴比电动机轴细需要承担偶合器的质量,因而当因安装不同心产生径向附加力时,在两轴的危险截面上产生的附加弯曲应力也相差悬殊。更主要的是,不对中力P的作用点靠近电动机侧,P到电动机轴危险截面A的力臂L_{AB}远远小于P到减速器轴危险截面C的力臂L_{BC}。由于力矩＝力×力臂,所以作用在减速器轴危险截面的应力远远大于作用在电动机轴危险

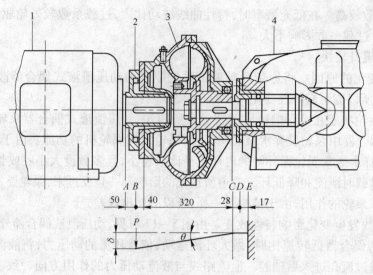

图 5 - 18　外轮驱动偶合器安装型式和受力分析

1—电动机;2—弹性联轴器;3—液力偶合器;4—减速机

截面上的应力。经计算减速器轴所受附加弯曲应力是电动机轴所受附加弯曲应力的 41 倍,因而时常发生减速器断轴事故。由此可见,当减速器轴比电动机轴细很多时,不可以选用外轮驱动偶合器。

164. 限矩型液力偶合器驱动方式如何选择?

由第 163 问的分析可知,驱动方式对于限矩型液力偶合器是否安全使用关系重大,因而在选型匹配时,除了要选择偶合器的型式和规格以外,还要选择偶合器的驱动方式。

(1)当电动机轴比减速机轴粗很多时,应当选用内轮驱动式限矩型液力偶合器。

(2)选择内轮驱动偶合器最好用专门设计的内轮驱动偶合器,而不推荐用带后辅腔的偶合器倒置使用。

(3)在没有专用内轮驱动偶合器时,也可以用带后辅腔的偶合器倒置使用,其基本性能发生一定的变化,但不影响使用。

165. 限矩型液力偶合器驱动方式选择有哪些注意事项?

限矩型液力偶合器驱动方式选择注意事项见表 5 - 14。

表 5 - 14　限矩型液力偶合器驱动方式选择注意事项

序号	注 意 事 项	说　　明
1	应了解偶合器有两种驱动方式	由于过去的教科书和有关书籍上没有关于内轮驱动偶合器的介绍,所以很长一段时间内甚至到现在还有许多人对此缺乏认识,致使在选型时忽略偶合器驱动方式的选择,造成许多不应有的损失。所以在选型匹配之初,应当认识到偶合器有内轮驱动和外轮驱动两种不同的驱动方式
2	将驱动方式作为选型匹配的重要内容之一	以往的限矩型液力偶合器选型匹配,只重视型式、规格的选择,缺乏或根本没有关于驱动方式选择这项内容。现在应当将驱动方式选择作为选型匹配重要内容之一。根据动力机、工作机的实际情况选择合适的驱动方式

序号	注意事项	说　明
3	明确内轮驱动偶合器的型号	如前文所述,内轮驱动限矩型液力偶合器的型号至今尚未统一,而且有的厂连应有的型号也没有,这就为选型带来困难。选型时一定要将内轮驱动偶合器的型号搞清楚,必要时加上文字标注,注明偶合器的质量由电动机轴承担,以防止将内轮驱动偶合器误选为外轮驱动偶合器

166. 限矩型液力偶合器驱动方式选择常发生哪些错误?

限矩型液力偶合器驱动方式选择方面常发生的错误有两个:

(1)忽略偶合器的驱动方式选择,应当选择内轮驱动偶合器的而选择了外轮驱动,结果造成减速器断轴事故。

(2)型号表达不清,没有标明是何种驱动方式,从而也使偶合器选择错误。

七、限矩型液力偶合器安装连接形式选择及其注意事项

167. 限矩型液力偶合器有几种安装连接形式,各有何特点和用途?

限矩型液力偶合器安装连接形式及各自的特点和用途见表 5－15。

表 5－15　限矩型液力偶合器安装连接形式及各自的特点和用途

序号	安装连接形式		特点和用途
1	卧式直线传动	外轮驱动基本型(含大后辅腔式)	是最常用的安装连接形式,电动机—偶合器—工作机(含减速器)成卧式直线安装。电动机轴插装在偶合器的前半联轴孔中,减速器的轴插装在偶合器主轴内孔中,偶合器的质量主要由工作机或减速器轴承担,偶合器属外轮驱动,腔内的叶轮作涡轮
		内轮驱动基本型	电动机—偶合器—工作机(含减速器)成卧式直线安装。偶合器上的联轴器位于工作机(或减速器)一端,电动机轴插装在偶合器主轴孔内,工作机(或减速)轴插装在偶合器的前半联轴节孔内,偶合器的质量主要由电动机轴承担。偶合器属内轮驱动,腔内的叶轮作泵轮
2	偶合器两端均带联轴器式		偶合器输入端和输出端均带弹性膜片联轴器。优点是安装拆卸方便,可以不移动电动机或减速器装拆偶合器;缺点是定心性不好。由于两端均带弹性联轴器,而弹性联轴器的连接允许有一定的挠动,所以偶合器易产生振动,通常不推荐用此安装方法
3	偶合器独立双支承式		偶合器输入端和输出端带独立支承的轴承座,偶合器两端出轴支承在轴承座上,而不是悬挂在电动机、减速器轴上。支承稳定可靠,振动值低,大规格、高质量的偶合器常用此安装连接方式。电动机、工作机或减速器通过弹性联轴器与偶合器相连
4	制动轮式	内驱制动轮式	电动机轴插装在偶合器主轴孔内,偶合器内轮驱动,偶合器输出端带弹性联轴器,减速器轴插装在偶合器输出半联轴节上,此种连接方式轴向尺寸比外驱制动轮式要短

序号	安装连接形式		特点和用途
4	制动轮式	外驱动制动轮式	偶合器输入端固联刚性联轴节,输出端安装弹性联轴器,电动机轴插装在输入端联轴节上,减速器轴插装在偶合器输出端半联轴节上,制动轮固联在输出端半联轴节上
5	易拆卸式	易拆卸式	偶合器输入端固联刚性或半刚性联轴节,输出端出轴,安装弹性膜片或弹性套柱销联轴器。弹性联轴器两半联轴节之间安装时保持大于输入端联轴节止口高度的间隙,利用此间隙可以不移动电动机而装拆偶合器
		易拆卸制动轮式	易拆卸式偶合器与外驱制动轮式偶合器的综合,具有这两种偶合器的特点,可以在不移动电动机或减速器的情况下装拆偶合器
6	双腔式	外驱双腔式	安装连接形式同外轮驱动基本型,只是偶合器是双腔式
		内驱双腔式	安装连接形式同内轮驱动基本型,偶合器为双腔式
7	卧式平行传动	安装在电动机轴上的 V 带轮偶合器	V 带轮式偶合器悬挂安装在电动机主轴上,通过 V 带轮与工作机连接,通常工作机的转速低于电动机转速时用此安装方式。特点是偶合器的输入与输出在同一端,偶合器必须通过拉紧螺栓与电动机轴固定
		安装在工作机轴上的 V 带轮偶合器	工作机的转速高于电动机转速,为降低偶合器规格,偶合器安装在工作机轴上,特点与紧固方式同安装在电动机轴上的 V 带轮偶合器
		异端带支承的 V 带轮式偶合器	偶合器输入与输出在同一端,由于偶合器或 V 带轮规格较大、质量较重,为减轻电动机轴的负担和降低振动,在偶合器的异端增加一个辅助支承,安装时辅助支承轴承座一定要与电动机轴同心
		V 带轮独立支承的偶合器	偶合器的安装形式同外轮驱动基本型。一端悬挂在电动机轴上,另一端悬挂在 V 带轮轴承座的输入轴上。V 带轮两端均带轴承座支承,用于大规格、高质量的 V 带轮传动,连接平稳可靠、振动值低,但结构复杂、占地面积大
		双腔 V 带轮式偶合器	安装与连接方式同安装在工作机轴上的 V 带轮偶合器。由于双腔液力偶合器传递功率较大,且轴向尺寸较同功率单腔偶合器短,所以在国外,V 带轮式偶合器多制成双腔型式
8	立式直线传动	坐立式	工作机(或减速器)—偶合器—电动机成立式直线布置,电动机在最下方,偶合器在电动机上方坐着。通常以连接套筒使电动机与减速器相连,偶合器安装在连接套筒内
		吊立式	电动机—偶合器—工作机(或减速器)成立式直线布置,电动机在最上方,偶合器在电动机下方吊着。通常以连接套筒使电动机与减速器相连,偶合器安装在连接套筒内
9	卧式或立式传动	花键连接式	不论卧式还是立式传动偶合器,均可能与带花键轴的减速器连接,偶合器输出轴相应制成内花键孔,与带花键轴的减速器相连接
		锥轴连接式	电动机轴或减速器轴为锥轴,偶合器输入端半联轴节或输出主轴为锥孔,用圆螺母或拉紧螺栓与电动机轴或减速器轴紧固
		胀套连接式	偶合器主轴孔为锥孔,通过胀套与 V 带轮或联轴器连接,用拉紧螺栓调整胀套的张力,拉紧螺栓应有防松措施

168. 限矩型液力偶合器安装与连接形式选择有哪些注意事项？

限矩型液力偶合器安装与连接形式选择应注意的事项见表 5 - 16。

表 5 - 16　限矩型液力偶合器安装与连接形式选择注意事项

序号	注意事项	说　明
1	认识偶合器安装连接形式的多样性,选择最佳方案	液力偶合器的安装连接形式多种多样,但是并不为大多数人知道,因而在选型时往往出现错误。例如,有人不知道有 V 带轮式偶合器,而却要求用 V 带轮的平行传动功能,于是用了一大堆转换结构,后来发现有结构这么简单的 V 带轮偶合器,感觉此前的选型就是出力不讨好了。所以选型之前要多找样本、资料等看一看,全面了解偶合器的安装连接形式,并进行综合比较,最后选出经济适用的最佳方案
2	安装连接形式选择的基本原则是安全可靠	不论选择何种安装连接形式,都应把安全可靠要求放在第一位。例如,当减速器轴比电动机轴细很多时,就应当选用内轮驱动的连接形式,以确保减速器轴不断轴
3	确保能与动力机、工作机(包括减速器)可靠、方便连接,各个连接尺寸准确无误	选择经济合理的偶合器安装连接型式的根本目的是与动力机、工作机(包括减速器)可靠、方便连接,因而在选型时要将动力机参数、工作机或减速器参数、机组参数搞明白,包括电动机轴径、轴伸长度、键槽宽度和深度(决定偶合器输入孔尺寸),工作机或减速器轴径、轴伸、键槽宽度和深度(决定偶合器输出孔尺寸)、V 带轮、制动轮尺寸,偶合器的总长等。这些尺寸必须绝对准确并能与电动机、工作机(包括减速器)正确安装连接
4	便于安装拆卸偶合器	偶合器的叶轮和壳体大都用铝合金制造,不允许敲击安装,所以选择便于安装拆卸的连接方式非常重要。例如,磨煤机用 YOX1150 限矩型偶合器,自身质量近1t,轴孔直径180mm,若是选用插轴式安装型式,很难将偶合器安装上去,而且使用一段时间后,轴与轴孔锈蚀抱死,根本无法拆卸。所以对于电动机、减速器规格大、难以移动的,偶合器规格大、安装困难的,都应当选择易拆卸式偶合器,所选偶合器必须带拆卸孔,必要时应订购拆卸工具
5	有可靠的紧固装置	这是经常被忽略的问题,与锥轴减速器连接的偶合器、V 带轮式偶合器、易拆卸式偶合器的输入输出端等都应当与电动机轴或减速器轴紧固,如果忽略这一点就可能无法安装。例如与锥轴减速器连接的偶合器由于主轴轴径较细,没有容纳锥轴轴端紧固圆螺母的空间,而选型时没有注意此方面的问题,就会最终导致无法安装。再如 V 带轮式偶合器,选型时忽略了拉紧螺栓,需方也不知道应当用拉紧螺栓将偶合器紧固在电动机轴上,以至于在运行中偶合器从电动机轴上飞出,造成事故
6	选择便于安装拆卸的轴孔配合性质	限矩型液力偶合器大部分构件是铝材质的,偶合器轴孔在电动机轴、减速器轴装配时,不允许敲击外壳,也不提倡热装,因而不推荐选用过盈配合,尤其偶合器主轴孔。如果与电动机轴或减速器轴采用过盈配合,不仅安装困难,而且拆卸也相当困难,通常电动机轴或减速器轴采用 j、k、m 三种公差(部分减速器轴用 h 公差)。在选用配合性质时,推荐用过渡配合,这样既便于安装又可准确定位。通常偶合器轴孔用 H7 或 G7 公差,用 G7 公差会更好些

169. 限矩型液力偶合器安装与连接形式选择常发生哪些错误?

限矩型液力偶合器安装与连接形式选择常发生的错误见表5-17。

表5-17　限矩型液力偶合器安装与连接形式选择常发生的错误

序号	常发生的错误	说　明
1	连接尺寸不清或不对	(1)有的只标出输入、输出轴孔径,而不标轴伸。 (2)非标键槽未标注尺寸。 (3)未标注偶合器总长或偶合器总长不符合常规。 (4)锥轴的轴端要素不标注,锥轴前端的锁紧螺母的尺寸不标注,使供方无法设计偶合器主轴。 (5)V带轮不标具体尺寸,不标V带轮型式,不标槽形角度或将V带轮型式标错,有矛盾等。 (6)制动轮式偶合器未标制动轮定位尺寸或总长不对。 (7)易拆卸偶合器总长不对,总长与各部分组合有矛盾。 (8)安装在套筒内的偶合器外圆尺寸与套筒内径和长度干涉
2	轴与孔的配合性质选择错误	例如,有的用户为安装方便,将偶合器轴孔公差扩大,结果在使用中偶合器产生径向跳动,还有的用户将偶合器轴孔与电动机轴的配合选成过盈配合,使偶合器安装困难
3	易拆卸偶合器无拆卸空间	由于在选型匹配时考虑不周,结果在使用中易拆卸偶合器无法在不移动电动机的情况下拆卸
4	应当选择易拆卸式而没选	有些大规格偶合器,装拆非常困难,应当选择易拆卸式。有的用户不了解这一结构,结果选用了普通拆轴安装式,安装非常困难

八、限矩型液力偶合器适应环境能力选择及其注意事项

170. 限矩型液力偶合器选型匹配时为什么要明确偶合器的使用环境?

限矩型液力偶合器使用范围比较广泛,虽然它的耐环境能力比较强,但也不是所有的偶合器都能在特殊环境下工作。例如,煤矿井下使用的偶合器要求具有防爆性能,除安装易熔塞外,还要安装易爆塞;医药、食品、粮食机械所用的偶合器不允许喷油。因而在选型匹配时,应当核查偶合器的使用环境,选配能够适应环境条件的偶合器,否则就可能出大错。

171. 限矩型液力偶合器适应环境能力选择方面应注意哪些事项?

限矩型液力偶合器适应环境能力选择应注意的事项见表5-18。

表5-18　限矩型液力偶合器适应环境能力选择注意事项

序号	注意事项	说　明
1	注意审核偶合器使用环境	有时需方在订单中并未标明使用环境,供方经营人员就要根据用户性质考察使用环境。例如,煤矿订货就要追问是井上用还是井下用,是否需要防爆

序号	注 意 事 项	说 明
2	煤矿井下需防爆环境使用应选水介质防爆型偶合器	煤矿井下、选煤厂、煤气公司、焦化厂等场合使用的偶合器,往往有防爆要求,尤其煤矿井下用的偶合器要求产品符合 MT/T 208 标准,且具有煤安标志证书。这些要求在订货时应明确提出,供方应审核自己的供货能力,即便是能生产水介质液力偶合器,没有煤安标志证书也不行
3	制药、食品、粮油、纺织机械用偶合器有时要求用水介质	目前大部分制药、食品、粮油、纺织机械所用偶合器还是以油介质为多,但也有少数的害怕喷油污染环境,要求用水介质偶合器,所以在遇到此类机械选配偶合器时,应当审核使用环境及要求
4	在高处或经常无人值守环境使用的偶合器应加设机械或电子式温控开关	有些斗提式输送机,偶合器安装在离地面80m高处,很少有人查看。还有一些钢铁厂焦化车间的带式输送机,几十台输送机仅有少数的操作维护人员,经常处于无人值守状态。在此种环境下工作的偶合器,应当选配不喷液的机械式或电子式温控开关,要求在超载时能自动停机
5	高寒地区使用偶合器应具有防寒措施	高寒地区的石油机械或滑雪场牵引车等在液力偶合器选型匹配时,一定要选用能够在高寒地区使用的偶合器,注意以下几点: (1)偶合器的油封应选用能够耐 -40℃的产品,确保在 -40℃时油封唇口不发硬,能够正常封油。 (2)其他密封件,如 O 形密封圈、密封胶等也要能够耐 -40℃。 (3)所使用的工作液体应选用能够耐 -40℃的液力传动油,通常 8D 号液力传动油的凝点可达 -50℃。这一点非常重要,在选型匹配之初就应当向需方说明,否则所选偶合器就不能用

九、多动力机驱动的限矩型液力偶合器选型匹配及其注意事项

172. 多动力机驱动的限矩型液力偶合器应怎样选型匹配?

多动力机驱动的限矩型液力偶合器选型匹配内容见表 5 - 19。

表 5 - 19 多动力机驱动的限矩型液力偶合器选型匹配内容

选型内容	说 明
型式选择	推荐选用动压泄液式或复合泄液式限矩型液力偶合器,因多机驱动用限矩型液力偶合器需要顺序启动,先启动的偶合器过载保护能力要强,否则在顺序启动过程中易喷液
规格选择	当所选偶合器的功率在两个规格交界时,推荐选用较大规格,因液力偶合器协调多动力机均衡驱动是以加大某个偶合器的转差率为条件的。因而从总体上看,偶合器转差率范围比较大,充液率调整范围也比较大,个别偶合器的发热量也比较大,选择较大规格偶合器有利于调整充液率和散热
过载系数选择	过载系数 T_g 应小于 2.2 ,过载系数大了,在顺序启动堵转时偶合器易发热
易熔塞保护温度选择	为避免在顺序启动中易熔塞喷液,推荐选用 140℃ 保护温度的易熔塞。如顺序启动的电动机数量不多,则可选正常易熔塞

选 型 内 容	说　　明
充液率选择与调整	在现场根据实际运转情况调节充液率,使多动力机通过液力偶合器均衡同步驱动
顺序启动的间隔时间选择	根据理论分析和实际经验,多动力机驱动,电动机顺序启动的间隔时间一般为单台电动机的启动时间加安全裕度,因中小型电动机的启动时间为 1 ~ 2s,所以选择间隔启动时间为 3s 即可

173. 多动力机驱动的限矩型液力偶合器选型匹配时应注意哪些事项?

多动力机驱动的限矩型液力偶合器选型匹配时应注意的事项见表 5 – 20。

表 5 – 20　多动力机驱动的限矩型液力偶合器选型匹配时注意事项

序号	注意事项	说　　明
1	应在选型时确定是否是多动力机驱动	经常发生这样的情况,需方订货时未标明是多机驱动,供方按普通传动选型,结果使用以后出现问题,达不到同步驱动、平衡功率的目的。所以在选型之初就应当明确是否是多动力机驱动,以便按第 172 问介绍的方法进行选型
2	应特别重视充液率的调整	多动力机驱动的限矩型液力偶合器在使用中产生最多的问题是无法达到同步运行和平衡功率。例如,双驱动站传动的悬挂式输送机,如果两个驱动站转速不一致,传输链就会一段松一段紧,甚至可能链条"上山"、折断。造成这一故障的根本原因是偶合器充液率调整得不对,使偶合器输出转速不同步,所以应在现场仔细调整充液率,使之输出转速同步

十、双速及调速电动机驱动的限矩型液力偶合器选型匹配及其注意事项

174. 为什么限矩型液力偶合器能够与双速或调速电动机匹配运行?

液力偶合器的特性之一是传递功率与输入转速的 3 次方成正比。按这一特性,偶合器似乎无法与双速或调速电动机相匹配,因为即便是与 8/6 极电动机相匹配,偶合器在高速级与低速级功率之比也达 2.37 倍,偶合器不可能既满足高速级的传动要求,又满足低速级的要求。

但是在实践中,国内外均有双速或调速电动机采用限矩型液力偶合器传动的成功案例。因此应当深入研究这些案例,找出切实可行的匹配方法,以扩大偶合器的应用范围。以下是液力偶合器与双速或调速电动机匹配的可行性分析。

A　液力偶合器与双速或调速电动机匹配的基本方法

液力偶合器与双速或调速电动机匹配所采用的方法是:低速级加大偶合器的转差率,使之传递功率有较大提高,而且不至于因效率过低而造成偶合器喷液;高速级减小偶合器的转差率,降低传递功率能力,过载系数加大,过载保护功能降低。

B　偶合器在不同转差率工况下传递功率分析

图 5 – 19 所示是 TVA562 限矩型液力偶合器充油率 80% 时的输入特性曲线。由图中可见,偶合器在不同转差率工况下所传递的扭矩是不同的,转差率越大,传递扭矩越大。其中

$i = 0.96(S = 0.04)$ 时的扭矩为偶合器的额定扭矩,其他工况点的扭矩与额定工况扭矩之比见表 5 – 21。

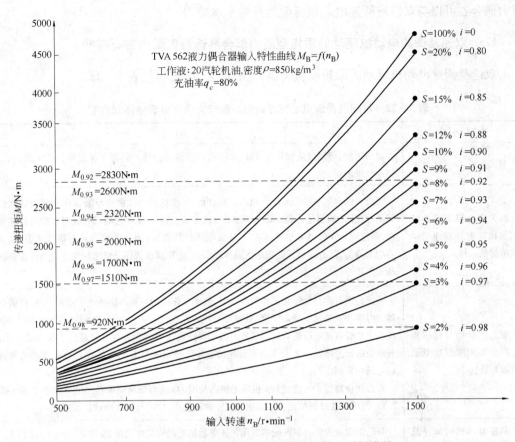

图 5 – 19 TVA562 限矩型液力偶合器输入特性曲线

表 5 – 21 TVA562 限矩型液力偶合器各工况点扭矩与额定工况点扭矩之比

输入转速 n_B /r · min^{-1}	工况点 i	滑差 S	扭矩 M /N · m	与额定工况点扭矩之比	效率 η /%	过载系数 T_g	备 注
1500	0.98	0.02	920	0.54	98	4.13	发热量小,过载系数大
	0.97	0.03	1510	0.89	97	2.52	发热量小,过载系数较大
	0.96	0.04	1700	1	96	2.24	额定工况,过载系数合适
	0.95	0.05	2000	1.18	95	1.9	发热量较大,过载系数较小
	0.94	0.06	2320	1.36	94	1.64	发热量大,过载系数小
	0.93	0.07	2600	1.53	93	1.46	发热量大,过载系数小
	0.92	0.08	2830	1.66	92	1.34	发热量很大,过载系数小
	0.91	0.09	3000	1.76	91	1.27	发热量很大,过载系数小
	0.90	0.10	3200	1.88	90	1.19	发热量很大,过载系数小

由表 5 – 21 可见,若将工况点设为 $i = 0.93$,即滑差 $S = 7\%$,则该点扭矩值和传递功率值是额定工况 $i = 0.96$ 时的 1.5 倍左右。如果不是长时间在低速工况下运转,则在 $i = 0.93$

工况下运行偶合器一般不会发热喷液。因而可以认为偶合器在高速时在 $i=0.98$ 工况、低速时在 $i=0.93$ 工况运行是可行的,可以按此方案进行偶合器的选型匹配。这就是限矩型液力偶合器可以与双速或调速电动机匹配运行的根本原因。

175. 双速及调速电动机驱动的限矩型液力偶合器选型匹配内容有哪些?

双速及调速电动机驱动的限矩型液力偶合器选型匹配内容见表 5-22。

表 5-22 双速及调速电动机驱动限矩型液力偶合器选型匹配内容

选型内容	说 明
型式选择	动压泄液、静压泄液和复合泄液型均可,根据需要选择。但要选择泵轮力矩系数较大、特性较硬的偶合器
液力偶合器与离心式工作机匹配时双速电动机极对数选择	当液力偶合器与离心式工作机匹配时,由于工作机的特性曲线与液力偶合器的特性曲线基本相同(即都是传递功率与转速的 3 次方成正比),故对电动机的极对数没有特殊要求,即选用 2/4 极、4/6 极、4/8 极、6/8 极电动机均可,原因是电动机转速降低之后,偶合器功率降低,离心式机械的功率也同步降低,不论在高速级还是低速级偶合器始终能够驱动工作机
液力偶合器与恒扭矩工作机匹配时双速电动机极对数选择	当液力偶合器与恒扭矩工作机匹配时,由于工作机的扭矩不随转速下降而下降,而偶合器的力矩却随转速下降而下降,故推荐选用 4/6 极或 6/8 极双速电动机,而不要选用 2/4 极或 4/8 极双速电动机。原因是液力偶合器传递功率的能力与其转速的 3 次方成正比,若电动机转速降低 1/2,则偶合器传递功率降低至原来的 1/8,无法使偶合器在高速和低速工况均发挥作用。 液力偶合器与 4/6 极或 6/8 极电动机匹配时,高速与低速时的传递功率比为 3.375 或 2.37,尚可以通过调整偶合器低速与高速的转速比,使之与双速电动机相匹配
调速电动机的调速范围选择	与限矩型液力偶合器匹配的常用调速电动机有绕线式电动机、变频电动机等,由于以上介绍的原因,调速电动机的调速范围不可太大,推荐调速比 1:2 以下
偶合器规格选择与计算	计算偶合器规格时,应以低转速工况为主,在低速工况时,取大转差率、低效率,常取 $i=0.90\sim0.93$,这样偶合器传递功率可比额定值提高约 50%,可降低与高转速时的功率差
充液率调整	充液率的调整以能满足低速工况正常运行为主
易熔塞保护温度选择	因偶合器在低速时转差率加大、效率降低、发热量增大,有可能经常喷液,故推荐易熔塞保护温度选择 140℃
过载保护选择	偶合器低速运行时,过载系数比正常值低。 偶合器高速运行时,过载系数提高,基本上无过载保护功能

176. 双速电动机或变频电动机驱动限矩型液力偶合器选型匹配怎样计算?

以下举例说明双速电动机或变频电动机驱动限矩型液力偶合器选型匹配的方法和步骤。

【例 5-3】 某制革转鼓采用变频调速电动机驱动,转鼓所需要的最高转速与最低转速见表 5-23,电动机在额定工况时传递功率 22kW,在低速级要求至少能传递 11kW,试选配合适的限矩型液力偶合器。

表 5 – 23　某制革转鼓的技术参数

转鼓最高转速 /r · min⁻¹	转鼓最低转速 /r · min⁻¹	调 速 范 围	电动机最高转速 /r · min⁻¹	电动机最低转速 /r · min⁻¹
14	8	1:0.57	1480	844

解：根据已知条件，按表 5 – 24 所示的步骤进行选型匹配计算。

表 5 – 24　与变频调速电动机驱动的限矩型液力偶合器选型匹配

步骤	选型匹配内容	计 算	说 明
1	计算偶合器高速级和低速级的传动功率比，确定可否用液力偶合器传动	因液力偶合器传递功率与转速的3次方成正比，故有 $\frac{P_1}{P_2} = \left(\frac{n_1}{n_2}\right)^3$。由于 $n_1 = 1480$ r/min，$n_2 = 844$ r/min，所以 $\frac{P_1}{P_2} = \left(\frac{1480}{844}\right)^3 = 5.39$	这一计算的目的是判断偶合器高速级与低速级的传递功率比，确定能否用液力偶合器传动，以及为下一步选择偶合器高速级和低速级的转速比提供依据
2	确定可否用液力偶合器传动	由步骤1知偶合器低速级与高速级传递功率比为1:5.39	传递功率比过大，勉强可以选型匹配，但偶合器高速级的功率比电动机的功率超出很多，无过载保护，应当予以注意
3	确定偶合器低速级和高速级的转速比 i（或转差率 S）	取 $i_{低} = 0.93$，$i_{高} = 0.98$	由于偶合器高速级与低速级传递功率比过高，故低速级的转速比应降低，取 $i = 0.93$。如果经以下几步计算仍无法匹配，则可再加大滑差，最多可达 $i = 0.90$
4	查 $i = 0.93$、$i = 0.98$ 时传递功率与额定功率之比	由表 5 – 21 知：$i = 0.93$ 时，与额定工况传递功率之比为1.53；$i = 0.98$ 时，与额定工况传递功率之比为0.54	这一步骤是为下一步计算低速级时偶合器额定工况传递功率作准备
5	计算低速级时 $i = 0.96$ 额定工况偶合器传递功率（偶合器低速级转速 844r/min）	$P_{低e} = \frac{P_{低}}{1.53}$，$P_{低} = 11$ kW，则低速级时偶合器 $i = 0.96$ 额定功率 $$P_{低e} = \frac{11}{1.53} = 7.2 \text{ kW}$$	由上一步知低速级 $i = 0.93$ 时传递功率与低速级额定功率之比为1.53，由已知条件可知低速级传递功率要求不小于11kW，故可依此计算出输入转速844r/min，$i = 0.96$ 时的额定功率应不小于7.2kW
6	计算偶合器在输入转速为 1480r/min 时的额定功率	$P_e = P_{低e} \times 5.39 = 7.2 \times 5.39 = 38.8$ kW	由于一般的偶合器功率图谱和功率对照表并无844r/min的数据，所以应转换一下再查表，也可以直接查功率图谱
7	查功率图谱或功率对照表初选偶合器规格	查功率对照表 YOX400 偶合器，在输入转速为 1500r/min 时最大传递功率为48kW	初步确定可以选 YOX400 偶合器

步骤	选型匹配内容	计　　算	说　　明
8	验算	（1）核算所选偶合器在输入转速 844r/min，$i = 0.93$ 时能否传递功率 11kW。 1）计算 YOX400 在输入转速为 844r/min，$i = 0.96$ 额定工况传递功率：$P_{ei} = P_e/5.39 = 48/5.39 = 8.9kW$。 2）计算 YOX400 在输入转速 844kW，$i = 0.93$ 时传递功率： $P_{0.93} = P_{ei} \times 1.53 = 8.9 \times 1.53 = 13.6kW$。 （2）核算偶合器在输入转速为 1480r/min，$i = 0.98$ 工况传递功率：YOX400 偶合器在 $i = 0.96$ 额定工况传递功率 48kW，由表 5-21 可知，当 $i = 0.98$ 时的传递功率是 $i = 0.96$ 时的 0.54 倍，因此 $i = 0.98$ 时 YOX400 传递功率 $P_{0.98} = 48 \times 0.54 = 25.9kW$	（1）选择 YOX400 型偶合器当输入转速为 844r/min，$i = 0.93$ 时传递功率大于 11kW。因而在低速级能保证功率传递，估计 $i = 0.93$ 时偶合器不至于发热喷液。 （2）在输入转速 1480r/min，$i = 0.98$ 时 YOX400 偶合器传递功率等于 25.9kW，按偶合器匹配要求，偶合器与电动机的功率比为 1:0.95，偶合器匹配功率应为 $22 \times 0.95 = 20.9kW$，与 25.9kW 接近。 原过载系数 $T_g = 2.2$，最大传递功率 $P_{max} = 2.2 \times 48 = 105.6kW$。 $T_{g0.98} = 105.6/25.9 = 4.07$，说明偶合器在高速级时过载系数提高，过载保护功能降低

【例 5-4】　某制革转鼓采用 YD250-6/4 级双速电动机拖动，采用 V 带轮式偶合器传动，试进行选型匹配。

解：根据以上已知条件，按表 5-25 所示的步骤进行选型匹配计算。

表 5-25　双速电动机驱动的限矩型液力偶合器选型匹配

步骤	选型匹配内容	计　　算	说　　明
1	计算偶合器高速级和低速级的传动功率比，确定可否用液力偶合器传动	已知电动机 4 级时同步转速为 1500r/min，电动机 6 级时同步转速为 1000r/min。查电动机功率表知，YD250M-6/4 电动机 4 级时额定功率为 48kW，6 级时额定功率为 32kW，偶合器功率比为 $\frac{P_1}{P_2} = (\frac{n_1}{n_2})^3 = (\frac{1500}{1000})^3 = 3.375$	高速级与低速级偶合器传递功率之比为 3.375，可以用液力偶合器传动
2	确定偶合器低速级和高速级转速比 i	取 $i_{低} = 0.93$，$i_{高} = 0.97$	同例 5-3
3	查 $i = 0.93$ 和 $i = 0.97$ 时传递功率与额定功率之比	由表 5-21 知：$i = 0.93$ 时与额定功率之比 1.53，$i = 0.97$ 时与额定功率之比为 0.89	同例 5-3
4	计算低速级 $i = 0.96$ 时偶合器传递功率的额定值	因为 $\frac{P_{低}}{P_e} = 1.53$，$P_e = \frac{P_{低}}{1.53}$，而 $P_{低} = 32kW$，故 $P_e = \frac{32}{1.53} = 20.9kW$	由此可求出在电动机为 6 级（转速为 1000r/min）时偶合器 $i = 0.96$ 时的额定功率是多少，为下一步查表选偶合器提供依据

步骤	选型匹配内容	计　　算	说　　明
5	查功率图谱或功率对照表初选偶合器规格	查 YOX450 偶合器在输入转速为 1000r/min 时最大传递功率为 26kW,大于 20.9kW	初选 YOX450 偶合器
6	验算	(1)核算所选偶合器在输入转速为 1000r/min,$i=0.93$ 时能否传递功率 32kW。 1)查表 YOX450 偶合器在输入转速 1000r/min,$i=0.96$ 时的传递功率为 26kW。 2)计算偶合器在输入转速为 1000r/min,$i=0.93$ 时的传递功率: $P_{0.93}=P_e \times 1.53=26 \times 1.53=39.78kW>32kW$ (2)核算偶合器在 $i=0.97$ 工况传递功率: $P_{0.97}=P_e \times 0.89=85 \times 0.89=75.65kW>42kW$	(1)选择 YOX450 比较合适。 (2)高速级时过载系数高,失去过载保护功能

【例 5 -5】 某塔机回转机构采用限矩型液力偶合器传动,电动机选用 YD132S - 6/4,功率 3/4kW,试选择合适型号的偶合器。

解:塔机回转机构使用液力传动总量约在 2 万台以上,是除了煤矿刮板输送机以外应用偶合器最多的机械。因而建设部门还专门编制了 JG/T 72—1999《塔式起重机用限矩型液力偶合器》标准,选型匹配时可以遵照此标准。具体选配见表 5 -26。

表 5 -26　塔机回转机构用限矩型液力偶合器选型匹配

步骤	选型匹配内容	计算与查功率图谱	说　　明
1	确定偶合器低速级和高速级转速比 i	$i_{低}=0.93$ $i_{高}=0.97$	因塔机属于间歇运行,所以可以加大滑差
2	找到 YOXJ 系列塔式起重机用限矩型液力偶合器功率图谱(见 JG/T 72-1999),并在功率图谱上找出输入转速 960r/min,$i=0.93$($S=0.07$),传递功率 3kW 时应选偶合器	 YOXJ 系列塔式起重机用限矩型液力偶合器功率图谱	JG/T 72—1999 标准中有此功率图谱。由 960r/min 处向上垂直引线,再由 $S=0.07$,3kW 处平行于横坐标引线,两线交点 A 落在 YOXJ250 功率带上,说明选配 YOXJ250 偶合器可满足低速工况运行要求

步骤	选型匹配内容	计算与查功率图谱	说　明
3	同第 2 步,在功率图谱上找出输入转速为 1430r/min,i = 0.96(S = 0.04)传递功率 4kW 时应选偶合器	见上图	由 1430r/min 处向上垂直引线,再由 S = 0.04,4kW 处平行横坐标引线,两线交点 B 落在 YOXJ224 功率带内,说明若单速电动机拖动,应选 YOXJ224 偶合器。选用 YOXJ250 偶合器则功率富余
4	分析校验	由表 5 - 21 知,i = 0.96 与 i = 0.97 的传动功率之比为 1:0.89,YOXJ250 在 i = 0.97 时,传递功率约为 5.5 ×0.89 = 4.9kW,大于 4kW,说明选用 YOXJ250 偶合器在高速级时功率有富余	(1)选用 YOXJ250 偶合器可以满足低速工况要求; (2)在高速工况,偶合器的功率有富余,过载系数提高,过载保护能力下降
5	装机试验		经工业性运行试验,证明选型匹配合理

【例 5 -6】　某粮库所用滚筒式干燥机,原用 Y315L -4,185kW 电动机匹配 YOX560 限矩型液力偶合器驱动,后因技术改造需要,将原单速电动机改为变频调速,仍用原 YOX560 偶合器传动,调速范围为 1480 ~1000r/min,运行工况为高速运行时间约占 1/3,低速运行时间约占 2/3,改造后在低速工况运行时偶合器经常喷液。经现场测定电动机在高速运行时电流为 315A,在低速运行时电流为 200A,试分析偶合器喷液原因及解决办法。

解:

(1)偶合器喷液原因分析。限矩型液力偶合器配置易熔塞,当偶合器的发热温度超过易熔塞中易熔合金的熔化温度以后,易熔塞中的易熔合金便熔化,工作液体从易熔塞的小孔中喷出,从而使偶合器工作腔中工作液体流失,切断动力传动,保护电动机和工作机不受损坏。由于偶合器的效率等于转速比,所以滑差加大以后效率降低,功率损失加大,损失的功率转化成热量使偶合器升温喷液。此例所选 YOX560 偶合器在输入转速为 1500r/min 时最高传递功率可达 270kW,与 185kW 电动机匹配是合理的。但当输入转速降为 1000r/min 之后,YOX560 偶合器最高传递功率只有 83kW,而此时电动机电流为 200A。根据电动机功率与电流成正比,所以低速时电动机功率约为 $P_{低} = P_{高} ×200/315 = 185 ×0.635 = 117.46$kW。可见 YOX560 偶合器在低转速工况功率严重不足,从而导致偶合器发热喷液。

(2)解决办法。解决办法是重新选配合适规格的偶合器。根据该偶合器 2/3 时间均在低速工况运行,因而选配偶合器不可以过大地加大低速工况运行时的滑差,可以试取 i = 0.95,与额定工况 i = 0.96 时的功率之比为 1.18,偶合器在低转速工况时应达到的功率约 120kW,因此 120/1.18 ≈100kW。查功率对照表知,YOX600 偶合器在输入转速为 1000r/min 时最高传递功率 115kW,故可以选用 YOX600 替代原 YOX560 偶合器,装机试验后再无频繁喷液现象。

177. 双速及调速电动机驱动的限矩型液力偶合器选型匹配时应注意哪些事项?

双速及调速电动机驱动的限矩型液力偶合器选型匹配时应注意的事项见表 5 - 27。

表 5 – 27   双速及调速电动机驱动的限矩型液力偶合器选型匹配时注意事项

序号	注 意 事 项	说　　明
1	必须明确是否是双速电动机或调速电动机驱动	这是最常发生的问题。许多人并不知道液力偶合器传递功率与输入转速的3次方成正比,误以为低速、高速传递功率是一样的,结果造成选型错误。所以需方在订货时一定要明确是否是双速或调速电动机拖动,而供方在审查订单时要询问清楚是否是调速运行。比较可行的办法是请需方报一下电动机型号,这样可以通过查看电动机型号了解是否是与双速电动机匹配
2	选型匹配时以低速级工况为主	这也是经常发生的问题。双速或调速电动机配偶合器,应以低速工况为主,原因是若低速级工况能满足要求,则高速级功率肯定够用。反之,高速级功率够用,而低速级就可能不够用,造成偶合器因功率不足而启动不了或发热喷液
3	偶合器低速级取大转差率,以提高传递功率	虽然选型时以低速级为主,但也不能完全按低速时偶合器的额定工况($i = 0.96$)进行选型,这样选出的偶合器规格过大。应当使偶合器在低速级时加大滑差,提高传递功率,在高速级时减小滑差以降低传递功率,使之在高、低两个转速下所传递功率接近
4	通过试验验证选型匹配是否合理	以上介绍的选型匹配方法虽然在理论上是可行的,但实际运行工况要复杂得多,所以究竟匹配合不合理应当通过实际运行验证。特别是一些主机厂,在选型时可以多用几套方案,最后选出最佳方案

178. 双速及调速电动机驱动的限矩型液力偶合器选型匹配时常发生哪些错误?

双速及调速电动机驱动的限矩型液力偶合器选型匹配时常发生的错误主要有两方面:

(1)选购时没有标明是双速电动机或调速电动机驱动,结果按单速电动机的参数进行选型匹配,造成偶合器在运行中低速级无法启动或频繁喷液。

(2)不明白双速及调速电动机驱动的限矩型液力偶合器选型匹配方法,完全按电动机高速级或低速级的功率和转速选配偶合器,结果不是将偶合器规格选大就是将偶合器规格选小,这均给运行带来隐患。

十一、堵转阻尼型液力偶合器选型匹配及其注意事项

179. 堵转阻尼型液力偶合器如何选型匹配?

堵转阻尼型液力偶合器选型匹配见表 5 – 28。

表 5 – 28   堵转阻尼型液力偶合器选型匹配

选型内容	说　　明
型式选择	最常用的是静压泄液式,因为这种偶合器轴向尺寸短,在堵转运行时振动较小;很少选用动压泄液式。因不允许用内轮驱动,所以不选用复合泄液式
电动机容量选择	电动机容量选择要稍大些,保证偶合器在堵转运行时,电动机仍在额定工况点运行,不掉转,不发热

选型内容	说　明
偶合器规格 选择与计算	$$D = \sqrt[5]{\dfrac{M_{B0}}{\lambda_{B0} \rho g n_B^2}}$$ $$M_{B0} = K M_{Z0}$$ 式中　M_{B0}——偶合器零速工况时的泵轮力矩，$N \cdot m$； 　　　　M_{Z0}——工作机所需的制动力矩，$N \cdot m$； 　　　　K——经验裕度系数，$K = 1.1 \sim 1.3$； 　　　　λ_{B0}——偶合器零速工况时泵轮力矩系数，min^2/m； 　　　　n_B——泵轮转速，r/min，$n_B = n_d$； 　　　　n_d——电动机转速，r/min。 一般情况下，用户无法知道偶合器零速工况的泵轮力矩系数，可用下式粗略计算：$\lambda_{B0} \approx 3.5 \sim 4$，此经验公式是根据额定力矩系数和过载系数推导而来的。通常 $T_g = 2.2 \sim 2.5$，而 $\lambda_{Be} = 1.6 \times 10^{-6}$，现假设零速泵轮力矩就是偶合器最大力矩，则 $\lambda_{B0} = (2.2 \sim 2.5)\lambda_{Be} = (2.2 \sim 2.5) \times 1.6 = 3.5 \sim 4$
发热量计算	按《机械设计手册》有关液力偶合器发热与散热的计算进行计算，若偶合器散热能力不足，可适当加大偶合器规格、降低充液率、提高散热能力
驱动方式选择	只允许选用外轮驱动方式，不允许选用内轮驱动方式。因内轮驱动的液力偶合器在堵转运行时外壳不转动，散热不利，易引起偶合器发热喷液
易熔塞温度选择	为保证在长期堵转运行工况下偶合器不喷液，推荐选用 $140 \sim 160℃$ 的易熔塞
充液率选择与调整	按使用要求进行制动、牵引、反转工况试验，适当调整充液率，使之符合各项性能要求。若在试验中有的性能不符合要求，则要分析原因，改变选型或改变腔形

180. 堵转阻尼型液力偶合器选型匹配应注意哪些事项？

堵转阻尼型液力偶合器选型匹配应注意的事项见表 5－29。

表 5－29　堵转阻尼型液力偶合器选型匹配注意事项

序号	注意事项	说　明
1	应确保偶合器不发热	因为堵转阻尼型偶合器工作的大部分时间是输入的泵轮转而输出的涡轮不转，所以很容易发热。如果经常发热喷液，那么选型就不成功
2	偶合器的零速泵轮力矩系数应略低些	有些国外的堵转阻尼型偶合器采用腔深为 $0.9D$（D 为偶合器有效直径）的浅腔型，目的就是为了降低在零速工况的泵轮力矩系数，使之在零速工况时输出扭矩不要过大
3	偶合器规格应适当略选大些	偶合器规格选大些有两个好处：(1)大规格偶合器散热面积较大，对散热有利；(2)大规格偶合器充液率调整范围较大，可以通过调整充液量以适应需要。相反，小规格偶合器调整余地则不足，但规格选得过大也不行
4	通过试验验证选型匹配是否正确	堵转阻尼型液力偶合器光靠计算选型是不行的，最主要的还靠试验验证。可以先大概地选型，然后经过实践使用验证其牵引、反转、制动三工况是否符合要求，才可以正式投入使用。如果经过验证有某一方面不合格，则要重新选型或改造其腔型
5	一定不能用内轮驱动偶合器	因为偶合器在堵转时输出端不动，所以若用了内轮驱动偶合器，则堵转时外壳不动，无法通过旋转散热，结果偶合器越来越热，最终发生喷液

181. 堵转阻尼型液力偶合器选型匹配时常发生哪些错误？

以下举例说明堵转阻尼型液力偶合器选型匹配时常发生的错误。

【例 5 - 7】 某垃圾燃烧电厂提升机构张紧装置，原采用德国弗兰德公司 FAO297 偶合器，国产化后靠选 YOX320 偶合器，结果屡次发生故障，将链条折断，试分析其故障原因和解决办法。

解：堵转阻尼型液力偶合器的选型匹配比较严格，要求所选偶合器在牵引、制动、反转三个工况下均能正常工作，因而偶合器选大了、选小了和充液率不对均不行。此例原来用有效直径为 $\phi297mm$ 的偶合器，因我国无 $\phi297mm$ 这个规格，所以选型上靠至 $\phi320mm$，由此造成偶合器的制动力矩过高，屡次发生故障。

排除这类故障，首先应考虑降低充液率。此例偶合器降低充液率后，制动力矩虽合适但牵引力矩又过低，所以说明选用 YOX320 偶合器不合适。后改选 YOX280 偶合器，反复调整充液率以后，其各项性能与进口偶合器基本相同。

【例 5 - 8】 某钢厂订购 YOXF220 偶合器，订货时未注明在何种工作机上使用，而后偶合器频繁喷液以致无法使用，试分析其故障原因和解决办法。

解：经到现场考察发现，该偶合器用在吊车电缆卷缆机构上，属于阻尼堵转型液力偶合器。由于订货者不了解该偶合器的特性，误选用了内轮驱动型式，在堵转使用时偶合器外壳不转，散热功能降低，以至于使偶合器发热喷液。经计算偶合器规格合适，偶合器改为外轮驱动且适当调整充液率之后，各项性能均符合要求。

十二、V 带轮式偶合器选型匹配及其注意事项

182. 什么是带传动，与液力偶合器匹配的带传动有几种？

带传动利用张紧在带轮上的带，借助带与带轮间的摩擦或啮合在两轴（或多轴）间传递运动或动力。带传动具有结构简单、传动平稳、造价低廉、不需润滑以及缓冲减振等特点，在近代机械中应用广泛。与液力偶合器匹配的带传动有普通 V 带和窄 V 带，少数的也有用联组 V 带和齿型带的。

183. 什么是 V 带传动，常用的 V 带传动有几种？

V 带传动过去称为三角带传动，它是用截面为梯形的传动带传动的。与液力偶合器匹配的 V 带传动主要有普通 V 带传动和窄 V 带传动两种，而窄 V 带传动又分为基准宽度制和有效宽度制两种。

184. 什么是带传动的效率，与液力偶合器匹配时有何意义？

传动的效率可用式（5 - 3）表示。

$$\eta = \frac{T_{(O)} \times n_{(O)}}{T_{(I)} \times n_{(I)}} \tag{5 - 3}$$

式中　T ——转矩，N·m；

　　　n ——转速，r/min；

（O）——输出；

（I）——输入。

由式（5-3）可见,效率等于输出功率与输入功率之比和输出转速与输入转速之比的乘积。在带传动中,因为存在许多功率损失,而输出转速又不可能像齿轮传动那样固定,所以总效率必定会有所降低。

带传动有滑动损失、滞后损失、空气阻力损失、摩擦损失等。考虑上述损失,带传动的效率约在80%~98%的范围内,其中普通V带传动效率约为87%~96%,窄V带传动效率约为90%~95%。

带传动的效率对液力偶合器传动影响较大。因为液力偶合器传动必须有滑差,所以其最高效率为96%（限矩型）,V带轮式偶合器选型匹配时,既要考虑液力传动的效率损失,也要考虑V带传动的效率损失,这样才能保证所选偶合器能够传递足够功率。

185. 什么是V带轮式偶合器,有何结构特点及用途？

输出端为V带轮（也可以是链轮、塔轮等）的偶合器称为V带轮式偶合器。V带轮式偶合器的结构特点是输出与输入在同一端。V带轮偶合器用于卧式或立式平行传动。

186. V带轮式限矩型液力偶合器如何进行选型匹配？

V带轮式限矩型液力偶合器选型匹配内容见表5-30。

表5-30　V带轮式限矩型液力偶合器选型匹配内容

序号	选型内容	说　　明
1	型式选择	多选择复合泄液偶合器,国外常选用浅腔型双腔偶合器,较少选用带后辅腔偶合器
2	安装连接形式选择	（1）输出与输入在同一端,不推荐输出与输入在异端,若输出与输入在异端应加支承； （2）偶合器连同V带轮一般吊装在电动机轴上； （3）当工作机转速比电动机转速高时,偶合器应吊装在工作机轴上,以降低偶合器规格； （4）偶合器必须用拉紧螺栓与电动机轴紧固（在电动机轴上钻铰螺孔）； （5）大规格偶合器或V带轮外径大时,应在另一端加支承或采用V带轮独立支承结构； （6）注意偶合器轴端至第一个V形槽中心的位置要求,此尺寸是带轮的轴向定位基准
3	驱动方式选择	内轮驱动,V带轮与偶合器外壳或涡轮相连接,电动机轴插装在偶合器轴孔内。V带轮独立支承的,可选用外轮驱动偶合器
4	偶合器传递功率和规格选择	因V带轮式限矩型液力偶合器除自身转差功率损失之外,还有V带轮的摩擦功率损失,所以总的传动效率降低。通常V带传动机械效率 $\eta=0.95$,而限矩型液力偶合器 $\eta=i=0.96$,V带轮偶合器总的传动效率 $\eta_{总}=0.96\times0.95=0.912$,显然比普通限矩型液力偶合器传动效率低,所以在选型时要留有一定裕度。（1）不要选用偶合器的最大极限功率；（2）当所选偶合器规格在两挡之间时要选用下一挡大规格偶合器。例如,YOX360偶合器传递功率15~30kW（1500r/min时）,若电动机功率30kW时,则不应选YOX$_p$360偶合器,而要选下一挡YOX$_p$400偶合器,否则会引起偶合器功率不足,经常发热喷液

序号	选型内容	说　　　明
5	V 带轮结构型式选择	（1）V 带轮外径既不要过大也不要过小，过大则质量大，偶合器和电动机轴承所受弯矩过大；过小则影响在偶合器上的安装，带轮内无法设置轴承（见附图 a） （2）V 带轮中最好设置轴承以保证 V 带轮准确定心和降低偶合器所受弯矩（见附图 b、d） （3）V 带轮直径较大，偶合器输出端可以设置连接套筒，V 带轮卡装在连接套筒上，便于拆装或更换 V 带轮（见附图 c） 　　　a　　　　　　　b　　　　　　　c　　　　　　　d
6	充 液 率调整	因传递总效率降低，故充液率比正常偶合器略高，在实际运行中按运行工况进行调整

187. V 带轮式限矩型液力偶合器选型匹配时应注意哪些事项？

V 带轮式限矩型液力偶合器选型匹配时应注意的事项见表 5 – 31。

表 5 – 31　V 带轮式限矩型液力偶合器选型匹配注意事项

序号	注意事项	说　　　明
1	包括 V 带轮型式和尺寸在内的各项技术参数应齐全	V 带轮式偶合器除了偶合器自身的各项技术参数必须齐全以外，V 带轮的参数必须齐全才能选型。常常遇到这样的情况，V 带轮只标什么型号和几个槽，其他尺寸和轮槽角不标，这就可能发生错误
2	供需双方要沟通协商 V 带轮尺寸是否合适	受偶合器结构限制，V 带轮外径不可以太小，太小了则 V 带轮内无法安装轴承，支承不够稳，定位不够精确。V 带轮外径也不可太大，否则质量大、转动惯量大，加大了电动机所承受的弯矩，可能降低使用寿命。用户在不了解偶合器结构的情形下，所提出的要求只是根据自身设计要求提出的，是否有可行性，需要供方的技术人员验证，因而这一步非常重要
3	双方应沟通协商拉紧螺栓的规格	V 带轮式偶合器必须用拉紧螺栓与电动机轴紧固，电动机轴端必须事先钻铰一个螺丝孔，因此供需双方必须在订货选型时就协调好螺栓的规格，以便需方作准备。如果协商不好，电动机都安装好了，再钻铰螺孔就麻烦了
4	V 型带张紧力不可太大	这虽然属于使用维护方面的内容，但若处理不好也会带来问题。V 型带张紧力过大，使偶合器产生变形，轴承加快磨损，容易出现卡死等故障
5	立式 V 带轮式偶合器要分清是坐立还是吊立	偶合器在电动机上面布置是坐立，偶合器在电动机下面布置是吊立，由于这两种 V 带轮立式偶合器的结构并不完全一样，所以在选型时要能分得清楚
6	立式 V 带轮式偶合器不要选择双腔	可能受重力影响，双腔偶合器立起来使用后，上面的工作腔充液不足，所以会使传递功率降低

188. V 带轮式限矩型液力偶合器选型匹配时常发生哪些错误?

V 带轮式限矩型液力偶合器选型匹配时常发生的错误见表 5 – 32。

表 5 – 32　V 带轮式限矩型液力偶合器选型匹配时常发生的错误

序号	常发生的错误	说　明
1	驱动功率不足	选型时没有考虑 V 带轮的效率损失,将偶合器规格选小,运行中频繁发热喷液
2	没有按电动机低速级转速和功率选型	有些双速或变速电动机驱动的 V 带轮偶合器,选型时没有考虑输入转速对偶合器传递功率的影响,结果将偶合器规格选小,运行中低速级无法传动经常发热喷液
3	未配拉紧螺栓	供需双方未协商确定拉紧螺栓规格,需方在使用时只是将偶合器挂装在电动机轴上,未用拉紧螺栓紧固,结果在运转时偶合器从电动机轴上脱落飞出
4	V 带轮直径太小或太大	有些需方要求不合理。例如,有时为了降速将偶合器上的主动轮设计的很小,以至于 V 带轮内无法装轴承,可靠性降低。有时为了升速,将偶合器上的主动轮设计的很大(有的比偶合器外径还大),加大了转动惯量和电动机轴的负担,可靠性降低
5	V 带轮尺寸不全或错误	这是最常发生的错误,需方所传达的 V 带轮参数丢三落四,有时还产生错误

十三、制动轮式限矩型液力偶合器选型匹配及其注意事项

189. 什么是制动轮式限矩型液力偶合器,有何结构特点?

限矩型液力偶合器与制动轮或制动盘的组合称为制动轮式限矩型液力偶合器,主要用于卧式或立式传动需要提供制动功能的机械设备上,如带式输送机、提升机等。制动轮式限矩型液力偶合器的分类及结构特点见表 5 – 33。

表 5 – 33　制动轮式限矩型液力偶合器的结构分类

序号	分　类	图　例	说　明
1	按所配制动器分类	偶合器输出端带制动轮 梅花形弹性联轴节 制动轮	在液力偶合器输出端的前半联轴节上固联制动轮,与外抱块轮式制动器配合使用
		偶合器输出端带制动盘	在液力偶合器输出端的前半联轴节上固联制动盘,与盘式制动器配合使用

序号	分 类	图 例	说 明
2	按偶合器驱动方式分类	内轮驱动制动轮式(包括加长后辅腔式)	偶合器属于内轮驱动,电动机轴插装在偶合器轴孔内,与偶合器外壳相连的弹性联轴器的从动端半联轴节上固联制动轮
		外轮驱动制动轮式(包括加长后辅腔式)	偶合器属于外轮驱动,偶合器输入端带刚性联轴节,偶合器通过主轴输出。在主轴上安装弹性联轴器,联轴器的从动端即前半联轴节上固联制动轮
3	按制动轮布置位置分类	制动轮布置在偶合器的输出端	这是最常用的结构,制动轮安装在偶合器输出端的前半联轴节上,制动轮被制动以后,工作机降速停车
		制动轮布置在偶合器的输入端	这是极少用的结构,制动轮安装在偶合器输入端的前半联轴节上,主要为了发挥偶合器的柔性制动作用,停车时闸住偶合器的输入端泵轮,偶合器变成了液力减速器,可以使工作机得到缓慢柔性制动

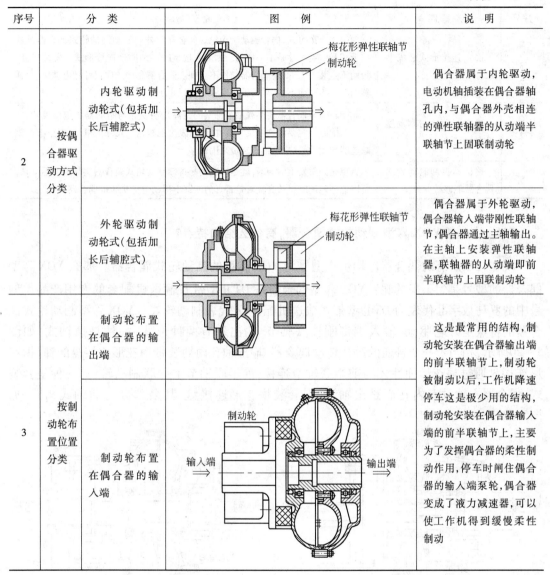

190. 制动轮式限矩型液力偶合器如何进行选型匹配?

制动轮式限矩型液力偶合器选型匹配内容见表 5 - 34。

表 5 - 34 制动轮式限矩型液力偶合器选型匹配内容

序号	选型匹配	说 明
1	型式和驱动方式选择	常选用动压泄液或复合泄液偶合器,有内轮驱动和外轮驱动两种方式
2	审核要求配置的制动轮是否符合标准要求	制动轮的直径必须与所选制动器相配,必须具有足够的制动力矩。通常偶合器制造厂在设计此类偶合器时,已根据制动器规格和许用制动力矩选择了不同规格偶合器应匹配的制动轮直径,选型时要对照样本,查看所配置的制动轮是否符合标准要求

序号	选型匹配	说　明
3	确定连接形式和安装尺寸	由上文介绍可知,内轮驱动制动轮式偶合器与外轮驱动制动轮式偶合器的连接形式和安装尺寸是不一样的。因而在选型时必须明确连接形式与安装尺寸,否则不是装不上,就是偶合器结构不合理。偶合器总的轴向尺寸随电动机、减速器的轴伸不同而不同,总的轴向尺寸不可以小于各部分之和
4	确定制动轮与制动器的定位尺寸	制动轮边至偶合器前半联轴节轴端的距离是制动轮与制动器的定位尺寸,在选型匹配时一定要将这个尺寸搞准,经常发生忽视这一尺寸的事情,以至于造成减速器与制动轮错位,给安装带来困难
5	确保易拆卸制动轮式偶合器能够易拆卸	这也是经常发生的问题,就是所选的易拆卸制动轮式偶合器实际上拆不下来,所以选型匹配时要认真核对是否真的能够不移动电动机装拆偶合器

191. 什么是 YOX$_{IIZ}$ 型制动轮式偶合器,有什么结构特点?

现在几乎所有的偶合器厂均生产型号为 YOX$_{IIZ}$ 型的制动轮式偶合器。那么 YOX$_{IIZ}$ 型偶合器的型号是怎么来的呢? YOX$_{IIZ}$ 型偶合器是 DTⅡ型带式输送机配套的专用产品。型号中的罗马数字Ⅱ代表为 DTⅡ型带式输送机配套,Z 代表制动轮式。YOX$_{IIZ}$ 型制动轮式偶合器的特点是外轮驱动,输入端带刚性联轴节,输出端有两种形式:一种是插轴式,如图5 – 20所示,相当于一个普通的卧式传动偶合器,输出轴孔内插装带梅花形连接盘的轴,梅花形连接盘通过梅花形弹性体与前半联轴节连接,前半联轴节上固联制动轮;另一种是套装式,偶合器主轴没有内孔而是出轴,轴上套装梅花形连接盘,其余部分与插轴式相同,见图5 – 21。

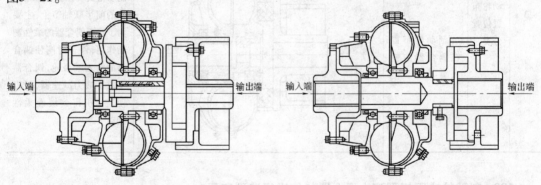

输入端　　　　　　输出端　　　　　　输入端　　　　　　输出端

图 5 – 20　YOX$_{IIZ}$型插轴式偶合器结构　　　　图 5 – 21　YOX$_{IIZ}$型套装式偶合器结构

因为 YOX$_{IIZ}$ 型系列偶合器为 DTⅡ型带式输送机配套,所以要求连接尺寸一致。在各偶合器生产厂的样本上除个别的外,大部分此型号的尺寸均相同。

192. 为什么内轮驱动制动轮式偶合器最好不用外轮驱动制动轮式偶合器系列的尺寸?

有许多用户不明白内轮驱动制动轮式偶合器与外轮驱动制动轮式偶合器的区别。用 YOX$_{IIZ}$ 型系列的尺寸,而要求选配内轮驱动制动轮式偶合器,由于内轮驱动制动轮式偶合器的轴向尺寸比外轮驱动制动轮式偶合器短,所以为了符合 YOX$_{IIZ}$ 型系列尺寸,必须将主轴外伸,这不仅结构不合理、不美观,还影响运转可靠性。例如,YOX_{ⅡZ}560 偶合器的轴向尺寸为 736,而 YOX_{FZ}560 偶合器的轴向尺寸是 620,若非要 YOX_{FZ}560 偶合器的轴向尺寸也达 736,则偶合器主轴应外伸 116mm,不仅没有必要、浪费材料、不美观,还易发生故障。所以,在选型匹配时,一定要注意不要将两种型式偶合器的尺寸混淆。

193. 易拆卸制动轮式偶合器选型匹配时应注意什么问题?

易拆卸制动轮式偶合器在选型时关键要保证能够在不移动电动机或工作机的情况下装拆偶合器,要仔细审核图纸,确保能达到易拆卸。如果在选型时没有认真审查,在安装时就容易出现问题。有时连接图上表示能够易拆卸,而实际尺寸与连接图矛盾,满足尺寸要求就无法易拆卸了,这就需要供方与需方协商解决。

194. 与德国弗兰德公司减速器匹配的制动轮式偶合器在选型匹配时应注意哪些问题?

前文已介绍过,德国弗兰德减速器具有体积小、单位质量小、传递功率高等许多优点,但是由于它的高速轴径特别细、轴伸短,且在高速轴端设置了冷却风扇给偶合器的安装带来不便,因而在选型匹配时应予以特别重视。

(1)由于减速器轴较细,所以承重能力较差,应当尽量减小制动轮的直径和降低制动轮的质量,以降低减速器高速轴的负担。

(2)注意制动轮的轮边至减速器风扇罩的边要留有一定距离,防止产生干涉,影响安装,如图 5-22 所示。

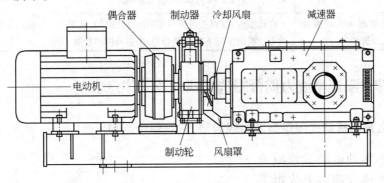

图 5-22 制动轮式偶合器与德国弗兰德减速器匹配

(3)易拆卸制动轮式偶合器与弗兰德减速器匹配,由于减速器的冷却风扇罩挡着,已无拆卸空间,所以联轴器上的弹性柱销无法拆卸,从而实现不了易拆卸功能。这样的问题经常发生,应当引起注意。解决的办法是利用图 5-23 所示的制动轮结构,使制动轮可以向偶合器一方拆卸移动。安装或拆卸偶合器时,先将制动轮拆下,向偶合器一方移动一定距离,

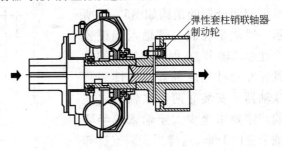

图 5-23 可以向偶合器方向移动拆卸的制动轮式偶合器结构

使之有空间将弹性套柱销装上或拆下,偶合器安装好之后,再安装紧固制动轮。

195. 制动轮式限矩型液力偶合器选型匹配时常发生哪些错误？

制动轮式限矩型液力偶合器选型匹配时常发生的错误见表5-35。

表5-35 制动轮式限矩型液力偶合器选型匹配时常发生的错误

序号	常发生的错误	说　明
1	内驱制动轮式和外驱制动轮式不分	型号乱写、尺寸混用,有时连接图是内轮驱动制动轮式,但却标明外驱制动轮的型号和尺寸,还有时用内驱制动轮的连接图,却要求订购外驱制动轮偶合器
2	内驱制动轮式偶合器用外驱制动轮式偶合器的尺寸	有的用户订购内驱制动轮式偶合器,连接图中却标注外驱制动轮偶合器的尺寸,由于内驱制动轮式的总长比外驱制动轮式短较多,所以偶合器主轴外伸较长,既不美观也不安全
3	制动轮无定位尺寸	制动轮轮边到偶合器输出端前半联轴节轴端的距离是制动轮的定位尺寸,如果此尺寸不对,安装时可能与制动轮错位,但是在许多的订货图中没有标这一尺寸或标注的尺寸不对
4	制动轮无规格尺寸	有些用户只表明要订购制动轮式偶合器,而不标明制动轮尺寸。由于一种规格偶合器有可能与两种规格制动轮相配,所以若不标注制动轮的规格,就有可能与制动器不相配
5	乱用 YOX$_{IIz}$ 型号	YOX$_{IIz}$制动轮式型号是为DTII型带式输送机配套偶合器型号,属于外轮驱动制动轮式偶合器,有统一的尺寸系列。有的选用内驱制动轮或尺寸不符合系列要求,也用 YOX$_{IIz}$型号,结果使供方无所适从
6	易拆卸制动轮式偶合器不能易拆卸	在选型时,没有考虑留有足够的拆卸空间,结果在实际使用安装时无法在不移动电动机的情况下拆装偶合器,失去易拆卸功能

十四、易拆卸式限矩型液力偶合器选型匹配及其注意事项

196. 什么是易拆卸式限矩型液力偶合器,它有何特点和用途?

可以在不移动电动机或减速器的情况下将偶合器装上或拆下的偶合器称为易拆卸式偶合器。易拆卸偶合器的结构如图5-24所示。通常是在偶合器输入端设置刚性半联轴节,在偶合器输出端设置弹性套柱销联轴器或弹性膜片联轴器。安装时两半联轴节之间的间隙要求至少大于输入端半联轴节止口1mm,这样当安装或拆卸时,只要将偶合器向减速器方向移

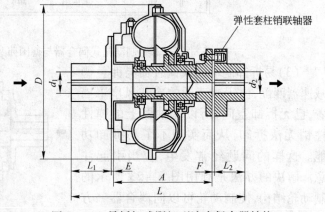

图5-24 易拆卸式限矩型液力偶合器结构

动一个大于止口的距离,即可将偶合器装上或拆下。易拆卸偶合器常用于电动机质量较大、移动困难,或偶合器规格大、不易安装的场合。

197. 易拆卸式限矩型液力偶合器如何选型匹配?

易拆卸式限矩型液力偶合器选型匹配内容见表5-36。

表5-36　易拆卸式限矩型液力偶合器选型匹配内容

选型内容	说　明
型式选择	易拆卸式限矩型液力偶合器有常规易拆卸式、易拆卸制动轮式、加长后辅腔易拆卸制动轮式、加长后辅腔带侧辅腔易拆卸式、加长后辅腔带侧辅腔易拆卸制动轮式等多种,选型时要根据需要选择合适的形式
安装连接形式选择	安装时,弹性套柱销联轴器两半联轴节间的间隙 F 一定要大于偶合器输入端刚性联轴器止口 E 的尺寸,否则偶合器拆不下来,见图5-24
配套的弹性套柱销联轴器选择	(1)偶合器输出端配用的弹性套柱销联轴器要选用 GB/T 4323—2002 标准尺寸,以便采购配件方便省时。 (2)弹性套柱销联轴器选型时,要以偶合器的额定力矩乘以过载系数作为联轴器的计算转矩。 (3)要考虑联轴器允许的最大孔径,当选用联轴器虽然转矩够用,但最大许用孔径不够时,应选用下一挡的联轴器

198. 易拆卸式限矩型液力偶合器选型匹配应注意哪些问题?

易拆卸式限矩型液力偶合器选型匹配应注意的问题见表5-37。

表5-37　易拆卸式限矩型液力偶合器选型匹配应注意的问题

序号	注意问题	说　明
1	注意核对总的轴向尺寸是否准确	易拆卸式限矩型液力偶合器总的轴向尺寸是图5-24 中尺寸 L_1、E、A、F、L_2 之和。该尺寸随所匹配的电动机、减速器轴头尺寸的不同而不同,所以不可能完全一致。有时用户所要求的轴向尺寸实际上是不可能的,这时就应当与用户沟通、协商解决。如果忽略这一问题,就可能无法安装
2	确保弹性套柱销能够自由装拆	易拆卸式限矩型液力偶合器依靠弹性套柱销联轴器上的柱销自由装拆,实现易拆卸功能。如果柱销装不上去、拆不下来就失去易拆卸功能。如图5-25 所示,弹性套柱销联轴器必须有尺寸 A 的拆卸空间(尺寸 A 在相关手册中可查到)。在选型匹配时,应当核对输出端前半联轴节的轴端至弹性套安装法兰的端面距离是否不小于 A。经常有这样的情况发生,因减速器轴伸较短,使拆卸空间减小,弹性套柱销无法拆卸,所以应特别注意核查此方面的情况。如果无拆卸空间,则要适当加长输出端的长度
3	输入端半联轴节和输出端半联轴节均必须采取固定措施	由于弹性套柱销联轴器两半联轴节之间留有供拆装用的间隙,所以如果输入端半联轴节和输出端半联轴节不设法固定,则在使用中受力后就可能使偶合器或联轴节产生轴向窜动,产生撞击和使弹性套损坏,所以在审核选型匹配时应注意此方面的问题

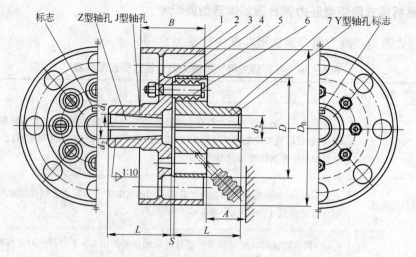

图 5－25 弹性套柱销联轴器拆卸空间示意图

1—制动轮半联轴器;2—螺母;3—垫圈;4—挡圈;5—弹性套;6—柱销;7—半联轴器

199. 易拆卸式限矩型液力偶合器选型匹配时常发生哪些错误?

易拆卸式限矩型液力偶合器选型匹配常发生的错误主要有三方面:

(1)型号表达不清。由于各偶合器生产厂的型号不统一,在选型时很容易搞错。例如有的生产厂易拆卸式偶合器的型号是 YOX_E,而有的生产厂易拆卸式偶合器的型号是 YOX_Y,还有的生产厂易拆卸式偶合器的型号是 YOX_A,如果稍不注意就可能将型号选错。

(2)偶合器总长不对。易拆卸式限矩型液力偶合器总的轴向尺寸应是各部分尺寸之和,随着输入端和输出端连接尺寸的变化,偶合器总长也在变化,因而易拆卸式偶合器的总长不是固定不变的。如果忽视这一点,必然将偶合器的总长选错。

(3)偶合器不具备易拆卸功能。偶合器的输入端结构不对、总长不对、弹性柱销无拆卸空间等,都可能造成在不移动电动机的条件下无法拆装偶合器,失去易拆卸功能。

十五、立式限矩型液力偶合器选型匹配及其注意事项

200. 立式限矩型液力偶合器如何选型匹配?

立式限矩型液力偶合器选型匹配的内容见表 5－38。

表 5－38 立式限矩型液力偶合器如何选型匹配

选型内容	说 明
型式选择	要选用专用的或可以立式使用的液力偶合器,并达到以下要求: (1)偶合器的辅助腔在下方,向下一端最好是固定密封,防止油封磨损漏油。 (2)易熔塞、加油塞在偶合器上方,偶合器下方有放油塞。 (3)加油塞的位置应当是在80%充液率的位置。 (4)不能选用双腔限矩型液力偶合器

选型内容	说　明
安装与连接形式选择	（1）不论立式直线传动或立式平行传动，均有坐立和吊立两种，选型时应根据电动机与偶合器的位置分清是吊立与坐立。偶合器在上电动机在下是坐立，偶合器在下电动机在上是吊立。 （2）不论是吊立或坐立，V带轮式偶合器均要用拉紧螺栓与电动机轴紧固。 （3）有些立式直线连接的偶合器，安装在连接套筒内，选型时应注意偶合器的径向和轴向尺寸要与连接套筒尺寸相配合，加油塞的位置要与连接套筒的手孔位置相一致。 （4）立式V带轮式偶合器输入与输出应在同一端，不准在异端

201. 立式限矩型液力偶合器选型匹配应注意哪些事项？

立式限矩型液力偶合器选型匹配应注意的事项见表 5 – 39。

表 5 – 39　立式限矩型液力偶合器选型匹配注意事项

序号	注意事项	说　明
1	应明确标明是立式偶合器	这是经常发生的问题，许多用户并不知道立式偶合器有独特的结构，而误以为与卧式偶合器一样，结果在选型匹配和订货时均不标明是立式的，直到安装和使用时才发现错了。所以应当在订货之前就标明所选的是立式偶合器
2	应明确是坐立还是吊立	这也是经常发生的问题。有些用户只告诉是订立式偶合器却并不标明是坐立还是吊立，结果也常产生选型错误。应当以电动机为参照物，偶合器在电动机上面是坐立，偶合器在电动机下面是吊立，由于这两种立式偶合器的结构并不完全一样，所以在选型时要能分得清楚
3	要保证能充油换油	有时选型时没有注意是立式的，或虽注明是立式的，但未注明是坐立和吊立，结果所供偶合器注油孔在下方，根本无法充油，或虽注油孔在上方，而下方无放油孔，换油时放不出油，这都影响使用，选型时要认真核对是否达到要求。还有的时候虽然注油孔在上方，但位置不对，与连接套筒手孔的位置不对应，也加不进去油
4	要保证能够安装在连接套筒内	许多立式直线连接偶合器是安装在连接套筒内的，偶合器的高度和直径不对，都有可能安装不进去，选型匹配时应特别慎重。需方最好提供连接套筒尺寸结构图，因为有时套筒内有筋板，偶合器散热片很可能会与筋板相碰
5	核对偶合器向下一方有无特殊密封措施	立式偶合器向下一方受重力作用很容易渗漏，如果仅用油封密封，那么油封磨损后也会漏油，最好的办法是将偶合器向下一端设计成固定密封，这样可靠性便增强了。在选型匹配时应注意此方面的问题，减少运行故障
6	不能选用双腔偶合器	可能受重力影响，双腔偶合器立式使用传递功率降低，因而选型时不要将双腔偶合器立式使用

202. 立式限矩型液力偶合器选型匹配时常发生哪些错误？

立式限矩型液力偶合器选型匹配常发生的错误见表 5 – 40。

表 5 -40　立式限矩型液力偶合器选型匹配常发生的错误

序号	注意问题	说　明
1	没有注明是立式偶合器	这是最常发生的错误。许多人不了解立式偶合器与卧式偶合器的结构不一样,选型时按卧式选择而出现错误,有的甚至根本无法使用
2	没有注明是吊立还是坐立式偶合器	这也是最常发生的错误。有的用户虽标明是立式偶合器,但不标是坐立还是吊立,结果造成加油塞方向反了,无法加油
3	安装尺寸不对	立式偶合器大多数安装在连接套筒内,常常发生因连接尺寸不对,偶合器安装不了或因总长不对将偶合器压坏的事故
4	无法加油、换油	因为加油塞方向不对或加油塞的位置不对,使偶合器无法加油,每次过载喷液重加油都得将偶合器拆下来重装,给使用带来极大不便
5	选用双腔偶合器	选用双腔偶合器,结果使传递功率不足,经常发热喷液

十六、塔式起重机用限矩型液力偶合器选型匹配及其注意事项

203. 塔式起重机用限矩型液力偶合器如何选型匹配?

塔式起重机用限矩型液力偶合器的选型匹配见表 5 -41。

表 5 -41　塔式起重机用限矩型液力偶合器选型匹配

选型内容	说　明
选型依据	JG/T 72—1999《塔式起重机用限矩型液力偶合器》
转差率及泵轮力矩系数选择	塔式起重机用限矩型液力偶合器泵轮力矩系数要求比较高:间隙工作,计算转差率7%时 $\lambda_B \geqslant 2.4 \times 10^{-6}$;连续工作,计算转差率4%时 $\lambda_B \geqslant 1.8 \times 10^{-6}$。选型时应注意:若所选偶合器的泵轮力矩系数没有这么高,就应适当加大偶合器规格,塔机用偶合器大都与双速电动机匹配,其注意事项见本章第十节的有关内容
过载系数选择	$T_g < 2.5$
安装与连接尺寸选择	塔式起重机用限矩型液力偶合器绝大部分安装在连接套筒内,采用吊立式安装,要注意偶合器的径向和轴向尺寸能与连接套筒尺寸相配合,尤其轴向尺寸,要比连接套筒空间矮 1～2mm,防止因偶合器轴向尺寸过高安装时将偶合器压坏。塔式起重机用偶合器安装在回转机构上,离地面很高,要方便安装拆卸
加油塞、易熔塞位置	加油塞的位置应是在80%充液率的位置,加油塞应与连接套筒的手孔位置相对应,保证能加油、放油和调整充液率

204. 塔式起重机用限矩型液力偶合器选型匹配有哪些注意事项?

塔式起重机用限矩型液力偶合器选型匹配应注意的事项见表 5 -42。

表 5 -42　塔式起重机用限矩型液力偶合器选型匹配注意事项

序号	注意事项	说　明
1	注意审核是双速电动机驱动还是单速电动机驱动	这是最常发生的问题,订货时并未告知是双速电动机驱动,直到装机运行后低速级无法启动才发现订货错误,甚至怀疑偶合器质量有问题,所以为塔式起重机匹配偶合器时,首先要问明电动机是什么型式的

序号	注意事项	说明
2	如果是双速电动机驱动,应当按双速电动机驱动的偶合器选型方法选型	见本章"十、双速及调速电动机驱动的限矩型液力偶合器选型匹配及其注意事项"
3	转差率可适当加大,规格可适当减小	因塔式起重机用偶合器属于间歇运行,散热良好,所以选型时普遍加大转差率,减小偶合器规格。常选 $S=0.07$,甚至有的选择 $S=0.10$,这样偶合器传递功率便可大大提高。例如,常规机械在输入转速为 1500r/min 电动机功率 5.5kW,应选配 YOX250 偶合器,而塔机回转机构的电动机同样是 5.5kW,只选配 YOX224 即可,一般可以比常规选型低一个偶合器规格

十七、刮板输送机用限矩型液力偶合器选型匹配及其注意事项

205. 刮板输送机对驱动系统有何要求?

(1)满载启动。刮板输送机经常是满载启动,由于输送距离长,输送物料多,经常压"流子",所以启动特别困难,驱动系统要求轻载启动。

(2)过载保护。刮板输送机经常超载甚至严重超载,在输送过程中,经常发生压"流子"、加料过多、物料阻塞等故障,因而驱动系统必须具有可靠的过载保护功能。

(3)防爆。刮板输送机大部分在煤矿井下使用,要求驱动系统具有防爆功能。

(4)结构紧凑。煤矿井下空间狭小,要求驱动系统结构紧凑、占地面积小。

由于限矩型液力偶合器具有轻载启动、过载保护、减缓冲击扭振等功能且结构紧凑、安装使用方便可靠,价格低廉,所以非常适合在刮板输送机上使用。限矩型液力偶合器约有1/3 的产量用于刮板输送机。

206. 刮板输送机用限矩型液力偶合器如何选型匹配?

刮板输送机用限矩型液力偶合器的选型匹配内容见表 5-43。

表 5-43 刮板输送机用限矩型液力偶合器的选型匹配内容

序号	选型匹配内容	说明
1	明确使用环境	刮板输送机大部分在煤矿井下使用,少数在其他环境使用。因此在选型之初要明确使用环境,以下选型内容均假设在煤矿井下使用
2	明确偶合器介质	煤矿井下刮板输送机使用的限矩型液力偶合器规定用清水或难燃液为介质,如果用油介质,则不按此表选型
3	计算以清水为介质时与以油为介质时的传递功率比	水的相对密度为 1,油的相对密度为 0.86,两者之比为 $1/0.86=1.16$,由于液力偶合器传递功率与密度的 1 次方成正比,所以功率之比也等于 1.16
4	计算选型功率	将电动机功率除以 1.16 即是选型功率,$P_{选}=P_{d}/1.16$
5	查功率图谱或选型表确定偶合器规格	按电动机输入转速和所计算的选型功率,在功率图谱或选型表上找出应选配的偶合器规格

序号	选型匹配内容	说　明
6	按 MT 208 刮板输送机用液力偶合器标准,选配易熔塞和易爆塞	易熔塞的数量、规格选配及易爆塞的选配必须符合 MT 208 标准
7	明确连接形式尺寸要求	刮板输送机的连接形式有直平键连接和花键连接两种,在选型时应明确是哪一种连接形式。MT 208 标准中对刮板输送机的连接尺寸已有规定,但有些用户却并不遵守此标准,因此应仔细核对连接尺寸。如果是花键连接,除了要明确花键规格之外,还要明确与花键相连的定位直孔的尺寸和长度
8	偶合器壳体强度要符合 MT 208 标准要求	MT 208 标准规定偶合器壳体的抗压强度要大于 3.4MPa,这就要求偶合器壳体必须具有足够强度,而一般的偶合器没有此项要求,只要不漏、不裂即可。所以常规油介质偶合器的壳体难以满足要求,必须选用专用偶合器
9	需要具有验证内密封效果的措施	水介质液力偶合器通常具有两道密封,内密封装置封水,外密封装置封油,如果全装配完了试验,则无法确认内密封究竟漏不漏,所以在选型时应选择可以检验内密封效果的偶合器

207. 刮板输送机用限矩型液力偶合器选型匹配应注意哪些事项?

刮板输送机用限矩型液力偶合器选型匹配应注意的事项见表 5 – 44。

表 5 – 44　刮板输送机用限矩型液力偶合器选型匹配注意事项

序号	注意事项	说　明
1	所选偶合器必须符合 MT 208《刮板输送机用液力偶合器》标准	MT 208《刮板输送机用液力偶合器》标准是专为刮板输送机选配液力偶合器制定的标准,有许多要求是根据刮板输送机的实际运行工况的需要制定的,与普通机械用偶合器不同,所以在为刮板输送机选配偶合器时,一定要符合此标准
2	必须选用有"煤安标志"的产品	这是经常发生的问题,往往在选型时忽略此项要求,导致最终无法验收。因为煤矿有严格规定,严禁无"煤安标志"产品下井使用
3	注意安装连接形式和连接尺寸	(1)刮板输送机用液力偶合器大部分安装在连接套筒内,偶合器的加油塞、易熔塞的位置必须与套筒手孔位置相符合,否则便无法加油和换易熔塞、易爆塞。 (2)偶合器的轴向尺寸必须比套筒长度短 1mm,否则将会使偶合器压坏或安装不上去。 (3)偶合器的径向尺寸单边至少比套筒直径小 2mm,且各外筋板不得与套筒内筋板相干涉。 (4)刮板输送机用偶合器的输出端大部分是花键孔,除了要标明花键规格之外,还要标明定位孔直径和长度。此处也经常出错,往往只标花键规格而漏标直孔规格,这样便影响偶合器定位和安装
4	与用户协商三包期限	油介质偶合器三包期通常为 1 年,而水介质偶合器若三包期为 1 年,则在包修期内至少要去维修一次。按 MT 208 标准规定,刮板输送机用液力偶合器平均无故障工作时间要求超过 2000h,即不足 3 个月。因而不能沿用油介质偶合器的包修期,究竟多少为好,以双方协商结果为准

208. 刮板输送机用限矩型液力偶合器选型匹配时常发生哪些错误?

刮板输送机用限矩型液力偶合器选型匹配时常见的错误见表 5 – 45。

表5-45 刮板输送机用限矩型液力偶合器选型匹配时常见的错误

序号	常发生的错误	说　明
1	应当选用水介质偶合器而选用油介质偶合器	煤矿井下刮板输送机用液力偶合器按 MT 208 标准规定,应选用水介质偶合器。有时选型不注意,或需方未注明而错选了油介质偶合器,用户又不明白依然加水,结果运行几天就坏了
2	花键连接只标注花键型号不标注圆柱部分的定位尺寸	通常减速器的花键轴除了有花键部分以外,还有一段圆柱的定位部分。如果只标花键尺寸而不标圆柱部分尺寸,那么供方就无法加工;有时将偶合器主轴全部加工成花键孔,结果又无法安装
3	没有"煤安标志",乱供货	煤矿井下用产品必须具有"煤安标志",有的无"煤安标志"证明的产品也想销往煤矿,结果导致最终无法验收退货,供需双方均受损失
4	供需双方为保质期发生争执	这是最常发生的事。由于供需双方在签订合同时没有约定保质期,所以而后为产品保修争执不休,供方强调按 MT 208 标准只保修 2000h,而需方则要求保修 1 年

十八、带式输送机用限矩型液力偶合器选型匹配及其注意事项

209. 带式输送机对驱动系统有何要求,采用限矩型液力偶合器传动有何优越性?

带式输送机是一种利用循环运行的输送带输送散料的高效连续输送机,有通用式、波状挡边式等多种类型。

带式输送机的驱动系统分为单机驱动和多机驱动两种。图5-26为多机驱动的带式输送机驱动系统示意图。不论单机驱动还是多机驱动,都必须满足带式输送机对驱动的要求。

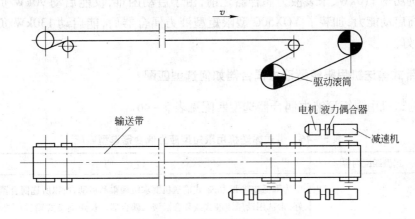

图5-26　带式输送机驱动系统

A　带式输送机的驱动要求

(1)满载启动。通常带式输送机需要满载启动,尤其长距离、大容量的带式输送机,输送带上常常载满物料,若想将物料卸空是很难办到的。再者如果带式输送机在运转中出现故障紧急停车,那么再启动时也必然是满载启动。

(2)延时启动。为降低启动张力,要求带式输送机必须缓慢延时启动,即在电动机热负荷允许的最长时间内使载荷启动完毕。输送带成本在带式输送机总成本中所占比例很大,

故延长启动时间、控制启动张力,对降低输送带的选用强度和提高输送带的使用寿命有较大意义。

(3)顺序启动。多机驱动的带式输送机电动机必须按顺序逐一启动,以降低启动电流和启动冲击,降低输送带启动张力。

(4)均衡载荷。带式输送机在运行时,常因电动机特性差异、减速机效率不同、输送带弹性变形、驱动滚筒尺寸偏差等因素而造成各电动机负载不均衡,对系统正常运行不利,所以带式输送机驱动必须载荷均衡。

(5)同步驱动。多机驱动的带式输送机各驱动站的滚筒转速必须一致,否则转得快的滚筒受力大,转得慢的滚筒与传送带相对摩擦,消耗功率,形成阻力,降低总驱动功率,所以同步驱动甚为重要。

(6)过载保护。驱动系统必须具有过载保护功能,当系统发生超载或故障时,能够保护带式输送机特别是输送带不受损坏。

B 限矩型液力偶合器在带式输送机上应用的优越性

(1)可用廉价的鼠笼型电动机替代价格昂贵的绕线式电动机,利用液力偶合器的轻载启动功能,确保输送机带满负荷顺利、平稳启动。

(2)可采用具有延时启动功能的限矩型液力偶合器,使带式输送机按要求缓慢、平稳、延时启动,以降低输送带启动张力,延长输送带使用寿命。

(3)能够协调多动力机驱动,使多动力机顺序启动、均衡载荷和同步驱动。

(4)具有过载保护功能,能够保护电动机和输送机在超载和故障时不被损坏。

(5)降低装机容量、节能,由于液力偶合器解决了带式输送机的启动困难和载荷均衡问题,所以使总驱动功率降低,启动能力提高。例如,广东沙角电厂一条输煤用的带式输送机,驱动电动机功率110kW,未装液力偶合器之前,由于启动困难,仅能启动90kW负载的装煤量。为提高启动能力,加装了YOX500型限矩型液力偶合器后,能启动130kW负载的装煤量,运行良好。

210. 带式输送机用限矩型液力偶合器如何选型匹配?

带式输送机用限矩型液力偶合器选型匹配见表5-46。

表5-46 带式输送机用限矩型液力偶合器选型匹配

序号	选型匹配内容	说　明
1	形式选择	为降低皮带张力,带式输送机要求缓慢柔和启动,所以所选偶合器启动特性要好,常选用动压泄液式或复合泄液式偶合器。长距离带式输送机要求"超软"启动的,则选择加长后辅腔或加长后辅腔带侧辅腔偶合器。此外,带式输送机往往要求驱动系统同时具有制动功能,因而常选用带制动轮式的偶合器。选型时应将所需的型号搞清楚
2	过载系数选择	带式输送机用限矩型液力偶合器对过载系数要求严格,一般工况中过载系数 T_g 不应大于2.2,需要"超软"启动的选择加长后辅腔偶合器,过载系数 T_g 可小于1.8。选择加长后辅腔带侧辅腔的偶合器过载系数 T_g 可小于1.6,若再配合节流阀调节,有的过载系数 T_g 可达1.25

序号	选型匹配内容	说　明
3	安装连接形式和连接尺寸选择	带式输送机常用偶合器安装连接形式有易拆卸式、易拆卸制动轮式、内驱制动轮式、外驱制动轮式等多种。其中为 DTⅡ 型带式输送机配套的限矩型液力偶合器已有标准型号和标准尺寸,选型时应推荐使用。 　YOXⅡ系列为 DTⅡ 型带式输送机配套的卧式直线传动外轮驱动偶合器; 　ＹＯＸⅡz系列为 DTⅡ 型带式输送机配套的外轮驱动制动轮式偶合器; 　YOXF系列为 DTⅡ 型带式输送机配套的卧式直线传动内轮驱动偶合器; 　YOXFZ系列为 DTⅡ 型带式输送机配套的内轮驱动制动轮式偶合器; 　以上 4 种型号系列偶合器均有标准尺寸,应优先选用
4	充液率选择和调节	带式输送机用偶合器要想获得理想性能,除了选好型之外,关键要调整好充液率,尤其多动力机驱动的偶合器更要调整充液率,达到同步均衡驱动。详见第九章液力偶合器使用与维护

211. 带式输送机在选配液力偶合器时应注意哪些事项?

带式输送机在选配液力偶合器时应注意的事项见表 5 – 47。

表 5 – 47　带式输送机在选配液力偶合器时注意事项

序号	注意事项	说　明
1	审核确认偶合器的驱动方式	带式输送机经常选配德国弗兰德减速器或国产硬齿面减速器,这类减速器与偶合器输出端相连的高速轴较细,不能承担偶合器的质量,选型时应仔细审核偶合器的驱动方式。有时用户不明白将型式选错,供方应与需方沟通,协助需方将驱动方式选对,避免发生减速器断轴事故
2	确认是否选用机械或电子式温控开关	有些带式输送机机架很高,经常无人值守,应当安装机械或电子式温控开关,防止易熔塞喷液后无人发现而将偶合器轴承损坏,造成输出与输入直联,损坏电动机和工作机
3	确认是否需要防爆	有些带式输送机是在煤矿井下或选煤厂、焦化厂使用,要求具有防爆功能。在选型时应比照执行 MT/T 208 标准,选择具有防爆功能的水介质偶合器
4	确认是否是多机驱动	带式输送机常用多机驱动,在选型匹配时应当予以确认,如果是多机驱动则要按以上介绍的多机驱动偶合器的选配方法进行选型

十九、工作机延时启动用限矩型液力偶合器选型匹配及其注意事项

212. 延时启动设备选配限矩型液力偶合器传动有何优越性?

以下通过运行试验说明延时启动设备选配限矩型液力偶合器的优越性。

【例 5 – 9】　300T/d 碟式植物油分离机,转鼓重约 0.7t,电动机功率 30kW,转速 1470r/min,要求工作机延时 5min 启动,试选配合适的延时启动装置。

解:

碟式植物油分离机属于大惯量机械,启动特别困难。本例要求延时 5min 启动,使启动装置选择更加困难。为选择合适的启动装置,选型时对变频调速器启动、"星 – 三角"降压

启动、动压泄液标准后辅腔偶合器启动、加长后辅腔偶合器启动四种启动方式进行试验比较,以下简述其试验内容。

(1)采用变频调速器启动试验。启动曲线见图 5 – 27。启动电流较大,最大电流是额定电流的 5 倍,启动过程平均电流是额定电流的 3.3 倍。分离机延时启动时间为 2min,不能满足延时 5min 启动的要求。

(2)采用"星–三角"降压启动器启动试验。启动曲线见图 5 – 28。启动电流出现两个峰值,启动最大电流是额定电流的 4 倍,启动过程平均电流是额定电流的 2.6 倍。离心机延时启动时间为 3min,不能满足延时 5min 启动的要求。

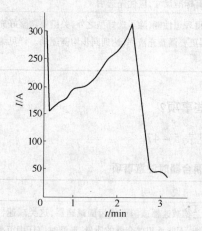
图 5 – 27　采用变频调速器启动试验

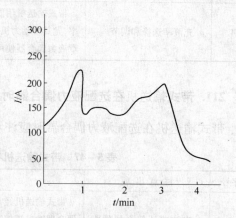
图 5 – 28　采用"星–三角"启动器试验曲线

(3)采用带标准后辅腔、动压泄液限矩型液力偶合器启动试验。选配 YOX400 带标准后辅腔的动压泄液式限矩型液力偶合器,此偶合器过载系数 T_g = 2.5,由于过载系数较高,所以延时启动性能较差,延时启动时间小于 2min,不能满足延时 5min 启动要求。

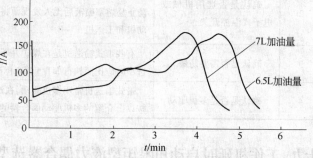
图 5 – 29　采用液力偶合器启动试验曲线

(4)采用带加长后辅腔、延时启动限矩型液力偶合器启动试验。选用 YOXy400 加长后辅腔动压泄液式限矩型液力偶合器,开始时延时启动时间达不到 5min 的要求,经分析,虽然后辅腔加长,工作腔向后辅腔的分流容积已足够,但前辅腔通往后辅腔的过流孔与后辅腔通往工作腔的过流孔通流面积的配比不对,应适当缩小后辅腔通往工作腔的过流孔的通流面积,使工作腔能够更加缓慢地延时流液,这样便可以满足延时启动要求。经反复试验,终于获得准确数据,其启动特性曲线见图 5 – 29,由图中可见,采用加长后辅腔延时启动型液力偶合器,启动效果最好,最大启动电流仅为额定电流的 3 倍,平均启动电流为额定电流的 1.6 ~ 2 倍。离心机延时启动时间超过 5min,电动机启动平稳,对电网无冲击;工作机启动柔和,无冲击。

213. 工作机延时启动用限矩型液力偶合器如何选型匹配？

工作机延时启动用限矩型液力偶合器选型匹配见表5-48。

表5-48 工作机延时启动用限矩型液力偶合器选型匹配内容

选型内容	说　明
型式选择	（1）大功率、多机驱动的工作机，推荐选用可控充型（或调速型）液力偶合器。 （2）要求一般的延时启动，过载系数允许2.2以下的，可选用带普通后辅腔的或侧辅腔的限矩型液力偶合器。 （3）要求延时启动时间较长，偶合器过载系数1.6～1.8的，可选用加长后辅腔或带延充阀的限矩型液力偶合器。 （4）要求工作机"超软"启动、延时启动时间更长，偶合器过载系数低于1.6的，可选用加长后辅腔带侧辅腔，配延充阀的限矩型液力偶合器
充液率选择与调整	工作机延时启动与液力偶合器充液率关系极大，如果充液过多，则不可能获得需要的延时启动效果；在实际运行时，要反复调整充液率，既要达到工作机延时启动要求，又不使易熔塞喷液
易熔塞保护温度选择	为避免在延时启动时偶合器发热喷液，推荐选用140℃保护温度的易熔塞

214. 工作机延时启动用限矩型液力偶合器选型匹配应注意哪些事项？

工作机延时启动用限矩型液力偶合器选型匹配应注意的事项见表5-49。

表5-49 工作机延时启动用限矩型液力偶合器选型匹配注意事项

序号	注意事项	说　明
1	审核工作机性质，明确延时启动要求	带式输送机、离心机、分离机、梳棉机、粗纱机等机械往往需要延时启动，选型时应认真审核工作机性质，明确延时启动要求。从目前国内外的延时启动偶合器的性能看，如果充液率调整得当，最多可延时5min启动；若要求延时启动时间更长，则无法满足要求
2	按不同的延时启动要求选型	按德国福依特公司的选型经验，要求延时15s以内启动的工作机，可选用过载系数$T_g<2.2$的带普通后辅腔的限矩型液力偶合器；要求延时20s启动的，可选用过载系数$T_g<1.8$的带加长后辅腔的限矩型液力偶合器；要求延时30s启动的，可选用带延充阀的加长后辅腔限矩型液力偶合器；要求延时40s启动的，可选用带延充阀的加长后辅腔带侧辅腔的限矩型液力偶合器；要求更长延时启动时间的，则要设计偶合器特殊结构，或选用可控充液式液力偶合器
3	型号应核对准确	由于延时启动的偶合器型号较多，且各生产厂的型号不一致，很容易将型号搞错，所以在选型时一定要明确要求，选准型号

二十、电动机降压启动用限矩型液力偶合器选型匹配及其注意事项

215. 为什么大惯量机械不可以直接用降压启动方式启动？

理论和实践证明，仅用降压启动的方式不能完全解决大惯量机械所配电动机的启动困难问题。电动机采用"星-三角"启动方式（降压启动方式的一种），虽然可以在一定程度上

缓解启动大电流的冲击,但由于电动机降压启动时的转矩大幅度降低,所以其启动能力也大大降低,只能启动转矩小于电动机在"星"形接线转矩的工作机,而对于启动转矩很大的工作机(如大惯量难启动机械),或负载为恒扭矩的工作机(如带式输送机)则无法启动。要想用"星-三角"启动法启动大惯量或恒扭矩工作机,则必须用较大规格的电动机,用"大马拉小车"的办法提高电动机在"星"形接线下的转矩,显然这浪费电能。因而大惯量机械不可以直接用降压启动方式启动电动机,而应当采用液力偶合器传动。

216. 采用降压启动方式应当选配什么型式的液力偶合器?

为试验液力偶合器在电动机降压启动中的作用,德国福依特公司曾做过三个试验。由这三个试验可以清楚看出与电动机降压启动系统匹配的液力偶合器选用什么型式为好。

A 试验1

采用仅有前辅腔的动压泄液式液力偶合器(即德国福依特公司的 T 型)。液力偶合器与电动机的联合工作曲线见图 5-30,功能分析见表 5-50。

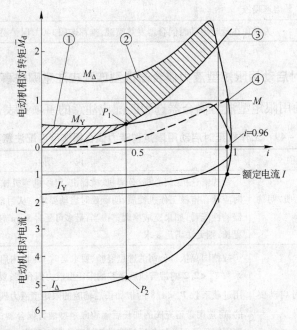

图 5-30 福依特公司 T 型偶合器电动机"星-三角"启动系统的匹配特性
①—电动机在星形接法时的加速转矩特性;②—电动机在三角形接法时的加速转矩特性;
③—偶合器在转差率 100% 时的输入特性;④—工作机在额定负载 M 时的偶合器
输入特性(转差率为 S=0.04);I_Y—电动机在星形接法时的电流特性;
I_Δ—电动机在三角形接法时的电流特性;M—工作机额定力矩;
I—电动机额定电流

表 5-50 T 型液力偶合器在电动机"星-三角"启动系统中的功能分析

序号	启动过程	说　明
1	电动机在星形接法下启动	在 P_1 点,偶合器的输入特性曲线与电动机在星形接线法的特性曲线相交。在此点上,电动机与偶合器力矩相等,由于 P_1 点以上的偶合器力矩(即电动机负载力矩)大于电动机转矩,所以电动机无法再加速

序号	启动过程	说　明
2	电动机转换成三角形接法启动	由于电动机已无法在星形接线法下加速,所以必须转换成三角形接线法继续启动
3	转换成三角形接法启动电流大增	P_2 点的相对电流 $\bar{I}=4.8$ 比在三角形接法下电流略低,说明 T 型偶合器在电动机"星 - 三角"启动系统中的作用不大,不能较大地降低启动电流

B　试验 2

采用带正常后辅腔的动压泄液式液力偶合器(即德国福依特公司的 TV 型)。液力偶合器与电动机的联合工作曲线见图 5 - 31,功能分析见表 5 - 51。

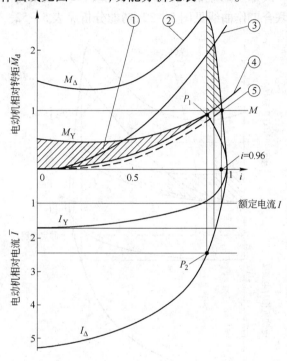

图 5 - 31　福依特公司 TV 型偶合器与电动机"星 - 三角"启动特性
①—电动机在星形接法时的加速转矩特性;②—电动机在三角形接法时的加速转矩特性;
③—偶合器后辅腔已排空(即工作腔已充满)时的特性曲线($S=100\%$);
④—偶合器后辅腔已充满(即工作腔充液率降至最低)时的特性曲线($S=100\%$);
⑤—偶合器在额定工况时的特性曲线($S=0.04$);I_Y—电动机在星形接法时的电流特性;
I_Δ—电动机在三角形接法时的电流特性;M—工作机额定力矩;
I—电动机额定电流

表 5 - 51　TV 型液力偶合器在电机"星 - 三角"启动系统中的功能分析

序号	启动过程	说　明
1	电动机在星形接法下启动	电动机在星形接法下启动,由于偶合器后辅腔发挥分流作用,使特性曲线由③下降为④,与电动机在星形接法时的特性曲线交于 P_1 点,P_1 点的电动机转速已接近达到额定转速。由于 P_1 点以上偶合器力矩(即电动机负载力矩)大于电动机转矩,所以电动机无法继续加速了,即启动尚未完成

序号	启 动 过 程	说 明
2	电动机转换成三角形接法	由于电动机在星形接法下无法继续加速，所以必须转换成三角形接法。注意：电动机由星形接法向三角形接法转换，必须在转速达到 P_1 点时进行，若在 P_1 点后转换，则偶合器力矩增大，而使电动机超载、转速下降、电流增大
3	电动机转换成三角形接法后相对电流较低	P_2 点的相对电流 $\bar{I}=2.4$，比采用 T 型偶合器降低一半，说明 TV 型偶合器在电动机"星－三角"启动系统中对降低启动电流发挥了较大作用

C 试验 3

采用带加长后辅腔或加长后辅腔阀控式液力偶合器（即德国福依特公司的 TVV 型）。液力偶合器与电动机联合工作曲线见图 5－32，功能分析见表 5－52。

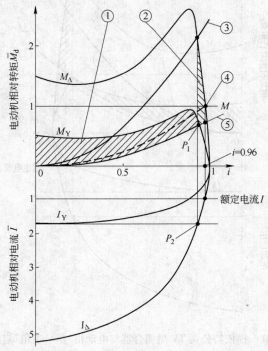

图 5－32 福依特 TVV 型偶合器与电动机"星－三角"启动特性

①—电动机在星形接法时的加速转矩特性；②—电动机在三角形接法时的加速转矩特性；
③—偶合器后辅腔排空（即工作腔充满），$S=100\%$ 时的特性；④—偶合器在额定工况时的特性曲线；⑤—偶合器后辅腔已充满（即工作腔充液率降至最低）时的特性曲线（$S=100\%$）；
I_Y—电动机在星形接法时的电流特性；I_Δ—电动机在三角形接法时的电流特性；
M—工作机额定力矩；I—电动机额定电流

表 5－52 TVV 型液力偶合器在电动机"星－三角"启动系统中的功能分析

序号	启 动 过 程	说 明
1	电动机在星形接法下启动	电动机在星形接法下启动，由于偶合器后辅腔加长，分流作用更强，所以特性曲线降得更低，由③下降为⑤，比额定工况特性曲线④还低，由于 P_1 点以上偶合器的力矩小于电动机的转矩，所以电动机可以在星形接法下直接加速到额定转速（即电动机可以在星形接法下直接启动完毕）

序号	启 动 过 程	说　　　明
2	电动机转换成三角形接法	电动机在星形接法下启动完毕之后,即转换成三角形接法正常运转
3	电动机转换成三角形接法后相对电流更低	P_2 点的相对电流 $\bar{I} = 1.8$,比采用 TV 型偶合器更低,说明 TVV 型偶合器在电动机"星-三角"启动系统中对降低启动电流发挥了较大作用

由以上三个试验可以得出如下结论:

(1)选择合适的液力偶合器,可以在电动机降压启动中发挥较大作用,使启动电流降得更低。

(2)为了最大限度降低启动电流,电动机降压启动应选配过载系数较低的带加长后辅腔式或带加长后辅腔阀控式限矩型液力偶合器,也可以选配带正常后辅腔的动压泄液式限矩型液力偶合器,但不可以选用仅有前辅腔的过载系数较高的动压泄液偶合器。

(3)不论选用哪种偶合器,降压启动系统在星形接法的运行时间不可过长,必须在电动机转矩达到与偶合器转矩平衡之后,立即转换成三角形接法,否则电动机便超载发热,整个系统启动不了。

217. 有的用户选用液力偶合器与电动机降压启动系统配合反而启动不了,是什么原因造成的?

由第 216 问可知,液力偶合器与电动机降压启动系统联合工作有两个条件:

(1)选配合适的液力偶合器。

(2)选择合适的"星"、"三角"转换时间。

选用液力偶合器传动并用"星-三角"启动法启动反而启动不了与以上两个条件有关。

(1)所选偶合器过载系数比较高,不适合在降压启动系统中使用。例如,国内常选带正常后辅腔的动压泄液式限矩型液力偶合器,这种偶合器虽然过载系数可以达到 2.5,但用于降压启动系统仍然偏高,发挥不了应有的功能。

(2)"星"、"三角"转换时间不对。许多用户仍然沿用原来单独用"星-三角"启动时的转换时间。例如,有的用 30s,甚至有用 45s 的。实际上在这么长的延时启动时间内早过了电动机与偶合器的功率平衡点 P_1,由于在 P_1 点以上偶合器的功率大于电动机在星形接法下的功率,所以电动机超载,甚至有的将电动机"憋死"烧毁,究其原因主要是没有及时进行"星"、"三角"转换。实际上,"星"、"三角"转换的时间随偶合器选型不同而不同。由第 216 问中的 3 个试验可见,P_2 点的相对电流与额定电流之比恰好是偶合器的过载系数,因而可以按偶合器的过载系数来测定电动机的相对电流。当相对电流等于过载系数乘以额定电流时,即进行"星"、"三角"转换,这样便可以顺利启动。

如果不了解偶合器的过载系数,可以用试验验证转换时间。可以先设定一个转换时间(如 10s),经过实际启动验证,若电动机启动电流过大,则说明转换时间长了,可适当缩短后重试,直至合格为止。

二十一、与锥形轴的电动机或减速器配套的液力偶合器选型匹配注意事项

218. 与锥形轴的电动机或减速器配套的液力偶合器选型匹配时应注意哪些事项？

（1）确定锥轴的轴端尺寸。选型匹配前应找到准确的锥轴轴端尺寸，为偶合器主轴设计做好准备。有时用户并不告知锥轴的具体尺寸，这就给偶合器主轴设计带来困难。在此情况下，必须让需方提供锥轴图纸，避免因连接尺寸不清而发生错误。

（2）选择合适的拉紧装置。液力偶合器与锥形轴的电动机或减速器匹配时，最重要的是要有可靠的拉紧装置，使偶合器主轴与减速器锥轴牢固连接。

通常锥轴轴端用圆螺母紧固，与偶合器配合时可能有两种情况：

1）偶合器主轴孔内的空间足够大，能够容纳锥轴的圆螺母（包括可以安装拆卸），可以直接用圆螺母将锥轴与偶合器主轴紧固，见图5－33。

2）偶合器主轴孔内没有容纳圆螺母的空间，可以在锥轴上钻铰一个合适的螺孔，用拉紧螺栓将偶合器与锥轴紧固，见图5－34。

不论用圆螺母还是用拉紧螺栓紧固，都要有螺纹防松装置。

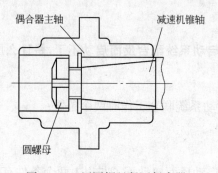

图5－33 用圆螺母紧固偶合器

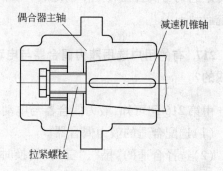

图5－34 用拉紧螺栓紧固偶合器

219. 与锥形轴的电动机或减速器配套的液力偶合器选型匹配时常发生哪些错误？

与锥形轴的电动机或减速器配套的液力偶合器选型匹配时常发生的错误有以下几方面：

（1）没有考虑锥轴与偶合器轴的紧固，误以为可以用圆螺母紧固，但实际的空间容不下圆螺母，造成无法安装。

（2）偶合器轴孔的尺寸与锥轴不相配，锥轴长而锥孔短，结果安装时无法紧固。

（3）锥孔的键槽尺寸标注错误。锥孔的键槽尺寸有不同于直孔键槽的标准，如果用直孔键槽的标准尺寸，就会将键槽尺寸插深。

二十二、出口或进口的限矩型液力偶合器选型匹配注意事项

220. 为什么出口的限矩型液力偶合器在选型匹配时要注意工作电源特性？

有些国家工作电源与我国不同，频率采用60Hz，由于电动机的同步转速与频率成正比，所以频率变了电动机的转速也相应变化，见表5－53。电动机的转速变化以后，偶合器的规格也应变化。因而在选型匹配时一定要明确工作电源特性。

表 5 –53　电动机转速与频率的关系

频率/Hz	转速/r · min^{-1}			
50	3000	1500	1000	750
60	3600	1800	1200	900

偶合器输入转速改变以后传递功率也相应改变,选型时要根据功率图谱,按已知的输入转速和功率选择合适的偶合器型号。若没有供选型用的功率图谱,可依据液力偶合器传递功率的能力与其输入转速的 3 次方成正比这一原理,对液力偶合器传递功率特性进行转换。例如,YOX450 偶合器在 1500r/min 时,传递功率 45 ~ 90kW,现输入转速改为 1800r/min,则其传递功率 $P_2 = \left(\dfrac{1800}{1500}\right)^3 P_1 = 1.728 P_1$,则传递功率范围为 $45 \times 1.728 \sim 90 \times 1.728 = 77.76 \sim 155.52$kW,按此功率范围对照电动机功率进行选型匹配即可。

221. 为什么出口的限矩型液力偶合器在选型匹配时要注意使用环境温度?

有些国家环境温度很高,例如,非洲有些国家平常气温就达 40℃ 以上,如果环境温度过高,可能使偶合器频繁喷液,所以应适当提高易熔塞的保护温度。例如,可以选用 140℃ 保护温度的易熔塞。

222. 为什么出口的限矩型液力偶合器在选型匹配时要注意出口国对偶合器有无特殊要求?

我国对煤矿井下用限矩型液力偶合器在制造材料上没有特殊规定,但英国、俄罗斯、南非等国家煤矿井下用限矩型液力偶合器却不允许采用铝和铝合金制造,还有一些国家对液力偶合器的额定转差率和泵轮力矩系数也有不同于我国的规定,这都应在选型匹配前调查清楚,明确要求,不可以完全按我国的标准选配。

223. 为什么出口的限矩型液力偶合器在选型匹配时要特别重视产品的可靠性?

产品出口到国外,售后服务、故障排除均不方便,所以要采用加大试验力度的方法对产品的可靠性提出更高要求。同时要配备足够的备品备件,拆卸装置、易熔塞、密封件、弹性联轴器的弹性元件等要配备足够的数量。要有需方规定的中文与外文对照使用说明书、安装图、易损件明细表、轴承明细表等。

224. 进口的限矩型液力偶合器国产化选型匹配应注意哪些事项?

(1)尽量收集技术资料,包括进口附带的说明书、安装图、明细表等,以便摸清偶合器的技术参数与安装尺寸。

(2)弄清原来的配置情况,包括电动机型号、技术参数、连接尺寸,工作机(减速器)型号、技术参数、连接尺寸等。

(3)弄清进口偶合器运行情况,包括使用年限、平均无故障工作时间,原运行有无缺欠,有无需要改进的地方等。

(4)收集国产化选型资料,包括国内有无引进该种偶合器,国内主要偶合器厂的样本、说明书、参考资料等。将国内外的资料进行对比、分析,找出国内产品与进口产品的异同。

（5）筛选进口偶合器国产化制造厂。在广泛收集资料的基础上，选择与原进口产品相近的国内产品，选择知名度较高、技术力量较强的生产厂作为供方，必要时进行实地考察和技术交流。

（6）研究进口偶合器国产化方案。

1）能用国产偶合器整机替代的应尽量采用现有产品，没有必要与原产品一模一样。

2）连接尺寸有出入，但基本性能无较大差异的，可与供方协商做少量的变型改动。

3）只是密封元件、轴承、弹性元件损坏的，可以委托供方选配，其中密封元件和弹性元件与国内标准有可能不一样，可采用修复手段进行修复或换用国产的。

4）如果无国内现成产品可供，则可以对损坏的零件进行测绘，然后采取修复或复制等方法使进口偶合器恢复功能。

二十三、老设备应用限矩型液力偶合器节能改造应注意的事项和常发生的错误

225. 老设备应用限矩型液力偶合器节能改造时应注意哪些事项?

老设备应用限矩型液力偶合器节能改造时应注意的事项见表 5-54。

表 5-54　老设备应用限矩型液力偶合器节能改造时的注意事项

序号	注意事项	说明
1	广泛收集资料	既要收集有关液力偶合器的样本、说明书等资料，也要收集有关设备应用液力偶合器节能改造的资料，为改造做好准备
2	检测老设备原来的运行参数	包括电动机启动电流、启动电流持续时间、正常运行时电流等，为选配合适的偶合器打下基础，为计算节能效果提供依据
3	进行综合分析，决定可否进行改造	如果启动电流很大，而正常运行时电流比额定电流小很多，说明原来为了解决启动问题而有意加大了电动机机座号，应用限矩型液力偶合器改造有价值、节能。如果启动电流较大，而正常运行时电流接近额定电流，机器经常启动不了或在启动中跳闸，也可以用偶合器改造，解决启动困难问题
4	测量电动机与工作机（减速器）之间可移动的最大尺寸	原刚性传动时，电动机与工作机（减速器）间用联轴器连接，若换成液力偶合器传动，原来的轴向空间肯定不够用，需要将电动机外移，在不破坏地基的前提下，能移动的最大距离，成为选配偶合器的关键
5	根据已测得的电动机原运行功率选配偶合器	将电动机正常运行时的功率（注意：不是电动机额定功率）乘以 1.05 作为计算偶合器选型功率，并选择合适的偶合器型式和规格
6	校核所选偶合器的轴向、径向尺寸是否符合要求	找到所选偶合器样本，核对可能的最大空间能否容纳下偶合器，通常径向尺寸没有问题，而轴向尺寸不一定足够用。如果轴向尺寸相差不多，可以要求供方作相应的改造，实在不行就移动地基了
7	测量电动机、工作机（减速器）的轴径和轴伸、键槽宽、键槽深	作为订货的依据，注意：要测量电动机轴、工作机（减速器）轴有无磨损，如有磨损，应将偶合器轴孔适当缩小，以保证配合间隙符合要求
8	订货	根据所选偶合器型式、规格及连接尺寸要求订购偶合器
9	安装调试	偶合器安装好以后，要根据传递功率大小确定充液率，并准确充液
10	测量节能效果	测量加装液力偶合器之后的电动机启动电流和运行电流，并与原刚性传动时的参数进行比较，计算节能效果

226. 老设备应用限矩型液力偶合器节能改造怎样确定换不换电动机？

原来用刚性传动的设备，改用液力传动之后，至少可降低一个电动机机座号。例如，原 55kW 电动机可以降为 45kW，原 37kW 可以降为 30kW，依次类推。为慎重起见，还应当测量原电动机的运行电流，如果运行电流是额定电流的 0.85～0.7 以下，则可以降 1～2 个机座号。

老设备应用限矩型液力偶合器改造，最好将大电动机换成小电动机，因为只有这样节能效果才显著。但是如果只改造一台设备，没电动机可换也可以不换，但节电效果不明显，只是在启动和超载时有一定的效果，正常运行时不节电。

227. 老设备应用限矩型液力偶合器节能改造常发生哪些错误？

(1)偶合器选配不合理。最常见的错误是仍按原电动机的额定功率、转速进行选配，结果将偶合器规格选大。在原刚性传动时，为了加大电动机的启动能力而故意将电动机规格选大，造成电动机的运行工况点偏离额定工况点。使用液力偶合器改造的目的就是为了改变"大马拉小车"的现象，因而在选配偶合器时，不应当按原电动机的额定功率选配，而应当按原电动机正常运行电流乘以 1.05 的功率裕度系数来选配。

(2)连接尺寸不对。因为是旧设备改造，所以偶合器的连接尺寸与实际空间不应有太大的出入，应当尽量靠选实际安装空间。有的用户在选型时没有注意这一点，结果所选偶合器安装不上，给改造带来困难。

(3)未注意轴径尺寸的变化。因为是旧设备改造，电动机轴、减速器轴难免有磨损，在选配偶合器时应当按实际尺寸填写要求。如果选用标准尺寸，那么在安装时轴与孔的间隙就会过大，使设备产生振动。

二十四、球磨机应用限矩型液力偶合器传动选型匹配及其注意事项

球磨机是矿山、冶金、电力、轻工、化工、建材等行业广泛应用且耗能较大的重要设备。球磨机以及圆筒混合机和带式输送机、破碎机、搅拌机等机械设备一样属于大惯量需拖动重载荷满载启动，因而属于启动困难的重型设备，但其启动过程又有其自身特点。合理选配并正确使用液力偶合器对于改善球磨机启动性能、降低其电动机功率配置、节约能源、延长整机使用寿命、简化操作和设备维护、提高设备生产率使之获得较好的技术经济效益是十分重要的。

228 常用球磨机有几种类型，各有什么结构特点？

由于各行业用途及工艺要求的不同，所使用的球磨机品种类型也不尽相同。矿山选矿厂、水泥厂、化工厂等行业使用的球磨机为连续进、出料类型。该类型又分为周边齿轮传动型(见图 5-35)、胶轮传动型(即托辊式，见图 5-36)、中心传动(见图 5-37)等型式；轻工业用于凉席竹片打磨，陶瓷厂用于长石、石英、泥料等原料进行湿法间歇细磨与混合等所使用的球磨机为间歇进、出料类型，即球磨机一次性装料粉磨完成后须停机卸料再重新装料启动运行。此类型球磨机多为周边皮带传动型(见图 5-38)。在此还要特别提到钢铁厂烧结车间使用的原料圆筒混合机，无论是设备结构还是工作原理，都与周边齿轮传动连续进出料

形式的球磨机十分相似,故一并在此讨论。

目前市场上出售的用于矿山、建材等行业的连续进、出料型球磨机的型号规格从 MQ1200×2400 至 MQ2700×3600,电动机功率由 37kW 至 380kW 不等,并有向更大规格方向发展的趋势。钢铁厂所使用的圆筒混合机的电动机功率由四五百千瓦至一千多千瓦;而轻工业企业所用间歇进、出料型球磨机型号规格从 QMP30kg 至 QMP100t,主电动机功率由 0.75kW 至 250kW。

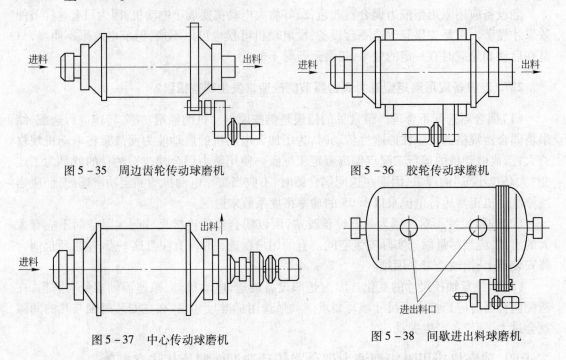

图 5-35 周边齿轮传动球磨机   图 5-36 胶轮传动球磨机

图 5-37 中心传动球磨机   图 5-38 间歇进出料球磨机

229. 球磨机启动与运行有何特点?

球磨机工作时是利用以一定转速旋转的,转筒内的钢球随筒壁转动上升到一定高度后在其重力作用下脱离筒壁砸向原料再又随转筒壁转动上升,周而复始地对原料进行粉磨及混合。球磨机在正常运行时的负荷是基本恒定的,即使是连续进、料型球磨机进料不一定均匀,但对于负荷影响不大。连续进、出料型球磨机(包括圆筒混合机)一旦启动后很少停机,故其启动没有间歇进、出料型球磨机频繁,而且它可以在启动之后再开始进料,故正常启动不一定是满载工况。但考虑到运转中途可能会因断电等原因停机,再次启动时为满负荷启动,所以对其启动过程分析应按满载工况进行。

现以间歇进、出料型球磨机为例分析球磨机的启动过程。在重新装料后,密度较大的钢球集中置于转筒下层,待粉磨的原料覆盖其上,湿式球磨机内还注有液体。转筒内填充物的重心偏离转筒旋转轴线的距离为 r_0(见图 5-39a)。在球磨机启动之初,电动机除要克服传动系统摩擦阻力矩 M_f,对大惯量负载加速的阻力矩 M_j 外,还必须克服填充物因重力形成的偏心力矩 M_r(见图 5-39b)。偏心力矩 M_r 起初是按正弦函数关系变化的,最大值为 mgr_0,直至进入球磨机稳定运行工况后转变为恒定值。随着原料钢球互混并做抛落运动,转筒内填充物平均重心的位置与距离旋转轴线的距离比较静态均发生了改变(见图 5-39c)。球

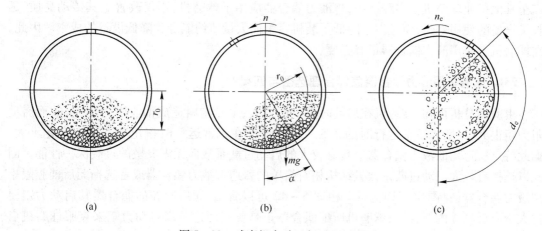

图 5-39　球磨机启动运行过程示意图

(a)静止状态;(b)启动状态;(c)稳定运行状态

磨机启动的阻力矩可表示如下:

$$M = M_f + M_j + M_r$$

球磨机的启动运行过程阻力矩变化见图 5-40,图中横坐标为转筒转角 α,纵坐标为阻力矩 M。从图可知启动过程的最大力矩不是在零速点而是在转筒旋转约 $\alpha = \pi/2$ 之处。这也就是说,球磨机在启动时转筒旋转了一定角度后,常发生堵转闷车的缘故。

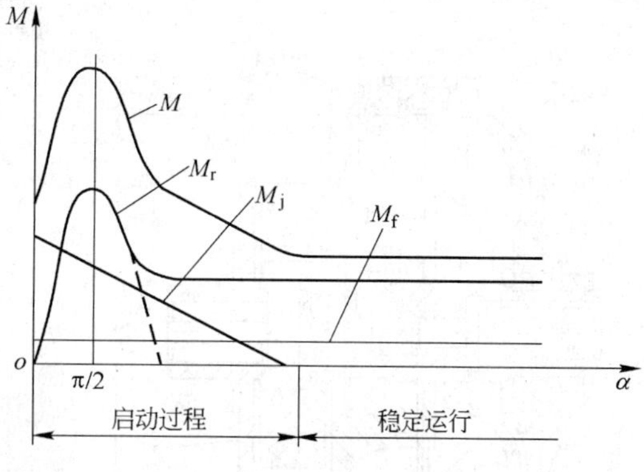

图 5-40　异步电动机带液力偶合器对球磨机的启动过程

230. 球磨机应用液力偶合器传动有何必要性?

由球磨机启动过程分析可知,其启动过载系数很高,一般为 2.5～3.5。为使直接拖动的电动机能顺利启动,往往电动机的额定功率是按正常运行功率的 1.4～1.5 倍以上配置,地处偏远山区供电品质较差的选矿厂,特别是无独立供变电网络的中、小型选矿厂,则要求有更多容量富裕,否则会因电压偏低或不稳定而造成球磨机启动困难,甚至影响到生产的正常进行。这种为解决大惯量重型设备满载启动采取加大装机容量即大马拉小车的办法,缺点是显而易见的:

(1)能源消耗大,由于电动机功率富裕量大,正常运行工况负载率低,故而电动机的功率因数低,无功功率偏大,造成电动机及电网系统的铜、铁损耗大,能耗高。

(2)传动系统的传动品质差,由于是电动机直接拖动启动,电动机启动时产生冲击扭矩对传动系统的元件均产生冲击作用而加剧其磨损和疲劳,影响到设备的使用寿命。

(3)由于单机功率配置大,致使整个供电网络的投资加大,生产成本提高。

为了解决球磨机的启动困难问题,国外在上世纪 30、40 年代就将液力偶合器应用于球磨机。我国在上世纪 80 年代初由湖南某陶瓷机械厂在剖析国外产品优越性的基础上率先在其产品球磨机上采用液力偶合器传动,取得明显效果,而后在轻机行业迅速推广并进而推广至其他行业球磨机。实践证明,将液力偶合器应用于球磨机,不仅改善了其传动品质,延长了设备的使用寿命,而且由于降低了装机容量而大量节约能源和降低设备的成本。因此,在球磨机上应用液力偶合器很有必要。

231. 球磨机用液力偶合器怎样合理选型与匹配?

由前面分析可知,球磨机在启动时由于惯量大、填充物料造成偏心阻力矩大,故而启动阻力矩很大,一般为正常运行时的 $2.5 \sim 3.5$ 倍,而在正常运行时扭矩基本稳定变化不大。据此特点所选用的液力偶合器应具有较大的启动过载系数而无需灵敏的过载保护性能。因此以选择有较大启动过载系数且结构相对简单的普通型液力偶合器或者选择无后辅腔限矩型液力偶合器(见图 5-41)为佳。由图 5-42 可以看出,无后辅腔的偶合器其启动力矩要远大于有后辅腔的偶合器,球磨机所配偶合器正是要利用这一高启动力矩来克服球磨机启动时的最大阻力矩。由于目前国内各偶合器生产厂不生产普通型液力偶合器,所以常选用不带后辅腔的偶合器,也有的选用带标准后辅腔的液力偶合器。

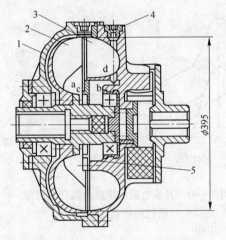

图 5-41　Тπ-32/395A 型液力偶合器
1—外壳;2—涡轮;3—泵轮;4—易熔塞;5—挡板;
a—前辅腔 a;b—前辅腔 b;c—环形间隙;d—过流孔

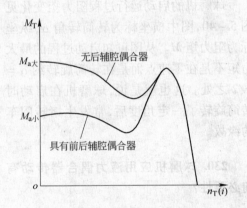

图 5-42　不同结构的液力偶合器
启动特性曲线

为使电动机、工作机及传动系统相互适应而具有较好的技术经济指标,球磨机所选用的液力偶合器的合理配置便显得十分重要,否则可能降低整机技术经济指标甚至影响到其正常工作。液力偶合器的匹配原则如下:

(1)保证传动系统的高效率。应使液力偶合器的设计运行工况与电动机额定工况点相重合,以保证其传动的高效率(见图 5-43)。

(2)必须使液力偶合器 $i=0$ 的输入特性曲线 M_{B0} 交于电动机尖峰力矩右侧稳定工况区段并尽可能接近尖峰力矩点 A,使电动机能稳定工作并利用其峰值力矩启动负载(见图 5-44)。

(3)应使工作机、液力偶合器和电动机的额定功率依次呈 5% 左右递增,以保证动力充足,启动顺利。根据经验用于球磨机的液力偶合器规格的选择宜大不宜小,要有足够的功率裕度。

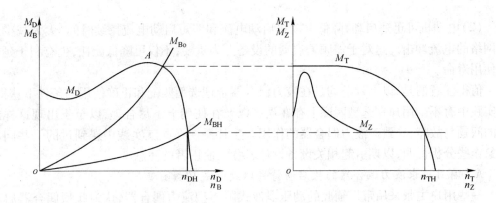

图 5 – 43　普通型液力偶合器与异步电动机、球磨机匹配示意图

　　液力偶合器匹配合理的球磨机在启动过程中能充分利用轻载启动的功能特点,使电动

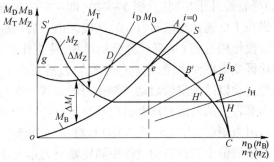

图 5 – 44　球磨机启动过程力矩变化示意图

机在零负荷或小负荷条件下迅速启动并进入稳定工况,再以其峰值力矩对负载顺利完成启动过程。现对配装有液力偶合器的球磨机启动过程分析如下(见图 5 – 44):

　　电动机启动后,驱动力矩随转速升高沿电动机外特性曲线 M_D – n_D 变化,与电动机轴相连接的泵轮吸收机械能其力矩随转速升高沿 $i = 0$ 的负荷抛物线($M_B \propto n_B^2$)上升,电动机驱动力矩 M_D

与泵轮力矩 M_B 之差 $\Delta M_1 = M_D - M_B$ 是使泵轮加速的力矩。若球磨机静止阻力矩或反抗力矩(球磨机呈反转工况时)大于偶合器最大力矩,则泵轮力矩和转速沿抛物线上升至 A 点而涡轮始终不动(堵转),直至偶合器温度上升至易熔塞熔喷卸荷。换言之,如果所选偶合器的启动力矩低于球磨机的最大静阻力矩,则球磨机就启动不了。因此,球磨机所配偶合器要求具有较高的启动力矩,而不希望具有延时启动性能。这是球磨机用偶合器选型匹配的最大特点。

　　对于匹配适当的球磨机,当电动机转速升至 n_{De} 时,泵轮力矩与球磨机静止时最大力矩 M_{ZO} 相等(即 $M_T = M_{Be} = M_{Zo}$)时球磨机开始启动,此后电动机和负荷同时加速,泵轮力矩曲线从 e 点开始脱离抛物线沿 eS 曲线上升至 S 点,与此同时涡轮力矩和转速沿 gS' 曲线上升至 S' 点,此后泵轮(电动机轴)力矩与转速沿 $SBHC$ 曲线一直到额定工况点 H,而涡轮力矩与转速则沿 $S'B'H'C$ 曲线一直到稳定工况点 H',球磨机进入稳定运行状态,启动过程完成。图中 $\Delta M_2 = M_r - M_Z$ 为偶合器输出对负载的加速力矩,即在球磨机启动过程中只要转筒转动越过最大阻力矩点后,便获得很大加速度而迅速进入稳定运行工况。

232. 球磨机用液力偶合器传动选型匹配存在哪些问题?

从前面启动过程分析可以明显地看到球磨机(圆筒混料机)应用液力偶合器的好处:
(1)提高电动机启动能力,改善加速性能,减少装机容量配置,降低能源消耗和设备投资。

(2)电动机可迅速启动,降低电动机启动电流和缩短启动电流持续时间,大大减少对供电网络的电流冲击。这对于需频繁启动的设备尤为重要,不仅可降低能耗,也有利于延长设备使用寿命。

值得注意的是,以上效益均是在液力偶合器合理选型匹配和正确使用的条件下获得的。在实践中有不少用户在选型匹配上存在误区以及在使用上不尽合理,以至于出现这样或那样的问题与故障,导致对液力偶合器的作用产生怀疑。在此就实践中遇到过的一些问题和现象作些分析说明,以期引起相关设备设计、生产、使用者的注意。

A 盲目追求液力偶合器的软启动特性以致造成启动困难

一些用户主张采用带后辅腔的动压泄液式限矩型液力偶合器,认为此型偶合器启动过载系数低,有利于电动机的先行启动,然后再以偶合器输出最大力矩启动球磨机,这实属对液力偶合器的误解。有无后辅腔的限矩型液力偶合器在高速比区($i = n_T/n_B$ 接近额定工况点)外特性几乎相同(见图 5-42),即在额定工况点附近两者使用效果无多少区别,两者的区别在于低速比至堵转($i = 0$)区段。由于后辅腔在偶合器低速比区工作液环流做大循环时有分流作用且随 i 的降低分流量增加,使工作腔内工作液减少而使偶合器外特性曲线在低速比区变得低而平缓,启动(或制动)过载系数下降。这种"变软"的特性对于大惯量且要求缓慢启动以减少皮带启动拉伸张力的带式输送机是很有利的,但对于球磨机就不但没有利反而有害。从前面对球磨机启动与运行特点分析可知,球磨机在启动时阻力矩远大于正常运行阻力矩(约为 2.5~3.5 倍)且存在一个峰值如同门槛力矩(见图 5-40),若偶合器启动过载系数偏小则在启动过程中涡轮输出力矩无法越过此门槛力矩而保持不动,或转过若干转之后被迫停止,使偶合器停留在 $i = 0$ 工况而不可能进入图 5-44 所示输出力矩最大的工况点 A,则球磨机的启动无法完成。由图 5-44 可见,若启动过载系数下降则表明 $i = 0$ 工况点的泵轮力矩系数 λ_B 值下降。现假设降至 i_B 工况点对应的 λ_B 值,则在电动机启动过程中泵轮的力矩与转速将沿 i_B 抛物线上升至 B 点,此点力矩可能小于或等于负载门槛力矩而无法完成对球磨机的启动,或虽勉强启动却因启动过程时间延长而导致偶合器急剧升温而引发喷液。实践证明,球磨机用液力偶合器的特性一定不能过软,尤其启动过载系数一定要比较高。

B 不合理地对电动机采用降压启动方式

由图 5-39 可知,球磨机启动过程中最大力矩是在转筒转动约 1/4 转,也就是偶合器涡轮转动 $I/4$(I 为传动系统总减速比)附近而非在 $n_T = 0$ 处。而从前面液力偶合器匹配适当的球磨机启动过程分析可知,电动机是利用偶合器主、从动轮间无刚性连接,从动端负载滞后传递于主动端而实现空载或小负荷条件下迅速启动进入稳定运行工况,并利用其峰值力矩驱动负载完成启动过程的,因而此过程中要求电动机自身的启动是一次性连贯完成,也就是要求其采取全压启动方式。目前有很多用户出于减少对电网冲击的考虑而对电动机采取降压启动方式,并且在降压启动切换至全压启动运行之间设有几秒至十几秒钟的停顿,这就增加了球磨机的启动难度甚至无法启动。在降压启动(如"星-三角"启动)时电动机的输出扭矩(或功率)只有全压启动方式的 1/3,这是无法驱动球磨机转筒越过最大扭矩点的,而只是使转筒转动了一个角度便使偶合器处于堵转发热状态。在电动机由降压启动切换至全压启动运行的停顿时间里转筒在偏心重力作用下开始反转并带动偶合器涡轮反转,若此时电动机切入到全压启动则因偶合器进入反转工况使驱动力矩下降,需经过一段时间待偶合器返回牵引工况后对球磨机的启动才重新开始。在此时间内偶合器因转差率过大而温度急剧上升,可能引发高温喷液并极易造成密封件老化损坏。此外,液力偶合器传递力矩的能力与输入转速的2次方成正比,而在降压启动的过程中,电动机的转速由零向上爬升,由于不能迅速达到额定转速,所以偶合器也无法迅速达到额定力矩,难以顺利启动机器并越过门槛力矩。因此配有液力偶合器的球磨机应采取全压启动方式。实践证明全压启动方式不仅可行,而且可降低设备成本。

C 不恰当地采用电器软启动装置

由液力偶合器的工作原理和以上分析可知,应用液力偶合器之后对于负载而言使刚性负载"变软",对于动力机而言改善了其启动性能,提高了启动能力并大大减少了电动机对电网的冲击。如果在电动机启动控制电器中加入软启动装置则不仅因功能重叠淹没了偶合器软启动特性,而且并不能使球磨机启动变得更简单顺利。因为在此方式中的启动之初电动机输出功率(扭矩与转速)很低,在转速低情况下偶合器泵轮形成不了足够的力矩($M_B \propto n_B^2$),而此时间电动机输出功率全部转化为热能使偶合器急剧升温。所以说电器软启动装置对于应用了偶合器的球磨机不仅无益而且有害。例如湖南某选矿厂投资14万元对装机功率380kW且配置了YOX875液力偶合器的球磨机加装了电器软启动装置,在试运行时不能顺利启动并引发偶合器油温陡升喷液,在取消软启动装置改全压启动后,球磨机启动顺利运行且偶合器温度正常。

D 液力偶合器的充液不准确

偶合器在一定转速条件下所传递的功率随其充液量呈近似线性关系变化。因此在使用现场准确控制偶合器的合理充液量是十分重要的。如果充液量不足则偶合器传递功率能力下降,启动过载系数变小,使球磨机启动困难或启动时间拉长导致偶合器温升快;如果充液量过大则使偶合器启动性能变硬,偶合器输入特性曲线将在非稳定工况区与电动机外特性曲线相交(如图5-43中i_D负载抛物线与$M_D - n_D$相交于D点)而使电动机无法正常启动稳定运行,对于功率配置富裕量不足的电动机而言尤为明显。

233. 球磨机选配液力偶合器时若没有高启动力矩偶合器怎么办?

由于目前国内大部分偶合器厂不生产普通型或不带后辅腔的偶合器,所以在为球磨机选配偶合器时就遇到一些困难。若选不到高启动力矩的偶合器,可以用以下办法弥补:

(1)将带标准后辅腔偶合器的后辅腔去掉。去掉后辅腔的偶合器结构如图5-45所示。将原后辅腔去掉,后半联轴节通过安装板与泵轮相连,另外加装密封盖封住腔内的油,还要堵住原来的两个过流孔。这样,原带后辅腔的偶合器就变成了不带后辅腔的偶合器了。

(2)将偶合器的后辅腔容积缩小。完全去掉后辅腔虽然可提高偶合器的启动力矩,但却降低了偶合器的过载保护能力。为了既有较高的启动能力,又有较好的过载保护能力,可以适当地缩小后辅腔的容积,使偶合器工作腔向后辅腔的分流容积减小。通过试验调整后辅腔的大小和过流孔的大小,可以获得理想的、符合球磨机需要的偶合器特性曲线。缩小后辅腔容积的偶合器结构见图5-46。

(3)调整带标准后辅腔偶合器的过流孔大小,使其特性与要求接近。带标准后辅腔偶合器有两个过流孔,一个是前辅腔通往后辅腔的过流孔,另一个是后辅腔通往工作腔的过流孔。通过调整两个过流孔的大小可以调整偶合器的特性。要想提高启动力矩,可以缩小前辅腔通往后辅腔的过流孔,增大后辅腔通往工作腔的过流孔。这样,工作腔向后辅腔的分流容积就会减小,启动力矩就会增大。当然,调整过流孔大小对偶合器特性的影响是有限的,偶合器的特性不可能完全符合要求。

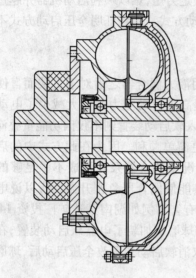 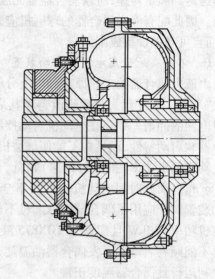

图 5-45　去掉后辅腔的偶合器结构　　　　图 5-46　缩小偶合器后辅腔容积的偶合器结构

第六章 调速型液力偶合器选型匹配

一、调速型液力偶合器选型匹配原则及内容

234. 调速型液力偶合器选型匹配有哪些原则？

调速型液力偶合器选型匹配原则见表6-1。

表6-1 调速型液力偶合器选型匹配原则

序号	选型匹配原则	说 明
1	满足工作机最高转速要求	因液力偶合器输出与输入之间存在转差率,所以偶合器的最高输出转速总是低于电动机的转速,选型时应注意以下几点: (1)核对工作机最高转速比电动机转速降低3%之后各项性能能否满足要求。 (2)若工作机最高转速与电动机转速挡不接近,或电动机转速过低,则应选择液力偶合器传动装置。 (3)调速型液力偶合器只能从额定转速向下调速,而不能向上调速,选型时应予以注意。 (4)调速型液力偶合器不能当减速器用,不能在最大发热工况点附近长期工作
2	满足工作机最高耗用功率要求	液力偶合器泵轮功率必须大于工作机最大耗用功率与液力偶合器在此工况点下的最大损失功率之和,即 $$P_B > P_Z + P_S$$ 式中 P_Z ——工作机最高耗用功率,kW; P_B ——偶合器泵轮功率,kW; P_S ——偶合器在工作机最大耗用功率工况时的功率损失,kW
3	满足工作机调速范围要求	液力偶合器的调速范围主要取决于负载特性,对于恒扭矩机械,调速范围为$1/3 \sim 1$;对于直线型或抛物线型负载,调速范围为$1/5 \sim 1$。选型时应核对此调速范围是否满足工作机的要求,不允许在调速范围以外工作
4	满足工作机稳定运行要求	液力偶合器稳定运行的必要条件是液力偶合器某一充液率的特性曲线能与载荷曲线相交,两曲线交角越接近直角越稳定。要想达到稳定运行的目的,选型时必须注意以下三点: (1)不得超出规定的调速范围,超出调速范围运行失稳。 (2)偶合器的充液率不可过低,长期在低充液率下工作运行不稳。 (3)偶合器的规格必须选择合适,规格选得过小,长期在超载区工作运行失稳;规格选择过大,必然缩小调速范围和扩大不稳定区
5	满足工作机调速时间的要求	大部分工作机对于调速时间没有要求,但有些特殊场合则对调速时间有要求。例如,电厂锅炉给水泵在切换时要求10s内完成调速,轧钢除鳞泵要求升速和降速均能在$8 \sim 10$s内完成,偶合器必须有能力满足此方面的要求

序号	选型匹配原则	说　明
6	满足偶合器发热与散热平衡要求	液力偶合器在运转中存在转差功率损失、鼓风损失、轴承油封摩擦损失、供油系统损失、水力损失等，所有这些损失均转化为热量使偶合器发热，如不能及时散热，则偶合器温度会越升越高，最终导致无法工作甚至使偶合器报废。所以在偶合器选型匹配时应注意以下几点： （1）核对偶合器工作油流量能否满足热平衡散热要求（指特殊工况，一般情况不用核对，偶合器在出厂时已核准）。 （2）计算冷却器换热面积，选配合适的冷却器。 （3）计算冷却水循环流量和供水压力
7	满足工作环境要求	当偶合器在潮湿、户外、煤矿井下、易燃易爆、寒冷、高原等环境下工作时，应在选型时考核偶合器适应环境要求能力，选择能在该环境下工作的偶合器，并在技术协议中标明要求
8	满足工作机调速及运行控制要求	调速型液力偶合器有现场手动控制、控制室用电动操作器手操电动控制和控制室内自动控制三种。而自动控制又可分为普通配置、标准配置、电控箱转化配置及综参仪配置等多种，在选型时应当明确要求，选择经济合理、切实好用的配置
9	满足工作机转向要求	虽然调速型液力偶合器可以正转也可以反转，但是一经调定之后在工作中则无法改变转向，因而在选型时必须予以注意： （1）选型时一定不能忽略了偶合器的转向要求。 （2）要明确观察转向的位置。因为观察转向的位置变了转向也变了，所以在确定转向时要明确观察转向的方向，因为通常面对电动机尾端向工作方向观察正好是工作机的转向，所以一般规定把面对电动机尾端所看到的工作机转向作为偶合器的转向。 （3）液力偶合器传动装置因内部有齿轮传动，所以应按实际情况分析确定转向
10	满足动力机、工作机、偶合器的安装拆卸要求	（1）液力偶合器的安装尺寸必须能够满足液力调速机组的总体安装要求，包括中心高、总长、定位基准等。 （2）定位准确，通常以偶合器输入轴端至第1个地脚螺栓孔中心的距离作为定位基准，此尺寸应与需方要求一致。 （3）选配能够在不移动电动机、工作机的情况下可以拆装偶合器和传递足够扭矩的联轴器。 （4）有时还要选择偶合器单机底座、电动机—偶合器或偶合器—工作机两机底座，或电动机—偶合器—工作机三机底座
11	满足机组安全可靠运行要求	不同型式的偶合器可靠性程度是不同的。例如箱体式出口调节调速型液力偶合器运行比较可靠，而单支承回转壳体式调速型液力偶合器可靠性相对差些，只适合小功率机组选用，在选型匹配时应把可靠性作为最重要的原则
12	满足调速机组的其他要求	例如为电动机、减速器集中供油，设立高位油箱，改变连接尺寸等其他要求，都应在选型匹配时予以明确

序号	选型匹配原则	说　明
13	满足经济适用要求	（1）合理和经济地确定电动机功率：采用液力传动与刚性传动相比至少可降低一个电动机机座号，按电动机功率：偶合器功率：工作机功率 = 1.1：1.05：1 来选配电动机即可，能够节约电动机购置费和电能。 （2）可以用廉价的笼型异步电动机替代昂贵的绕线式电动机。 （3）在可能的情况下，尽量采用较高转速电动机。由于液力偶合器传递功率与其输入转速的 3 次方成正比，所以输入转速越高，偶合器的规格越小，越省钱。 （4）恒扭矩机械选用偶合器调速时调速范围不可过大，否则浪费能源。 （5）尽量避免在最大发热工况点附近长期工作。 （6）对于长期不变工况运行的工作机，不要选用调速型液力偶合器，因为这不节能。 （7）若仅仅为了解决启动困难问题，可以选用价格较低的离合启动型偶合器，而不必花大价钱购买调速型液力偶合器

235. 调速型液力偶合器选型匹配有哪些内容?

调速型液力偶合器选型匹配的内容见表 6 - 2。

表 6 - 2　调速型液力偶合器选型匹配内容

序号	选型内容	说　明
1	确定传动方式	应用液力偶合器调速有多种传动方案，应根据需要选择最经济合理的传动方式，详见表 6 - 3 调速型液力偶合器传动方式
2	确定偶合器型式	根据工作机的调速要求，选择经济适用的偶合器型式，详见表 6 - 5
3	确定偶合器调速范围	根据工作机调速要求和偶合器稳定运行原则确定经济合理的调速范围
4	确定偶合器规格	通过计算或查表确定偶合器有效直径
5	确定偶合器旋向	按工作机的要求确定偶合器的旋向
6	计算偶合器转差功率损耗	按各调速工况点的运行要求，计算偶合器转差功率损耗，用以指导调速运行和计算冷却器的换热面积、冷却水流量
7	计算冷却器参数	包括计算冷却器的换热面积和计算冷却水流量、压力
8	计算偶合器调速工况导管开度	有必要时，要计算偶合器在各调速工况点的导管开度，一般情况不用进行此项计算
9	确定偶合器调速控制方式及配置	调速型液力偶合器调速与运行监测控制方案多种多样，所配电动执行器、电动操作器、温度传感器、压力变送器、转速传感器等仪器也多种多样，选型时应当根据需要予以确定
10	确定偶合器安装连接尺寸	根据动力机—偶合器—工作机安装要求，确定偶合器的安装连接尺寸
11	确定偶合器与动力机、工作机连接所用联轴器型号尺寸	调速型液力偶合器供货时，有时配带两端联轴器，所以应根据传递力矩要求和安装连接要求选配合适的联轴器
12	确定偶合器的使用环境要求	明确偶合器在什么环境下工作，有无防爆、防潮等要求
13	确定偶合器调速时间要求	有些工作机对偶合器的调速时间有一定的要求，在选型匹配时应明确这些要求并核算本厂产品能否满足要求
14	确定偶合器的其他要求	用户提出的其他要求，如对外供油、设高位油箱、加单机底座或多机底座、成套供货、变型改造等

二、调速型液力偶合器传动方式选择及其注意事项

236. 调速型液力偶合器有哪些传动方式,各有何特点和用途?

调速型液力偶合器传动方式及传动特点及用途见表6-3。

表6-3 调速型液力偶合器传动方式

序号	传动简称	传动简图	传动特点及用途
1	单机+偶合器 直 连		电动机—偶合器—工作机直线布置。占地面积小、传动链短、传动平稳可靠,当工作机最高转速与电动机各转速挡相匹配时,选用此种传动方式为佳
2	单机+偶合器+增速器 直 连		电动机与增速器输入轴直连,增速器输出轴与偶合器直连。传动链较长,因偶合器输入转速高,故规格小,节省投资。用于工作机转速要求高或工作机转速与电动机转速挡不相匹配的场合
3	单机+减速器+偶合器 直 连		电动机与偶合器输入端直连,偶合器输出端与减速器高速端直连,减速器低速端与工作机直连。传动链较长,因可以提高偶合器输入转速,故偶合器规格较小,节省投资。用于工作机转速低或工作机转速与电动机转速挡不相配的场合
4	单机+增速型液力偶合器传动装置 直 连		采用增速型液力偶合器传动装置,节约了占地面积,结构紧凑、传动链短,适合大功率、高转速。用于工作机转速超过3000r/min或工作机转速高且与电动机转速挡不相配的场合
5	单机+降速型液力偶合器传动装置 直 连		采用降速型液力偶合器传动装置,节约了占地面积,结构紧凑、传动链短,适合大功率、低转速。用于工作机转速低于750r/min或工作机转速与电动机转速挡不相配的场合,因可提高偶合器转速,故可降低其规格,节省投资
6	多机并联 多机调速		多机并联、多机调速的特点是可方便地均衡各电动机负荷,协调各电动机顺序启动,调整工作机运行工况,适用于皮带机多机驱动调速,母管制泵组及多机供风的风机等调速
7	多机并联 单机调速		多机并联、单机调速用于工况变化不大的调速系统,如母管制水泵组等,可用来调整机组运行点,但调速泵的调速范围不能过大,否则定速泵超载

序号	传 动 简 称	传 动 简 图	传动特点及用途
8	多机串联 单机调速	G₁ G₂ G₃ G₄ YOT D₁ D₂ D₃ D₄	多机串联、单机调速多用于串联机组工况点调整,如直接在管线上口对口串联渣浆泵等。通常调速型液力偶合器设在末级
9	多机串联 多机调速	G₁ G₂ G₃ YOT D₁ D₂ D₃	多机串联、多机调速的作用之一是可调整各机运行工况点,使之整个机组协调运行;另外,在首级泵上应用液力调速,有利启动,可避免事故,有利安全

注:D—原动机;G—工作机;J—减速机;Z—增速机;YOT—调速型液力偶合器;YOCQZ—增速型液力偶合器传动装置;YOCHJ—降速型液力偶合器传动装置

237. 调速型液力偶合器传动方式选择有哪些注意事项?

调速型液力偶合器传动方式选择应注意的事项见表 6-4。

表 6-4　调速型液力偶合器传动方式选择注意事项

序号	注意事项	说　　明
1	综合考虑各方面的情况,选择最佳方案	通常电动机+偶合器直连的传动方式最常用,而增速或降速型传动装置的选择则要充分考虑各种方案的技术经济性能。例如,增速型的,既可以选择增速型液力偶合器传动装置,也可以选择电动机+偶合器+增速器。前者偶合器与增速器一体化占地面积小,后者虽占地面积大,但独立性强,维修较方便。究竟如何选择,须在充分调研的基础上作出最佳方案
2	多机并联的最佳传动方式是选择两台偶合器调速	根据理论分析,多机并联要想在任意工况均能调速且定量泵不超载,最佳方案是选择两台调速泵,不论多少台并联选两台泵调速即可,没有必要多选。若只选一台调速泵,则很可能使定量泵超载。为了保护定量泵不超载,则要降低调速泵的调速范围,节能效果变差
3	应注意发挥偶合器集中供油功能	如果选电动机+偶合器+增速器(或减速器)传动方式,则可以利用偶合器集中供油功能,节省供油系统,并可以统一控制

三、调速型液力偶合器型式选择及其注意事项

238. 调速型液力偶合器的型式如何选择?

调速型液力偶合器型式选择的主要依据是满足性能要求原则和经济合理原则,详见表 6-5。

表 6-5　调速型液力偶合器型式选择

传动及调速要求	推荐选择型式	选 型 说 明
解决大惯量设备柔性启动问题,基本不调速	离合型或进口调节调速型液力偶合器	有些大惯量风机、球磨机等,不用调速但启动特别困难,使用液力偶合器的目的是解决启动困难问题,启动完了即正常运行,所以不用选择结构复杂的出口调节调速型液力偶合器

传动及调速要求	推荐选择型式	选 型 说 明
大中功率、中高转速的风机、水泵调速节能	出口调节伸缩导管式调速型液力偶合器	固定箱体、安装支承稳定可靠、振动值低、可靠性较高、操作简便、价格相对高些，但总的寿命周期费用较低
中小功率中等转速风机、水泵调速节能	进口调节泵控式调速型液力偶合器	轴向尺寸短、结构比较简单、供油泵功率较小，与出口调节相比，调速反应不够迅速
	出口调节转动导管式调速型液力偶合器	结构简单、轴向尺寸短、能与电动机设计成组合结构，调速反应灵敏、成本较低，调速时转动导管阻力较大，常用于清水泵和污水泵调速
	出口调节伸缩导管调速型液力偶合器	与大功率、高转速的出口调节伸缩导管调速型液力偶合器的优缺点相同
工作机转速高于 3000r/min 的大功率工作机调速	出口调节或复合调节前置齿轮增速型调速型液力偶合器传动装置	性能价格比最高、调速灵敏、反应迅速、结构稳定可靠、输出转速高、结构比较复杂，对偶合器的设计和制造技术要求高，增速齿轮成本较高
工作机转速较低或工作机转速与动力机转速不匹配	后置齿轮降速型液力偶合器传动装置，有的带液力减速器	结构比较复杂，对偶合器设计与制造技术要求较高，调速灵敏、反应迅速，能适应低速机械选用，有的带液力减速器能提供柔性制动功能
与柴油机匹配，要求同轴正车传动	后置齿轮降速型正车液力偶合器传动装置	偶合器内设置两对减速齿轮，偶合器输出轴与柴油机主轴同向旋转，在油田钻机和发电机上使用效果较好
要求快速频繁调速	液压缸驱动导管式调速型液力偶合器	如轧钢除鳞泵配用的调速型液力偶合器要求每 3min 调速一次，升速降速时间 8～10s，电动执行器已无法驱动导管，改为液压缸往复驱动导管调速
输入转速变工况，输出转速恒定	进口调节或出口调节调速型液力偶合器	如发电机配用的偶合器或风力发电机用液力偶合器，要求输出转速恒定，以保持发电正常、频率符合要求。当输入转速因调节工况而变化时，调节偶合器充油率保持输出转速恒定
带式输送机用，要求柔性延时启动和协调功率、转速平衡	出口调节或进口调节调速型液力偶合器	煤矿井下使用必须选用取得"煤安标志"的防爆型

239. 调速型液力偶合器型式选择应注意哪些事项？

调速型液力偶合器型式选择应注意的事项见表 6 - 6。

表 6 - 6　调速型液力偶合器型式选择注意事项

序号	注 意 事 项	说　明
1	将可靠性放在第一位	不同结构型式的偶合器其可靠性是不一样的。例如，对开箱体出口调节调速型液力偶合器比较可靠，振动值低，而大规格安装板式箱体出口调节调速型液力偶合器可靠性就相对低些，有时振动较大。再如一端固定支承，一端由电动机轴支承的回转壳体式调速型液力偶合器的可靠性就相对差些，容易引起振动，大功率机械不能选用，在选择偶合器型式时必须将可靠性放在第一位，在满足可靠性原则的基础上选择经济合理的型式，不能一味地追求价格低

序号	注意事项	说　明
2	安装拆卸方便	不同结构型式的偶合器安装拆卸方便程度不一样。例如,箱体式内置油泵的偶合器安装比较方便,而单支承回转壳体式偶合器安装找正就比较麻烦,在选择偶合器型式时,不能只图便宜而忽略这些问题
3	综合比较择优选择	根据实际运行工况和机组对调速的要求选择既能满足需要,又经济合理的型式。要对各种偶合器型式进行综合比较,最好考察一下使用现场,了解各种型式产品的实际使用状况,最后择优选取

四、调速型液力偶合器调速范围选择及其注意事项

240. 调速型液力偶合器的调速范围是怎样规定的?

本着确保偶合器稳定运行和经济的原则,在有关偶合器的标准中规定了调速型液力偶合器的调速范围。标准规定调速型液力偶合器与离心式负载或直线式负载匹配,其调速范围为 1/5 ~ 1,与恒扭矩机械匹配其调速范围为 1/3 ~ 1。为什么要这样规定呢? 主要是为了在调速范围内能获得稳定的运行工况点且比较经济。需要特别说明的是,调速型液力偶合器与恒扭矩机械匹配时,调速范围不要选得过大,因为调速型液力偶合器与恒扭矩机械匹配效率等于转速比,调速范围越大,效率越低,损失功率越多,越不经济。从经济的角度出发最大调速范围不要超过 0.85 ~ 1,在选型匹配时应当对此予以高度重视。

241. 调速型液力偶合器调速范围选择应注意哪些事项?

调速型液力偶合器在调速范围选择方面应注意的事项见表 6-7。

表 6-7　调速型液力偶合器在调速范围选择方面注意事项

序号	注意事项	说　明
1	不要超过调速范围	超过调速范围则运行不稳定
2	出口调节的调速型液力偶合器输出转速不能为零	出口调节偶合器,因为调速范围为 1/5 ~ 1 或 1/3 ~ 1,所以最低输出转速不能为零,个别大惯量风机在导管零位时有可能停转,但大部分输出转速不能为零,这在选型匹配时应当引起注意。若需要离合功能,则应在选型时说明,选择进口调速的偶合器,或对出口调节偶合器加以改进,以达到离合要求
3	调速型液力偶合器不能当减速器用	即便在调速范围内,调速型液力偶合器也不能当减速器用,因为这不经济。例如有的用户,工作机需要在 500 ~ 1000r/min 内调速,却选用了 1500r/min 的电动机驱动偶合器,结果使偶合器长期在最大发热点下工作,浪费能源且可能引起偶合器发热。如果与恒扭矩机械匹配,则浪费能源更严重
4	与恒扭矩机械匹配的调速范围不要过大	因为调速型液力偶合器与恒扭矩机械匹配,效率等于转速比,所以调速范围越大越耗能。建议长期运行的调速范围不要超过 0.85 ~ 1(启动时例外)
5	不能长期在最大发热点下工作	调速型液力偶合器与离心式机械匹配最大发热点在 $i = 0.665$ 处,与直线式机械匹配最大发热点在 $i = 0.5$ 处,与恒扭矩机械匹配最大发热点在最低调速点处。在选型匹配时,应当认识这一点,尽量使运行工况避开最大发热点,不能认为反正在调速范围内,怎么调速都可以,不注意这一点会引起偶合器发热,甚至不能工作

242. 调速型液力偶合器在使用中调速范围缩小是怎样造成的,与选型匹配有何关系?

如果排除使用方面的原因,调速型液力偶合器在使用中调速范围缩小,主要是由于偶合器规格选大或选小了造成的。液力偶合器是滑差调速,通俗地讲就是因为偶合器拉不动负载了所以才降速了。如果偶合器的规格选大了,偶合器额定功率远远大于工作机轴功率,那么偶合器导管开度不用达 100%,甚至在 60%,偶合器就能够驱动工作机达最高转速了,这当然就缩小了调速范围。如果偶合器规格选小了,尽管导管开度达 100%,使用最大力量,也拉不动最大负载,当然就要降速了,因为达不到最高转速,所以调速范围也相对缩小了。

还有一种情况也能使偶合器调速范围小,那就是工作油的循环流量过高。因偶合器供油能力大于排油能力,所以虽然导管开度减小了,但偶合器腔内的油却不能及时导出去,导致偶合器的充液率及力矩不能很快下降,工作机的转速无法降低,必然缩小调速范围。

243. 调速型液力偶合器调速范围缩小有何危害,如何补救?

如果不是偶合器规格选小达不到最高转速,那么调速范围缩小主要是规格选大造成的。调速型液力偶合器规格选大造成调速范围缩小的主要危害是工作机达不到最低转速要求,节能效果变差,对安全运行倒没有什么影响。

如果调速范围缩小,首先要查明原因,因为偶合器的输入功率等于输出功率与损失功率之和,所以可以用测电动机电流的办法,计算实际输入功率,再与偶合器的额定传递功率相比对,看看是否是偶合器规格选大了。如果是规格选大了,最好是换一台小规格偶合器,若不能换也可以在大修时换小规格的回转组件,或仿效水泵切割叶轮的做法将偶合器的泵轮叶片铣去一块,涡轮倒角切去一块以减小扭矩。如果查明是工作油循环流量过大造成的调速范围缩小,则可以在压力允许的范围内适当缩小节流孔或换用小排量油泵。

调速型液力偶合器因某种原因调速范围缩小了,如果最高转速仍能达到,则对运行没有太大危害,可以运行,可以待有机会时再解决。

五、调速型液力偶合器规格选择与计算及其注意事项

244. 调速型液力偶合器规格选择与计算有几种方法?

所谓偶合器的规格选择与计算,就是选择与计算偶合器循环圆的有效直径的尺寸。由于液力偶合器传递功率的大小与其循环圆有效直径的 5 次方成正比,所以规格选择与计算非常重要,规格选大了不仅浪费投资而且破坏偶合器性能,规格选小了则经常超载发热,所以规格必须选择合适。通常规格选择与计算有以下四种方法,见表 6-8。

表 6-8 调速型液力偶合器规格选择方法

序号	规格选择方法	说　明
1	作图法	作图方法与前文介绍的相同。先找到偶合器、动力机和工作机的特性曲线,然后按一定的方法在同一坐标图上绘制共同工作特性,最后确定匹配是否合适。有时用户不提供工作机特性曲线,而提供工作机运行工作点参数,可以根据各运行工况点的要求,选配合适的偶合器规格

序号	规格选择方法	说　明
2	计算法	与限矩型液力偶合器规格计算相同,即 $D = \sqrt[5]{\dfrac{9550 P_B}{\lambda_B \rho g n_B^3}}$ 式中　D——偶合器循环圆有效直径,m; 　　　P_B——偶合器泵轮功率,kW; $P_B = 0.95 P_d$ 或 $P_B = 1.05 P_Z$; 　　　P_d——电动机功率,kW; 　　　P_Z——工作机轴功率,kW; 　　　λ_B——偶合器泵轮力矩系数,min^2/m,对于扁圆形腔 $\lambda_B = (2.0 \sim 2.15) \times 10^{-6} min^2/m$,对于桃形腔 $\lambda_B = (1.9 \sim 2.0) \times 10^{-6} min^2/m$; 　　　ρ——工作液体密度,kg/m^3; 　　　g——重力加速度,m/s^2,$g = 9.8 m/s^2$; 　　　n_B——偶合器泵轮转速,r/min,$n_B = n_d$,n_d 为电动机转速
3	查功率图谱法	液力偶合器生产厂将不同规格的液力偶合器传递功率制成功率图谱。图谱的横坐标是输入转速,纵坐标是传递功率,只要确定纵、横坐标的参数,即可在图上找出应选择的偶合器规格
4	查功率对照表法	将液力偶合器输入转速、传递功率与偶合器的规格对照制成表格,选择偶合器规格时,只要按传递功率和电动机转速要求即可查到对应的规格

245. 怎样采用计算法选择偶合器规格?

【例6-1】　某离心式风机配用液力偶合器调速,电动机功率355kW,转速1500r/min,风机轴功率295kW,试计算偶合器规格。

解:由公式 $D = \sqrt[5]{\dfrac{9550 P_B}{\lambda_B \rho g n_B^3}}$ 可知,若要计算偶合器循环圆有效直径(即规格)D,公式中的各参数必须知道,其中 λ_B 的选择宜低不宜高,通常按 $(1.9 \sim 2.1) \times 10^{-6}$ 选择,P_B 有两种选择方法,详见以下说明。

(1)用电动机功率乘以0.95,即 $P_B = 0.95 P_d$。这是最常用的方法,偶合器的泵轮功率应当比电动机功率略小,以便使电动机有合适的功率裕度。

(2)用工作机轴功率乘以1.05,即 $P_B = 1.05 P_Z$。使偶合器功率比工作机轴功率略大,保证偶合器具有合适的功率裕度。当用电动机功率选配时出现难以决策的问题时,可用此法作进一步的核对。

具体计算过程如下。

(1)按电动机功率计算。

已知 $P_d = 355 kW$,$n_B = n_d = 1500 r/min$,$\lambda_B = 1.9 \times 10^{-6} min^2/m$,$\rho = 860 kg/m^3$,$g = 9.8 m/s^2$,$P_B = 0.95 P_d = 0.95 \times 355 kW = 337.25 kW$,将以上参数代入公式计算有:

$$D = \sqrt[5]{\frac{9550 P_B}{\lambda_B \rho g n_B^3}} = \sqrt[5]{\frac{9550 \times 337.25}{1.9 \times 10^{-6} \times 860 \times 9.8 \times 1500^3}} = \sqrt[5]{\frac{3220737.5}{54044550}} = 0.569 m$$

因为 D 已超过560mm偶合器规格,所以应选下一挡650mm规格的偶合器。

(2)按工作机轴功率计算。

除 P_B 外,其他参数相同。$P_B = 1.05 P_Z = 1.05 \times 295 = 309.75 \text{kW}$,将以上参数代入公式有:

$$D = \sqrt[5]{\frac{9550 P_B}{\lambda_B \rho g n_B^3}} = \sqrt[5]{\frac{9550 \times 309.75}{1.9 \times 10^{-6} \times 860 \times 9.8 \times 1500^3}} = \sqrt[5]{\frac{2958112.5}{54044550}} = 0.559 \text{m}$$

由计算结果可知,按工作机轴功率计算可以选用 560mm 规格偶合器。

(3)综合分析判断。

按电动机功率计算应选 650mm 规格的偶合器,而 650mm 偶合器在输入转速为 1500r/min 时最高传递功率可达 730kW,可见功率裕度太大,容易缩小偶合器调速范围。所以应进一步用轴功率计算以验证是否可降一个规格。经用轴功率计算,发现可以选用 560mm 规格偶合器,因而最终决定选用此规格。

246. 采用计算法选择偶合器规格应注意哪些事项?

(1)各项参数必须准确。电动机功率、转速、工作机轴功率都应当具备,缺了就无法计算。此外,偶合器泵轮力矩系数不宜取得过高,工作介质密度可选作 860kg/m³。

(2)按工作机轴功率∶偶合器功率∶电动机功率 = 1∶1.05∶1.1 选择偶合器泵轮功率即可,在计算偶合器泵轮功率时,不用再额外提高安全系数,防止将偶合器规格选大。

(3)当计算结果介于偶合器两个规格之间时,应再用工作机轴功率计算一遍,若工作机轴功率不超过小规格偶合器的功率上限,应选用小规格偶合器,而不要选用大规格偶合器。

247. 怎样采用查功率图谱法选择偶合器规格?

图 6-1 为国内某偶合器厂调速型液力偶合器功率图谱。图 6-2 为德国福依特公司 SVNLG 调速偶合器功率图谱。图 6-3 为国内某偶合器厂液力偶合器传动装置功率图谱。采用查功率图谱法选择偶合器规格按以下步骤进行:

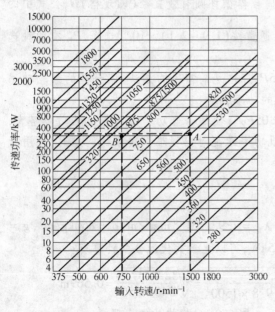

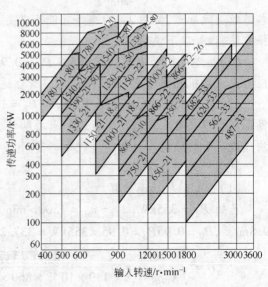

图 6-1 国内某偶合器厂调速偶合器功率图谱   图 6-2 德国福依特公司 SVNLG 调速偶合器功率图谱

（1）确定泵轮功率和泵轮转速。泵轮功率可用电动机的功率乘以 0.95 来计算，也可以用工作机轴功率乘以 1.05 来计算。

（2）找到相应的功率图谱，如图 6-1 所示图谱。

（3）在横坐标上由相应转速处向上画线，在纵坐标上由要求传递功率处向右画线，两线交点落在哪个规格偶合器的功率带内，即可选该规格偶合器。

（4）若两线交点落在两个规格偶合器功率带的分界线附近，则应根据具体情况（例如用工作机轴功率计算等）进行综合分析，确定经济合理的偶合器规格。

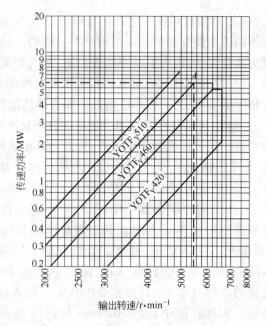

图 6-3 国内某偶合器厂液力偶合器传动装置功率图谱

248. 不同的调速机组怎样用查功率图谱法选择偶合器规格？

随着调速机组的不同，偶合器规格的选择也略有不同，以下通过几例加以说明。

【例 6-2】 某离心式水泵拟选配液力偶合器调速，电动机功率 315kW，转速 1500r/min，试选择偶合器规格。若电动机转速降为 1000r/min，传递同样功率应选择什么规格偶合器？

解： 由图 6-1 可见，首先在横坐标线 1500r/min 处垂直向上画线，然后在纵坐标上找到功率 315kW 处，垂直于纵坐标向右画线，两线相交于 A 点，因 A 点落在 560mm 规格偶合器功率带内，且接近于该偶合器的最大传递功率，故可以确定选择该规格偶合器是合适的。

若电动机转速为 1000r/min，同以上步骤画线两线相交于 B 点，B 点虽然落在规格为 875mm 偶合器功率带内，但靠近该偶合器的功率带下限，为此应作进一步考察，看可否选用小一个规格的 800mm 偶合器。办法是查看水泵的轴功率是否能落在 800mm 偶合器的功率带内，如果落在该功率带内且稍有富余，即可选 800mm 偶合器。

【例 6-3】 某液力调速锅炉给水泵机组，水泵最高额定转速为 5500r/min，最大轴功率 6200kW，试问应如何根据功率图谱选择偶合器规格？

解： 根据液力偶合器泵轮功率 P_B 应等于 1.05 倍的工作机轴功率 P_Z，即 $P_B = 1.05 P_Z$，$P_B = 1.05 \times 6200 = 6510$kW。按 6510kW 在纵坐标上画虚线，与 5500r/min 的坐标线交于 A 点（见图 6-3），A 点位于 YOTF$_Y$460 偶合器传动装置功率带的上限稍过一点。在这种情况下应进行分析研究，最终确定偶合器规格。

249. 采用查功率图谱法选择偶合器规格应注意哪些问题？

（1）各参数必须准确，尤其输入转速和传递功率绝对不能含糊。

（2）必须找到要选用偶合器的功率图谱，而不能随便找到一个便用。因为不同生产厂或不同类型偶合器的功率图谱是不一样的，同规格限矩型液力偶合器传递功率就比调速型液力偶合器低，因而其功率图谱也不一样，如果乱用则所查出来的结果便不准确。

（3）尽量选用偶合器功率带上限所对应的规格。因为这样选配一方面可以降低偶合器规格降低成本，另一方面也可以使偶合器性能稳定。

（4）当两线交点落在两个规格偶合器功率带交界处附近时，应根据具体情况综合分析，通常是找到工作机轴功率验看，凡轴功率在小规格偶合器功率带以内的，应选择小规格偶合器；若工作机工况恶劣，功率波动大则应选择大规格偶合器。

（5）注意功率图谱中功率带的折线和沉头。由于结构和可靠性所限，许多功率图谱，尤其是国外偶合器功率图谱，并不完全按照液力计算结果绘制，而是结合实际运行可靠性规定功率带上限。例如查德国福依特公司 SVNLG 调速型液力偶合器功率图谱（见图 6-2），562mm 规格偶合器在输入转速为 3000r/min 时，最高传递功率 2200kW，实际上若用计算法计算，则传递功率可达 2800kW，为了安全可靠，该公司采用了限额配置的可靠性原则，只传递 2200kW。在查功率图谱时应在折线规定的范围内选用偶合器。再如在图中，大于 620mm 规格的偶合器不允许与 3000r/min 电动机匹配，在选型时也要予以注意。

250. 怎样用查功率图表法选择偶合器规格？

表 6-9 为某偶合器厂调速型液力偶合器传递功率与规格对照表。查表时与查功率图谱一样，先确定偶合器的输入转速和传递功率，然后在功率对照表上由横坐标和纵坐标引线，两线交点落在哪个规格偶合器的功率带内，即可选该规格偶合器，如表 6-9 所示。

表 6-9　某厂调速型液力偶合器传递功率与规格对照表

规　格	传递功率/kW　输入转速/r·min⁻¹					
	500	600	750	1000	1500	3000
320					7.5~21	60~165
360					13~35	110~305
400					30~65	240~500
450					50~110	430~900
500				20~60	70~200	560~1625
530					90~260	750~2170
560			15~42	35~100	115~340	
580					140~400	1125~3250
620					190~540	1500~4300
650			30~90	75~215	250~730	
750		32~95	63~185	150~440	510~1480	
800	28~78	50~135	87~250	230~615	740~2080	
875	42~120	75~200	150~400	365~960	1160~3260	
920	80~145	110~252	230~490	440~1170		

规格 \ 传递功率/kW	输入转速/r·min⁻¹					
	500	600	750	1000	1500	3000
1000	40~220	130~400	285~750	640~1860		
1050	100~285	175~495	360~955	815~2300		
1150	210~550	360~955	715~1865	1700~4400		
1250	300~680	440~1170	870~2300			
1320	340~890	580~1540	1150~3000			
1450	545~1420	930~2500	1840~4800			
1550	760~1985	1300~3400	2570~6700			

251. 不同的调速机组怎样采用查功率图表法选择偶合器规格？

与查功率图谱法一样，随调速机组的不同，偶合器规格的选择也略有不同，以下通过几例加以说明。

【例6-4】 某煤矿带式输送机选用 YB2-355M1-4 电动机，转速 1488r/min，功率 220kW，试选配合适规格偶合器。

解:（1）计算偶合器泵轮选型功率。因为此例只提供了电动机功率，所以取 $P_B = 0.95P_d = 0.95 \times 220 = 209$kW。

（2）找到所选偶合器的功率-规格对照表，见表6-9。

（3）在表横坐标上先找到输入转速为 1500r/min 的条目。

（4）由输入转速 1500r/min 的条目向下画线找到可以包含功率 209kW 的功率带，此例为 115~340kW。

（5）由此功率带向左画线，找到对应的偶合器规格，此例为 560mm。由此可以选配 YOT560B 防爆调速型液力偶合器。

【例6-5】 某钢厂环锤式破碎机原用意大利传斯罗伊公司 KSL24 调速型液力偶合器，现欲国产化，试通过查功率对照表法确定国产偶合器规格。

解:（1）找到传斯罗伊公司 KSL 系列调速型液力偶合器功率对照表（见表6-10）。

表6-10 传斯罗伊公司 KSL 系列偶合器功率对照表

转差率/% \ 功率/kW	规格	21			24			27			29			34			D34		
	转速	1000 1200	1500	1800	1000 1200	1500	1800	1000 1200	1500	1800	1000 1200	1500	1800	1000 1200	1500	1800	1000 1200	1500	1800
2		45 75	150	250	55 110	200	330	110 180	360	630	200 330	650	1150	430	700	1350	650	1100	2200
3		55 110	280	360	90 150	280	500	150 260	520	900	280 480	930	1600	600	1100	2000	1050	2000	3300
4		75 132	260	460	110 180	360	630	200 360	700	1200	360 630	1250	—	750	1300	—	1300	2300	—

（2）分析功率对照表，确定 KSL24 偶合器的功率带。由表 6 - 10 可见，此表与我国常用的功率对照表不同，没有列出偶合器某规格对应的功率范围，而是标出不同转差率所对应的传递功率值。实际上我国的功率对照表也是根据不同转差率所对应的功率制定的，所不同的是我国偶合器的功率上限指转差率为 3% 时的功率，功率下限指的是转差率为 1.5% 时的功率，我国的调速型液力偶合器标准规定额定转差率为 3%，不是 4%，只有限矩型液力偶合器额定转差率才是 4%。

（3）在表中找到规格为 24、转速 1500r/min、转差率为 3% 所对应的传递功率为 280kW，再找到同规格、同转速、转差率为 2% 所对应的传递功率为 200kW。因而按我国的标准，KSL24 调速型液力偶合器在输入转速为 1500r/min 的工况下，传递功率范围约为 200～280kW。

（4）找到国产化所选偶合器系列功率对照表，例如表 6 - 9。由该表可见，功率范围为 200～280kW 的偶合器选 560mm 规格是合适的，于是可初步确定选用 YOT560 调速型液力偶合器。

（5）找到所选国产化偶合器 YOT$_{CD}$560 调速型液力偶合器连接尺寸图，与 KSL24 偶合器的连接尺寸图相比对，主要看一下轴向长和中心高尺寸是否能对上，尤其中心高尺寸最好一样。若不一样还得砸地基，工程量过大。如果中心高一样，可以要求生产厂按 KSL24 的地脚尺寸生产国产化偶合器。此例两者中心高一致，而轴向尺寸有出入，因而可以确认选用 YOT$_{CD}$560 调速型液力偶合器是合适的。

252. 采用查功率图表法选择偶合器规格应注意哪些问题？

（1）所使用的偶合器功率图表必须与所选偶合器相对应，不能随便选一个对照表就用，因为不同类型偶合器或不同生产厂的偶合器往往功率对照表不一样。

（2）偶合器泵轮选型功率按第 244～251 问介绍的方法计算，不准再加安全系数，防止将偶合器规格选大。

（3）尽量选用功率上限的偶合器。

（4）当偶合器泵轮选型功率落在两个规格偶合器的界限时，应按第 244～251 问介绍的方法进行综合分析，并尽量选用小规格偶合器，工况恶劣的除外。

（5）进口偶合器国产化时，优先按传递功率和安装尺寸转化，而不用按原偶合器的规格转化。因为国外偶合器的规格系列与我国不同，例如 KSL24 是以英寸为单位，转化成公制则约为 610mm，若按规格转化则应上靠 650mm。由例 6 - 5 介绍可知，选 650mm 偶合器显然规格选大了。

六、调速型液力偶合器旋向选择及其注意事项

253. 为什么调速型液力偶合器在选型匹配时要确定旋向？

现在普遍使用的导管出口调节的调速型液力偶合器可以正转也可以反转，但是一经调定之后在运行中便无法改变，因此在选型匹配时一定要把旋向搞清楚。因为偶合器输入与输出同向旋转，所以工作机的旋向就是偶合器的旋向。通常用导管出口调节的偶合器若要改变旋向，必须更换导管和调整供油泵，一方面比较麻烦，另一方面用户也无法自行更换。

所以在选型匹配时必须选准旋向,避免因选错旋向而给运行带来麻烦。

254. 在确定调速型液力偶合器旋向时应注意哪些事项,常发生哪些错误?

在确定调速型液力偶合器旋向时,应注意以下几个问题:

(1)要明确观察旋向的位置。因为观察旋向的位置不同所看到的旋向也不同,所以在确定旋向时一定要先明确观察旋向的位置。例如,若面对电动机轴端观察的旋向是正转,那么面对电动机尾端所观察到的旋向就是反转。因此观察旋向的位置未定,旋向也不能定。因为面对电动机尾端所观察到的旋向正好是工作机的旋向,所以通常规定调速型液力偶合器的旋向,以面对电动机尾端所观察到的工作机转向为准。

(2)传动装置要根据齿轮箱的具体情况确定旋向。如果是液力偶合器传动装置,在确定旋向时除了要确定观察旋向的位置之外,还要明确齿轮副的数量。因为有一对齿轮则旋向相反,有两对齿轮则旋向不变,所以应当视具体情况确定偶合器的旋向,原则是偶合器的旋向必须与工作机一致。

调速型液力偶合器在选择旋向时常犯的错误有三个:

(1)根本不知道调速型液力偶合器有旋向要求,以为与限矩型液力偶合器一样,在运行中可以正转也可以反转,所以在选型时常常忽略旋向的选择。

(2)观察旋向的位置不明确。常常发生这样的情况,虽然标注了旋向,但是未标注观察旋向的位置,由于供需双方的理解不一样,结果将偶合器的旋向搞错。

(3)观察旋向的位置不对。有的用户观察旋向的位置注明为面对电动机轴端观察,而不是面对电动机尾端观察,这有两个害处:一是观察偶合器旋向的位置与观察工作机旋向的位置正好相反,供方需要按用户提供的旋向转换一下,这可能出现错误,例如用户提供的是正旋,供方要供逆旋,易产生错误;二是观察旋向的位置不合常规,易引起误会。

七、调速型液力偶合器基本系统与辅助系统

255. 调速型液力偶合器由几大系统组成,各包括哪些构件,各有什么功能?

调速型液力偶合器主要由机械与液力传动系统、油路系统、热平衡系统、调速操作及监控系统、运行参数调控系统等五部分组成,其构成与作用见表6-11。

表6-11　调速型液力偶合器系统构成与作用

系统构成	主要构件	功　能
机械与液力传动系统	包括箱体、回转组件(包括输入轴、输出轴、泵轮、涡轮、背壳、外壳等)、油泵驱动齿轮、导管壳体、泵壳体等	箱体既是支承构件又兼做油箱,通过轴承承着回转组件旋转来完成液力传动。导管壳体支承着导管在其中做往复运动。泵壳体既是油泵又是轴承支座,油泵驱动齿轮驱动油泵旋转
油路系统(包括工作油循环系统和润滑油循环系统)	包括油泵、管路、安全阀、进油组件、排油组件、滤油器等	保证工作油和润滑油的循环流动,从而完成液力传动

系 统 构 成	主 要 构 件	功 能
热平衡系统	热平衡系统包括两个部分:第一部分是工作油的循环流动系统,即油路系统;第二部分是工作油的冷却系统,包括冷却器、冷却水循环系统等	热平衡系统中的工作油和润滑油的循环系统的功能是保证工作油和润滑油按一定的流量循环流动,使工作油和润滑油能够进出冷却器,将偶合器中的热油导出来,进入冷却器与冷却介质进行热交换 热平衡系统中的冷却系统的功能是将偶合器产生的热量在冷却器中被冷介质带走,从而达到热平衡
调速操作系统	包括喷嘴、阀门、变量泵、导管、电动执行器、电动操作器等	调节偶合器的充液量从而调节输出转速
运行参数调控系统	温度表、压力表、测速齿盘、转速传感器、转速仪、压力变送器、温度变送器等	通过运行参数的监控仪表监控偶合器的运行参数,使偶合器处于正常运行状态

256. 什么是调速型液力偶合器辅助系统,它有什么重要作用?

在调速型液力偶合器的五大系统构成中,除机械和液力传动系统以外的其他系统统称为辅助系统。调速型液力偶合器的辅助系统对于发挥液力偶合器的调速功能具有重要作用。可以这样说,如果没有辅助系统,液力偶合器便无法调速。液力偶合器在运行中所产生的故障也绝大部分发生在辅助系统中,因而对辅助系统要予以高度重视。

八、调速型液力偶合器油路系统

257. 调速型液力偶合器油路系统是怎样组成的,各有什么作用?

调速型液力偶合器油路系统的分类、组成及作用见表 6－12。

表 6－12　调速型液力偶合器油路系统的分类、组成及作用

分　类				系统组成与作用
工作油循环系统	供油系统	主供油系统	一体式 轴带泵	主要由供油泵总成、管路、油箱等组成,作用是为工作油循环冷却和调节充液量提供条件。轴带泵由输入轴通过齿轮驱动,独立泵由单独电动机驱动
			一体式 独立泵	
			分离式	供油系统与偶合器箱体分离,通常立式偶合器、圆桶箱体偶合器或中心高要求很低无法带油箱的偶合器用此结构
			借用式	借用柴油机的供油系统
		快速供油系统		除设置常规供油泵外,还设置一个大流量快速供油泵,用于离合型偶合器上,能使偶合器快速接合,接合后此泵不用
		备用供油系统		特别重要的设备,为防止主油泵故障停机,特设置备用供油泵
	排油系统	主排油系统	导管排油	导管、导管壳体、管路
			喷嘴排油	喷嘴
		快速排油系统		设置快速放油阀,可在短时间内将工作腔液体排出,用于离合型偶合器

分 类			系统组成与作用
润滑系统	主润滑系统	一体式	与供油系统共用一套供油装置,主要是用来润滑轴承
		分离式	有单独的润滑供油装置,与工作油供油系统分离
		借用式	借用柴油机的供油系统对轴承进行润滑
	辅助润滑系统		设立辅助供油装置,用于滑动轴承在偶合器启动前停机后的轴承润滑
	外供润滑系统		用偶合器的供油系统为电动机或减速器供润滑油
	补偿润滑系统		为防止突然断电时,滑动轴承得不到润滑而烧毁,特设置高位油箱,在主供油系统停止时,由高位油箱供油
油路控制系统	压力控制		安全阀、溢流阀、减压阀、节流板等
	流量控制		节流板、充油调节阀、流量调节阀
	流向控制		梭阀、电磁换向阀、逆止阀、顺序阀
	油质控制		过滤器、过滤网等

258. 调速型液力偶合器油路系统有几种典型结构?

A　采用滚动轴承的调速型液力偶合器油路系统

采用滚动轴承的调速型液力偶合器的供油和润滑一体化的油路系统,如图 6 – 4 所示。

油泵 1 从油箱中吸油,经设置在偶合器外部的冷却器 2 后进入偶合器工作腔,同时润滑各滚动轴承。安全阀 3 安装在箱体内,当管路受阻时压力升高,安全阀泄流保护。在出油口安装压力表 4 和温度表 5,进油口安装温度表 6,它们均安装在箱体外侧,以监控油路系统油温和油压的变化是否符合要求。

B　采用滑动轴承的调速型液力偶合器油路系统

采用滑动轴承的调速型液力偶合器油路系统分为主供油润滑系统和辅助润

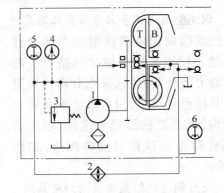

图 6 – 4　采用滚动轴承的液力偶合器油路系统
1—油泵;2—冷却器;3—安全阀;4—压力表;5,6—温度表

滑供油系统两部分,如图 6 – 5 所示。它有以下两大特点:

(1)因为采用滑动轴承,所以各径向和推力轴承处必须强制润滑。

(2)因为采用滑动轴承,所以在偶合器启动前必须先启动辅助润滑供油系统,使各轴承处于润滑状态,否则形不成油膜,就会将轴承烧毁。

采用滑动轴承的调速型液力偶合器在启动前,先启动辅助润滑油泵 1,油液经梭阀 2、双联滤油器 3 和专门设置的管路进入轴承 4、5、6、7 处。液力偶合器启动后,主供油泵 8 经箱体外部的冷却器 9 向工作腔供油,同时在节流器 10 之前有一部分油液经梭阀进入润滑油路。当滤油器 3 后的压力表 11 显示达到规定的润滑压力(0.14～0.175MPa)后,由压力继电器切断辅助泵电动机电路,辅助油泵 1 停机。在液力偶合器正常运转时,滑动轴承的润滑

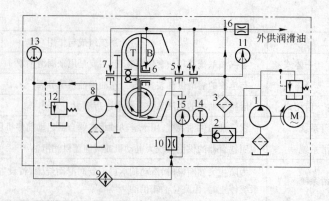

图 6-5　采用滑动轴承的液力偶合器油路系统

1—辅助润滑油泵；2—梭阀；3—双联滤油器；4—输出轴轴承；5—推力轴承；6—泵轮轴承；7—输入轴轴承；
8—主供油泵；9—冷却器；10,16—节流器；11,15—压力表；12—安全阀；13,14—温度表

由主供油泵承担,在偶合器停机过程中,当压力表11显示值低于0.05MPa时,靠电气联锁系统启动辅助油泵,以保证各轴承得到润滑。油路系统中安装有安全阀,各轴承处有测温元件,能保证油路系统运行安全。

　　C　调速型液力偶合器分离式油路系统

　　立式或圆筒箱体调速型液力偶合器以及其他不便于采用一体化油路系统的调速型液力偶合器,往往采用分离式油路系统。其特点是供油、润滑系统不在偶合器箱体内,而是单独设置液压站,用连通管与偶合器进油口和出油口相连,如图6-6所示。

　　D　液力调速机组集中供油油路系统

　　液力偶合器除可为自身供油以外,还可以为电动机或工作机供润滑油。图6-7是由偶合器集中供油的系统图,偶合器油路系统的集中供油节省了各自的润滑站,减小占地面积和投资,方便机组管理布置,具有较多优点。

259. 调速型液力偶合器常用供油泵有几种,各有何特点和用途?

　　调速型液力偶合器、液力偶合器传动装置常用供油泵有离心式油泵、摆线式油泵和齿轮式油泵三种。

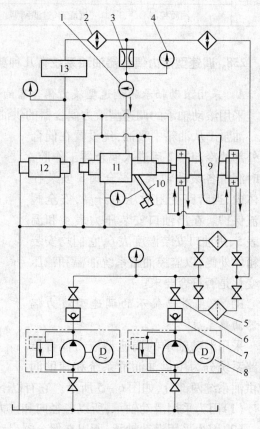

图 6-6　分离式油路系统

1—流量计；2—冷却器；3—节流阀；4—压力表；
5—滤油器；6—截止阀；7—单向阀；
8—供油泵机组；9—风机；10—电
动执行器；11—偶合器；12—电
动机；13—安全油箱

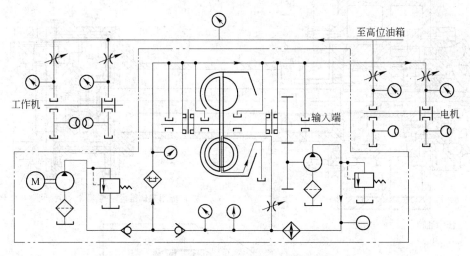

图6-7 液力调速机组集中供油油路系统

（图中双点画线内为偶合器本身油路图，两端为电动机和工作机）

A 离心式供油泵

离心式供油泵在调速型液力偶合器和液力偶合器传动装置的油路系统中用得较多，尤其德国福依特公司的产品，几乎全用离心式油泵。国内偶合器较少用离心泵。离心式供油泵的最大优点是流量大，特别适合高转速、大功率的调速型液力偶合器和液力偶合器传动装置选用。它的第二个优点是具有类似限矩型液力偶合器的限矩保护作用，当管路堵塞时，离心泵的供油压力升至一定程度后便不再升高，能保证管路堵塞时不至于发生事故。它的第三个优点是能适应偶合器的旋向要求，当偶合器旋向变化时，只要变换主动锥齿轮的安装位置即可满足要求，离心式供油泵的结构如图6-8所示。

离心式供油泵的缺点是结构较复杂、体积大、占用空间大，需要垂直安装。当用输入轴通过传动齿轮驱动时，需增加一套锥齿轮传动装置，不仅成本增大，而且也给布局设计带来一定的困难。

B 摆线式供油泵

调速型液力偶合器油路系统上用得最多的是摆线转子供油泵，尤其国内生产的偶合器，几乎全用摆线转子油泵。摆线式供油泵的优点是结构紧凑、占用空间小、噪声小、价格较低，当偶合器旋向改变时，稍加调整即可适应。受摆线泵内转子线速度的限制，内转子和外转子的节圆直径不可能做得太大，所以摆线泵的最大缺点是流量不可能过高。目前国内单泵最高流量是375L/min，可满足传递功率4000kW以下的调速型液力偶合器和液力偶合器传动装置选用。若传递功率高于4000kW就无法选用摆线式油泵了。

摆线式供油泵有三元件和两元件两种。图6-9所示为三元件摆线泵结构。三元件摆线泵除有外转子和内转子外，还有一个偏心套。当偶合器的旋向变化时，只要将偏心套旋转180°即可，油泵的吸口和入口不变，安装调整比较方便。两元件的摆线泵（见图6-10）没有偏心套，当偶合器旋向变化时，需将油泵旋转180°安装，且油泵吸口和出口的中心高有变化，因而安装略有不便。但两元件摆线泵因省去了偏心套，价格相对便宜些。摆线式油泵还有联体式和分体式两种，如图6-11和图6-12所示。

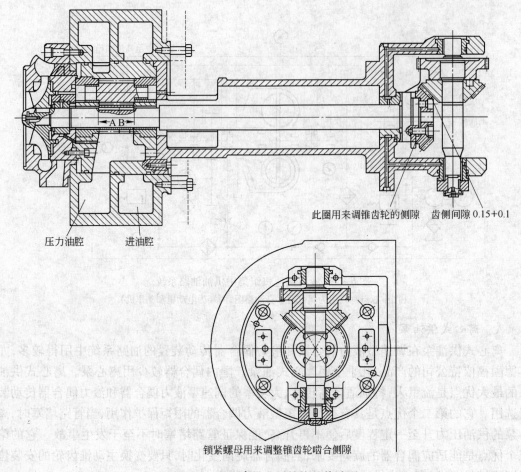

此圈用来调锥齿轮的侧隙　齿侧间隙 0.15+0.1

压力油腔　　进油腔

锁紧螺母用来调整锥齿轮啮合侧隙

图6-8　离心式供油泵结构及传动图

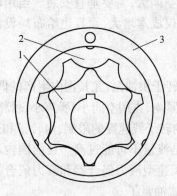

图6-9　三元件摆线泵结构
1—内转子;2—外转子;3—偏心套

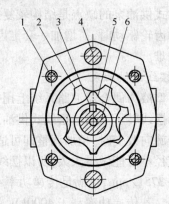

图6-10　两元件摆线泵结构
1—螺钉;2—外转子;3—平键;4—圆板销;
5—内转子;6—转子轴

C　齿轮油泵

齿轮油泵的优点是流量大、体积小、安装方便,其缺点是噪声大,吸口与排口无法改变,当偶合器旋向变化时,需要更换新泵。齿轮油泵在调速型液力偶合器上用量不多,有些大功

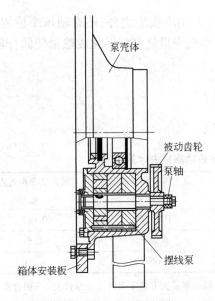

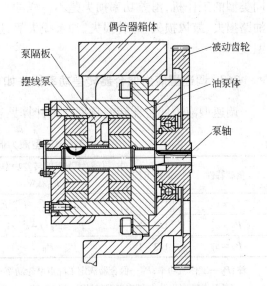

图6-11 联体式摆线供油泵　　　　　图6-12 轴带式分体摆线供油泵

率偶合器因为选不着合适的摆线泵,常选用齿轮油泵。齿轮油泵属常规液压件,在各设计手册中均有介绍。

260. 调速型液力偶合器工作油循环流量如何确定?

工作油从偶合器送往冷却器的循环流量主要根据偶合器发热功率 P_S 来确定,同时还与偶合器工作液体的最高允许温度和温升范围有关。按英国液力驱动工程公司的计算方法,工作油的最高温度定为88℃,冷却后的进口温度定为45℃,则每小时每立方的工作油所能带走的热功率 P_S 为20.82kW,由此计算出工作油的循环流量 V:

$$V = \frac{P_S}{20.82} \text{ m}^3/\text{h} = 0.8 P_S \text{ L/min} \tag{6-1}$$

若取 $P_S = 0.236 P_d$(P_d 为电动机功率),则 $V \approx 0.19 P_d$ L/min,为方便记忆,也有人将0.19系数改为0.2。根据多年经验,按此经验公式计算的工作油循环流量是合适的,能够保证偶合器正常运行。

261. 调速型液力偶合器工作油循环流量对偶合器运行有何影响?

偶合器工作油的循环流量对偶合器正常运行影响很大。循环流量过低,则单位时间内的导热能力不足,致使偶合器发热。循环流量过高,则偶合器工作腔内的充液量不能够迅速得到调节,有可能达不到最低转速,缩小调速范围。从总的看,偶合器工作油的循环流量略高一些为好。

九、调速型液力偶合器热平衡系统

262. 为什么调速型液力偶合器会有功率损失并导致其发热?

由前文介绍可知,调速型液力偶合器因为是滑差调速,所以存在滑差功率损失,对于不同类型的工作机,滑差功率损失是不一样的。除了滑差功率损失之外,还有轴承摩擦损失、油路损失、鼓风损失、导管损失、油泵损失等,这些功率损失最终都将转化成热量使偶合器升温发热。

263. 调速型液力偶合器转差功率损失如何计算?

调速型液力偶合器转差功率损失计算见表 6-13。

表 6-13   调速型液力偶合器转差功率损失计算

负载特性	调速范围	任意工况点的转差功率损失 P_{Si}/kW	最大转差功率损失 $P_{S\,max}$/kW	最大功率损失点 i_S
$P_Z \propto n_Z^3$	1/5 ~ 1	$P_{Si} = P_B(i^2 - i^3)/i_e^2$	$0.157 P_B$	0.667
$P_Z \propto n_Z^2$	1/5 ~ 1	$P_{Si} = P_B(i - i^2)/i_e$	$0.25 P_B$	0.5
$P_Z \propto n_Z$	1/3 ~ 1	$P_{Si} = P_B(1 - i)$	$0.667 P_B$	0.33

注:P_Z—工作机功率;P_B—偶合器额定工况点泵轮功率;$P_{S\,max}$—偶合器最大发热工况转差功率损失;i—偶合器任意工况点转速比;i_e—额定工况转速比,$i_e = 0.97$;n_Z—工作机转速;i_S—偶合器最大功率损失点转速比。

264. 什么是调速型液力偶合器功率损失系数,如何选用?

表 6-13 中的转差功率损失计算,未计算偶合器运行中的其他损失,为保证在最恶劣工况下偶合器仍然能正常工作,因而要求在计算工作油循环流量、冷却器换热面积和冷却水流量时,有意加大最大发热功率损失。通常取 $P_{S\,max} = AP_B$,式中的 A 称为功率损失系数,根据经验 $A = 0.2 \sim 0.24$。一般大规格偶合器在低转速工况虽然传递功率较大,但由于箱体面积大、散热性能好,所以 A 可以取小值。对于高转速、小规格、大功率偶合器则 A 应取大值。例如,同样传递 3000kW,若是输入转速 3000r/min,则须选用 580mm 偶合器;若输入转速为 1000r/min,则应选 1150mm 偶合器,前者比后者的箱体散热面积小一半多,所以功率损失系数 A 应取大值。

265. 调速型液力偶合器发热损失功率如何计算?

由第 264 问介绍可知,调速型液力偶合器最大发热功率按式(6-2)计算。

$$P_S = AP_B \tag{6-2}$$

式中 P_S——偶合器最大发热损失功率,kW;

A——功率损失系数,一般情况下 $A = 0.2 \sim 0.24$;

P_B——偶合器泵轮功率,kW;$P_B = 0.95P_d$,也可简化成 $P_B = P_d$;

P_d——电动机功率,kW。

【例 6-6】   电动机功率 1600kW,转速 3000r/min,选 GST50 调速型液力偶合器,试计算偶合器发热功率损失。

此例属于小规格偶合器在高速工况传递大功率,所以功率损失系数 A 应取大值,可取 $A = 0.24$,将已知参数代入公式计算。

$$P_S = AP_B = 0.24 \times 1600 = 384\text{kW}$$

偶合器的最大功率损失 384kW,需要说明的是所计算的结果并不是真的损失这么多功率,而是按偶合器的最大发热损失功率乘以一定系数得来的,主要是为了提高偶合器热平衡能力,确保在最恶劣工况下也不发热。

【例6-7】 电动机功率900kW,转速750r/min,选用YOTC1050偶合器,试计算偶合器发热功率损失。

此例属于较大规格偶合器在低转速下传递较小功率工况,因而功率损失系数应取小值,可取$A = 0.20$,将已知参数代入公式计算。

$$P_{S\,max} = AP_B = 0.2 \times 900 = 180kW$$

即偶合器的发热功率损失等于180kW。

266. 调速型液力偶合器发热与散热是怎样平衡的,热平衡系统由哪两部分组成?

调速型液力偶合器是依靠热平衡系统进行发热与散热平衡的。调速型液力偶合器的热平衡系统包括两大部分:

(1)偶合器工作油、润滑油的内部循环流动系统。

(2)偶合器工作油、润滑油的外部冷却循环系统。

要想使偶合器发热与散热平衡必须满足以下4个条件:

(1)偶合器的工作油、润滑油必须具有足够的流量,能够将各种功率损失所转化成的热量传导出去。通常按$Q = 0.2P_B$ L/min,即可满足散热传导要求。

(2)必须外设合适的冷却器并具有足够的散热面积。

(3)必须使冷却水具有足够的压力和流量,确保具有足够的换热能力。

(4)冷却器的进出口油温、水温必须选择合理,达到要求。

达到以上要求,偶合器的发热与散热即可平衡。

调速型液力偶合器的冷却循环系统有工作油、润滑油一体化的冷却循环系统和工作油、润滑油分别冷却循环系统两种,如图6-13和图6-14所示。

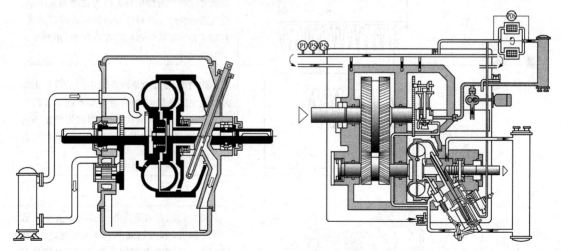

图6-13 工作油和润滑油一体化的冷却循环系统　　图6-14 工作油和润滑油分别冷却的冷却循环系统

267. 调速型液力偶合器为什么必须选配冷却器?

调速型液力偶合器在调速过程中产生滑差功率损失,滑差功率损失转化成热量使偶合器发热,如果发热量较小,可以通过自然风冷来散热。但如果发热量较大,仅靠风冷散热就不可能了,因此必须设置专门的冷却器,对偶合器的工作油和润滑油进行冷却,以达到热平衡。

268. 调速型液力偶合器所配冷却器为什么必须提供足够的冷却水循环流量?

液力偶合器的热油在冷却器中与冷却水进行热交换,此时冷却水的流量和进出口水温差对偶合器油的冷却效果影响较大。若冷却水循环流量不足,则单位时间内所能带走的热量就少,显然不可能将偶合器的发热量完全带走,从而达不到热平衡状态,所以冷却水的流量和压力必须足够。

269. 调速型液力偶合器常用冷却器有几种,各有何特点和用途?

调速型液力偶合器常用冷却器的种类、特点和用途见表 6 – 14。

表 6 – 14   与液力偶合器匹配的常用冷却器的种类、特点及用途

序号	冷却器种类		图 例	特 点 及 用 途
1	风冷式冷却器	板翅式		结构简单紧凑、散热面积大、热效率较高、适应性好,除可用于风冷式冷却器外,还可以做成油－油或油－水冷却器。与偶合器匹配常用在没有冷却水的沙漠、干旱地带,在高寒地区、冷却器易冻的地区也有采用此种冷却器的
		翅片管式		特点是在圆管或椭圆管外嵌入翅片以扩大散热面积,可比光管高 8～10 倍。在此种结构中,椭圆管比圆管的性能好。因为它的涡流区小,空气流动性好。此种冷却器的用途同板翅式,有的矿井下带式输送机用此冷却器,相当于居家的暖气片
2	水冷式冷却器	蛇形管式		结构简单、冷却效果较差,水流经管内带走管外油液中的热量,有些自带冷却器的偶合器常用此结构。还有的管内走油,将蛇形管置于水槽中,滑差功率损失不大的井下带式输送机有用此结构冷却器的
		列管式		其特点是在大的圆筒内(壳腔)布置一定数量的小圆管(管腔),通常油从壳腔通过,水从管腔通过,采用双程强制换热以扩大其传热系数。管式冷却器在调速型液力偶合器上使用较多,常用在水质较差、易结垢、易堵塞的场合

序号	冷却器种类		图 例	特点及用途
2	水冷式冷却器	板式	角孔 双道密封 密封槽 信号孔	采用多片人字形波纹板用密封条组合在一起,冷、热介质在流经相邻板片所形成的窄小而曲折的流道时,进行热交换。其特点是体积小、传热系数高、占地面积仅为列管式冷却器的1/10~1/5,在调速型液力偶合器上使用最多。此种冷却器因板片间隙小,故对水质要求较高

270. 调速型液力偶合器选配冷却器有哪些注意事项?

调速型液力偶合器选配冷却器应注意的事项见表 6 – 15。

表 6 – 15　调速型液力偶合器选配冷却器注意事项

序号	注意事项	说　明
1	选准冷却器型式	缺水、干旱或高寒地区应选风冷式冷却器。水质较差应选管式冷却器。一般的可视性价比选择经济、适用的管式或板式冷却器。发热量不大的场合可选蛇形管冷却器
2	计算准确的冷却器散热面积	要想保证调速型液力偶合器发热与散热平衡,必须保证冷却器具有足够的散热面积。如果计算不准确,匹配不合理,就会产生偶合器发热故障
3	计算准确的冷却水流量和压力	冷却水单位时间内所带走的热量与冷却水的流量压力关系很大,达不到应具有的流量压力,热平衡就会被破坏,偶合器就会发热。所以应当将冷却水流量压力计算准确
4	确定经济合理的冷却水塔或冷却水池容积	采用工业循环水冷却的场合,必须设置冷却水塔或冷却水池。为保证热交换完的冷却水能及时降温,冷却水塔或冷却水槽必须具有足够的容积和散热面积,通常认为冷却水塔或冷却水池的容积等于4~5倍的冷却水流量即可
5	选好冷却器的配套装置	与冷却器配套的装置有油水法兰、管路、水质软化器、过滤器、除污器、冷却水泵等,其中与偶合器、冷却器连接的进出油法兰、进出水法兰常由供方提供,其余则由需方自备
6	选配合适的冷却水泵	冷却水泵的流量应大于1.5倍的计算冷却水流量

271. 冷却器的换热面积如何计算?

冷却器的换热面积按式(6 – 3)计算。

$$F = \frac{Q}{K\Delta t_m} \tag{6 – 3}$$

$$Q = 3600 P_S$$

$$\Delta t_m = T_m - t_m = \frac{T_1 + T_2}{2} - \frac{t_1 + t_2}{2}$$

式中　F——冷却器的换热面积,m^2;

Q——偶合器运转中最大发热量,J/h;

K——传热系数,$W/(m^2 \cdot ℃)$,管式冷却器 $K = 200 \sim 350$,板式冷却器 $K = 400 \sim 1000$;

$\Delta t_{\rm m}$——平均温差,℃;

$P_{\rm S}$——偶合器总损失功率,kW;

$T_{\rm m}$——冷却器油的平均温度,℃;

$t_{\rm m}$——冷却器水的平均温度,℃;

T_1——冷却器进口油温(见表6-16),℃;

T_2——冷却器出口油温(见表6-16),℃;

t_1——冷却器进口水温(见表6-16),℃;

t_2——冷却器出口水温(见表6-16),℃。

272. 调速型液力偶合器所配冷却器进、出口油温和水温如何确定?

调速型液力偶合器所配冷却器进、出口油温和水温的选择见表6-16。

表6-16 冷却器进、出口油温和水温选择表

温　度	推荐值/℃		平均温度/℃		说　明
进口油温 T_1	70		$T_{\rm m} = 57.5$		偶合器工作油温规定为45~90℃,正常运行温度为67℃,所以把工作油进入冷却器的温度定为70℃
出口油温 T_2	45				
进口水温 t_1	工业循环水	>30	工业循环水	$t_{\rm m} = t_1 + 3.5$	工业循环水温度较高,散热能力差,所以将进出口温差定为7℃。江河水和自来水温度较低,进出口温差可适当加大
	江河水	<30			
出口水温 t_2	工业循环水	$t_1 + 7$	江河水自来水	$t_{\rm m} = t_1 + 5$	
	江河水	$t_1 + 10$			

273. 调速型液力偶合器所配冷却器换热面积及冷却水流量如何用简易方法计算?

冷却器换热面积正规计算有些烦琐,况且冷却器规格有限,即便计算得相当精确,也只能靠挡选取,所以精确计算没有实际意义,推荐用简化方法计算(见表6-17)。

表6-17 调速型液力偶合器冷却器换热面积及冷却水流量简化计算

负载类型	冷却器换热面积/m²		冷却水流量/m³·h⁻¹	冷却水条件
	板　式	管　式		
$N_{\rm G} \propto n_{\rm g}^3$ 抛物线负载	$F = 0.017P_{\rm d}$ 式中 $P_{\rm d}$——电动机功率,kW	$F = 0.028P_{\rm d}$	$Q = \dfrac{P_{\rm S\,max}}{1.163\Delta t}$ 式中 Q——冷却水流量,m³/h; $P_{\rm S\,max}$——偶合器最大损失功率,kW,$P_{\rm S} = AP_{\rm d}$;$A = 0.20 \sim 0.24$; Δt——冷却水进出口温差,℃,工业循环水 $\Delta t < 7$;自来水、江河水 $\Delta t = 7 \sim 10$; 1.163——当冷却水进出口温差为1℃时,每小时每立方米的水带走的热功率为1.163kW	干净、无杂质、无腐蚀性,自来水、江河水、工业循环水均可。供水压力不低于0.2MPa
$N_{\rm G} \propto n_{\rm g}^2$ 直线性负载	$F = 0.019P_{\rm d}$	$F = 0.032P_{\rm d}$		
$N_{\rm G} \propto n_{\rm g}$ 恒力矩负载	按实际最大功率损耗确定	按实际最大功率损耗确定		

274. 怎样根据不同的运行工况选配合适的冷却器换热面积和冷却水流量?

【例6-8】 某钢厂除尘风机,电动机功率710kW,额定转速1000r/min,选配 YOT$_{CD}$875调速型液力偶合器,拟选用板式冷却器,冷却水为工业循环水,试计算其换热面积和冷却水流量。

计算方法与步骤见表6-18。

表6-18 冷却器换热面积及冷却水流量计算

序号	计算步骤	公 式	计 算 及 说 明
1	确定工作机类型	$P_Z \propto n_Z^3$	除尘风机属于功率与转速的3次方成正比的抛物线型机械
2	确定冷却器型式		根据工作环境和水质选型,本例已选定板式冷却器
3	确定计算公式,计算换热面积	式中 $F = 0.017P_d$ F——换热面积,m^2; P_d——电动机功率,kW	已知电动机功率为710kW,则 $F = 0.017P_d = 0.017 \times 710 = 12.07m^2$,取 $F = 12m^2$
4	计算最大功率损失 P_S	$P_S = AP_d$ kW $A = 0.20 \sim 0.24$	所用偶合器为875mm,传递功率中等,故取 $A = 0.22$,则 $P_S = 0.22P_d = 0.22 \times 710 = 156.2kW$
5	计算冷却水流量	$Q = \dfrac{P_S}{1.163\Delta t}$ m^3/h	已知冷却水为工业循环水,故取 $\Delta t = 7℃$,$P_S = 156.2kW$,则 $Q = \dfrac{P_S}{1.163\Delta t} = \dfrac{156.2}{1.163 \times 7} = 19.18m^3/h$,取 $Q = 20m^3/h$

【例6-9】 某水泥厂立窑罗茨鼓风机,电动机功率250kW,转速1500r/min,选配 YOT$_{CB}$560调速型液力偶合器,拟采用矿山井水,含石灰质较高,试计算冷却器换热面积和冷却水流量。

计算方法与步骤见表6-19。

表6-19 冷却器换热面积及冷却水流量计算

序号	计算步骤	公 式	计 算 及 说 明
1	确定工作机类型	$P_Z \propto n_Z^2$ (类似)	罗茨风机不是抛物线型,其特性曲线介于直线型负载和恒扭矩负载之间,一般可以借用直线型负载的计算公式
2	确定冷却器型式		因为矿山的井水含石灰质较高,故应选抗结垢能力较强的管式冷却器,最好同时选水质软化器
3	确定计算公式,计算换热面积	$F = 0.032P_d$	已知电动机功率为250kW,则 $F = 0.032P_d = 0.032 \times 250 = 8m^2$
4	计算最大功率损失 P_S	$P_S = AP_d$ $A = 0.2 \sim 0.24$	所用偶合器为560mm,传递较小功率,故取 $A = 0.22$,则 $P_S = 0.22P_d = 0.22 \times 250 = 55kW$
5	计算冷却水流量	$Q = \dfrac{P_S}{1.163\Delta t}$	已知冷却水为井水,温度较低,故取 $\Delta t = 10℃$,$P_S = 55kW$,则 $Q = \dfrac{P_S}{1.163\Delta t} = \dfrac{55}{1.163 \times 10} = 4.73m^3/h$,取 $Q = 5m^3/h$ 即可

【例6-10】 某煤矿井下带式输送机,电动机功率315kW,转速1500r/min,配用 YOT$_{CB}$560B调速型液力偶合器,由于没有冷却水,故拟采用风冷式冷却器,试计算其换热面积。

风冷式冷却器的换热系数约为水冷式冷却器的$\dfrac{1}{10}$。选型计算时可以借用管式冷却器的经验系数的 10 倍作为计算系数。计算方法与步骤见表 6-20。

表 6-20　风冷式冷却器换热面积计算

序号	计算步骤	公　式	计算及说明
1	确定工作机类型	$P_z \propto n_z$	带式输送机属于恒扭矩机械
2	确定计算公式	$F = 0.28 P_d$	调速型液力偶合器与恒扭矩机械匹配,其效率等于转速比。但由于煤矿用带式输送机调速范围并不大,只是在启动时短时间内转差率较高,所以可以认为其最大损失功率与直线型机械差不多,借用其计算公式 $F = 0.28 P_d = 0.28 \times 315 = 88.2 m^2$,取 $F = 90 m^2$
3	验证安装尺寸是否符合使用空间		查相关样本知 FL-90 型风冷式冷却器,长×宽×高 = 1692mm×765mm×860mm,煤矿井下因空间不够而无法安装,故不能选用。可以选用 FL-45 型两个冷却器串联使用,FL-45 型的外形尺寸为 970mm×715mm×908mm,可以安装

275. 冷却水池或水塔的容积应怎样估算?

当冷却器采用工业循环水作冷却介质时,必须设置冷却水塔或冷却水池。从冷却效果看,当然是冷却水塔或水池的容积越大越好,但限于资金投入和占地面积的限制,又不可能太大。所以在调速型液力偶合器选型匹配时,要大约估算一下冷却水塔或水池经济合理的容积。

冷却水塔或水池依靠环境自然散热,因而必须有足够的散热时间。如果散热时间不够,则冷却水的温度就会越来越高,最终失去冷却能力。随着环境温度的不同,冷却水塔的散热能力也不同。根据经验,冷却水塔的容积取 4~5 倍的冷却水流量即可。如果冷却水采取喷淋式回水散热,容积可适当小些。

如果在运行中,冷却水的温度越来越高,可以采取间断换水的办法。水塔内设置温度传感器,当水温达到上限之后,凉水阀打开,向塔内供凉水;同时,热水阀也打开,向外排热水。当水温达到规定的下限以后,凉水阀与热水阀同时关闭,这样即可利用较小的冷却水塔解决冷却水降温问题。

十、调速型液力偶合器调速操作及运行监控系统

调速型液力偶合器总的监控系统包括调速操作控制系统和运行参数监控系统两大部分。调速型液力偶合器的监控系统对于保证偶合器正常运行至关重要,应当在选型匹配中予以高度重视。由于机组系统总的控制方案不同,所要求偶合器的控制方式也不同,所以在选型中尤其要重视对控制系统配置的选择,以期望达到最佳的控制效果。

276. 调速型液力偶合器调速操作控制系统有几种,各有什么特点?

总的来说,液力偶合器调速操作控制系统的功能就是调整偶合器工作腔内的充液量。根据调节方式不同,调速操作系统可分为进口调节偶合器和出口调节偶合器两种。进口调节偶合器的调速操作系统有电磁阀、热敏流量阀、流量阀、变量泵、变频调速泵等,通过这些元件可调节偶合器的进口流量。出口调节偶合器主要用导管调节偶合器的出口流量,操作控制导管移动的机构有电动执行器、液压油缸、步进电动机等。这些调速操作控制系统大多

不能直接进行计算机自动控制,需要通过速度变送器、伺服放大器等将调速信号转化成4～20mA 电流,才能进行自动控制。

277. 调速型液力偶合器运行参数监控系统有几种,各有什么特点?

调速型液力偶合器运行参数监控系统有开环控制和闭环控制两种。开环控制的特点是不具备计算机自动控制功能,但可以用电动操作器在控制室中手操电动控制,闭环控制则可以进行计算机自动控制。

278. 调速型液力偶合器开环控制原理是什么?

图6-15 为调速型液力偶合器开环控制原理图。图中的位置控制器就是驱动导管做伸缩运动的装置,它有液压油缸驱动和电动执行器驱动两种,最常用的是电动执行器驱动。电动执行器是以交流伺服电动机为原动机的位置驱动装置,内含伺服电动机、位置发送器、减速器,电动执行器通常与电动操作器配套使用。

(1)现场手动控制时,应将电动执行器上的转换开关拨到"手动"位置,旋转执行器转动手柄,即可改变执行器曲柄的位置,从而就改变了偶合器导管的位置,调节了偶合器的输出转速。偶合器箱体上装有仪表板,仪表板上通常设置偶合器进、出口温度表和压力表,用来监测偶合器运行过程中油温、油压的变化情况。

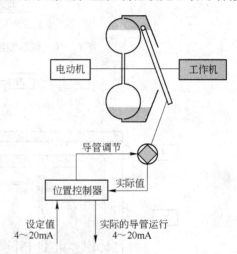

图6-15 调速型液力偶合器开环控制原理

(2)控制室手操电动控制时,应将电动执行器上的转换开关拨到"自动"位置,电动操作器开关拨到"手动位置"。仪表板上的电接点压力表、温度表引线到控制室,通过手动操作电动操作器,改变电动执行器的曲柄位置,从而改变偶合器导管位置,实现偶合器调速。

279. 调速型液力偶合器闭环控制原理是什么?

如图6-16 所示,闭环自动控制时,应将电动操作器的转换开关拨到"自动"位置。此时伺服放大器接收来自调节器的输出信号并将其与电动机执行器位置发送器的位置反馈信号相比较,将此偏差信号放大驱动二相伺服电动机转动,再经过电动执行器中的减速器减速,输出足够的力矩驱动偶合器导管移动。当导管移到需要位置时,输入信号与反馈信号相等,电动执行器停止动作,与此同时通过流量、压力、温度、速度等变送器,将偶合器运行参数值转化成4～20mA 电流,输入计算机系统,从而完成自动化控制。

280. 调速型液力偶合器调速及运行参数监控系统是如何配置的?

图6-17 为出口调节伸缩导管调速型液力偶合器操作与运行参数监控系统的典型配置,如果偶合器用滑动轴承,则每个滑动轴承处还要设置测温铂热电阻来监测轴承温度。

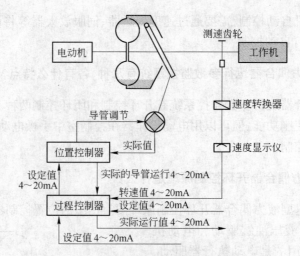

图 6 – 16　调速型液力偶合器闭环控制原理

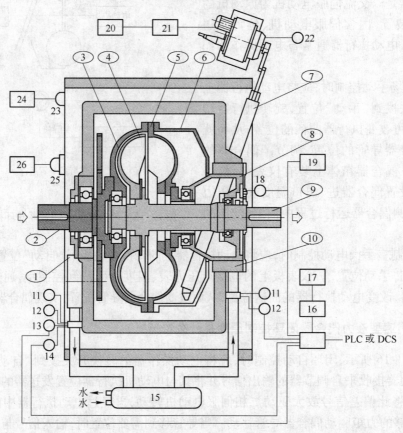

图 6 – 17　出口调节调速型液力偶合器操作与监控系统配置

⬭—偶合器自身的构件；◯—安装在偶合器上的仪表仪表 ；▭—安装在控制室的仪表

1—油泵；2—输入轴承；3—背壳；4—涡轮；5—泵轮；6—外壳；7—导管；8—导管壳体；9—输出轴；10—箱体；

11—压力表；12—温度表；13—热电阻；14—压力变送器；15—油冷却器；16—综合参数测试仪(现场用)；

17—综合参数测试仪(控制室用)；18—转速传感器及测速齿盘；19—转速仪；20—伺服放大器；

21—电动操作器；22—电动执行器；23—液位传感器；24—液位报警器；

25—加热器；26—电加热自动控制

281. 调速型液力偶合器自动监控系统有几种配置型式?

调速型液力偶合器自动监控系统的配置见表6-21。

表6-21　调速型液力偶合器自动监控系统的分类及配置

分类	配置内容		自动监控方式
	偶合器带一次仪表	控制室二次仪表	
普通配置型（用普通电动操作器）	压力变送器、温度传感器（铂热电阻）、速度传感器（测速齿盘和测速磁头）、电动执行器	温度数显表、压力数显表、转速仪、电动操作器、伺服放大器	已变送为4~20mA电流信号的,可直接进入DCS或PLC控制系统;未变送为4~20mA电流信号的,通过数显仪表变送后输入DCS或PLC系统。由于普通电动执行器只能输出4~20mA电流,而不能接收4~20mA电流,所以应加伺服放大器,通过伺服放大器接收上位机信号后控制电动执行器运行
普通配置加智能电动操作器型（用智能型电动操作器）		温度数显表、压力数显表、转速仪、智能型电动操作器,无伺服放大器	自控方式同普通配置型,因为所用智能型电动操作器将电动操作器与伺服放大器集成在一起,所以不用再单独选伺服放大器了
标准配置型	一次仪表全部采用变送器,将运行参数直接转化成4~20mA电流信号输出,电动执行器采用智能型的,能直接接收计算机输出的4~20mA控制信号	可设置各种数显仪表,显示运行参数	一次仪表全部用变送器,可将采集到的运行参数变送为4~20mA电流,直接输入DCS系统或PLC系统。电动执行器也必须使用智能型的,能直接接收4~20mA控制信号
电控仪表箱转化型	压力变送器、温度传感器（铂热电阻）、速度传感器（测速齿盘和测速磁头）、电动执行器	机旁或控制室设电控仪表箱,将普通配置一次仪表的监控信号转化为4~20mA电流信号。电动执行器用普通型的,电控箱内设有电动操作器、伺服放大器和其他数显仪表,或配智能型电动操作器,不用伺服放大器	一次仪表用普通配置,通过电控仪表箱内的数显仪表将运行参数信号转化为4~20mA电流信号输入DCS或PLC系统,由电控仪表箱内的伺服放大器接收计算机输出的4~20mA电流信号后控制电动执行器运行。也有的用智能型电动操作器,内置伺服放大器,而不用单独选伺服放大器
综合参数测控仪型	一次仪表与基本配置相同,即采用压力变送器、温度传感器、速度传感器、电动执行器,机旁设综合参数测控仪中的数据采集器,对运行参数进行显示、变送和控制	控制室内设置综合参数测控仪中的数据处理器,将数据采集器采集到的运行参数与设定的报警值与停机值相比对,监控显示运行情况,实施报警与紧急停机	仅用综合参数测控仪即可实施自动控制,综参仪还可以对整个机组包括电动机、工作机的运行参数进行监控,在微机未普及之前用得很多,现在虽还用,但量较少

282. 调速型液力偶合器自动监控系统如何选配,有哪些注意事项?

调速型液力偶合器自动监控系统是根据整个调速机组的要求选配的,因此在选配监控系统之前应先明确机组要求,明确是开环控制还是闭环控制。

如果是开环控制,则只选配温度表、压力表、电动执行器、电动操作器即可,通常称为常规配置。任何调速型偶合器均应当有常规配置,否则偶合器就不能工作。常规配置一般不另行收费。

如果是闭环控制,则要根据表 6 – 21 中所列的几种配置型式,选择一种经济适用的方式。闭环自动控制所用配置,通常称为选择配置,需要单独另收费。自动监控系统的选配应注意以下事项:

(1)明确要求。要确定到底用不用自动控制。有的用户根本不需要自动控制,盲目地认为配置越先进、越全越好,结果在使用时才发现,所选的自动控制系统不但没有用,反而无法使用,只好又改成常规配置。这不仅浪费了投资,而且还延误了工期。

(2)必须经济适用。一般普通配置比较省钱,而其他配置比较费钱,尤其电控仪表箱转化型和综参仪型就更费钱。所以不是特别需要,没有必要选择成本较高的配置。普通的配置加智能型电动操作器,省了一个伺服放大器,节省空间,所以比较经济适用。

(3)明确配置内容。根据需要选定自动监控系统配置型式以后,在订货时要标明配置内容,需要将配置需要的仪器、仪表一一标明。如果需方要求指定供货厂家,还应将供货商的名称注明。一般随机配套的常规配置可以不注明,选择配置必须注明,这样不仅便于供方供货,而且也便于需方验货。

(4)明确所配仪器、仪表的电源、电压。通常电动执行器等仪器使用 220V 电源,但是有的场合却没有 220V 电源,此时订货时就必须标明,供方也应当核实所供配置能否适应电源需要。例如,煤矿井下工作电源常用 660V,而控制电源常用 127V,如果在选配控制装置时忽略了这一要求,那么在安装使用时就会出大错。

(5)明确所配仪器、仪表是否需要防爆。煤矿井下、焦化厂、选煤厂等易燃易爆环境下使用的调速型液力偶合器,在选配监控装置时,必须明确是否需要防爆。如果需要防爆,则所有配套仪器仪表全部要选防爆的,其中煤矿井下使用还要有"煤安标志"证明。

(6)明确偶合器是否户外使用。户外使用的调速型液力偶合器所配仪器、仪表必须具有防尘、防潮、防雨、防晒功能,必要时应设置防护装置。

(7)明确是否有其他特殊要求。例如,有的用户要求偶合器的控制必须与全厂中心控制室联网,还有的用户要求既在现场控制,又在控制室控制,这就应根据要求进行适当选配,保证满足用户需求。

(8)明确是否是多机驱动控制。有些带式输送机、风机、水泵、石油钻机等工作机采用多动力机驱动,在选配偶合器监控系统时要特别注意多机驱动控制方式的选择,要保证达到多动力机功率平衡或同步驱动的要求。在选购多机驱动偶合器电动执行器时,应通知执行器厂是多机驱动用,所供电动执行器中电动机的转速应当一致,否则在工作中无法调同步,即使调了同步一会儿就又变成不同步了。

(9)明确是否对调速时间有要求。一般的工作机对调速时间没有什么要求,但是有些工作机对调速时间却有严格的要求。例如,轧钢除鳞泵,要求在每 3min 一个循环中按 10s

升速、10s 高速、10s 降速、150s 低速运行,因而在选配监控系统时,必须选择能够适应此工况要求的仪器、仪表。如必须选择能够适应频繁换向,在 10s 内能完成升速或降速动作的电动执行器。通常一般的电动执行器难以达到要求,或虽可以达到要求但可靠性不行。因而除鳞泵的监控装置往往不选配电动执行器,而选配伺服油缸。总之对于调速时间有要求的工作机,在选配监控装置时必须核对能否在规定的调速时间内完成调速动作。

(10)明确是否是断电启用的备机。有许多重要岗位,如高炉冷却水泵,为避免断电后冷却水供应不上发生故障,通常设置由柴油机驱动的备用机组。为备用机组选配的偶合器监控系统必须不用电控制,因此油泵必须用轴带泵,电动执行器必须选用有手动功能的,应选用不带辅助润滑系统的偶合器(因辅助润滑系统必须用电动机拖动)。如果必须选用带辅助润滑系统的偶合器,则必须设置高位油箱,在开机前由高位油箱向滑动瓦供电。

283. 什么是智能型电动执行器,它有什么优点和用途,如何选配?

智能型电动执行器采用智能数字控制技术,无需反馈单元和伺服放大器、操作器,可直接接收工业控制仪表或计算机输出的 4 ~ 20mA 信号,可对各种工业阀门或偶合器等装置实现准确位置控制。它与传统的执行器相比具有调校简单、精度高、功能强、性能可靠、不需要维护保养等特点,可广泛应用于各工业部门。智能型电动执行器常用于调速型液力偶合器的自动控制系统中,当调速型液力偶合器采用标准型自动控制配置时,选用智能型电动执行器,与压力变送器、温度变送器、速度变送器匹配使用,因智能型电动执行器已内置了伺服放大器,所以不用再选配伺服放大器和电动操作器了。如果机组不是闭环自动控制,则不要选配智能型电动执行器,因为这不但不需要,反而有害。

284. 什么是智能型电动操作器,它有什么优点和用途,如何选配?

智能型电动操作器又称为可编程电动操作器,是以微处理器控制电路为核心的新一代智能型操作器。该操作器适用于所有电动执行器,系统内部设计采用多种安全保护措施,大幅度提高了操作器自身的稳定性。采用全数字化设计设置,简单实用。最主要的是该操作器将伺服放大器集成在操作器内,采用智能型电动操作器就不用再使用伺服放大器了。智能型电动操作器常用于调速型液力偶合器的闭环自动控制系统中,一般在普通配置和电控仪表箱转化型配置时选用。

十一、调速型液力偶合器的配置及其选配注意事项

285. 什么是调速型液力偶合器的常规配置和选择配置,选配时有哪些注意事项?

A 调速型液力偶合器常规配置

调速型液力偶合器常规配置是指能够完成基本功能的最低配置,通常包括电动执行器、电动操作器、进口和出口油温温度表各 1 块、压力表 1 块。这些配置除电动操作器外,全部安装在偶合器上,通常不另收费。

B 调速型液力偶合器选择配置

为完成自动控制或其他功能而设置的各种配置称为选择配置。选择配置通常要另收费,常用选择配置内容及其选配注意事项见表 6 - 22。

表 6-22　调速型液力偶合器选择配置基本内容及其注意事项

序号	选择项目		选配目的	注意事项
1	电加热器以及电加热器控制器		油温低于5℃时,应用电加热器将工作油加热后再启动,电加热器控制器能自动控制电加热器开启和关闭	防爆环境使用时,电加热器应选用防爆型的
2	液位传感器和液位报警器		偶合器安装在不便于巡视的地方时,应安装偶合器油箱液位传感器和液位报警器,避免因油箱缺油而导致偶合器出现故障	可以经常巡视、能够用肉眼观察液位的可以不选液位传感器和报警器
3	冷却水磁化器		冷却水水质较硬、易结垢时选用	水质好的可以不设
4	滤油器		为进一步提高工作油的清洁度,有的用户在油路系统通往冷却器的进油口或出油口处设置滤油器,有的在润滑油的进口设置滤油器,以进一步净化油质	一般的可以不选用
5	冷却器		有些用户委托供方选配和提供冷却器	注意冷却器换热面积要足够,要计算冷却水流量,要确定是什么型式冷却器
6	自动控制配置	普通配置	配置电动执行器、电动操作器、伺服放大器、压力变送器、铂热电阻、转速传感器、测速装置、转速仪	必须选用伺服放大器,价格较低,优先选用
		普通配置+智能型电动操作器	与普通配置基本相同,只是将普通电动操作器换成智能电动操作器,不用伺服放大器	不用选用伺服放大器,价格较低,优先选用
		标准配置	智能型电动操作器、压力变送器、温度变送器、测速装置、转速传感器、转速仪	全部仪器仪表均能接受和输出 4~20mA 电流
		电控仪表箱配置	偶合器上配带的配置与普通配置相同,通过电控仪表箱转化成 4~20mA 电流信号	价格较高,必要时选用
		综参仪配置	配置现场和控制室用综合参数测控仪,不需要另配上位机	用于没有 DCS 或 PLC 上位机控制的场合,价格较高,一般不用
7	单机底座		有利于偶合器安装找正,可防止因地基下沉等原因引起偶合器变形	单机底座的地脚螺栓孔应与基础尺寸相配
8	双机或三机底座		采用电动机—偶合器、偶合器—工作机双机底座或电动机—偶合器—工作机三机底座,有利于设备安装调试和修理后复位,稳定可靠、减小振动	成本较高,尤其三机底座,质量沉、价格高,较少用。常用的是单机底座或双机底座,选配时应注意连接尺寸必须准确无误
9	联轴器		为采购方便和压低价格,需方常责成供方提供联轴器,有时仅供电动机—偶合器一端的,有时两端都供	所选联轴器必须具有易拆卸功能,传递力矩和许用转速必须合乎要求。若只供某一端联轴器,应与另一供方取得联系,要保证所供联轴器规格、型号一致
10	外供油系统		利用偶合器的外供油系统为电动机、工作机、减速器供润滑油,节省供油站和占地面积,便于集中管理调控	偶合器的油箱容积必须足够,必要时加大油箱尺寸,必须明确所需的供油压力和流量,采取必要措施达到要求

序号	选择项目	选配目的	注意事项
11	高位油箱	采用滑动轴承的调速型液力偶合器,为防止断电时轴承得不到润滑而烧毁,特设置高位油箱,以备断电时润滑轴承	高位油箱容积应保证在 3 ~ 5min 内能够润滑轴承,只有滑动轴承偶合器才配高位油箱
12	可变函数发生器	要求偶合器调速运行线性化时选用	价格较高,对调速线性化要求不高的不要选用
13	PLC 综合监控系统	一般偶合器厂不供此系统,但有时用户要求配 PLC 综合监控系统,用以进行分站与总站的对接监视控制	一般偶合器厂不负责此项业务,但若要求承担,则应委托资质好的仪表公司设计,应明确需方要求

286. 调速型液力偶合器配置选择方面常发生哪些错误?

调速型液力偶合器配置选择方面常发生的错误见表 6 – 23。

表 6 – 23 调速型液力偶合器配置选择方面常发生的错误

序号	常发生的错误	说　明
1	没有提出明确的配置要求	有的用户根本不提出配置要求,而供方误以为不提选择配置就是常规配置,但到了现场又因配置不全无法使用,造成许多麻烦。有时用户不懂配置,所以提不出来要求,这时供方就应当问清工作机的要求,根据要求决定配置
2	配置不对	有时订货者不明白调速型液力偶合器配置要求,认为越全越好,结果把该有的、不该有的全写上了,结果功能过剩,浪费资金。还有的该选的没选,结果使偶合器在实际使用中因缺少配置而无法运行
3	缺少机组参数和具体要求	有些用户委托供方选配冷却器或联轴器,但又不提供电动机和工作机参数。没有电动机的转速和功率,则无法计算冷却器换热面积和冷却水流量,没有电动机和工作机轴头参数,则无法选配联轴器。还有的要求配置进口仪器仪表,但没有标明型号和生产厂,也无法配置
4	配置要求矛盾	例如:滚动轴承偶合器要求配高位油箱,采用标准自动控制装置,还要再配伺服放大器。没有上位机的机组要求自动化配置,南方用的偶合器配电热器等

十二、调速型液力偶合器安装与连接形式选择及其注意事项

287. 调速型液力偶合器有几种安装连接形式?

目前国内生产的调速型液力偶合器从结构上看有两种:一种是固定箱体式,另一种是回转壳体式。固定箱体式调速型液力偶合器安装简便、运行稳定、振动值低,适合高转速、大功率的工作机选用;而回转壳体式偶合器支承不够稳定,安装找正比较困难,但价格便宜,适合 1500r/min 以下中小功率工作机选用。因而在选型匹配时,应当考虑安装与连接形式对机组可靠性的影响。

为便于安装找正和维修、大修后复位,调速型液力偶合器常选配偶合器单机底座或电动机—偶合器、偶合器—工作机双机底座,有的还选配电动机—偶合器—工作机三机底座,见

图6-18和图6-19。选型匹配时应当根据需要确定是否选择单机、双机或三机底座，并提供相应的连接尺寸。

288. 调速型液力偶合器安装连接形式选择有哪些注意事项？

调速型液力偶合器与动力机、工作机的连接没有限矩型液力偶合器复杂，选型匹配时应注意以下几点。

（1）选择合适的联轴器。必须选择安全可靠、维修方便、能够在不移动电动机或工作机的情况下装拆偶合器的联轴器。这一点非常重要，如果联轴

图6-18 偶合器单机底座

器选用不当，将会给运行和维修带来困难。例如某一用户在订货时非要选用价格便宜的普通梅花型弹性联轴器，结果使用一段时间后梅花型弹性盘磨损，因为无易拆卸功能，所以不得不移动电动机更换弹性盘，更换后还得重新安装找正，不仅费时费力，而且还可能破坏原有的找正精度。由此可见，联轴器的选择非常重要，应当予以特别重视。

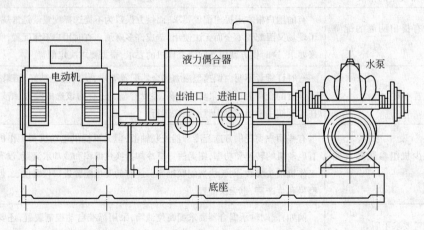

图6-19 电动机—偶合器—工作机三机底座

（2）确定准确的机组连接尺寸。电动机—偶合器—工作机通过联轴器，有时还要通过双机或三机底座连成一个机组。在选型匹配时，应当根据机组安装的需要，确定偶合器的安装尺寸，或反过来根据偶合器的安装尺寸确定整个机组的安装尺寸。经常发生的错误有三个：

1）偶合器的安装图选用不准确，或者是型号选择有误而导致安装图不准，还有的将不同生产厂的产品安装图混用，结果造成基础设计与实际供货的安装尺寸不一致，导致偶合器无法安装。

2）忽视偶合器的定位基准和尺寸。调速型液力偶合器输入轴端至第一个地脚螺栓孔中心的距离是其定位尺寸，如果忽视这一尺寸，那么在机组基础设计时就可能出现错误。

3）电动机、偶合器、工作机（或减速器、增速器）的轴头尺寸不准确。经常发生的错误是电动机型号不准，导致电动机轴头尺寸错误，或有时因电动机的工作电压、生产厂家不同而

导致轴头尺寸有误。由于供方提供的动力机、工作机的轴头尺寸错误,最终导致联轴器安装不上。

(3)确定与冷却器连接管路的尺寸。通常调速型液力偶合器均要配冷却器,偶合器通过管路与冷却器相连,因此在选型匹配时,应当确定偶合器出油与进油法兰的中心高及连接尺寸,以便配接管路。通常连接管路上的油水法兰由偶合器厂供应,在订货时应当标明,见第八章中的第381问。

(4)确定电动执行器、机带仪器仪表、进出油法兰的位置。一般单机传动用调速型液力偶合器,对于电动执行器、仪表盘和进出油法兰的位置没有要求。但若是同轴双驱动的带式输送机用调速型液力偶合器,其安装位置就是一左一右,为了操作方便,要求电动执行器等必须朝外,而不能被机器挡住。所以在选型匹配时,一定要注明是双机传动,且电动执行器等的布置要一左一右。经常发生的错误是:订货时没有要求,安装后发现使用不方便,要求在现场改,因为属于改变结构,所以现场根本改不了,只好对付着用或返厂改造,延误生产工期。

(5)订购备机时,应保证连接尺寸与原机一样。经常发生的错误是:只核对规格、型号而忽视安装尺寸,结果无法安装,改变地基后原机又作废了,不能维修使用,造成浪费。尤其当改变供方时要特别校核偶合器的连接尺寸是否与原来一致。

十三、调速型液力偶合器适应环境能力选择及其注意事项

289. 调速型液力偶合器在选型匹配时为什么要考核偶合器适应环境的能力?

调速型液力偶合器虽然从各个方面看适应环境能力很强,可以在户外、低温、炎热、潮湿、粉尘、防爆等恶劣环境下工作,但并不是所有的偶合器都具有这些功能。在特殊环境下工作的偶合器在订货时应当注明环境要求,以便供方按要求对偶合器进行改造。例如在户外工作,应加强防锈处理;在煤矿井下工作应有防爆功能;在低温环境下工作,油箱应加设电加热器等。所有这些要求必须在选型匹配和订货时提出,而不能在货到以后发现不对了再提出,所以在选型匹配时一定要注意使用环境的要求,并采取满足要求的措施。

290. 调速型液力偶合器适应环境能力选择应注意哪些事项?

调速型液力偶合器适应环境能力选择应注意的事项见表6-24。

表6-24 调速型液力偶合器适应环境能力选择注意事项

序号	注意事项	说明
1	明确使用环境	凡是在特殊环境下使用的偶合器,在选型匹配时必须注明使用环境,以便按使用环境选配合适的偶合器
2	偶合器型号要正确	通常特殊环境下使用的偶合器与一般环境下使用的偶合器型号不一样。例如户外型的在型号后加"W",防爆型的在型号后加"B"等,如果仍用常规型号易引起误会而将偶合器选错
3	寒冷地区使用的偶合器要配电加热器	因液力传动以油为工作介质,天气寒冷时工作油黏度加大,流动性差,影响偶合器传递功率。所以当工作油油温低于5℃时,应用电加热器加热工作油以后才能启动

序号	注 意 事 项	说　明
4	炎热地区使用要适当加大冷却器换热面积和冷却水流量	由于环境温度高,所以对偶合器散热不利。为保证偶合器发热与散热平衡,应适当加大冷却器的换热面积和冷却水流量,必要时还要加大工作油循环流量
5	户外使用要有防潮、防雨、防尘措施	户外使用的调速型液力偶合器,外露金属件一律电镀,电动执行器和仪表板应加防雨罩,各处密封良好,油封用带防尘唇口的
6	煤矿井下使用要有防爆功能,有煤安证	煤矿井下或焦化厂、选煤厂等防爆环境使用的调速型液力偶合器,必须具有防爆功能,且必须取得国家安全局颁发的"煤安标志"证明,否则不允许供货

十四、调速型液力偶合器调速时间选择及其注意事项

291. 为什么在选型匹配时要注意对偶合器调速时间的要求?

所谓调速时间是指按要求从某一转速调到另一转速所需要的最短时间。一般的工作机对偶合器的调速时间没有严格要求,但是有些工作机却对调速时间有严格要求,以下举例说明。

【例 6 – 11】 某 20MW 电厂运行的 HG670/140 – 8 型锅炉,其两台电动锅炉给水泵选配 YOCQ51 增速型液力偶合器传动装置,两台水泵一备一用,全用调速装置。当切换时必须确保快速、安全、可靠。为防止锅炉下降管"带汽",汽包底部的下降管接口的上方,在汽包内部必须有一定的水位高度,否则下降管"带汽",破坏自然循环,以致水冷壁过热、爆管,影响锅炉安全运行。该锅炉的正常水位是在汽包中心线下 150mm,正常波动范围是 ±50mm,汽包水位由正常水位降至 –300mm 水位时,锅炉紧急停炉,由正常水位降至 –300mm 水位的时间是:当锅炉蒸发量 670t/h 时为 20s;当锅炉蒸发量为 610t/h 时为 22s。因此要求液力偶合器传动装置的最小调速时间必须小于 20s,只有这样电动给水泵的整个启动时间才可能小于锅炉允许的断水时间,以保证在运行泵故障、解列、备用泵自动运行的过程中,汽包的水位不至于降到危险水位以下,确保锅炉安全运行。

【例 6 – 12】 焦化厂的炼焦炉所配鼓风机根据工艺要求,在喷高压氨水的前后,需要调节风量和风压,且对调节时间要求严格。如果调节不当就会造成煤气集气管内负压,有可能产生事故,所以要求偶合器的调速时间小于 10s。

此外,轧钢厂的除鳞泵调速也对调速时间有要求,详见第 292 问中的例 6 – 13。

292. 偶合器的最短调速时间主要由哪些因素决定,选配时应注意哪些问题?

偶合器的最短调速时间主要由偶合器的调速范围、换热能力、工作腔充满和排空的最短时间以及电动执行器的最短运行时间等因素决定,选配时应逐一核实这些决定因素,能否满足具体要求,以下举例说明。

【例 6 – 13】 已知技术参数:水泵轴功率 840kW,电动机功率 900kW,电动机额定转速 2980r/min。配用偶合器 GST50,传递功率范围为 560 ~ 1250kW。运行要求:在轧制一块钢板的 3min 内,水泵全速运行 10s,其余可以以额定转速的 50% 运行,升速与降速时间不得高

于10s。

（1）校核偶合器油路系统换热能力。偶合器频繁调速，发热量必然增大。为了确保偶合器安全运行，首先必须考察偶合器油路系统工作油循环流量的散热能力是否足够。按第260问介绍的工作油循环流量计算公式 $V = 0.2P_d$，$P_d = 900kW$，则 $V = 180L/min$，而GST50偶合器在输入转速为2980r/min的情况下，工作油循环流量为250L/min，可见换热能力足够。若经计算供油流量换热能力不足，则应设法提高流量以保证散热。

（2）校核工作腔最低充液时间。要求偶合器在10s内完成升速或降速，偶合器的导管必须有能力在规定时间内将工作腔充满或掏空。GST50偶合器工作腔容量为32L，工作液体流量为250L/min，故工作腔的理论充液时间为7.7s。考虑到各种因素影响，一般以理论充液时间乘以2作为实际运行时最低充液时间，即15s。

（3）找出 $i = 0.97$ 和 $i = 0.5$ 时的偶合器导管开度，找到GST50偶合器的特性曲线簇。经查传递840kW，$i = 0.97$ 时的导管开度为78%，$i = 0.5$ 时的导管开度为34%。

（4）计算导管从34%移到78%开度所需时间。设导管移动全程需要15s，则导管走完从34%开度到78%开度所需时间为 $15 \times (0.78 - 0.34) = 15 \times 44\% = 6.6s$，故可以满足运行要求。

（5）电动执行器运行时间考查。普通电动执行器全程运行时间为40s，有的为25s，以全程25s计算，转过44%行程，需要11s，不符合运行要求。

由以上分析可知，要求10s升速10s降速对偶合器来说没有问题，但对电动执行器来说有些难度。解决的办法有三个：（1）延长升速或降速的时间；（2）提高水泵的最低转速，缩短导管行程；（3）改用其他导管驱动装置。经多家轧钢厂实践证明，除鳞泵采用液力偶合器调速，偶合器本身对于频繁调速是可以承受的，但电动执行器却屡次发生故障。所以最后大多改用液压油缸来驱动导管。由于液压油缸可靠性高，反应灵敏，所以在除鳞泵调速偶合器上使用比较合适。液压油缸驱动导管有两个缺点，一是结构比较复杂，价格高，空间尺寸也较大；二是需要加位置传感器才能实现自动化控制。

十五、调速型液力偶合器多动力机驱动群控系统选配及其注意事项

293. 多机驱动的风机、水泵若各动力机的转速不一致有什么危害？

图6-20所示为某种工业应用场合风机并联运行系统，工艺流程要求根据除尘量的大小，对风机进行相应的变速调节。类似的泵或风机并联运行使用的实例中，具有不稳定上升段的 H-q（扬程-流量）或 p-q（全压-流量）曲线的泵或风机并联运行时，即使泵或风机的性能完全相同，若输入转速不同，也可能出现所谓的"抢水"或"抢风"现象。具有这样性能曲线的泵或风机还会产生必须避免的"喘振"现象，从而导致系统的振动，不能保证稳定运行。

对于具有平坦的特性曲线的泵或风机的并联运行，变速时若不能保持各泵（风机）的转速一致，一方面也可能会产生上述现象，另一方面，也是主要问题是运行不经济，甚至起不到增加流量的效果。

图6-21给出同型号的两台通风机在不同转速下并联运行的总性能曲线与管网的联合工作情况，对应两台风机的转速分别为 n_e 和 n_2，且有 $n_e > n_2$。Ⅰ为额定转速 n_e 下的性能曲线，另一台风机工作在转速 n_2 下的性能曲线Ⅱ则可通过比例定律得到。由图可以清楚看到

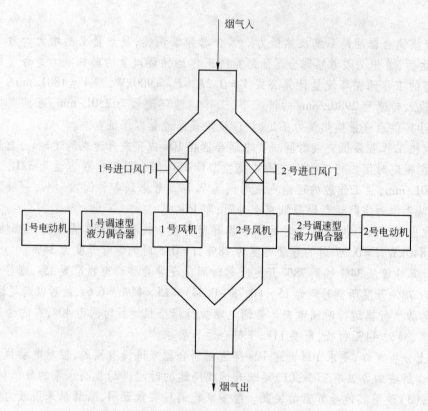

烟气入

1号进口风门 | 2号进口风门

1号电动机 | 1号调速型液力偶合器 | 1号风机 | 2号风机 | 2号调速型液力偶合器 | 2号电动机

烟气出

图6-20 钢厂二次除尘风机偶合器调速应用系统

两台通风机在不同转速下并联运行的危害:

（1）总效率降低能耗增加。若管网特性为 R，工况点为 A，$q_A = q_B + q_C$，1 号风机工作点为 B，2 号风机工作点为 C。此时情况可能是 1 号风机效率较高，2 号风机则工作效率较低，长期运行，显然不经济，能耗增加。

（2）低转速风机不起作用额外消耗功率。若管网阻力增加为 R'，工况点为 D，与高转速风机压力曲线也交于 D 点，低转速风机不起作用，还要额外消耗功率。

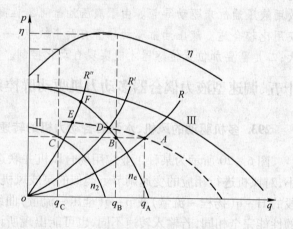

图6-21 风机并联运行工作点

（3）低转速风机阻碍高转速风机的工作。若管网阻力再增加为 R''，并联运行工况点为 E，而 F 为 R'' 与高转速风机的单独使用工况点，显然 $q_E < q_F$，即低转速风机阻碍了高转速风机的工作。

（4）Ⅲ为两台风机在同样转速（n_e）下的并联运行特性曲线，在合理匹配计算的情况下，可避免出现上述问题。

由以上分析可知，采用泵或风机的并联运行方式，保证并联的泵或风机同步转速运行，可以得到更好的运行效果,否则就会产生许多危害。并联的风机或水泵采用液力偶合器调速可以保证同功率同转速经济运行。

294. 调速型液力偶合器是如何协调多动力机均衡同步驱动的?

从本质上看,调速型液力偶合器与限矩型液力偶合器一样,都是通过调整充液率而达到均衡驱动的。只不过限矩型液力偶合器是打开加油塞手工调整充液率,而调速型液力偶合器则是通过自动控制系统自动调节充液率。其控制原理如下:

(1)通过控制系统采集各电动机的电流信号(或转速信号),然后与标准电流值(或其中一台电动机的电流值)相比对。

(2)电动机电流大的,说明该台电动机所驱动的液力偶合器充油率较高(即导管开度较大)、输出力矩大、输出转速高、受力大;可通过调控系统,指令电动执行器旋转,带动导管位移而降低导管开度(即降低充液率)。充液率降低之后,输出力矩与输出转速降低,受力降低,与其他电动机的电流趋于平衡。

(3)电动机电流小的,说明该台电动机所驱动的液力偶合器充油率低(即导管开度小)、输出力矩小、输出转速低、受力小;可通过调控系统,指令电动执行器旋转,带动导管位移而增大导管开度(即提高充液率)。充液率提高之后,输出力矩与输出转速提高,受力增大,与其他电动机的电流趋于平衡。

295. 什么是调速型液力偶合器多动力机驱动群控系统,它有几种方式,各自有何控制原理?

控制多台液力偶合器达到输出功率平衡、输出转速相同的控制系统,称为调速型液力偶合器群控系统。群控系统的分类与原理见表 6－25。

表 6－25　调速型液力偶合器群控系统分类与原理

序号	分　类	原　理
1	转速同步群控系统	此种群控方式所采集的是转速信号,即在每台调速型液力偶合器的输出端安装一套测速装置,将偶合器的输出转速转化成 4～20mA 电流信号,传送至 DCS 或 PLC 系统,对每台偶合器输出转速进行实时监控,如发现某台偶合器的输出转速与设定转速不一致且误差已超出设定范围,则指令电动执行器动作,通过调整导管的位移从而调整偶合器的充液率,使其转速回复到设定的转速范围
2	功率平衡群控系统	此种群控方式采集的是电动机的电流信号,即每台电动机上安装一台电流互感器,互感的输出信号经仪表转换成 4～20mA 的标准电流信号,传送至 DCS 或 PLC 系统,DCS 或 PLC 系统根据设定的电流信号,对每台电动机的电流进行实时监控,如发现某电动机的电流与设定值不一致且已超出设定的误差范围,则指令电动执行器带动导管移动,通过调整导管开度来调整偶合器的充液率,改变偶合器输出转速。转速高、受力大,电动机电流就高;反之亦然
3	转速与功率混合群控法	此种控制方式既采集转速信号,又采集电流信号。启动时以转速作为反馈信号,使多台液力偶合器同步运行。运行中以电动机电流作为反馈信号,通过电流调节达到功率平衡,实际上此种群控方法就是以上两种控制方式的综合,如图 6－22 所示

A　转速同步群控方式

此种控制方式所采集的是转速信号,即在每台调速型液力偶合器的输出轴上安装一个测速齿盘,对面安装磁电式转速传感器,每支转速传感器的输出信号(交流脉冲信号)经转换仪表转换成 4～20mA 标准电流信号,传送至可编程序控制器(PLC)。可编程序控制器根据人工设定的转速信号,对每台液力偶合器的输出转速进行实时监测。如发现某台液力偶合器的输出转速与设定转速不一致且误差已超出设定范围,则指令电动执行器动作,通过调整导管的位移(开度),从而调整偶合器工作腔的充液率,使其转速回复到设定的转速范围内。如在设定的时间内不能调到设定的转速范围内,系统将会报警。若在闭环控制状态下,系统将会联锁停机,保护设备不受损坏。

B 功率平衡群控方式

此种控制方式所采集的是电动机的电流信号,即每台拖动液力偶合器的电动机供电线路上安装一台电流互感器,每台电流互感器的输出信号(模拟信号)经转换仪表转换成 4～20mA 标准电流信号,传送到可编程序控制器(PLC),可编程序控制器根据设定的电流平衡信号,对每台拖动液力偶合器的电动机电流进行实时监控。如发现某台电动机的电流与设定电流不一致且已超出设定的误差范围,则指令电动执行器动作,通过调整导管的位移(开度),从而调整偶合器的充液率,改变液力偶合器输出转速。输出转速高、受力大、电动机电流高,反之亦然。若在规定的时间内不能调到设定的电流范围内,系统将会报警。在闭环控制状态下,系统将会联锁关机,保护设备不受损坏。

C 转速与功率混合群控方式

此种控制方式既采集转速信号,又采集电流信号。启动时以转速作为反馈信号,使多台液力偶合器同步运行。运行中以电动机电流作为反馈信号,通过电流调节达到功率平衡,此种群控方式实际上就是转速同步群控方式和功率平衡群控方式的综合控制,见图 6－22。

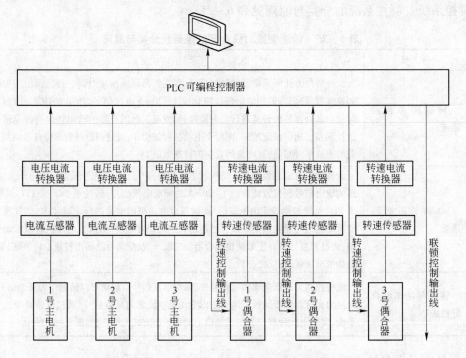

图 6－22 转速与功率混合群控系统框图

296. 如何采用简易的方法解决多动力机驱动液力偶合器的群控问题?

A 智能电动操作器配隔离器群控法

使用一台 DFQ - 900A 智能型电动操作器,配置一台一入三出的信号隔离放大器,对各台电动执行器进行同时控制。其调控方法是:任选一台电动执行器的位置反馈信号作为 DFQ - 900A 智能操作器的位置反馈输入信号,也就是说采集一台偶合器的导管开度信号(即电动执行器位置信号)来控制所有偶合器的导管开度,从而解决多台液力偶合器的启动和调速问题。这种方法可以解决液力偶合器的启动,但还没有进行功率平衡。为了大体上进行功率平衡,可以在初次使用时,测量各电动机的电流。如果电流不统一,则手动调节电动执行器来改变导管的开度,间接地增大或减少电动机电流,直至基本趋于一致。在各电动机电流基本一致的情况下,再用此种方法控制,就既解决启动问题,又能大致上解决功率平衡问题了,见图 6 - 23。这种控制方法的优点是系统简单、成本低廉、易于实现。缺点是尚需人工调试,控制精度低。由于不能同时检测三台电动执行器的位置信号,所以当某台电动执行器出现问题时,系统便失去平衡。此外,还要求各电动执行器的电动机转速必须一致,否则虽然在初始时可以同步,但运行一段时间后又不同步了。

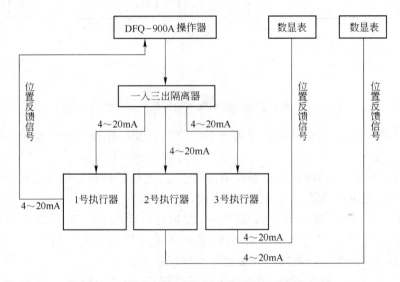

图 6 - 23　智能型电动操作器配隔离器群控法框图

B 电动操作器配 SW 切换开关群控法

如果事先没有订购多台调速型液力偶合器群控装置,在现场则可以用以下简易方法解决多台液力偶合器的群控问题。

(1)在原配置 DFD0700 电动操作器的基础上加一个 SW 切换开关,按图 6 - 24 接线。

(2)当每台电动操作器各自控制一台电动执行器(简称一管一)时将 SW 开关拨到 K_1。

(3)当由一台电动操作器控制两台(或多台)电动执行器(简称一管二)时,将 SW 开关拨到 K_2。

(4)SW 开关拨到 K_2 后,便将两台电动操作器串联在一起,可以由一台电动操作器操作两台电动执行器,从而达到控制两台偶合器导管开度的目的。

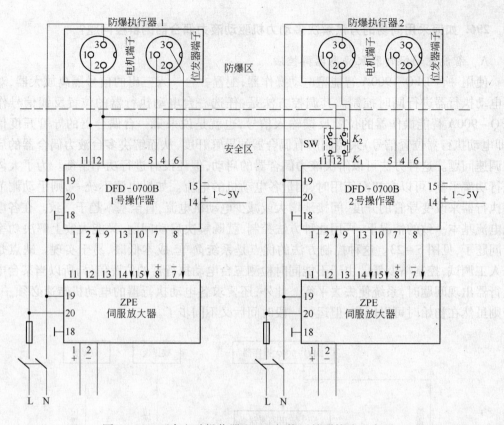

图 6 - 24　两台电动操作器配 SW 切换开关群控法示意图

（5）当手动调节时，将电动操作器拨至手动位置，此时，操作一台电动操作器即可控制两台电动执行器。

（6）当自动调节时，将电动操作器拨至自动位置，上位机的控制信号通过一台伺服放大器即可控制两台电动操作器并进而控制两台电动执行器。

（7）为了控制功率平衡，可以在调试阶段，测量各电动机的电流，凡电流高的说明导管开度大、转速快、负载大，手动调节导管开度，达到各电动机出力基本趋于一致为止。之后，就可以用一台电动操作器控制两台或多台电动执行器了。

此种控制虽然控制质量不高，功率平衡也不够理想，但系统简单、成本低廉，比较实用，现场接线容易，这是此种方法的优点。由于不能同时检测两台电动执行器的位置信号（即导管开度），当电动执行器出现问题时系统便失去平衡，加之控制精度低，尚需人工干预和不能自动平衡功率等，是其缺点。若使用 DFQ - 900A 智能型电动操作器，则可以去掉伺服放大器，使系统更为简单。

297. 选用 PID 控制系统如何实现多动力机同步调速？

A　多动力机驱动的类型

近年来，随着工业应用系统向大容量、高参数方向的不断发展，在大功率偶合器负载调速控制应用中越来越多地采用双机或多机共同工作，简单地可归纳为如图 6 - 25 所示的两种工作型式。

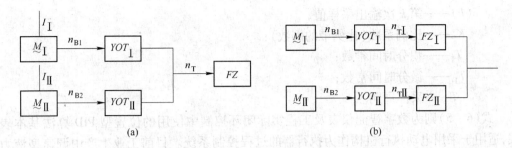

图 6 – 25　调速型液力偶合器多机驱动系统类型

(a)双动力驱动;(b)双机并联

a 类工作系统为两台(或多台)偶合器共同驱动同一个负载,如煤矿运输中的长距离大运量皮带输送机。

b 类系统为偶合器独立驱动各自的负载,如大型钢铁公司除尘风机并联运行系统。

双动力驱动系统的关键是解决驱动电动机功率平衡问题;而双机并联运行系统则是要解决工艺流程中所要求的负载同步调速问题。

B　PID 控制原理和计算方法

PID 反馈控制是过程控制系统中应用最广泛的控制算法,其工程实现不必以被控对象的精确数学模型为前提,且 PID 控制规律本身就具有较强的自适应能力,即当被控对象动态特性参数在一定范围内变化时,系统仍能得到满足生产工艺过程的动态品质指标。因此,PID 控制规律用于调速型液力偶合器的调速控制是比较适用的。

常规的 PID 控制原理如图 6 – 26 所示,PID 控制器根据给定值 $r(t)$ 与实际控制值 $c(t)$ 构成控制偏差:$e(t) = r(t) - c(t)$。将偏差的比例(P)、积分(I)、微分(D)通过线性组合构成控制量,对被控对象进行控制,故称为 PID 控制器。

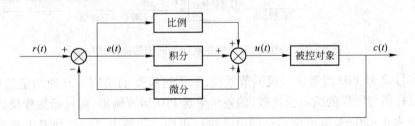

图 6 – 26　常规 PID 控制系统原理

在模拟系统中,PID 算法的表达式为:

$$u(t) = K_P \left[e(t) + \frac{1}{T_I} \int e(t)\,\mathrm{d}t + T_D \frac{\mathrm{d}e(t)}{\mathrm{d}t} \right] \tag{6-4}$$

在计算机控制系统中使用数字 PID,因此需将式(6-4)离散化得到:

$$u(k) = K_P \left\{ e(k) + \frac{T}{T_I} \sum_{j=0}^{k} e(j) + \frac{T_D}{T} [e(k) - e(k-1)] \right\} \tag{6-5}$$

$$e(k) = r(k) - c(k) \tag{6-6}$$

式中　$u(k)$——调节器输出量;

　　$r(k)$——给定值;

$c(k)$——第 k 次输出采样值；

K_P——比例系数（比例带的倒数）；

T_I——积分时间常数；

T_D——微分时间常数；

T——采样周期。

式(6-5)则为数字智能仪表及工程实际闭环控制中使用的位置型 PID 算法基本表达式，适用于采用电动执行机构作为执行器的过程控制系统。目前工业生产中调速型液力偶合器导管机构的驱动大多采用电动执行器。

C 双机并联运行系统同步调速解决方案

采用外给定 PID 控制仪实现偶合器同步调速控制的原理如图 6-27 所示。

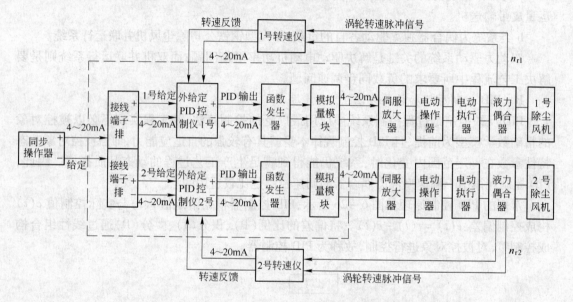

图 6-27 钢厂除尘风机并联运行同步转速控制原理

其中 1 号、2 号 PID 控制仪自成调节系统，只不过接受的是同一转速给定值信号，涡轮输出转速采样值与同样的给定值比较，偏差结果送 PID 运算输出，通过函数变换后再由模拟量模块转换为 4~20mA 电流信号驱动电动执行机构。回路中可变函数发生器装置用于偶合器固有调节非线性的校正。

系统的设计应保证同步调速投入前，两台偶合器具有同样的初始状态，比如导管应都处于低位状态（开度为 0）。另外，为保证调速过程两台偶合器涡轮输出转速的尽量一致，要使两台 PID 控制仪同步投入工作。当然我们更关心的是最终控制转速是否达到精度范围内，采用现有的控制手段，针对实际应用整定合适的 PID 控制参数，就可以保证两台偶合器调节的响应与过渡过程以及控制的精度基本一致。实践证明此方案是切实可行的。

298. 选用 PID 控制系统如何实现多动力机驱动的带式输送机功率平衡？

高强度、长距离、大运量的带式输送机主要采用多电动机驱动，多机驱动的主要问题是电动机的输出功率不均衡。在外负荷不变的情况下有的电动机欠载，有的电动机过载，严重时甚至烧毁电动机。因此带式输送机双机或多机驱动系统的功率平衡是保证其正常运行的必要条件。

在运行阶段,各电动机功率为 $P = 1.732UI\eta\cos\varphi$。当采用相同规格的电动机时,其效率 η、功率因数 $\cos\varphi$ 基本相同,同一电网供电电压 U 可认为是定值,则各台电动机电流 I 的大小就基本反映了其功率的变化。因此,多机驱动功率平衡的关键是对驱动电动机电流的测量与控制。

系统启动时按控制器内设定的加速度曲线控制偶合器导管开度,使带式输送机达到软启动,通过检测带速和加速度来进行反馈控制;而在正常运行时检测各电动机电流,送入控制器与设定的基准电流相比较运算输出,给定电动执行器信号以控制偶合器导管的动作,调节偶合器输出转矩,使各电动机达到功率平衡。系统可采用类似于偶合器风机同步调速的控制方法,功率平衡控制方案的原理如图 6−28 所示。

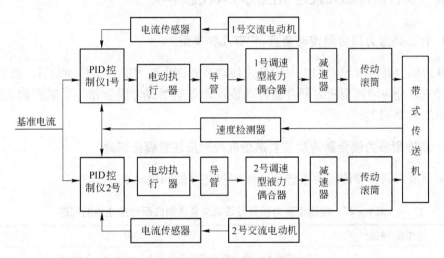

图 6−28　带式输送机双机驱动功率平衡控制原理

同理,1 号、2 号 PID 控制仪自成调节系统,只不过接受的是同一电流给定值信号,驱动电动机电流采样值与同样的给定值比较,偏差结果送 PID 运算输出,通过函数变换后再由模拟量模块转换为 4~20mA 电流信号驱动各自的电动执行机构,最终的结果是维持两台驱动电动机的工作电流在同一给定值的偏差范围内。

299. 调速型液力偶合器多动力机驱动群控系统选配时应注意哪些问题?

调速型液力偶合器多动力机驱动群控系统选配时应注意的问题见表 6−26。

表 6−26　调速型液力偶合器多动力机驱动群控系统选配时应注意的问题

序号	应注意的问题	说　明
1	订货时应明确标明是多动力机驱动	这是最常发生的问题,许多多动力机驱动的场合在选配调速型液力偶合器时,误以为与单动力机驱动没什么区别,仍按常规选型,结果到试车时才发现无法启动和调控。因此在选型匹配之初就应当明确是否多动力机驱动,为选择群控方案和选购电动执行器提供依据

序号	应注意的问题	说　明
2	确定多动力机驱动的群控方案	多动力机驱动的调速型液力偶合器有多种控制方式,最复杂的功能完善的价格可达十几万元,最简单的功能较少的价格不足几千元,所以在选型匹配时应根据需要选择,而不能一味地追求功能完善。例如,煤矿井下带式输送机多机驱动的群控方式就多采用简易控制方式
3	多台电动执行器必须同步	由于电动执行器中的伺服电动机的转速可能不一样,所以几台电动执行器可能不同步,即在同一时间内,电动执行器转过的角度不一样,这就为自动控制带来隐患。因此在为多机驱动偶合器选配电动执行器时,必须标明这几台执行器是一组的,要求同一组使用的电动执行器必须同步

十六、液力偶合器传动装置选型匹配及其注意事项

300. 什么是液力偶合器传动装置,它有几种类型?

　　由液力偶合器与齿轮机构组成的液力传动装置称为液力偶合器传动装置。液力偶合器传动装置主要分为增速型液力偶合器传动装置和降速型液力偶合器传动装置两大类,详见第二章中的表2-12。

301. 增速型液力偶合器传动装置选型匹配时应注意哪些问题?

　　增速型液力偶合器传动装置选型匹配时应注意的问题见表6-27。

表 6-27　增速型液力偶合器传动装置选型匹配时应注意的问题

序号	应注意的问题	说　明
1	选准结构型式	增速型液力偶合器传动装置有前置齿轮增速型、后置齿轮增速型、复合齿轮前增后增型、组合成套型、多元组合型等多种型式,选型时必须根据需要选择正确型式
2	偶合器输入转速必须合适,不能超出最高线速度限制	用电动机拖动的液力偶合器传动装置,其最高输入转速为3000r/min。当偶合器的规格较大时,应核算是否超出线速度许用范围。通常在可能的情况下,应尽量提高偶合器输入转速,以降低其有效直径。当偶合器有效直径必须大时,应降低偶合器的输入转速,保证叶轮有足够强度
3	注意液力偶合器有转速差	选配液力偶合器传动装置时,先以工作机所需要的额定转速 n_Z 除以液力偶合器的额定转速比(即效率,一般为0.97),得出经液力偶合器传动(或齿轮传动)的输入转速 n_B。例如,工作机转速 $n_Z = 5500$r/min,采用前置齿轮增速型液力偶合器传动装置,则液力偶合器的输入转速 $n_B = n_Z / 0.97 = 5500/0.97 = 5670$r/min。如果在选型时忽视转差率的影响,则输出转速就达不到工作机额定转速。通常在计算时可将偶合器的输出转速略选高些,因为选高了可以通过调速达到工作机要求,但选低了却不可能通过偶合器将转速调高
4	注意传递功率要有一定的裕度	因偶合器有滑差功率损失,而齿轮传动也有传动效率损失,所以液力偶合器传动装置总效率只能大于或等于95%,在确定动力机额定功率时,应考虑功率损失。通常按工作机的轴功率1.1倍选配动力机功率

序号	应注意的问题	说　明
5	注意单级增速或降速齿轮传递比一般应小于1:3	为最大限度降低齿轮箱尺寸和降低齿轮的线速度,通常一级齿轮升速或降速比不可太大。如果升速或降速需要,必须扩大转速比,则可以选用两级齿轮传动方式
6	注意确定旋向	因为液力偶合器传动装置中有齿轮传动,所以在确定旋向时要注意以下两点: (1)确定观察旋向的位置。通常以面对电动机尾端所观察到的旋向为准。 (2)确定齿轮箱中的齿轮副数量。例如,面对电动机尾端看工作机旋向为右旋,若齿轮箱内有一对齿轮传动,则偶合器旋向为左旋;若齿轮箱内有两对齿轮传动,则偶合器的旋向仍为右旋
7	注意安装尺寸	许多液力偶合器传动装置设置下沉油箱,因此在选型匹配时,要特别注意其安装尺寸,便于基础设计,如果稍有疏忽,就可能在安装时出现问题
8	注意配置和供货范围	增速型液力偶合器传动装置大部分用在锅炉给水泵、加氢装置、风洞试验风机等特别重要场合,其配置要求比较复杂。例如,有的要求调速线性化控制,有的要求外供润滑油等。因而在选型匹配时应注意这些要求,并设法满足

302. 降速型液力偶合器传动装置选型匹配时应注意哪些问题?

降速型液力偶合器传动装置选型匹配时,应注意问题与增速型液力偶合器传动装置大致相同,需要特别予以注意的是有些低转速机械在选用液力偶合器传动装置时,输入转速不能过低,液力偶合器的规格不可以过大。以下举例说明。

【例6－14】 某水电站备用水泵电动机功率7100kW,转速500r/min(12级),水泵最高转速300r/min,调速范围1:3,此水泵在电站建设时即安装,有可能两三年内不用,属户外使用,拟选用液力偶合器传动,试进行选型匹配。

解:(1)调速装置选择分析。本例水泵的额定转速很低,电动机的转速也很低,按常规应当选变频调速装置,但有两个原因不能选变频调速。其一,此备机可能几年内不用,电器产品在户外两三年不用,很难做到在使用时万无一失,所以不能选变频调速;其二,功率太大、价格太高且可能没有产品。该水泵的电动机功率7100kW,以变频调速最低2000元/kW计算,仅购买变频器就需1420万元,费用确实太高了,因此只能选择液力偶合器调速了。

(2)不可能使用12级电动机直接驱动液力偶合器。液力偶合器的最大特点就是传递功率与输入转速的3次方成正比。输入转速越低,所需偶合器的规格越大。在本例中输入转速500r/min,传递功率7100kW,则偶合器的规格应为 $D = \sqrt[5]{\dfrac{9550 P_B}{\lambda_B \rho g n_B^3}}$,式中 $P_B = 7100\text{kW}$,

$\lambda_B = 1.9 \times 10^{-6} \text{min}^2/\text{m}$,$\rho = 860\text{kg/m}^3$,$g = 9.8\text{m/s}^2$,$n_B = 500\text{r/min}$,代入公式并计算得 $D = 2.0229\text{m} = 2022.9\text{mm}$。目前世界上仅有德国福依特公司限矩型液力偶合器有过这么大的规格,而调速型液力偶合器根本没有这么大规格的,因此原电动机输入转速为500r/min是无法选配偶合器调速的。

(3)不能将偶合器当减速机用。电动机的额定转速是500r/min,而水泵的额定转速却是 300r/min,如果直接用偶合器由 500r/min 降为 300r/min 后再向下降速,则偶合器处于最大发热工况,不仅浪费大量能源,而且还可能因偶合器发热而根本无法工作。

(4)可以选用降速型液力偶合器传动装置。

1)输入转速和偶合器规格选择。在讨论选用什么规格的偶合器时,应考虑偶合器工作轮的许用转速,显然选择输入转速为 1500r/min 是不可能的。若试选择输入转速为 1000r/min 时,1000mm 规格的偶合器最大传递功率为 1860kW,现要传递 7100kW,则 $D_2 = D_1 \sqrt[5]{\dfrac{P_2}{P_1}} = 1000 \sqrt[5]{\dfrac{7100}{1860}} = 1307$,靠选 1320mm 规格的偶合器。1320mm 偶合器工作轮的线速度为 $1.32 \times 3.14 \times 1000/60 = 69.08$m/s,符合铝合金铸造工作轮的最高线速度标准(JB/T 9001—1999)。

2)传动型式选择。

①电动机必须选用转速为 980r/min,7100kW 电动机,而不能选 500r/min 的。

②可以选用"电动机 + 减速器 + 调速型液力偶合器"的传动型式。偶合器的输入转速 980r/min,输出转速为 $0.97 \times 980 = 950$r/min,水泵额定转速 300r/min,则降速比为 $950/300 = 3.167$。

③也可以选用"电动机 + 液力偶合器传动装置",技术参数与以上相同,只是偶合器与减速箱合二为一。

(5)要注意密封件的老化问题。因可能两三年内不用且露天安装,因此不能用橡塑密封件。因为橡塑密封件易老化,不一定能保证在较长时间不用仍密封可靠,应当采用机械密封或迷宫密封。

(6)要注意控制仪器仪表的防潮、防雨、防尘问题。因为露天安装且多年不用,所以配置越简单越好,尽量少用或不用自动化控制仪器仪表,所用仪器仪表应具有防潮、防雨功能。

十七、调速型液力偶合器导管开度计算

303. 调速型液力偶合器选型匹配时为什么有时要进行导管开度计算?

调速型液力偶合器在选型匹配时一般不需要进行导管开度计算,但是如果工作机需要自动控制,须预先确定各个调速工况点,则偶合器采用闭环控制,需要确定各调速工况点所对应的偶合器导管开度,就应当在选型匹配时计算导管开度。

304. 调速型液力偶合器导管开度如何计算?

调速型液力偶合器导管开度的计算见表 6 - 28。

表 6 - 28　调速型液力偶合器导管开度的计算步骤

序号	计 算 步 骤	说　明
1	确定机组参数	包括电动机的功率、转速,工作机的轴功率、转速等
2	确定各调速工况点参数	包括调速工况点的转速、流量、压头、轴功率、运行时间等
3	计算偶合器有效直径 D	如果已选配好偶合器的规格,则不用计算
4	计算各调速工况点的偶合器转速比 i	电动机的转速即是偶合器的输入转速 n_B,各调速工况点的转速即是偶合器的输出转速 n_T,转速比 $i = n_T/n_B$

序号	计算步骤	说 明
5	计算各调速工况点的转差损失功率 P_{Si}	随工作机的种类不同，P_{Si} 的计算也不同。对于离心式风机水泵 $$P_{Si} = \frac{i^2 - i^3}{0.97^2} P_B, P_B = 0.95 P_d \text{ 或 } P_B = 1.05 P_Z$$ 式中 P_B——偶合器泵轮功率，kW； P_d——电动机功率，kW； P_Z——工作机轴功率，kW，通常按工作机轴功率计算比较准确
6	计算各调速工况点的偶合器泵轮功率 P_{Bi}	$P_{Bi} = P_{Zi} + P_{Si}$，从理论上讲偶合器在调速工况点的泵轮功率 P_{Bi} 就是该工况点工作机耗用功率 P_{Zi} 与偶合器转差损失功率 P_{Si} 之和，即 $P_{Bi} = P_{Zi} + P_{Si}$
7	计算各调速工况点泵轮力矩系数 λ_{Bi}	$$\lambda_{Bi} = \frac{9550 P_{Bi}}{\rho g n_B^3 D^5}$$ 式中 ρ——工作液体密度，kg/m³； g——重力加速度，m/s²； n_B——偶合器输入转速，r/min； D——偶合器有效直径，m； P_{Bi}——偶合器泵轮调速工况点功率，kW； λ_{Bi}——泵轮力矩系数，min²/m
8	标在偶合器 $\lambda_B = f(i)$ 原始特性曲线上各调速工况点导管开度	找到所选偶合器的 $\lambda_B = f(i)$ 原始特性曲线，以所选调速工况点的转速比 i 为横坐标值，以所选调速工况点的 λ_{Bi} 为纵坐标值，各调速工况点的纵、横坐标引线的交点落在导管开度 K 的范围，即是该工况点的调管开度

以下举例说明调速液力偶合器选型匹配计算(包括导管开度计算)。

【例 6 - 15】 某钢厂电炉除尘风机配用调速型液力偶合器选型计算。其中电动机、风机额定技术参数见表 6 - 29，风机各调速工况点的技术参数见表 6 - 30。

表 6 - 29 电动机、风机额定参数表

分类	型 号	功率/kW	转速/r·min⁻¹
电动机	JSQ1410 - 6	380	984
风 机	Y4 - 73 - 11，NO20D	350	984

表 6 - 30 风机运行工况参数表

工况	转速 n_Z/r·min⁻¹	风量 Q/m³·h⁻¹	风压 H/Pa	轴功率 P_{Zi}/kW	运行时间 t/h
1	960	19.00	4247.32	325	1
2	950	18.26	4073.86	315	
3	900	17.60	3656.38	267	
4	850	16.62	3260.46	225	2.5
5	800	15.65	2888.06	188	
6	750	14.67	2539.18	155	

工况	转速 n_Z/r·min^{-1}	风量 Q/m^3·h^{-1}	风压 H/Pa	轴功率 P_{Zi}/kW	运行时间 t/h
7	700	13.70	2208.92	126	
8	650	12.70	1907.08	101	0.5
9	600	11.74	1623.86	79.3	

（1）计算偶合器有效直径 D

$$D = \sqrt[5]{\frac{9555 P_B}{\lambda_B \rho g n_B^3}}$$

式中，$P_B = P_Z \times 1.05 = 350 \times 1.05 = 368\text{kW}$，$\lambda_B = 2.1 \times 10^{-6} \text{min}^2/\text{m}$，$n_B = 984\text{r/min}$，$\rho = 860\text{kg/m}^3$，$g = 9.8\text{m/s}^2$。将这些参数代入公式，计算后得 $D = 0.73\text{m}$，圆整靠挡选取 $D = 0.75\text{m}$，如果用查表法，则 YOT$_{CD}$750 调速型液力偶合器在输入转速 1000r/min 的情况下，传递功率范围为 150~440kW，所以电动机功率 380kW，风机额定轴功率 350kW，选用有效直径为 0.75m 的调速型液力偶合器是合适的。

（2）计算各调速工况点偶合器转速比 i，见表 6 – 31。

表 6 – 31　各调速工况点偶合器转速比 i

工况	输入转速/r·min^{-1}	输出转速/r·min^{-1}	转速比 i
1		960	0.976
2		940	0.955
3		900	0.915
4		850	0.864
5	984	800	0.813
6		750	0.762
7		700	0.711
8		650	0.66
9		600	0.61

（3）计算各调速工况点的转差功率损失 P_{Si}，见表 6 – 32。

表 6 – 32　各调速工况点转差功率损失 P_{Si}

工况	转速比 i	转差功率损失 P_{Si}/kW
1	0.976	$\dfrac{0.976^2 - 0.976^3}{0.97^2} \times 368 = 8.9$
2	0.955	$\dfrac{0.955^2 - 0.955^3}{0.97^2} \times 368 = 16.1$
3	0.915	$\dfrac{0.915^2 - 0.915^3}{0.97^2} \times 368 = 27.8$
4	0.864	$\dfrac{0.864^2 - 0.864^3}{0.97^2} \times 368 = 39.7$

工况	转速比 i	转差功率损失 P_{Si}/kW
5	0.813	$\dfrac{0.813^2 - 0.813^3}{0.97^2} \times 368 = 45.5$
6	0.762	$\dfrac{0.762^2 - 0.762^3}{0.97^2} \times 368 = 54$
7	0.711	$\dfrac{0.711^2 - 0.711^3}{0.97^2} \times 368 = 57.1$
8	0.66	$\dfrac{0.66^2 - 0.66^3}{0.97^2} \times 368 = 57.9$
9	0.61	$\dfrac{0.61^2 - 0.61^3}{0.97^2} \times 368 = 56.8$

(4)计算各调速工况点泵轮功率 P_{Bi}，见表 6-33。

表 6-33　各调速工况点泵轮功率

工况	转速比 i	风机轴功率 P_{Zi}/kW	偶合器转差功率损失 P_{Si}/kW	泵轮功率 P_{Bi}/kW
1	0.976	325	8.9	333.9
2	0.955	315	16.1	331.1
3	0.915	267	27.8	294.8
4	0.864	225	39.7	264.7
5	0.813	188	45.5	233.5
6	0.762	155	54	209
7	0.711	126	57.1	183.1
8	0.66	101	57.9	158.9
9	0.61	79.3	56.8	136.1

(5)计算各调速工况点泵轮力矩系数 λ_{Bi}，见表 6-34。

表 6-34　各调速工况点泵轮力矩系数 λ_{Bi}

工况	转速比 i	各调速工况点泵轮功率 P_{Bi}/kW	泵轮转速 $n_B/r \cdot min^{-1}$	有效直径 /m	工作液体密度 $\rho/kg \cdot m^{-3}$	重力加速度 $g/m \cdot s^{-2}$	各调速工况点泵轮力矩系数 $\lambda_{Bi} \times 10^{-6}/min^2 \cdot m^{-1}$
1	0.976	333.9					1.67
2	0.955	331.1					1.66
3	0.915	294.8					1.48
4	0.864	264.7					1.33
5	0.813	233.5	984	0.75	860	9.8	1.17
6	0.762	209					1.05
7	0.711	183.1					0.92
8	0.66	158.9					0.80
9	0.61	136.1					0.68

（6）在偶合器 $\lambda_B = f(i)$ 原始特性曲线上标注各调速工况点导管开度见图6-29。

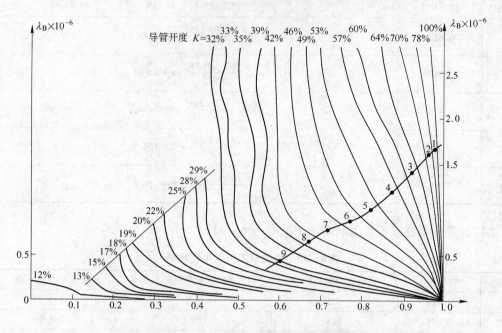

图6-29　调速型偶合器原始特性曲线与导管开度 K

表6-35　偶合器导管开度对照表

工况	转速比 i	导管开度/%	工况	转速比 i	导管开度/%
1	0.976	95	6	0.762	48
2	0.955	70	7	0.711	45
3	0.915	62	8	0.66	42
4	0.864	56	9	0.61	37
5	0.813	52			

十八、调速型液力偶合器调速线性化控制选择

305. 调速型液力偶合器调速线性化控制有什么必要?

调速型液力偶合器导管位移的开度 K 与输出转速的关系是非线性的,如图6-30所示。对于一般的工作机,这并不影响使用。但是对于一些需要高精度线性化控制的工作机,如锅炉给水泵等,偶合器导管开度 K 如果与输出转速不成线性,就会影响调节精度,同时也给自动化控制程序的编制带来困难。因而有必要采用某种技术手段,使导管开度 K 与输出转速达到线性化要求。

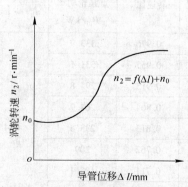

图6-30　偶合器导管位移与输出转速非线性化关系

306. 调速型液力偶合器调速线性化控制有几种方法？

普通的调速型液力偶合器，导管的位移直接由电动执行器驱动控制。其导管的位移与输出转速的变化成非线性关系（如图6-30所示），所以对于像锅炉给水泵等需要高精度自动调速的设备来说，无法满足其要求。为了使导管开度与偶合器输出转速成线性化对应，必须加装特殊的线性化控制装置，最常用的办法，一是加装线性调节凸轮，二是加装可变函数发生器（电子凸轮）。

图6-31为在导管驱动系统中加装线性调节凸轮盘的示意图。由图中可见，加装凸轮盘后，由原电动执行器直接驱动导管，变为电动执行器通过凸轮驱动导管。由于凸轮的补偿作用，输出转速线性化了，如图6-32所示。

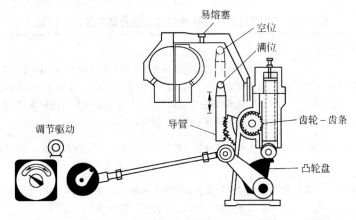

图6-31　加装线性化调节凸轮示意图

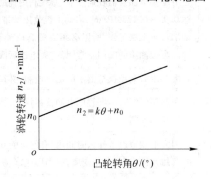

图6-32　调节凸轮转角与输出转速的线性化关系

线性化调节凸轮盘在偶合器出厂时已随机安装完毕，现场运行时，可根据实际情况采用去除材料或堆焊材料的方法进行修正。可变函数发生器的实质是电子凸轮，其作用原理与机械凸轮相同，可看有关说明书，这里不再赘述。

十九、备用设备选配调速型液力偶合器及其注意事项

307. 备用设备有几种类型，各有什么特点？

备用设备顾名思义是平时不用到某种特殊时刻才用的设备。备用设备大体上分为

两种：

（1）失电备用设备。例如高炉冷却水泵的备用泵，平时不用，一旦停电了主泵无法供水，马上启动备用泵继续供水，以免造成高炉故障。失电备用设备的特点是用柴油机驱动，所有仪器仪表均不能用电控制。

（2）需要时才用的设备。例如水电站的抽水备用泵，在水电站的建设周期中，有可能一两年都不用，但一旦需要时必须马上能使用。这种备用泵的特点与一般用电动机拖动的设备没有什么不同，只是在选用电器、仪器仪表时要考虑潮湿、老化等因素对其可用性的影响。

308. 备用设备选配调速型液力偶合器应注意哪些问题？

备用设备选用调速型液力偶合器应注意的问题见表 6 – 36。

表 6 – 36　备用设备选用调速型液力偶合器应注意的问题

序号	应注意的问题	说　明
1	选购偶合器时应注明是备用设备和哪种备用设备	因为备用设备的偶合器在结构上和选配上与常规偶合器不完全一样，所以订货时应特别注明，提醒供方予以注意，必须保证偶合器在启用时能够马上工作。此外，需方在订货时还必须注意是哪种备用设备，如果是失电备用设备，那么所有控制系统均不能用电
2	必须注明动力机性质和参数	失电备用设备大部分用柴油机驱动，应急备用设备大部分用电动机驱动，只有明确动力机的性质，才能够正确选型匹配
3	偶合器油泵应采用轴带泵而不能用外置泵	轴带泵用偶合器的输入轴驱动，外置泵则单独用电动机拖动，一旦失电，外置泵便无法工作，所以必须采用轴带泵
4	滑动轴承偶合器必须设置高位油箱	滑动轴承偶合器在启动前，必须利用辅助润滑系统向轴承充油，当供油压力达 0.05～0.175MPa 时，启动主机改用轴带泵供油。一旦失电以后，电动机拖动轴带泵无法工作，所以必须设置高位油箱，依靠高位油箱向偶合器供润滑油。高位油箱的阀门是常闭的，失电以后阀门自动开启
5	执行器必须有手动功能	失电以后电动执行器不能用电控制，必须手动调节偶合器导管开度
6	所有配置的仪器仪表不准用电	在选型匹配时不配置用电的仪器仪表，换言之在失电状态下使用的偶合器不能自动控制
7	密封元件最好不用橡塑制品	因为不知道设备什么时间用，有的可能几年都不用，所以若用橡胶塑料制品的密封元件，容易老化变质，应当用迷宫、机械等密封装置
8	注意防锈、防尘	因为可能长期不用，所以外表面应当防锈，要有较好的防尘设施
9	与动力机、工作机可靠连接	如果用柴油机拖动，则偶合器必须适应柴油机的连接要求（与电动机的连接方式不一样），联轴器最好选用弹性膜片的，防止橡塑弹性元件老化变质
10	随时检查油箱油位	虽然是应急备用，但必须进行安装调试，让油路系统充满油，油箱的油位要足够，否则紧急启动时油箱无油或油位不达标，偶合器就无法运行
11	偶合器基本不调速不用配冷却器	失电之后冷却水无法循环，所以不能用冷却器，况且长期不用冷却器必须放水，一旦紧急启用，现充水又来不及，所以失电备用设备用偶合器一般不配冷却器，可以外配自冷式散热器

309. 锅炉给水失电备用泵如何选配液力偶合器？

锅炉给水泵备用泵是主供水泵失电后紧急启用的水泵，通常用柴油机拖动。由于柴油机启动困难且不能带载启动，故必须采用液力偶合器传动。以下举一个实际的例子来说明其选型匹配及注意事项。

【例 6-16】 钢铁厂锅炉给水泵备用泵，在主水泵失电后紧急启动，原动机为柴油机，额定输出功率 922kW，额定输出转速 1500r/min，工作机为高压多级水泵，扬程 2100m，流量 120m³/h，轴功率 760kW，短时间峰值功率可能为 860kW，额定转速 3600r/min，基本不调速，柴油机怠速运行速度小于 900r/min，水泵轴较细，对振动的控制要求高，请根据要求选配合适的液力偶合器。

解：（1）选型原则分析。

1）必须保证水泵的额定转速达 3600r/min。因为液力偶合器有滑差，所以在确定偶合器的输入转速时，必须将滑差考虑进去。如果采用前置齿轮增速，则偶合器的输入转速为 3600/0.97 = 3711r/min，式中的 0.97 为偶合器额定转差率。为确保水泵最高转速达 3600r/min，可以使偶合器输入转速略高些，可以取 $n_B = 3750$r/min，增速比 1:2.5。如果是后置齿轮增速，则偶合器的输入转速为 1500r/min，偶合器的输出转速（即增速器的输入转速）为 1455r/min，增速器的输出转速应略大于 3600r/min，也可以取增速比为 1:2.5。

2）必须保证传递功率要求。通常按工作机轴功率：偶合器功率：动力机功率 = 1:1.05:1.1 进行选配即可。水泵的轴功率 $P_Z = 760$kW，则偶合器功率 $P_B = 798$kW，柴油机功率 $P_d = 836$kW。考虑到水泵短时间最大功率可达 860kW，故应将柴油机、偶合器的功率适当加大，由此确定柴油机输入功率 922kW，输出功率 900kW（即偶合器输入功率），偶合器输出功率 $P_B = 873$kW。以上这样的确定符合水泵的运行要求，也可以不考虑水泵的短时间最大功率要求，使柴油机降速，偶合器加大滑差来满足功率要求，但水泵的额定转速会下降一些，达不到 3600r/min 的要求。

3）必须保证满足隔振、减振要求。由于水泵轴较细，且对减振要求严格，因而在选配偶合器时应注意以下几点：

① 最好用前置齿轮增速式，因前置齿轮增速式偶合器是与水泵直接连接的，更有利于减振隔振。当然用后置齿轮增速型也不是不可以，因为只要在柴油机与工作机间加上偶合器传动均能隔离扭振，只是后置齿轮增速型减振效果没有前置齿轮增速型好。

② 最好用固定箱体式偶合器，因为水泵轴较细，且对振动控制要求严格，所以不能用两端插轴悬挂式安装的偶合器。插轴式悬挂安装的偶合器由于其质量由水泵轴和柴油机轴负担，稍有不平衡或安装不同心即可引起振动，转速越高振动越大，不符合选配要求。

4）偶合器必须能够在失电状态下使用。

① 油泵必须用轴带泵，而不能用单独电动机驱动的外置泵。

② 尽量选用滚动轴承偶合器，因滚动轴承偶合器不用考虑启动前的润滑。

③ 电动执行器必须有手动功能，因为失电后电动执行器的电动机不工作，必须用手调节。

④ 密封元件最好不用橡塑件，因为橡塑件易老化。

⑤ 除油温表、油压表以外，不配置任何自动化控制仪表，因为失电后自动化仪表不工作。

⑥不配水冷式冷却器,可以用类似家用暖器的散热器,将偶合器进油法兰、出油法兰与散热器相连。

5)偶合器旋转组件强度必须足够。调速型液力偶合器一般最高输入转速为3000r/min,现在要提高到3750r/min,传递功率提高$(3750/3000)^3 = 1.95$倍,扭矩提高$(3750/3000)^2 = 1.56$倍。所以应当校核原来回转组件的强度是否够用,特别是涡轮、泵轮等核心功能件更要认真校核。

6)必须达到柴油机怠速要求。柴油机怠速运行时,调速型液力偶合器的导管开度为零,偶合器工作腔充液率降至最低,输入转速降低,偶合器功率以3次方下降,传递力矩也降至最低值,虽然工作腔内仍有液流流动,但所产生的力矩肯定无法驱动水泵运行,所以柴油机可以轻载怠速运行,能够满足要求。

(2)选型方案。

1)第1种方案:柴油机+增速器+调速型液力偶合器+水泵。

①柴油机:功率922kW,转速1500r/min。

②增速器:传动比1:2.5,输入转速1500r/min,输出转速3750r/min。

③偶合器:型号$YOT_{CB}400$固定箱体出口调节式,输入转速3750r/min,输出转速3637r/min > 3600r/min。$YOT_{CB}400$偶合器原定在输入转速为3000r/min时传递功率500kW,现转速提高至3750r/min,传递功率提高1.95倍等于975kW,大于水泵的峰值功率,符合要求。

此方案的优点是偶合器与增速器各自成独立单元,维修比较方便,偶合器与水泵直接连接,隔振、减振性能较好。偶合器为固定箱体式,支承稳定可靠,与工作机、增速器连接方便,偶合器轴带油泵,各种配置符合在失电状态下工作的要求。缺点是传动链比较长,偶合器的叶轮强度有待加强,需投入一定的改造费用。

2)第2种方案:柴油机+前置齿轮增速型液力偶合器传动装置+水泵。

此方案将增速器与调速型液力偶合器综合在一起,成为液力偶合器传动装置,所选液力偶合器传动装置的型号为$YOT_{CZ}400/1500/3600$,属于前置齿轮增速型,输入转速1500r/min,经传动比为1:2.5的增速齿轮将速度增至3750r/min(即液力偶合器的输入转速),液力偶合器的输出转速为3637r/min。传递功率、输出转速均与第1种方案相同。

此方案的优点是传动链尺寸较短,安装调试比较方便,占地面积较小。缺点是增速器与偶合器组合为一体,维修不如分体式简便,液力偶合器传动装置的价格较高。如果加一对传动齿轮,则输出端的旋向与柴油机相反,应予以注意。(因柴油机不能反向运转)

3)第3种方案:柴油机+限矩型液力偶合器+增速器+水泵。

偶合器选用YOX875,工作腔有效直径ϕ875mm,最大外径ϕ978mm,轴向长682mm,质量近500kg。YOX875偶合器在输入转速为1500r/min时最大传递功率为1100kW,通过调整充液量可以传递要求的功率。偶合器的额定输出转速为1440r/min(限矩型液力偶合器的额定转差率为4%),仍用增速比为1:2.5的增速器,输出转速3600r/min,符合要求。

这一方案的最大优点是价格低,因为不要求调速,所以限矩型液力偶合器也可以达到轻载启动和隔离扭振的要求。通过调整充液率,限矩型液力偶合器可以达到水泵延时启动的目的,延时启动时间视选型不同而不同。选择带普通后辅腔的动压泄液式偶合器,延时启动时间可达15s左右,而柴油机启动时,因直接负载为偶合器的泵轮,所以可以轻快启动。总之,若启动过程要求不严格,选用限矩型液力偶合器也是可以的。

这一方案的缺点是启动过程不可控,换言之就是不能控制水泵的启动时间,偶合器的转动惯量较大,易引起振动。目前国内外限矩型液力偶合器大多采用挂装式结构,即偶合器挂装在动力机轴和工作机轴上。这种安装方式,偶合器自身稍不平衡或安装稍不同心,即可引发振动,根据要求这是不允许的,因而就是采用这一方案,也应当对偶合器的连接安装结构加以改进。应当采用两端带轴承座的双支承式偶合器,但双支承偶合器的两个轴承座内的轴承一般用脂润滑,不适合高速运转,选型时对这一不利因素也应予以考虑解决。

(3)方案比较。

1)方案1:价格适中,支承稳定可靠,可以控制工作机启动时间,有现成可以改造的产品,供货期短,是首选方案。

2)方案2:集成化程度高,传动链较短,支承稳定可靠、安装方便,可以控制工作机启动时间,没有现成的产品,供货期较长,价格较高,是次选方案。

3)方案3:价格最低,能保证柴油机轻载启动和隔离柴油机的扭振,但水泵启动时间不可控,没有现成产品,需要对老产品加以改造,供货期较长。从节省开支的角度看,应选此方案,从技术性能方面看,此方案不如方案1、2完善。

4)结论:综合比较,用户选择方案1,供货的注意事项与表6-36相同,不再赘述。

二十、调速型液力偶合器与离心式水泵匹配运行及其注意事项

水泵应用液力偶合器调速运行是比较有效的节能方法。关于水泵的调速节能问题,前文已经介绍,但是有关水泵选配调速型液力偶合器尚有许多问题值得探讨。例如,如何确定调速泵的台数和调速范围,单元制、母管制水泵如何选配偶合器等,都曾经出现过选型错误,有必要对此加以说明。

310. 什么是水泵变速运行的比例率,应用此比例率有何条件?

由离心式水泵的特性知,水泵的流量、扬程和轴功率在其他条件不变的情况下,与其转速成一定的比例关系,即:

$$Q'/Q = n'/n, \quad H'/H = (n'/n)^2, \quad P'/P = (n'/n)^3$$

式中 Q'、H'、P'——水泵的转速为 n' 时的流量、扬程、轴功率;

Q、H、P——水泵的转速为 n 时的流量、扬程、轴功率。

此比例关系就是水泵变速运行的比例率。应用此比例率的前提必须是相似工况,即(Q、H)与(Q'、H')两点必须是相似工况点,否则比例率不成立。由 $Q'/Q = n'/n$ 和 $H'/H = (n'/n)^2$ 可以导出 $H'/H = (Q'/Q)^2$,设 $H/Q^2 = H'/Q'^2 = K$,则 $H = KQ^2$。该式即为一条以原点为顶点的抛物线,此抛物线称为相似工况抛物线,如图6-33所示。在为水泵选配偶合器和进行节能效益计算时,必须使满足比例率的点在同一条以坐标原点为顶点的抛物线上。

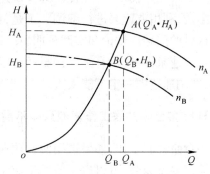

图6-33 相似工况转换图

311. 当水泵的特性曲线不过坐标原点时,怎样将其转化为相似工况抛物线?

图 6-34 为某水泵与管路联合工作时的特性曲线。曲线①表示水泵在额定转速 n_A 时
的特性曲线,曲线②表示水泵在转速 n_B 时
的特性曲线,曲线③表示管路特性曲线。
水泵的工况点由水泵特性曲线①和管路特
性曲线③联合决定,即交点 A。当用水量由
Q_A 减小到 Q_B 时,应对水泵实施调速,将水
泵的转速由 n_A 下调到 n_B,使调速后的水泵
特性曲线②与管路特性曲线③交于 B 点。
以下讨论如何求取所需调速比。

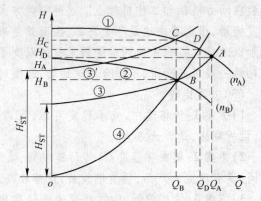

水泵转速由 n_A 下调到 n_B,其工况点也
由 A 点移至 B 点。由于 A、B 两点不在同一
条工况相似抛物线上,也就是说 A、B 两点

图 6-34 多台泵并联工作特性图

工况不相似,所以不能简单地利用比例率来求转速。此时应当进行一定的转换。

(1)根据 B 点的流量 Q_B 和扬程 H_B,求出通过该点的相似抛物线。

$$K = \frac{H_B}{Q_B^2}, \quad H = KQ^2 = \frac{H_B}{Q_B^2} \cdot Q^2$$

(2)将相似工况抛物线④绘在图上,与转速为 n_A 时的水泵特性曲线交于 D 点,查出其
流量 Q_D 和扬程 H_D。

(3)此时工况点 D 与工况点 B 为相似工况点,可以用比例率求出所需调速比。

$$\frac{n_B}{n_A} = \frac{Q_B}{Q_D} \quad \text{或} \quad \frac{n_B}{n_A} = \sqrt{\frac{H_B}{H_D}}$$

312. 多台泵并联工作的最佳调速泵台数如何确定?

水泵在实际运行中往往是多台泵并联工作,若通过开停泵的台数来调节流量,一方面工
况点不能连续变化,浪费能源;另一方面多台小泵联合工作,增大了占地面积和维护工作量。
在采用水泵调速技术后,往往是选择调速泵与定速泵并联工作的方案,通过开停定速泵台数
进行粗调,利用调速泵进行细调。于是,如何经济而有效地确定调速泵的最佳台数,便成了
值得探讨的问题。理论和实践证明,在多台泵母管制的供水系统中,不论有多少台泵,只选
用两台调速泵即可,没有必要选择两台以上调速泵。若为了省钱,只选用一台调速型液力偶
合器,则调速范围一定不能太大。

313. 多台泵并联工作调速泵需不需要选用备机?

多台泵并联工作,如果选用两台调速泵,就不需要选用备机了。当调速型液力偶合器出
现故障需要维修时,可以启用备用定速泵运行。此时只要适当缩小单台调速泵的调速范围,
即可保证系统仍能运行。因而没有必要选用备用的调速型液力偶合器。

二十一、破碎机选用液力偶合器传动注意事项

314. 破碎机有何运行特点,为什么要选用液力传动?

破碎机种类繁多用途广泛,它们的共同特点是转动惯量大、难启动、有强烈的冲击振动,有的还需要正反转运行,大部分破碎机转速较低。破碎机的这些特点决定了它选用液力传动最为合适。

(1)不论限矩型还是调速型液力偶合器都具有使动力机轻载启动功能,因而能够解决破碎机的启动困难问题,尤其调速型液力偶合器更能够按照需要缓慢延时启动,使破碎机在启动过程中平稳、安全。因此国外进口的环锤式破碎机大都选配了调速型液力偶合器传动。

(2)液力偶合器属柔性传动,具有减缓冲击和隔离扭振功能,可以将工作机的振动与电动机隔离,避免电动机因主机振动而损坏。例如,某电站辅机厂生产的单辊碎渣机,用来破碎电厂锅炉炉渣,未用液力偶合器传动之前,因工作机振动强烈,致使电动机轴承迅速磨损,转子接触短路烧毁,几个月就得换一台电动机。后改为液力传动,偶合器将碎渣机的振动隔离开来,电动机就再也没有在短期内损坏。

(3)液力偶合器具有过载保护功能,能够保护破碎机在超载和故障时不被损坏。破碎机是最易超载的机械,由于给料不可能绝对均匀,料块大小不可能完全一致,所以经常发生堵塞、"卡嘴"等故障,使用液力传动之后,在故障产生后可以保护动力机、工作机不被损坏,避免经济损失。

由以上介绍可知,破碎机应用液力传动最为合适。因此在国外几乎所有的破碎机都用液力传动,在国内环锤式破碎机、单辊或双辊碎渣机、玻璃破碎机、碎煤机等也逐渐采用了液力传动。

315. 破碎机选配限矩型液力偶合器传动应注意哪些问题?

破碎机选配限矩型液力偶合器传动应注意的问题见表6-37。

表6-37 破碎机选配限矩型液力偶合器传动应注意的问题

序号	应注意的问题	说　明
1	选择特性较硬的偶合器型式	破碎机启动比较困难,启动阻力大,要求所配偶合器具有较强的启动能力,因此偶合器的启动过载系数不可过低。与带式输送机选用偶合器不同,破碎机用的偶合器最好选用带标准后辅腔或只带前辅腔的动压泄液偶合器。此类偶合器启动能力强,特性较硬,适合破碎机选用
2	选择合适的过载系数	破碎机经常超载,所以所选偶合器必须具有合格的过载保护功能。通常偶合器过载系数不应高于2.5,要选用抗瞬间过载能力强的动压泄液式偶合器
3	选择合理的安装连接形式	破碎机大多功率较大、转速较低,所选配的偶合器规格大、质量大、转动惯量大。由于电动机与工作机均是庞然大物,移动困难,所以应当选用不移动电动机、工作机即可拆装的易拆卸式偶合器。如果选用插孔式连接方式,则必须移动电动机,且偶合器主轴孔与破碎机主轴的插装非常困难,常常因无法安装而影响使用或损坏偶合器

序号	应注意的问题	说　明
4	轴与孔的配合间隙要小些	破碎机的特点是功率大、转速低、扭矩大、轴径较粗(大都在 φ120mm 以上),当进料受阻"卡嘴"时,需要反转吐料,因而偶合器传动件受交变载荷冲击常产生变形和磨损。因而在选配联轴器轴孔与破碎机轴的配合公差时,应适当减小间隙,最好选用易拆卸式,这样输入、输出端均带联轴节,可以用热装法安装,轴与孔的配合可采用 H7/k6 或 H7/n6 的过渡配合
5	偶合器主轴和输入、输出两半联轴节应选用强度较高的材料制造	由于偶合器常受正反转的交变载荷冲击,所以传动件常常损坏,偶合器轴孔常常严重磨损。为防止偶合器在短期内损坏,主轴应选用 45 钢调质处理,输入、输出端半联轴节应选用铸钢件

316. 破碎机选配调速型液力偶合器传动应注意哪些问题?

破碎机选配调速型液力偶合器传动应注意的问题见表 6 - 38。

表 6 - 38　破碎机选配调速型液力偶合器传动应注意的问题

序号	应注意的问题	说　明
1	要选用能够正反转运行的偶合器	第 315 问中已介绍了破碎机在堵料时需要反转吐料,所以偶合器应有反转功能。用导管调节的出口调节调速型液力偶合器,虽然可以正转也可以反转,但一经在出厂时调定之后,在运行中便无法改变,因而不能直接用于破碎机上,应选用不带导管的进口调节偶合器,或虽带导管,但导管上有梭阀的偶合器
2	偶合器要有离合功能	有时为了处理故障,需要暂停工作机,而电动机又不可能开开停停,所以要求偶合器有离合功能。进口调节偶合器自带回转壳体油腔的双向导管喷嘴偶合器都有离合功能,可以选用。采用双向导管、外置油泵的出口调节偶合器,油泵不向工作腔供油之后,也可以使工作机与动力机分离
3	冷却器选配要经济合理	破碎机选配调速型液力偶合器,主要是为了解决启动离合问题,一般在运行中不调速,相当于限矩型液力偶合器,因而转差功率损失较小。进口的破碎机所配调速偶合器所选的冷却器规格较小,且有的根本不通冷却水,有点类似住家的暖器,靠自然空冷散热。所以在选型匹配时,应根据实际使用情况,经济合理地选配冷却器

二十二、双向运行的工作机选配调速型液力偶合器的注意事项

317. 双向运行的工作机选用调速型液力偶合器时应注意哪些问题?

有些工作机需要双向运行,即在运行整个过程中,有时要正转,有时要反转。例如,船舶的螺旋桨、机车的主传动系统、破碎机、刮板输送机等。在正常运行时,破碎机是顺时针运行的,但是如果出现大块的料卡住时,就需要反向运转,将卡住的料"吐"出来。再如刮板输送机,在"压流子"时也要反向运行,刮板将卡住的大块物料卸掉。船舶和机车需要前进和倒退也更是不用多说了。如果这些工作机选用调速型液力偶合器调速并换向,那么在选型匹

配时就应当注意表6-39中所列的各项问题。

表6-39 双向运行工作机选配调速型液力偶合器应注意问题

序号	应注意的问题	说明
1	选择最佳传动型式	解决液力换向问题有多种传动型式,应择优选择性能好、可靠性强、操作方便的传动型式
2	选择能够实现正、反转运行的偶合器	(1)普通的用导管出口调节的偶合器在运行中不能正反转运行 (2)导管喷嘴式回转壳体进口调节偶合器因无油泵且导管有双向通油结构,所以在运行中可以正、反转运行 (3)阀控或泵控的进口调节偶合器,不是轴带泵而是采用独立油泵的,因不受旋向限制,所以在运行中可以正、反转运行 (4)导管出口调节偶合器,经过改造也可以实现双向传动,详见第318问介绍

318. 普通导管出口调节的调速型液力偶合器如何实现正、反转运行?

用导管出口调节的调速型液力偶合器在运行中是不可以正、反转运行的,其原因有两个方面:

(1)几乎所有的油泵均不能逆向工作,而大多数偶合器采用轴带泵,因而当输入轴反向旋转时,油泵也反向旋转便吸不上油,偶合器无法工作。

(2)一般的导管也是单向导油,反向不导油,所以当偶合器反转时,导管不排油,偶合器也无法工作。

若想用普通的导管出口调节的偶合器改造成双向运行的偶合器,必须作如下改造:

(1)要解决油泵正、反向均能供油问题,解决的办法有两个。

1)用独立工作油泵。独立工作油泵设单独电动机驱动,不与偶合器主轴相连,因而输入轴改变旋向对供油没有影响。

2)仍然用轴带泵,但在被动齿轮内加装超越离合器,一正一反旋向安装甲乙两组泵,当主机正转时,驱动甲泵的齿轮接合,正转油泵工作供油,反转油泵的齿轮依靠超越离合器处于空转脱离状态,油泵不工作。当主机反转时,正转油泵的驱动齿轮空转,反转油泵的驱动齿轮接合,反转油泵工作,正转油泵停止不工作。

(2)要解决导管正、反转均能导油的问题。

可以在导管的头上安装类似梭阀的钢球换向器,当偶合器正转时,靠油流的动压力将钢球压向导管口的另一方,将导管口的反向泄流口堵住,液流便通过正向导流孔进入导管腔,完成泄油动作。当偶合器反转时,靠液流的动压力推动钢球移动将正转泄流口堵住,迎着液流的泄流口打开,完成导流动作,于是这种带换向阀结构的导管便具有正、反转均能导油的功能。

二十三、污水处理风机用调速型液力偶合器选型匹配及其注意事项

319. 污水处理系统使用的风机有何运行特点?

污水处理技术多种多样,其中使用最多、最普及、最成熟的技术是活性污泥法。在该法

中为了向水中充氧,必须向水中鼓入大量空气,因而必须选用合适的鼓风机。在整个污水处理工程中风机所消耗的能量占总耗能量的一半以上,因而风机的选型和节能非常重要。为了节能,近些年在污水处理风机上逐渐采用调速技术,为了更好地选配调速型液力偶合器,必须首先了解污水处理对风机的技术要求,以下简单介绍。

污水处理风机的风量由化学耗氧量计算而得,风压则由水深决定(即曝气头端面到水面的距离)。在污水处理系统设计时,必须考虑管道、阀门、弯头及曝气头的压力损耗,一般在水深的基础上增加 9.8kPa。这样新系统投入运行时,压力普遍偏高,但随着时间的推移,由于曝气头微孔的堵塞,管道阀门的锈蚀,特别是曝气头损坏,大量污泥流入管道并沉积,使管道流通面积减小,从而使系统阻力大增而压力下降。因而在设计时常将压力裕度适当扩大,并采用调速技术,系统使用初期,适当调低风机转速,降低流量、风压,当流量降低之后,适当提高风机转速,提高流量和压力。

320. 污水处理系统中常使用哪些风机,对偶合器选型匹配有何影响?

污水处理系统中常用的风机有容积式鼓风机和离心式鼓风机两大类。

$$容积式鼓风机 \begin{cases} 旋片式 \\ 罗茨式 \begin{cases} 二叶型 \\ 三叶型 \end{cases} \end{cases} (恒速时流量是硬特性)$$

$$离心式鼓风机 \begin{cases} 旋涡式 \\ 多级离心式风机 \\ 单级高速离心式风机 \end{cases} (恒速时压力是硬特性)$$

(1)曝气器用离心式风机选配液力偶合器注意事项。

1)注意调速范围不可过大。因为离心式风机压力随转速的 2 次方下降,调速范围越大,压力下降越大,而曝气器对压力值要求较严,如果压力过低,则曝气池水翻滚的强度降低,甚至无法曝气,使系统瘫痪。

2)多台风机并联时要注意偶合器的多机控制形式。曝气器常用多台风机并联使用,在选用液力偶合器时,应注意两点:一是调速风机的台数最好选两台,这样便于任意调节各种工况。如果只选一台,则只能在允许的调速范围内工作,否则定速风机就会超载。二是要选用合适的群控方式,两台调速风机如果出力不一致,将造成许多不良后果。

(2)曝气器用罗茨鼓风机选配液力偶合器应注意事项。

污水处理系统曝气器最常用的是罗茨鼓风机。罗茨鼓风机类似于恒扭矩机械,在选配偶合器时基本上采用恒扭矩机械选配偶合器的方法。以下以具体实例简介其选型匹配方法。

【例 6-17】 污水处理曝气器用调速型液力偶合器,已知电动机型号 Y225M - 4,P_d = 45kW,n_d = 1470r/min,调速范围 1470 ~ 700r/min,所用风机为罗茨式鼓风机,近似于是恒扭矩特性,试进行偶合器选型匹配。

解:(1)偶合器规格选择。查调速型液力偶合器传递功率与规格对照表,知有效直径为 ϕ400mm 的偶合器在输入转速为 1500r/min 时,传递功率范围为 30 ~ 55kW,符合要求。

(2)偶合器型式选择。由于传递功率不高且转速中等,偶合器规格较小,所以选择出口调节回转壳体式或出口调节固定箱体式偶合器均可。前者没有固定箱体,支承不够稳定,但价格低,后者有固定箱体,支承稳定可靠,但价格较高。

(3)导管开度计算。

1)偶合器额定力矩计算。

$$M_B = \frac{9550 P_B}{n_B} = \frac{9550 \times 55}{1470} = 357 \quad \text{N} \cdot \text{m}$$

2)偶合器额定泵轮力矩系数计算。

$$\lambda_B = M_B / (\rho g n_B^2 D^5) = 357 / (860 \times 9.8 \times 1470^2 \times 0.4^5) = 1.91 \times 10^{-6}$$

3)偶合器最大调速工况力矩计算。

$$M_{Bi} = \frac{9550 P_{Bi}}{n_{Bi}} = \frac{9550 \times 45}{1470} = 292 \quad \text{N} \cdot \text{m}$$

由于近似于恒扭矩工况,所以在整个调速过程中,力矩不变。

4)偶合器最大调速工况泵轮力矩系数计算。

$$\lambda_{Bi} = M_{Bi} / (\rho g n_B^2 D^5) = 292 / (860 \times 9.8 \times 1470^2 \times 0.4^5) = 1.57 \times 10^{-6}$$

在整个调速过程中,泵轮力矩系数也不变。

5)风机最高转速偶合器转速比估算。

偶合器在 $i = 0.97$ 时,额定传递功率55kW,传递扭矩357N·m,实际需要传递功率45kW,传递扭矩292N·m。因实际需要功率小于偶合器的额定功率,所以当导管开度 K 为100%时,滑差减小,转速比大于0.97时,约为0.98左右,偶合器输出转速约为1440r/min。

6)风机最低转速偶合器转速比计算。

风机最低转速要求700r/min,则最低转速时偶合器转速比为 $i_{低} = 700/1470 = 0.48$。

7)找到YOC400调速型液力偶合器 $\lambda_B = f(i)$ 原始特性曲线,在特性曲线图上标出导管开度。

(4)冷却器选择与计算。由于偶合器与近似为恒扭矩机械匹配,所以其效率等于转速比,因而在选择冷却器时,应适当加大换热面积。但又不能完全按最低转速比来选配。因为这样虽然在最低转速比工况能保证偶合器散热,但冷却器换热面积过大,投资过高。根据经验偶合器与恒扭矩机械匹配,如果在低转速比工况下运行时间不长,可以将损失功率系数适当降低,取 $P_S = 0.25 \sim 0.3 P_d$ 即可。在计算冷却器换热面积时,可按板式冷却器换热面积 $F = 0.035 P_d$、管式冷却器 $F = 0.055 P_d$ 计算。在此例中若用板式冷却器,则 $F = 0.035 P_d = 0.035 \times 45 = 1.57\text{m}^2$,靠选 2m^2 冷却器。为加强换热能力,可以适当加大冷却水流量,冷却水温差适当缩小。$Q = \dfrac{P_S}{1.163 \cdot \Delta t} = \dfrac{0.3 P_d}{5 \times 1.163} = \dfrac{0.3 \times 45}{5 \times 1.163} = 2.3\text{m}^3/\text{h}$,靠选 $3\text{m}^3/\text{h}$ 流量(冷却水进、出口温差取5℃)

321. 调速型液力偶合器与恒扭矩机械匹配要注意哪些问题?

除例6-17中偶合器与罗茨鼓风机匹配以外,调速型液力偶合器还常与带式输送机、刮板输送机、化肥造粒机、酶制剂搅拌机、烧结厂混料机等恒扭矩机械匹配。调速型液力偶合器与恒扭矩机械选型匹配时应注意以下三点:

(1)调速范围不可过大。因为调速型液力偶合器与恒扭矩机械匹配效率等于转速比,所以调速范围越大,功率损失越大,偶合器越发热。因而要尽量缩小偶合器的调速范围,最好控制在 0.85~1 以内,尤其不能长期在低转速比下工作。

(2)在计算冷却器换热面积时,既不能按最小发热工况计算,也不能按最大发热工况计算,应当根据实际运行工况酌情处理。例如,在低速工况运行时间短,在高速工况运行时间长,就可以适当降低偶合器损失功率系数,这样计算出来的冷却器换热面积可适当减小,能够节省投资。

(3)为弥补冷却器换热面积减小的不足,可适当加大冷却水流量。在计算时可用低转速比时的最大损失功率和较小的冷却水温差进行计算,这样计算出来的冷却水流量较大,换热能力加强。

二十四、石油机械液力传动的型式和参数选择

322. 调速型液力偶合器在石油、化工行业有哪些应用?

调速型液力偶合器在石油、化工行业中的应用见表 6-40。

表 6-40 调速型液力偶合器在石油、化工行业中的应用

设备名称	应用液力调速的作用	应用举例
油田压气机	天然气田压力不足,利用压缩机将高压气体注入采区,从而把天然气顶向地面。利用液力调速调节压力适应工况要求,节能、方便调节、轻载启动	北海油田纳姆海上钻井,压缩机驱动装置配用德国福依特产 RWE 型液力偶合器传动装置,功率 4573kW,转速 13211r/min。 阿曼油田气体压缩机配用德国福依特产 R19KGS 型液力偶合器传动装置,功率 7880kW,转速 9571r/min
油田注水泵	油田压力不足,用高压水泵将水注入采区,从而把石油顶出地面。注水泵需要根据具体情况调节压力和流量。用定量泵,流量过剩要打回流,利用液力调速,既节能又方便调节	中原油田采油五厂泵站,共七台水泵,功率 2400kW、1600kW、转速 3000r/min,拟采用 YOT$_{CF}$580 调速型液力偶合器,经测算节电率超过 26%
油管道输送泵	在石油输送管道上,泵站需随压力损失大小、海拔高度的差别以及输送品种的变化而调节。调速型液力偶合器提供无级调速控制,实现电动机和泵的节能,延长运行寿命,调节方便	大庆至房山输油管线、秦皇岛泵站输油泵配国产 GST50 调速型液力偶合器,已安全节能运行 20 余年,节电率 25%~38%
管道压缩机	如果输送距离很长,天然气输送管道不但需要流量控制,而且需要增压。采用液力偶合器调速,可以根据需要调节压缩机的转速来改变流量和压头	美国的天然气管道压缩机配用德国福依特公司 RWE 型液力偶合器传动装置,功率 5560kW,转速 14000r/min
原油加料泵	根据需要调节加料数量和时间,采用液力调速使加料泵调速变流量运行,既节能又调节方便	沙特阿拉伯用原油加料泵配德国福依特产品 R19KGL 液力偶合器传动装置,功率 10500kW,转速 1622r/min

设备名称	应用液力调速的作用	应 用 举 例
制冷压缩机	制冷压缩机用于压缩制冷剂,如丙烷等。制冷剂膨胀产生的冷量作为冷凝剂,用于从天然气分离昂贵的碳氢化合物。在液力调速控制下,生产过程可以无级调节,确保高效运行和自动控制	制冷压缩机组,配用德国福依特公司产品 RWE 型液力偶合器传动装置,功率 6966kW,转速 8879r/min
二氧化碳压缩机	通过液力偶合器调速控制压缩机转速,按工艺要求调节二氧化碳的供应量	韩国二氧化碳压缩机配用德国福依特产品 RWE 型液力偶合器传动装置,功率 3250kW,转速 9396r/min
氢气循环压缩机	炼油厂生产去硫的柴油机燃料时,为了控制需要的氢气循环过程。压缩机的转速必须调节。压缩机通常在很高转速下运行,采用液力调速是最佳选择	瑞典用氢气循环压缩机配用德国福依特产品 RWE 型液力偶合器,功率 4200kW,转速 10450r/min
丙烷生产过程压缩机	在化工行业中,生产过程压缩机用来促进反应过程。这样的过程需要连续运行和按工况调节,实践证明只有液力偶合器调速能满足要求	德国用丙烷生产过程压缩机,配用德国福依特产品 R111KGS 型液力偶合器传动装置,功率 12000kW,转速 4140r/min
加氢装置压缩机	按工艺要求需要调节加氢量,通过液力调速改变压缩机转速,达到工况调节的目的	山东齐鲁石化、南京扬子乙烯等单位用,功率 1600kW,转速 12000r/min,配用 GST50 偶合器和增速机,也有用前置齿轮增速型液力偶合器传动装置
石油钻井机	石油钻井机原用 YBLT900 - 45 型液力变矩器,因变矩器传动效率低,所以改用液力偶合器减速齿轮箱,效率提高	ZJ40L 钻井机配用 YOZT750 型液力偶合器减速箱,燃油消耗降低 20%,年节约 50 万元
钻井柴油机冷却风扇	柴油机冷却风扇须根据冷却水温度调节风扇转速。使用液力偶合器调速,利用热敏阀控制偶合器进口流量,调节风扇转速,既节能又方便	油田柴油机冷却风扇配用 YOTJ420 调速型液力偶合器,最高时年产 800 台,在各油田广泛应用。现由于柴油机冷却系统改进,用量大大降低
化工厂风机	化工厂有许多风机需要变负荷运行,应用液力偶合器调速节能又调节方便	天津某厂苯酐车间原料风机 D210 - 41,功率 500kW,转速 2980r/min,变负荷运行且选型裕度过大,用 YDT45/30 偶合器,年节电 3.7×10^5 kW·h
化工厂水泵	化工厂水泵、化工流程泵、耐酸泵众多,有相当一部分需要变负荷运行,应当使用液力偶合器调速	上海电化厂水泵房一台 380kW、970r/min 水泵配用 YOT80/10 调速型液力偶合器,吨水电耗由 0.19 ~ 0.195kW·h 下降至 0.176 ~ 0.18kW·h,年节电 6.63×10^5 kW·h
化学矿山尾矿输送渣浆泵	磷矿等化学矿山的尾矿采用管道水力输送,需要解决矿浆输送平衡问题,应用液力调速自动化控制,节能又方便	连云港化工设计院在大峪口磷矿尾矿浆体输送系统中,应用液力偶合器调速。渣浆泵调速运行,与节流调节或加水调节相比,每天节电 2280kW·h,年节电 7.34×10^5 kW·h

323. 石油钻机中液力传动的型式和参数如何选择？

石油钻机通常由绞车、转盘和钻井泵三部分组成。钻井过程中绞车、转盘和钻井泵分别受着不同的载荷，并均随井深的增加而承受着递增的脉动和冲击载荷。

钻井泵的泵压随井深而增大的载荷比较稳定，为更换缸套调节排量，要求液力传动装置有 1.3～1.5 的调速范围。

转盘承受扭转振动载荷，其瞬时最大载荷约为正常载荷的 2.5 倍，见图 6-35；钻速随井深的增加而降低，见图 6-36；转盘的平均载荷随井深和钻压的增加而增大，见图 6-37。在钻井过程中为适应井深和岩层的变化，需要及时改变钻压和转速，要求液力传动装置能相应调速。

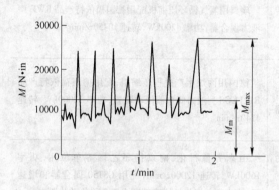

图 6-35　刮刀钻头钻井时转盘力矩时间历程
M_m—平均值；M_{max}—最大值

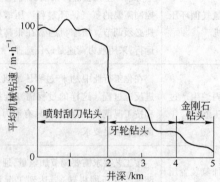

图 6-36　机械钻速示意图

绞车在钻井下钻作业时，载荷变化大、速度范围宽、操作频繁，从钻头下井到磨损起钻的一个周期中，大钩载荷变化情况见图 6-38，要求液力传动装置作相应的调速。

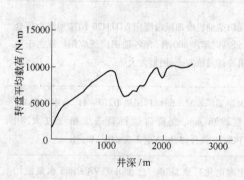

图 6-37　刮刀钻头 230r/min 时实测转盘力矩

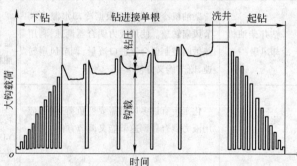

图 6-38　一个钻头周期中大钩载荷变化示意图

根据上述石油钻机各工作机的载荷特点，可以看出石油钻机最适合选用液力变矩器传动。在早年出产的石油钻机上大部分匹配 YB900 变矩器，后因液力变矩器的效率较低，所以近些年有的单位采用后置齿轮降速型液力偶合器传动装置替代，产生了较好的节能效益。

以下以大连恒通液力机械有限公司生产的 YOZJ700/750 液力偶合器正车液力降速传动装置为例加以介绍。

为了解决 ZJ40～70L 钻机燃油消耗过大的问题，该公司研制了工作腔有效直径为

700mm 和 750mm 的后置齿轮降速型液力偶合器传动装置。其结构如图 6-39 所示,主要由限矩型液力偶合器、减速齿轮箱,管式或风力冷却器等组成。液力偶合器输入端与柴油机相连,偶合器输出端与减速齿轮箱相连。由于采用了二级圆柱齿轮减速,所以其输出端与柴油机同轴且旋向相同,一般称为"正车"传动。该液力偶合器传动装置的无因次参数见表 6-41,原始特性曲线见图 6-40,安装连接尺寸见图 6-41。该液力偶合器传动装置可与济南柴油机厂或胜利动力机械厂的 8V、12V190 柴油机或济南柴油机厂的 2000、3000 以及 CAT3500、MTU4000 等系列柴油机配套,取代 YBCT900 变矩器,应用于 ZT40~70L 石油钻机上。该传动装置输入转速范围 1000~1800r/min,输出功率范围 600~1500kW,调速范围 1.5~3.5,系采用偶合器输入转速变化调速,即用柴油机首级调速然后用偶合器滑差调速。图 6-42 为石油钻机用液力传动机组示意图。

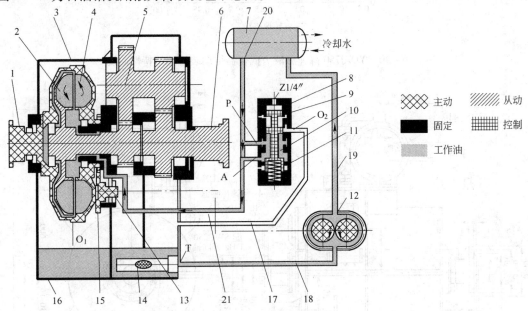

图 6-39 YOZJ750 降速型液力偶合器传动装置结构
1—输入轴;2—涡轮;3—箱体;4—泵轮;5—中间轴;6—输出轴;7—油冷却器;8—控制阀;
9—气动活塞;10—液动活塞;11—弹簧;12—供油泵;13—油泵轴;14—滤油器;
15—油泵齿轮;16—油箱;17~21—管路

表 6-41 YOZJ700/750 降速型液力偶合器传动装置无因次参数

序号 项目	1	2	3	4	5	6	7	8	9
转速比 i	0.86	0.88	0.90	0.92	0.94	0.96	0.97	0.99	1
泵轮力矩系数 $\lambda_B \times 10^{-6}/\text{min}^2 \cdot \text{m}^{-1}$	3.57	3.36	3.13	2.88	2.51	2.07	1.72	0.80	0
效率 $\eta/\%$	86	88	90	92	94	96	97	99	100

324. 柴油机冷却风扇用调速型液力偶合器如何选型匹配?

柴油机冷却风扇用调速型液力偶合器型号为 YOTJ420,其结构如图 6-43 所示,技术参

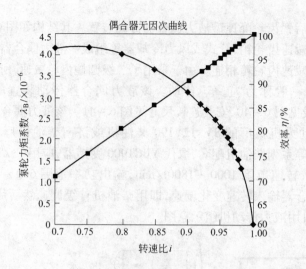

图 6-40　YOZJ750 降速型液力偶合器传动装置原始特性曲线

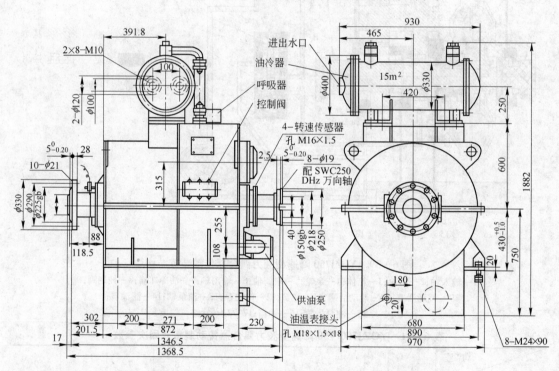

图 6-41　YOZJ750 降速型液力偶合器传动装置安装连接尺寸图

数和规格见表 6-42 ~ 表 6-44。可以根据需要按参数表选配。

325. 油田二级注水泵如何选配液力偶合器调速？

油田二级注水泵多为柱塞式水泵，负责向每口油井内供水。因为根据工艺要求需要调节供水量，所以应配以调速装置。柱塞泵属于恒扭矩机械，不推荐选用调速型液力偶合器，这种泵最好选用变频调速。但由于环境比较恶劣，有的单位不用变频调速而选用调速型液力偶合器，选型时应注意以下三点：

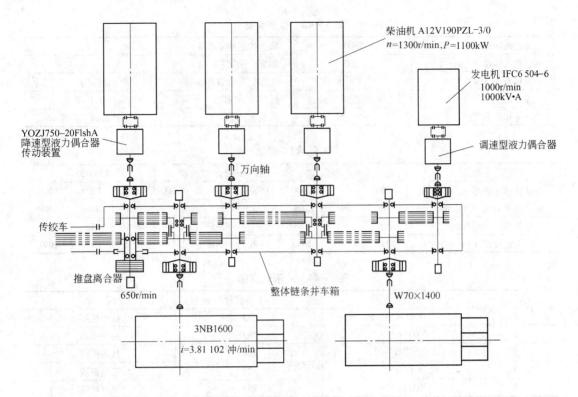

图 6-42　石油钻机用液力传动示意图

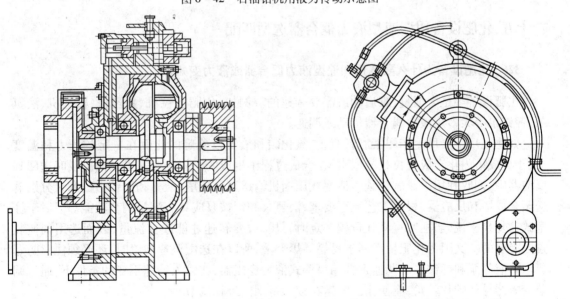

图 6-43　柴油机冷却风扇用调速型液力偶合器

（1）调速范围不可太大。调速范围大了，偶合器的滑差损失功率加大，浪费能源。

（2）结构越简单越好，价格要低，安装尺寸越短越好，轴向尺寸长了不利于老设备改造。

（3）柱塞泵使用偶合器调速基本上不节能，但若调速范围不大，出于工艺调节需要也可以用。究竟节不节能，要视具体情况而定，在选用偶合器调速时，对此应予以注意。

最大输入转速/r·min^{-1}	1800	最大传递功率/kW	80
额定输入转速/r·min^{-1}	1500	额定传递功率/kW	37
额定转差率 S/%	3	工作腔有效直径/mm	420
工作介质	14 号柴油机油	进口压力/MPa	0.4~0.8
控制冷却水温度/℃	60~85	控制方式	热敏阀进口调节

表 6－43　规格

机 型 类 别	12V（620 高底盘）			12VG^2（508 低底盘）			8V（620）		
柴油机标定转速/r·min^{-1}	1500	1200	1000	1500	1300	1200	1500	1200	1000
偶合器 V 带轮直径/mm	275	298	285	275	275	285	275	298	298
风扇 V 带轮直径/mm	298	265	265	295	265	253	295	265	265
风扇额定转速/r·min^{-1}	1342	1309	1043	1356	1308	1311	1356	1309	1091

表 6－44　V 带轮规格

序　号	偶合器型号	V 带轮节圆直径/mm	用　途
1	YOTJ420－P	275	钻井机组
2	YOTJ420－P$_1$	285	钻井机组
3	YOTJ420－P$_2$	298	钻井机组
4	YOTJ420－F	275	发电机组
5	YOTJ420－P$_1$	298	发电机组

二十五、化肥设备用调速型液力偶合器选型匹配

326. 化肥设备为什么要选用调速型液力偶合器或液力变矩器？

化肥设备多是大惯量、难启动或需要调速的。例如，化肥造粒机、裹药机、输送机、液氨泵、钾铵泵等大多用液力偶合器传动或调速。

如化肥厂生产厂生产尿素肥料时，二氧化碳和液氨以确定的比例在一定的压力和温度下，于合成塔内化合成颗粒状的尿素，在合成过程中生成的中间物——甲铵液应及时送回到反应器中，回收利用。二氧化碳由活塞式压缩机输送至合成塔，液氨和甲铵由柱塞泵分别输送至合成塔和反应器，根据工艺流程要求，液氨泵和钾铵泵应具有流量调节功能。但对于柱塞式往复泵来说，当柱塞直径和行程一定时，只有改变转速才能改变流量，因而选用调速装置是必要的。又因为化肥生产属于易燃易爆环境，所以在选配调速装置时，还必须注意防爆要求。液氨泵和钾铵泵的调速常选用可调式液力变矩器，在输入转速不变的条件下，通过调节变矩器导轮叶片转角，能使输出转速在较大范围内进行调节。

327. 化肥造粒机常选配什么型式的调速型液力偶合器？

在化肥厂的造粒机上常选用具有离合功能的进口调节调速型液力偶合器。图 6－44 为法国西姆公司生产的 ER5 双支承回转壳体式进口调节调速型液力偶合器。由于这种偶合器属进口调节，所以切断工作油的输入，偶合器便失去动力传动介质，于是输出与输入便脱离，这对于维修和检验非常方便。目前国内已不生产此种偶合器了。此类型偶合器还有一种属

于单支承的(见图 6 – 45),输入端悬挂在电动机轴上,输出端支承在轴承座上,支承不够稳

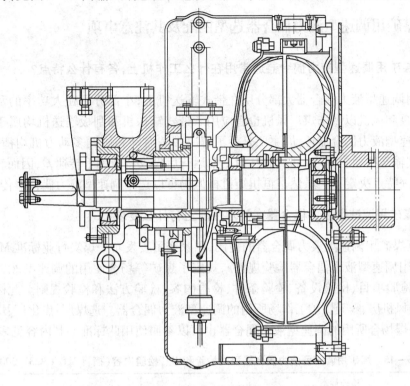

图 6 – 44　法国西姆公司 ER5 调速型液力偶合器结构

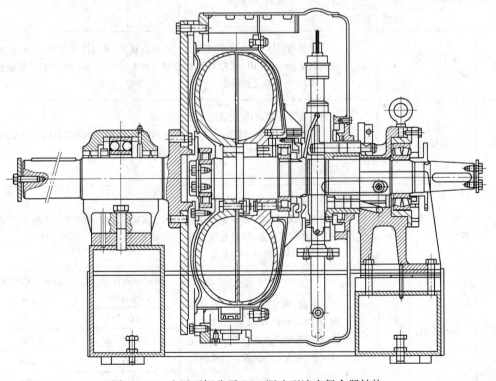

图 6 – 45　法国西姆公司 ER4 调速型液力偶合器结构

定,功率较大时不要选用。

二十六、煤矿用调速型液力偶合器选型匹配及其注意事项

328. 煤矿用调速型液力偶合器通常用在什么工作机上,各有什么特点?

煤矿用调速型液力偶合器大部分用在带式输送机上,小部分用在大功率的刮板输送机上,井下水泵和风机以及选煤厂风机也有应用。带式输送机和刮板输送机均属于恒扭矩机械,采用调速型液力偶合器传动,主要是为了解决带载启动和协调多动力机均衡、同步驱动问题。带式输送机通常是启动时调速,而正常运行后仅仅调节一下转速差,因而转差功率损失较少,这一特点决定了它虽然是恒扭矩机械但仍可以选用调速型液力偶合器传动和调速。

329. 煤矿用调速型液力偶合器在技术性能上有什么要求?

为规范煤矿用调速型液力偶合器的使用,国家经贸委发布了煤炭行业标准 MT/T 923—2002《煤矿用调速型液力偶合器检验规范》,规定了煤矿等场合使用的调速型液力偶合器的检验种类、检验项目、检验设备、检验条件、检验内容、检验方法和检验规则。此标准适用于煤矿井下通风机房、露天煤矿工作场所用的调速型液力偶合器。选煤厂、焦化厂、煤气公司等其他易燃易爆场合所用的调速型液力偶合器也可以参照使用此标准。其内容见表 6 – 45。

表 6 – 45　煤矿用调速型液力偶合器型式检验和出厂检验内容(摘自 MT/T 923—2002)

序号	检验项目	检验种类		检验方法	检验要求
		出厂检验	型式检验		
1	导管操作灵活性	√	√	不带负载运转2h,在这期间从低速到高速,每间隔 10min 使导管由 0 至 100% 再至 0 交换一次	各连接件、紧固件不得松动,各密封处、结合处不得渗漏,运转应平稳。导管操作灵活、平稳、可靠
2	密封检验	√	√	调节导管开度,用加载或制动装置使滑差加大,让液体温升到(95 ± 5)℃,保持 5min,观察密封和运转是否正常	检查输入、输出轴以及其他结合处,不得渗漏,运转应平稳
3	轴承温度检验	△	√	导管开度为100%,额定转速、额定功率加载(被试件功率大于试验设备功率时可降速试验)连续运转8h,每隔 15min 测量一次温度	记录轴承温度,轴承座外表温升,不得超过 65℃,最高温度不得超过90℃
4	振动检验	√	√	在空载、额定转速下,导管开度为 100%、50%、0 时被试件的输入、输出端轴承座处分别测量并记录水平、垂直和轴向振动位移幅值	额定输入转速 /r·min⁻¹　振动位移幅值 /μm 3000　≤75 1500　≤160 1000　≤235 750　≤375

序号	检验项目	检验种类		检 验 方 法	检 验 要 求
		出厂检验	型式检验		
5	噪声检验	√	√	偶合器在额定输入转速下,导管开度为100%时,在液力偶合器外壁测量点径向水平距离1m处,以声级计测得	噪声不大于90dB(A)
6	空载检验	√	√	偶合器输出轴空载时,测定导管开度为0和100%,输入转速为额定时的输入功率	导管开度为0和100%时的空载损失功率不得大于其额定传递功率的1%
7	升降速检验	Δ	√	在输出轴施以一定的载荷(小于200kW按额定功率加载,大于200kW按200kW加载),测出输出转速。由最低转速(导管开度为0)到额定转速(导管开度为100%)时所需时间,即升速时间。反之,由导管开度100%到导管开度为0时所需时间,即降速时间	记录升、降速时间(一般偶合器对此项检验无特殊要求,但对于有些场合,例如煤气鼓风机等,在向焦炉内喷氨水时,要求风机按工艺快速升速或降速,则对偶合器升、降速时间有要求,应予以注意)
8	调速范围检验	Δ	√	输入转速额定,调节导管的开度,测定输出最高转速和最低稳定转速(转速的波动不超过该转速下的±3%即为稳定转速),算出调速范围	实时测出输入、输出转速和输出转矩,记录输入转矩、转速和输出转矩、转速,计算调速比δ: $$\delta = n_{Tmax}/n_{Tmin}$$ 式中 n_{Tmax}——输出最高转速,r/min; n_{Tmin}——输出最低转速,r/min, 对离心式机械,调速比$\delta \geq 4$, 对恒扭矩机械,调速比$\delta \geq 3$
9	外特性检验	Δ	√	参数测量应在出口液温为(65 ± 5)℃范围内进行,输入转速为额定转速。依次按导管开度为0、10%、20%、30%、40%、50%、60%、70%、80%、90%、100%连续均匀加载,将输入转速、输出转速、输入转矩、输出转矩、供液泵流量、出口液体温度、进口液体压力记录,并绘制$M_T - n_T$特性曲线	导管开度为100%,$i = 0.97$时, $$\lambda_{Be} \geq 1.9 \times 10^{-6}$$ $$\lambda_B = M_B/(\rho g n_B^2 D^5)$$ $$i = n_T/n_B$$ 式中 λ_{Be}——额定工况泵轮力矩系数, min^2/m; λ_B——泵轮力矩系数,min^2/m; M_B——输入转矩,N·m; ρ——工作液体密度,kg/m^3; g——重力加速度,m/s^2; n_B——输入转速,r/min; D——工作腔有效直径,m; n_T——输出转速,r/min

序号	检验项目	检验种类		检 验 方 法	检 验 要 求
		出厂检验	型式检验		
10	超温检验	√	√	让被试偶合器达到允许最高液温的 110% 温度，在额定转速下，连续空载运转 5min	各连接处、密封处不得渗漏
11	超速检验	△	√	让被试件在额定转速的 105% 转速下，连续空载 1h	应运转平稳，无异常情况发生

注：√—进行试验；△—不进行试验。

330. 煤矿用调速型液力偶合器在选型匹配时应注意哪些事项？

煤矿用调速型液力偶合器在选型匹配时应注意的事项见表 6-46。

表 6-46　煤矿用调速型液力偶合器在选型匹配注意事项

序号	注意事项	说　　明
1	应选用符合 MT/T 923—2002 标准的偶合器	具体要求见第 329 问。特别要注意泵轮力矩系数 $\lambda_{Be} \geq 1.9 \times 10^{-6}$，因为是为恒力矩机械配套，泵轮力矩系数低了一直处于超载状态，偶合器易发热
2	具有防爆性能，且取得"煤安标志"证明	偶合器本身虽然属于本质安全型的，但所配仪器仪表、电加热器和辅助润滑系统驱动电动机等需要防爆，且要求有煤安证。包括电动执行器、电动操作器、铂热电阻、压力变送器、电加热器等均要有煤矿安全标志证明
3	确定是否是多动力机驱动，是否提供群控装置	如果是多动力机驱动，则要注意以下几点： (1)是否需要提供群控装置。 (2)驱动站是一侧布置还是双侧对面布置，如果一侧布置，则旋向相同；如果是双侧布置，则旋向一反一正，要确定仪表盘和进出油法兰的位置。 (3)多动力机驱动的偶合器在采购电动执行器时，应要求同一组的电动执行器应同步(即电动机转速相同)
4	确定电动执行器及其他控制仪表及电加热器电源电压	煤矿常用 660V 电压，控制仪表常用 127V 电压，这与其他场合不同。而电动执行器大都为 220V，如果选型匹配时忽视对电源电压的确定，就可能铸成大错，在现场无法使用
5	确定有无冷却水，确定冷却器型式	有的煤矿井下没有冷却水，如果在选型匹配时没有询问清楚，误选了水冷却器，则偶合器无法冷却，也就无法使用。还有的脱离实际乱选冷却器(主要是风冷式冷却器)以至于造成冷却器在巷道中无法安装，因此在选型匹配时，对冷却的型式、安装尺寸以及冷却水源一定要搞清楚
6	没有煤安证明别乱供货	煤矿用偶合器要求较严，如果没有取得"煤安标志"证明，千万别乱供货，以避免无法验货而造成损失

序号	注意事项	说　明
7	确定调速时间	一般场合使用的调速型液力偶合器对升速或降速时间没有严格要求,但是在焦化厂使用的风机,有的为了工艺需要,必须达到升速或降速时间的要求,在选型匹配时第一要明确要求,第二要校核能否达到要求

二十七、油隔离泥浆泵选配液力偶合器调速的注意事项

331. 油隔离泥浆泵有何特点?

油隔离泥浆泵在选矿场精矿输送以及水泥矿山湿料浆体输送应用较多。油隔离泥浆泵属于恒扭矩机械,即功率与转速的 1 次方成正比,选配调速型液力偶合器时应注意这一特点。在计算偶合器发热功率损失和计算冷却器换热面积、冷却水流量时不能误用离心式水泵的计算公式。

332. 油隔离泥浆泵在选配调速型液力偶合器时应注意哪些问题?

油隔离泥浆泵在选配调速型液力偶合器时,应注意以下几个问题:

(1)应当认识到油隔离泥浆泵应用液力偶合器调速不节能。这是最常被忽略的问题,不少人认为只要是泵调速运行都节能。例如,在国内某偶合器厂的宣传资料上称泥浆泵使用液力偶合器调速节能,而且还列出了计算公式,但仔细一看发现,他们所套用的计算公式是适用于离心式水泵的计算公式。因为离心式水泵的轴功率与输入转速的 3 次方成正比,所以降速之后,功率大幅度降低,而油隔离泥浆泵属于恒扭矩机械,功率与转速的 1 次方成正比,所以转速下降之后,功率降低不多。令许多人不解的是,为什么转速下降功率也下降会不节能呢? 这是因为调速型液力偶合器与恒扭矩机械匹配,效率等于转速比,因而转速下降之后,效率降低,偶合器的滑差损失加大。偶合器的输入功率 P_B 等于偶合器的输出功率(即工作机功率)与偶合器损失功率之和,即 $P_B = P_Z + P_S$。虽然转速下降之后 P_Z 呈 1 次方下降,但同时 P_S 也呈 1 次方增加,所以最终泵轮功率(即动力机功率)没有降低,因而不节能。

(2)调速范围不可以过大。由以上介绍可知,泥浆泵使用液力偶合器调速效率等于转速比。换言之,转速比越低,效率越低,损失功率越多,因而调速范围不可以过大。虽然理论上说调速范围可达 1:3,但若真调到这个范围,则 2/3 的能源都浪费了,得配多么大的冷却器才能达到热平衡,谁还敢用呢? 通常推荐调速范围在 1~0.85 之间比较好,这样最大功率损失不超过 15%,还可以接受。

(3)选配冷却器时,要适当加大换热面积,冷却水流量也要适当加大。

(4)在作导管开度计算和节能计算时,不要用离心式水泵的适用公式。这是常犯的错误。有的偶合器生产厂可能出于无知或为了商业利益,硬使用离心式水泵的节能计算公式来进行泥浆泵调速节能计算,仅看到调速功率下降了,而没看到调速偶合器的功率损失增加了,结果误导了用户。以下根据一具体实例来说明泥浆泵选配偶合器调速在计算时为什么会发生错误。

【例 6-18】 已知某铁矿输送精矿工程采用油隔离泥浆泵匹配调速型液力偶合器调速运行。泥浆泵型号为 YNB-140/8,最大流量 140m³/h,最大流量时功率为 414.8kW,电动机

转速为 1480r/min, 功率 500kW。工艺要求泥浆泵在 A、B、C、D、E 五个工况点工作, 其工况参数见表 6-47, 试进行偶合器选型匹配, 并计算节能效益。

表 6-47 油隔离泥浆泵各工况点参数

工况点	转速比 i	泵转速/r·min^{-1}	泵流量/m^3·h^{-1}	泵功率/kW
A	0.97	1436	140	414.8
B	0.93	1376	130	385.2
C	0.85	1258	120	355.6
D	0.78	1148	110	325.9
E	0.7	1036	100	296.3

解: 为了说明正确的选型方法, 特以某液力机械公司错误的计算方法为例进行比对(除原单位制不对改正之外, 其余按原计算摘取), 见表 6-48 和图 6-46。

表 6-48 泥浆泵错误和正确选型匹配对比

选型计算步骤	错误的选型计算	正确的选型计算
确定偶合器规格	选择 YOT$_{CK}$650, 在输入转速 1500r/min 时传递功率 290~620kW。说明:此偶合器型式是回转壳体式, 虽然可用, 但支承不够稳定, 工作腔有效直径 ϕ650 选择正确	选择 YOT$_{CD}$650, 在输入转速为 1500r/min 时传递功率 250~730kW。说明:此偶合器为对开固定箱体式, 支承稳定可靠, 工作腔有效直径 ϕ650 选择正确
A 点各参数计算	泵流量 140m^3/h, 转速 $n=1480$r/min, 功率 414.8kW, 转速比 $i=0.97$, 因此有: $$\lambda_B = \frac{9550P_Z}{\rho g n_B^3 D^5} = \frac{9550 \times 414.8}{830 \times 9.8 \times 1480^3 \times 0.65^5}$$ $$=1.3 \times 10^{-6}$$ 从 $\lambda_B = f(i)$ 曲线中查出导管开度 $k=95\%$。 讨论:这一计算有 2 处错误。 (1)泵轮力矩系数 λ_B 计算公式中的 P_B 是泵轮功率而不是工作机功率, 此例中 414.8kW 是泥浆泵轴功率, 而不是偶合器泵轮功率, 偶合器的泵轮功率除了泵的轴功率之外还得再加上此工况点的偶合器损失功率, 由于偶合器泵轮功率计算错误, 所以导致偶合器泵轮力矩系数 λ_B 计算错误。 (2)由于 λ_B 计算错误, 所以导管开度也是错误的	泵流量 140m^3/h, 偶合器输入转速 $n=1480$r/min, 泥浆泵轴功率 414.8kW, 电动机功率 500kW, 转速比 $i=0.97$。 在 $\lambda_B = f(i)$ 原始特性曲线图上, 横坐标是转速比 i, 纵坐标是 λ_B, 现在已知 $i=0.97$, 只要设法计算出 $\lambda_{B0.97}$, 即可以确定 A 点的坐标位置, 也就可以确定 A 点的导管开度了。因偶合器有滑差功率损失, 所以泵轮功率为: $$P_{Bi} = P_{Zi} + P_{Si}$$ 式中 P_{Bi}——某调速工况点的泵轮功率, kW; $\quad\quad P_{Zi}$——某调速工况点的泥浆泵轴功率, kW; $\quad\quad P_{Si}$——某调速工况点的偶合器损失功率, kW。 因泥浆泵属于恒扭矩机械, 所以 $P_{Si} = (1-i)P_B$, 式中 P_B 是偶合器的泵轮额定功率而不是调速点功率。$P_B = 1.05P_Z$ 或 $P_B = 0.95P_d$, P_d 为电动机功率, P_Z 为工作机轴功率。按电动机功率计算偶合器泵轮功率应等于 475kW, 按泵轴功率计算泵轮功率应等于 440kW, 取 $P_B = 450$kW, 则 $$P_{S0.97} = (1-0.97) \times 450 = 13.5\text{kW}$$ $$P_{B0.97} = 418.4 + 13.5 = 432\text{kW}$$ $$\lambda_{B0.97} = \frac{9550 \times 432}{860 \times 9.8 \times 1480^3 \times 0.65^5} = 1.3 \times 10^{-6}\text{min}^2/\text{m}$$ 因而 A 点的坐标为:横坐标 $i=0.97$, 纵坐标 $\lambda_B = 1.3$

选型计算步骤	错误的选型计算	正确的选型计算
B 点参数计算	泵流量 130m³/h,泵转速 1377r/min,泵轴功率 385.2kW,偶合器转速比 $i = 0.93$,则有: $$\lambda_B = \frac{9550P_Z}{\rho g n_B^3 D^5} = \frac{9550 \times 385.2}{830 \times 9.8 \times 1377^3 \times 0.65^5}$$ $$= 1.21 \times 10^{-6}$$ 得 $K = 75\%$。 讨论:这一计算有 3 处错误。 (1) 偶合器的泵轮功率不等于泥浆泵的轴功率,而应当等于此工况点的泵的轴功率和偶合器损失功率之和,即 $P_{Bi} = P_{Zi} + P_{Si}$。 (2) 偶合器的泵轮转速始终是电动机转速 1450r/min,而不是泵转速 1377r/min。要知道是偶合器调速,而不是电动机调速,输入转速怎么可能变了呢! (3) 由于以上的错误,导致导管开度错误	泵流量 130m³/h,泵转速 $n_Z = 1377$r/min,泵轴功率 385.2kW,电动机转速 1480kW,偶合器泵轮功率 450kW,因此有: 偶合器转速比 $i = n_T/n_B = 1377/1480 = 0.93$ $P_{S0.93} = (1 - i) \times P_B = 0.07 \times 450 = 31.5$kW $P_{B0.93} = P_{Z0.93} + P_{S0.93} = 385.2 + 31.5 = 416.7$kW $$\lambda_{B0.93} = \frac{9550 \times 416.7}{860 \times 9.8 \times 1480^3 \times 0.65^5} = 1.254 \times 10^{-6} \text{min}^2/\text{m}$$ 则 B 点坐标为:横坐标 $i = 0.93$,纵坐标 $\lambda_B = 1.25$。 讨论:泥浆泵基本上属于恒扭矩机械,从理论上讲,各调速点的横坐标随转速比变化而变化;纵坐标值不应当有变化,但比例中却有变化,这可能是工况点的功率值计算不准或理论计算与实测有差异造成的
C 点参数计算	泵流量 120m³/h,泵转速 1260r/min,泵轴功率 355.6kW,因此有: $$\lambda_B = \frac{9550P_Z}{\rho g n_B^3 D^5} = \frac{9550 \times 355.6}{830 \times 9.8 \times 1260^3 \times 0.65^5}$$ $$= 1.12 \times 10^{-6}$$ 得 $K = 66\%$。 讨论:此计算有 4 点错误。 (1) 偶合器泵轮功率不等于泵的轴功率。 (2) 偶合器的输入转速不变,不是输出转速 1260r/min。 (3) 没有计算偶合器转速比 i,既然没计算 i,横坐标如何确定? (4) 由于以上几点导致导管开度错误	泵流量 120m³/h,泵转速 1260r/min,泵轴功率 355.6kW,电动机转速 1480r/min,偶合器泵轮功率 450kW,因此有: 偶合器转速比 $i = n_T/n_B = 1260/1480 = 0.85$ $P_{S0.85} = (1 - i)P_B = (1 - 0.85) \times 450 = 67.5$kW $P_{B0.85} = P_{Z0.85} + P_{S0.85} = 355.6 + 67.5 = 423$kW $$\lambda_{B0.85} = \frac{9550 \times 423}{860 \times 9.8 \times 1480^3 \times 0.65^5} = 1.27 \times 10^{-6} \text{min}^2/\text{m}$$ 讨论:与 B 点相同,按理论 λ_B 值不应变化,可能是泵轴功率测量不准,也可能受多种因素影响,故略有变化
D 点参数计算	泵流量 110m³/h,泵转速 1148r/min,泵轴功率 325.9kW,偶合器转速比 $i = 0.78$ $$\lambda_B = \frac{9550P_Z}{\rho g n_B^3 D^5} = \frac{9550 \times 325.9}{830 \times 9.8 \times 1148^3 \times 0.65^5}$$ $$= 1.02 \times 10^{-6}$$ 得 $K = 59\%$。 讨论:此计算的错误之处与以上相同	泵流量 110m³/h,泵转速 1148r/min,泵轴功率 325.9kW,偶合器额定功率 450kW,因此有: 偶合器转速比 $i = n_T/n_B = 1148/1480 = 0.78$ $P_{S0.78} = (1 - i)P_B = (1 - 0.78) \times 450 = 99$kW $P_{B0.78} = P_{Z0.78} + P_{S0.78} = 325.9 + 67.5 = 424.9$kW $$\lambda_{B0.78} = \frac{9550 \times 424.9}{860 \times 9.8 \times 1480^3 \times 0.65^5} = 1.28 \times 10^{-6} \text{min}^2/\text{m}$$

选型计算步骤	错误的选型计算	正确的选型计算
E 点参数计算	泵流量 100m³/h，泵转速 1036r/min，泵轴功率 296.3kW，偶合器转速比 $i=0.7$ $\lambda_B = \dfrac{9550 P_Z}{\rho g n_B^3 D^5} = \dfrac{9550 \times 296.3}{830 \times 9.8 \times 1036^3 \times 0.65^5}$ $= 0.93 \times 10^{-6}$ 得 $K = 51\%$。 讨论：此计算的错误之处与以上相同	泵流量 100m³/h，泵转速 1036r/min，泵轴功率 296.3kW，偶合器泵轮功率 450kW， 解：偶合器转速比 $i = n_T/n_B = 1036/1480 = 0.7$ $P_{S0.7} = (1-i) P_B = (1-0.7) \times 450 = 135\text{kW}$ $P_{B0.7} = P_{Z0.7} + P_{S0.7} = 296.3 + 135 = 431.3\text{kW}$ $\lambda_{B0.7} = \dfrac{9550 \times 431.3}{860 \times 9.8 \times 1480^3 \times 0.65^5} = 1.304 \times 10^{-6} \text{min}^2/\text{m}$
偶合器损失功率计算	偶合器在任意点的功率损失计算公式： $P_S = (i^2 - i^3) \dfrac{P_e}{i_e^3}$ 讨论：这一公式是对抛物线型负载的，不是对恒扭矩负载的。由表 6－47 可见，油隔离泥浆泵的轴功率基本上与转速的 1 次方成正比，属恒扭矩机械特性，不能用适合抛物线负载特性的计算公式。由于引用公式错误，所以以下各工况点的功率损失值均计算错误，为节省篇幅不一一列举	由表 6－47 可见，油隔离泥浆泵的轴功率基本上与转速的 1 次方成正比，属于恒扭矩机械，其偶合器功率损失 $P_{Si} = (1-i) P_B$，即转速比越高，损失功率越少；转速比越低，损失功率越大
节能计算	YNB－140 泥浆泵每年工作 300 天，每天工作 24h，若不调速则年耗能 $414.8 \times 300 \times 24 = 299 \text{MkW} \cdot \text{h}$。如果投料不是 140m³/h，则必须用清水补充流量。 A 点：不补水 B 点：补水量 $(140-130) \times 300 \times 24 = 7.2 \text{Mm}^3$ 　　水费 $7.2 \times 0.18 = 1.296$ 万元 C 点：补水量 $(140-120) \times 300 \times 24 = 14.4 \text{Mm}^3$ 　　水费 $14.4 \times 0.18 = 2.6$ 万元 D 点：补水量 $(140-110) \times 300 \times 24 = 21.6 \text{Mm}^3$ 　　水费 $21.6 \times 0.18 = 3.89$ 万元 E 点：补水量 $(140-100) \times 300 \times 24 = 28.8 \text{Mm}^3$ 　　水费 $28.8 \times 0.18 = 5.184$ 万元 以上节能计算因偶合器耗能计算错误，所以导致节能计算也错误。为节约篇幅不列举了	（1）由以上计算可知，油隔离泥浆泵采用液力偶合器调速基本上不节能。偶合器泵轮功率（即电动机负载功率）基本上在 430kW 左右，即调速以后功率不随转速下降而下降。 （2）泥浆泵调速运行之后，肯定节水，节水也是节能，因为补充水量也要靠水泵运行，耗电。但在计算节水量时要注意运行工况，泥浆泵在 A 点运行就不会在 B 点运行，应将各工况点的运行时间乘以节水量就等于该工况点的节水量，各节水量相加即为总节水量

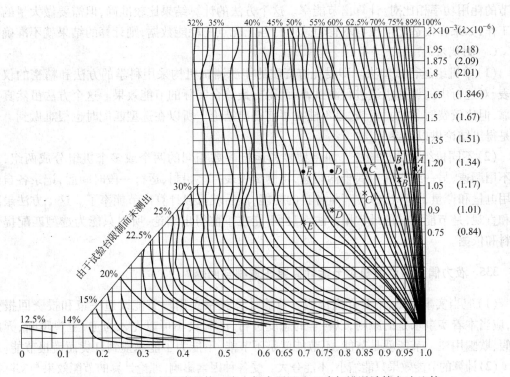

图 6 - 46　油隔离泥浆泵使用液力偶合器调速正确与错误计算方法比较

＊—错误的导管开度坐标点；●—正确的导管开度坐标点；A—错误的坐标点标记；$\bar{A}$—正确的坐标点标记

二十八、液力偶合器调速机组节能计算

333. 为什么调速型液力偶合器在选型匹配时有时要进行节能计算？

风机、水泵等离心式机械选配液力偶合器调速运行的主要目的是为了节能,因而老设备节能改造或新设备首次采用液力偶合器调速,必须计算节能效益,以便进行方案论证和投资回报分析,这一工作常常委托偶合器供货方完成。因此在调速型液力偶合器选型匹配时有时要进行节能计算。

334. 液力偶合器调速机组节能计算有几种方法？

液力偶合器调速机组的节能计算有以下几种方法。

A　估算法

估算法是根据以往经验和同类型调速机组的节能试验报告,来估算本调速机组的节能效益。例如,转炉除尘风机使用液力偶合器调速的节能效益虽然随冶炼工艺和机组参数不同而不同,但据多家钢厂统计,其节电率普遍超过 35%,因而若是转炉除尘风机调速机组进行节能计算,就可以依此估算,保守地估计其节能率约在 30% ~ 25%。估算虽然不是精确计算,但也不是无根据的瞎猜,必须找到相关的试验结果和依据,按相似原则进行比对,经过加权处理,即可得到比较切合实际的经验节能数据。

B　按运行工况计算法

首先确定各运行工况点的有关参数,然后计算各工况点的耗用功率,再与恒速运行节流调节的耗用功率相比对,计算出节能率。这个方法的计算结果比较准确,但需要做大量的基础工作,如果在改造之前没有取得恒速运行各工况点的耗能数据,则计算的结果就不准确。

C 测试法

(1)单机组运行试验法。即委托有资质的能源测试机构采用科学的方法和精密的仪器仪表,对运行中的调速机组进行测试,从而得出最符合实际的节能效果。这个方法虽然真实可靠,但比较费时、费力、费钱,且不能在事前得出结论。所以在选型匹配时也很难做到。只能是得出结论供以后参考。

(2)不同机组对比试验法。即将型号和运行参数相同的两个或多个机组分成两组,一组不用调速,另一组用液力偶合器调速,将测试仪表打上铅封,运行一段时间后,记录各自的耗用电量和产量,计算出单位产量各自的耗能,然后就可以计算出节能率了。这个方法最准确和直观,是节能测试的最常用方法,但也不能在事前得出结论,所以只能为选型匹配提供资料和依据。

335. 液力偶合器调速机组节能计算要注意哪些问题?

(1)应当实事求是,不要弄虚作假。节能计算关系到用户节能改造决策和投资回报分析,应当本着实事求是的原则,以科学的态度进行计算,决不可以先入为主、主观臆断、弄虚作假、欺骗用户。节能就是节能,不节能就是不节能,不能为了能承揽到订货而谎报节能。

(2)计算的节能效果只能缩小,不能夸大。受各种因素影响,理论计算的节能效果与实际往往有一些出入,所以计算完成后应当根据以往实测数据和经验予以修正,只能缩小,不能夸大。

(3)应明确告知用户节能效果与调速工况密不可分。严格地讲,应用液力偶合器调速的节能效果主要取决于工作机的性质和工作机的运行模式,与偶合器自身的关系不是很大。因此在不了解工作机运行工况时,不要妄谈节能效果,要老老实实地告诉用户,风机水泵调速运行的节能效果基本上不取决于液力偶合器,而取决于风机水泵自身的运行机制。

(4)在进行节能计算时,应明确工作机种类。使用液力偶合器调速的工作机主要有抛物线型负载($P_Z \propto n^3$)、直线型负载($P_Z \propto n^2$)和恒扭矩负载($P_Z \propto n$)三种,其中抛物线型负载调速运行最节能,直线型负载次之,恒扭矩负载调速运行不节能。这在计算节能效益时,必须首先明确,不能稀里糊涂。

(5)千万不能用错公式。液力偶合器调速存在滑差功率损失,而与不同的工作机匹配滑差损失又不一样。如果选错公式,则计算的结果就差得很多。例如第 332 问中所举的例 6 – 18,错误的计算认为年节电 37 万 kW·h,实际上根本不节电,只是节约水。

二十九、与柴油机匹配的调速型液力偶合器选型匹配

336. 哪些用柴油机驱动的设备采用液力偶合器调速?

由柴油机驱动并选用液力偶合器调速的设备较多,如石油钻井机、船用发电机、油田柴油机冷却风扇、碎石机、带式输送机、失电备用设备等,这些设备的共同特点是工作场合无电,负载沉重且启动困难,有些还属于多动力机驱动的(如石油钻井机)。使用偶合器传动和调速的目的是为了轻载启动、隔离和减缓柴油机的扭振、协调多动力机均衡同步驱动、过载保护、扩大柴油机稳定运行范围以及协调柴油机怠速运行。

337. 柴油机驱动的设备选配调速型液力偶合器应注意哪些问题?

柴油机驱动的设备选配调速型液力偶合器应注意的问题见表6-49。

表6-49　柴油机驱动的设备选配调速型液力偶合器应注意的问题

序号	应注意的问题	说　明
1	确定供油方式	有些供柴油机使用的调速型液力偶合器,自身没有供油系统,用柴油机的油路系统供油,因而在选型匹配时应弄清楚供油方式,确定与柴油机供油系统的连接以及供油管的改装等事宜
2	确定冷却方式和油、水的流量,适当扩大冷却器换热面积	有些柴油机驱动的调速型液力偶合器(见图6-47),采用柴油机的冷却水进行冷却,热交换器的油温和水温均很高。例如,意大利传斯罗伊公司用于内燃机驱动的调速型偶合器,热交换器进口油温110℃,出口油温100℃,热交换器进口水温85℃,出口水温90℃,油的温差为10℃,水的温差为5℃,由于水温和油温均很高,所以应适当加大偶合器工作油的循环流量和冷却器的换热面积,否则就会引起偶合器发热
3	注意与柴油机的连接方式	柴油机驱动的调速型偶合器与柴油机的连接跟电动机不同,大部分是柴油机的飞轮通过弹性联轴器与偶合器相连,如图6-48所示。因此在选型匹配时应当注意与柴油机的连接尺寸,见表6-50
4	型式选择应当根据需要灵活选配	柴油机驱动的工作机有些不需要调速,或虽需要调速,但不用导管式偶合器调速,而用柴油机改变偶合器输入转速调速,所以常选用离合启动型进口调节型偶合器,而不用导管出口调节式偶合器,选型时应予以注意

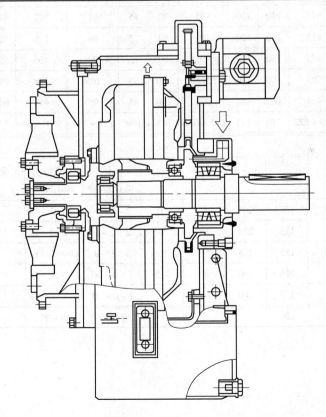

图6-47　柴油机驱动的偶合器

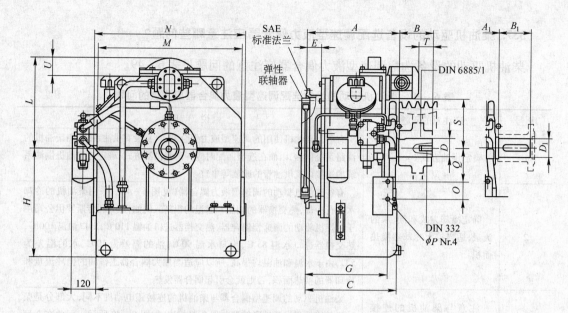

图 6 – 48　柴油机驱动的偶合器连接图

表 6 – 50　传斯罗伊用柴油机驱动偶合器连接尺寸表

规格	尺　　寸												
	A	A_1	B	B_1	C	D	D_1	E	G	H	L	M	N
15	414	414	130	110	430	70	65	61	362	440	395	560	590
17	425	415	150	120	420	80	75	68	376	500	420	670	700
19	455	445	150	120	450	80	75	98	406	500	420	670	700
21	517	505	180	140	512	100	85	105	458	600	480	820	860
24	583	495	180	140	502	100	85	95	448	600	480	820	860
27	710 ~ 726	606 ~ 622	220	180	605 ~ 621	115	100	123 ~ 139	550 ~ 566	675	445	890	940

规格	尺　　寸								重量(不带油液) /kg	油液/L
	O	P	Q	S	T	U	壳体 SAEJ617	飞轮 SAEJ620		
15	65	17	135	205	66. 5	115	3 – 2 – 1	11 1/2 – 14	250	28
17	80	19	155	228	68	85	2 – 1 – 0	11 1/2 – 14	295	35
19	80	19	155	228	68	85	2 – 1 – 0	11 1/2 – 14	310	35
21	115	21	210	260	87	115	1 – 0 – 00	14 – 16 – 18	475	65
24	115	21	210	260	163	70	1 – 0 – 00	14 – 16 – 18	550	65
27	130	23	220	—	—	—	0 – 00	18 – 21	760	87

第七章 液黏调速离合器选型匹配

一、液黏传动术语、型式及参数

338. 液黏传动常用术语有哪些?

液黏传动常用术语见表 7 – 1。

表 7 – 1　液黏传动常用术语(摘自 JB/T 5968—1991)

序号	术　语	代号	定　　义
1	液黏传动		以黏性液体为工作介质,依靠主、从构件之间液体的黏性(剪切力)来传输动力并调节转速与力矩的一种液体传动,简称液黏传动
2	液黏调速离合器		按照液体黏性传动的方式来传递动力并调节转速的液黏传动元件,不推荐的曾用词:调速离合器、滑差离合器、奥美伽离合器
3	同步工况		在较大压紧力下,主、从动摩擦片相接合,输出与输入转速同步的液黏调速离合器的工作状况(亦称接合工况)
4	脱离工况		在很小的压力下,主、从动摩擦片脱开,油膜厚度较大,输出转速接近于零(输出轴带有不小于空载力矩载荷)时液黏调速离合器的工作状况
5	调速工况		在一定压紧力下,主、从动摩擦片间有间隙,输出转速低于输入转速时液黏调速离合器的工作状况
6	控制油路系统		控制加压活塞油压的油路系统
7	传动油路系统		供应液体在摩擦片间进行液黏传动并带走热量的油路系统
8	接合外径	D	主、从动摩擦片接合面的外径,以"D"表示
9	力矩系数	λ	表明液黏调速离合器能容量值的基本参数,在输入转速、摩擦片接合外径和接合面数量以及油液黏度均不变条件下,其数值与传递力矩成正比例,以"λ"表示
10	转速比	i	输出转速 n_2 与输入转速 n_1 之比,以"i"表示
11	转差率	s	输入、输出转速差与输入转速的百分比,以"s"表示: $s = \dfrac{n_1 - n_2}{n_1} \times 100\%$
12	调速范围		可连续调节的稳定运转的速度范围
13	空载力矩		输出轴不带负荷,输入轴上所承受的最小力矩(亦称带排力矩)
14	压紧力		使主、从动摩擦片相互靠紧的压力,通常此压力由加压活塞通过加压板施加于摩擦片上

序号	术语	代号	定义
15	压紧系数	e	表示摩擦片间相对压紧程度的系数,以某一工况的压紧力 P_e 除以接合压力 $P_{1.0}$ 表示: $e = \dfrac{P_e}{P_{1.0}}$。 当液黏调速离合器从调速工况进入同步工况时的压紧系数称接合压紧系数 $e = 1.0$;当液黏调速离合器从调速工况进入脱离工况时的压紧系数称脱离压紧系数 $e = 0$
16	控制压力(压强)	$P_{1.0}$ P_0	控制加压活塞压紧力的液压系统压力。当液黏调速离合器从调速工况进入同步工况时的控制压力称接合压力,以"$P_{1.0}$"表示。当液黏调速离合器从调速工况进入脱离工况时的控制压力称脱离压力,以"P_0"表示

339. 液黏传动装置的型式是如何表示的?

液黏传动装置的型式见表 7 - 2。

表 7 - 2　液黏传动装置的型式(摘自 JB/T 5968—1991)

型式代号	调速离合器		调速装置				调速变矩器
	T		C				TJ
结构特征代号	卧式	立式	前置式	后置式	复合式	立式	
	—	L	Q	H	F	L	

340. 液黏调速离合器摩擦片接合外径 D 是如何规定的?

液黏调速离合器摩擦片接合外径 D 应符合表 7 - 3 规定。

表 7 - 3　液黏调速离合器摩擦片接合外径(摘自 JB/T 5968—1991)　　(mm)

160	200	250	320	400	500	630	800	1000	1250

341. 液黏调速离合器力矩系数是如何规定的?

在以 8 号液力传动油为工作介质,油温为 50 ± 5℃条件下,液黏调速离合器的力矩系数应符合表 7 - 4 的规定。

表 7 - 4　液黏调速离合器力矩系数(摘自 JB/T 5968—1991)

工况	同步		
转速比 i	1.0		
力矩系数/m^{-1} $\left(\lambda = \dfrac{M}{\mu Z n_1 D^4} \right)$	$D \leqslant 400$	$500 \leqslant D \leqslant 800$	$D \geqslant 1000$
	1.3×10^2	1.0×10^2	0.8×10^2

注:表中 λ 是力矩系数;M 是力矩,N·m;μ 是液体的动力黏度,Pa·s;Z 是摩擦片接合面数(总片数减1);D 是摩擦片接合外径,m;n_1 是输入转速,r/min。

二、液黏传动的工作液体

342. 液黏调速离合器对工作液体有什么要求？

工作液体在液黏调速离合器中的作用是传递动力、散热和润滑,要求具有以下性能：

(1)合适的黏度。工作液体的黏度涉及油膜的形成、切应力的承受、力矩的传递等问题,对于液黏调速离合器,其工作液体的运动黏度为 $20 \sim 50 \text{mm}^2/\text{s}$。

(2)良好的润滑性能(油性和极压性)。黏度大的工作液体,润滑性能不一定好,油性好可以降低摩擦磨损,极压性好可减小边界摩擦时的磨损,缩小转速不稳定工作区。对于液黏调速离合器在传递大力矩时,片间压力增大、油膜变薄、转速差减小,处于边界摩擦状态,输出转速不稳定,此时需要工作液体有良好的极压性能。

(3)良好的氧化安定性。工作液体在长期的使用或贮存过程中,在一定条件下与氧气或空气接触便会氧化变质,生成酸、胶质和沥青等氧化产物。这些氧化产物溶解或分散在工作液体中,会使油的颜色变暗、黏度和酸值增大,并生成大量沉淀,同时对金属产生腐蚀作用并影响传递力矩的能力。

(4)较高的比热容和较高的热导率。比热容大、热导率高,吸收的热量多、散热效果好。目前液力传动油的比热容大致在 $1674.8 \sim 2093.5 \text{J}/(\text{kg} \cdot \text{℃})$ 范围内,其热导率为 $0.116 \sim 0.151 \text{W}/(\text{m} \cdot \text{℃})$。

除了上述要求外,工作液体还应具有防锈、抗泡沫、凝固点低、闪点高、不易挥发、无毒等特点。

目前国产液黏调速离合器多采用8号液力传动油作为工作液体。8号液力传动油是以低黏度精制馏分油为基础油,加入稠化、抗磨、抗氧化、防锈、抗泡沫等添加剂制成。

343. 硅油风扇离合器对工作液体有什么要求？

硅油风扇离合器所用的工作液体是硅油,它是一种合成润滑油,并非由石油提炼得来。各种硅油的性能比较见表7-5。在油膜厚度不变的液黏传动中使用硅油的主要原因,是它具有高的运动黏度($2000 \sim 10000 \text{mm}^2/\text{s}$ 或更高)、良好的黏温性能和较强的抗剪切能力。

表7-5　各种硅油的性能

性能 种类	分解温度/℃	使用温度/℃	凝胶时间/s		四球试验磨迹直径[①]/mm	
			250℃	388℃	10kg	30kg
甲基硅油	316	−86 ~ 175	240	<24	0.5	1.83
低苯基硅油	318	−76 ~ 204	150 ~ 200	50 ~ 60	—	—
中苯基硅油	324	−50 ~ 260	800 ~ 1000	180	1.4	4.18
高苯基硅油	371	−22 ~ 260	>3000	500 ~ 600	—	—
乙基硅油	—	−60 ~ 150	—	—	—	—
氯苯基硅油	—	−50 ~ 260	—	—	0.39	0.53

①条件为600r/min,1h,在不同载荷下的磨迹直径。

三、液黏传动分类与结构原理

344. 什么是液体黏性传动,它是如何分类的?

液体黏性传动是利用液体的黏性或油膜剪切力来传递动力的流体传动,也称为油膜剪切传动。其分类见表7-6。

表7-6　液体黏性传动分类

分 类 方 法	说　　明
按油膜的几何形状分类	有圆柱面油膜、圆锥面油膜和圆盘面油膜,也可以制成其他便于加工的形状
按油膜厚度是否变化分类	有油膜厚度不变的和油膜厚度可变的两种,油膜厚度不变的如汽车风扇硅油离合器;油膜厚度可变的如液黏调速离合器
按主动件、被动件旋转情况分类	可分为主动件旋转而被动件不动(液黏制动器)和主动件、被动件均旋转(液黏调速离合器)两种
按液黏传动是否与其他传动结合分类	有单一液黏传动和复合液黏传动,后者如液黏传动与行星齿轮传动组合的CST装置等

345. 液体黏性传动是怎样传递动力的?

液体黏性传动基于牛顿内摩擦定律,其大致内容如图7-1所示。在两块平行放置的平板之间,充满黏性的牛顿液体,形成厚度为δ的油膜。当下板保持固定,上板以速度v平行于下板运动时,则板间流体受到剪切。速度不太高时,流体相邻层间的流动状态可看作是相互平行移动的层流,黏附在下板表面上流体分子的速度为零,黏附在上板表面上流体分子的速度为V,其间变化规律为一直线。此时,为了保持上板恒定的运动速度V,所需要的力F与板的面积A和速度梯度v/δ(或剪切率)成正比。即:

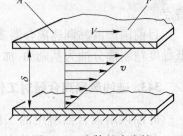

图7-1　流体的内摩擦

$$F \propto A \cdot \frac{v}{\delta}, \tau = \frac{F}{A} = \mu \frac{v}{\delta}$$

式中　F——油膜的剪切力,N;

A——承受油膜剪切作用的面积,m^2;

δ——油膜厚度,m;

τ——油膜的切应力,Pa;

μ——液体的动力黏度,Pa·s。

由此可见,切应力τ与动力黏度μ和剪切速度v成正比,与油膜厚度成反比。只要结构和各参数选取合理,即可设计出传递很大功率的液体黏性传动装置。液体黏性传动主要有硅油离合器和液黏调速离合器两种,以下简介其传动和调速原理。

346. 硅油风扇离合器是怎样工作的?

硅油风扇离合器在径向有许多圆柱油膜用来传递动力,工作过程中油膜厚度保持不变,通过改变充油量和油膜剪切面积的大小进行调速。硅油风扇离合器的主动部分与发动机相连,从动部分与风扇相连,工作液体为黏度较大的硅油。当主动部分转速一定时,如果发动机水温低,则使充油量少,油膜剪切面积小,传递转矩小,风扇转速低;如果发动机水温高,则使充油量多,油膜剪切面积大,传递转矩大,风扇转速高。这样可以使发动机经常在最适宜温度下工作,节省燃油,降低噪声,延长发动机寿命。硅油风扇离合器的结构见图7-2。

347. 液黏调速离合器是怎样工作的?

液黏调速离合器(见图7-3)在轴向有许多圆盘油膜用来传递动力,工作过程中,通过改变油膜厚度进行调速。液黏调速离合器的主动轴通常与电动机相连,输入转速可视为常量,从动轴与负载相连,输出转速为变量,工作液体为黏度较小的润滑油。当主动轴转速一定时,加大摩擦片之间的间隙,使油膜厚度变大,则传递转矩小,负载转速低;反之,降低摩擦片之间的间隙,使油膜厚度变小,则传递转矩大,负载转速高;如果使油膜厚度为零,并将主动盘和被动盘压紧成一体,则负载转速等于电动机转速,是为同步传动。摩擦片的间隙是通过调整油压使环形活塞产生位移而控制的。工作油压常用压力比例阀或ω阀控制,所以也称为ω调速离合器。近来国内亦有用变频油泵控制油压的,使控制系统得以简化和优化。

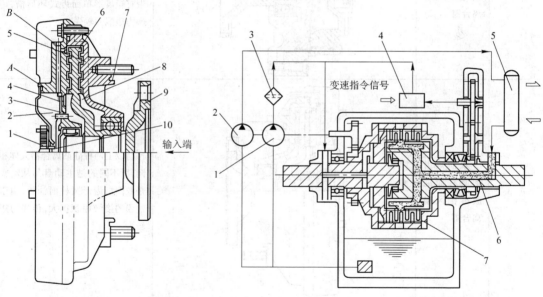

图7-2 硅油风扇离合器结构

1—感温控制器;2—储油腔;3—隔板;4—阀片;
5—从动盘;6—主动盘;7—风扇安装止口;
8—工作腔;9—输入轴;10—小轴;
A—进油孔;B—排油孔

图7-3 液黏调速离合器结构

1—控制油泵;2—工作油泵;3—油滤清器;4—速度控制器;
5—冷却器;6—输出轴;7—输入轴

348. 液黏传动的常见产品有几种,各有什么结构特点和用途?

液体黏性传动常见产品的种类、结构及用途见表7-7。

表 7 - 7　液体黏性传动常见产品的种类、结构及用途

序号	分　类	简　　图	结构特点及用途
1	圆盘面油膜硅油风扇离合器		主要由工作腔、储油腔及温控自动调速装置三部分组成。在温控装置的控制下，储油腔中的工作液体进入或排出工作腔，通过调节油膜的接触面积来调节工作油膜的剪切力矩大小，从而调节风扇转速快或慢
2	单面矩齿形圆柱面油膜硅油风扇离合器		原理和结构基本上与圆盘面油膜硅油离合器相同，所不同的是主动盘与从动盘不是圆盘，而是带有矩齿形单面齿式环形槽，传递力矩能力较强
3	双面矩齿形圆柱面油膜硅油风扇离合器		与以上两种硅油离合器大体相同，所不同的是主动盘与从动盘是双面矩齿形圆柱面油膜，由于油膜的接触面积扩大，传递力矩较大
4	TL 型液黏调速离合器		采用集成式结构，即旋转件、供油系统、调速装置及监控仪表等与箱体组装为一体，结构紧凑、整体尺寸小

序号	分 类	简 图	结构特点及用途
5	HC 型液黏调速离合器	输入轴 输出轴	采用分离式结构,主体全部装配完毕,再安装到油箱上,油箱上还安装了液压系统、供油系统和控制系统
6	带行星轮系的 CST 液黏调速装置		将液黏传动与行星齿轮减速器相综合,因液黏调速系统置于低速级,所以相对故障率低、可靠性好,整体集成度高、占地面积小,既是减速器又是调速器,在带式输送机上使用,启动特性优越
7	平行轴齿轮传动液黏调速装置		结构紧凑、调速比大、输出转速高,液黏传动装置设置在低速级,通过齿轮调节增速,可靠性相对提高
8	液黏联轴器		用于汽车四轮驱动,它可以调节汽车前后两轴的功率平衡和转速差,消除功率循环,改善车辆传动性能和减少油耗

序号	分类	简图	结构特点及用途
9	GL 硅油离合器	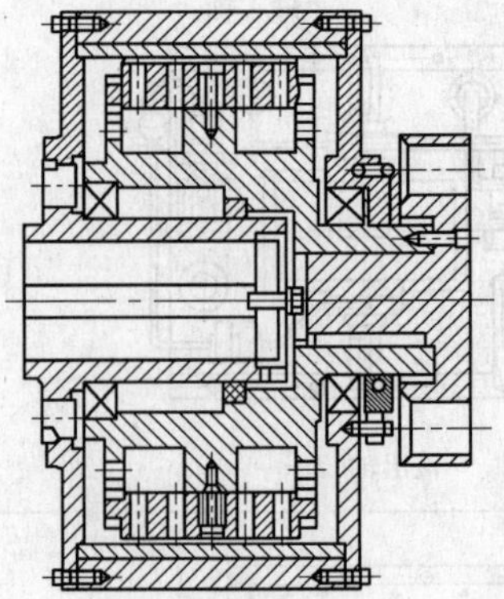	将液体黏性传动和重块的离心力加载综合在一起,用于大惯量难启动设备上。当电动机启动时,GL 硅油离合器的从动离心块处于分离状态,与负载脱离,电动机空载启动。随着启动时间加长,主动轮通过硅油的黏滞力而带动从动轴加速,使其上的离心块在离心力作用下外移,实现闭锁连接
10	YC 型液黏测功机		液黏调速装置的派生产品,将液黏调速装置的输出轴加上可测力矩的制动杠杆,即可成为最简单的液黏测功机
11	液黏制动器		将液黏调速离合器的输出轴固定,或将从动摩擦片与固定的外壳相连,即可实现制动。有常开式和常闭式两种,它可实现制动过程的可控性和连续制动
12	导管控制的液黏调速离合器	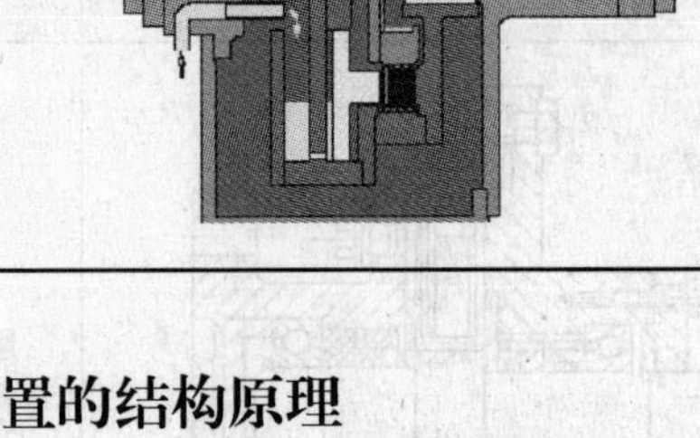	将导管的导油系统与液黏传动系统相综合,利用导管腔油液的离心力转化成的油压力控制摩擦片的开合,导管插到底,导管腔油全导出去,压力为零,摩擦片分离;导管全拔出,导管腔充满油,离心力转化成的压力最大,摩擦片结合,调节导管开度,也就调节了输出转速

四、CST 液黏调速装置的结构原理

349. 什么是 CST 液黏调速装置,有何结构特点?

图 7 - 4 所示为带行星齿轮系的 CST 液黏调速装置,在我国煤矿井下带式输送机上用得较多。CST 系列产品输入转速 1483r/min,额定转速比 15.21 ~ 57.66,传动功率范围125 ~ 2610kW。

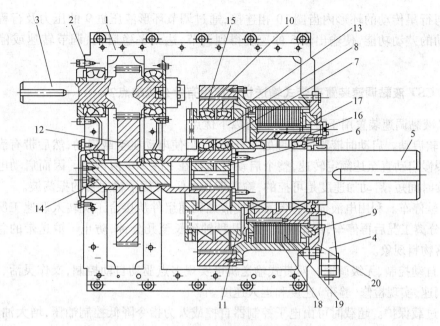

图 7 - 4　CST 液黏调速装置结构

1—箱体;2—端盖;3—轴齿轮;4—集液管;5—输出轴;6—太阳轮;7—联轴器;8—心轴;9—环形液压缸;
10—环形内齿圈;11—行星架;12—从动齿轮;13—传动外轮毂;14—轴;15—行星轮;
16—组合内轮毂;17—复位弹簧;18—静摩擦片;19—动摩擦片;20—缸体端盖

CST 由低速液黏调速传动、高速圆柱齿轮和行星齿轮传动组成,主要包括以下几部分:

(1)低速液黏调速离合器组件,包括主动摩擦离合片、从动摩擦离合片及环形液压控制活塞等。

(2)液压控制组件,包括液压润滑与冷却系统。

(3)PLC 控制系统,包括启动、停车程序以及速度、压力、功率三个 PID(比例、积分、微分)控制回路。

(4)机械传动系统,包括输入圆柱齿轮传动组件及行星齿轮传动组件。

350. CST 液黏调速装置是怎样工作的?

CST 系统是由微机控制的机械与液压组合的系统。它的主机是一个装有液黏调速组件的齿轮变速器。美国罗克韦尔公司生产的 CST 系列产品,其平行式布置的主机结构如图 7 -4所示。

齿轮变速器由电动机经联轴器带动轴齿轮 3,轴齿轮带动从动齿轮 12,从动齿轮安装于右端带花键的轴 14 上,轴的右端花键经联轴器 7 带动行星传动的太阳轮 6,太阳轮带动行星架 11 上的 3 个行星轮 15,行星轮用两盘双列调心轴承支承在心轴 8 上,行星架 11 通过渐开线花键与输出轴 5 相连接,实现动力的输出,输出轴 5 用两盘双列调心轴承支承在液黏调速组件的组合内轮毂 16 内,组合内轮毂的右端零件为端盖 20,端盖为环形液压缸 9 的缸体,用螺栓固定在箱体 1 上,集液管 4 连接在端盖 20 上,向环形液压缸 9 供液。组合内轮毂 16 圆周上装有环形液压缸活塞的复位弹簧 17,内轮毂的外圆周上有安装静(内)摩擦片 18 的外花键,通过环形液压缸 9 的作用,来压紧摩擦片 18、19,以摩擦力带动外轮毂 13,外轮毂用螺栓与行星传动的环形内齿圈 10 相连接,通过调节环形液压缸 9 的压力及行程来实现行星传动的差动功能,使输出轴 5 的速度得到调节,达到平稳启动、调节转速或停止转动的目的。

351. CST 液黏调速装置在带式输送机上应用有什么优缺点?

CST 液黏调速装置用于带式输送机有以下优点:

(1)软启动。启动时液黏调速件处于分离工况,使电动机空载启动,然后带有满负荷的输出轴缓慢启动直至达额定转速,整个启动时间可在 15 ~ 20s 内调节。因而启动电流峰值低而持续时间短,启动加速度是可控的,输送带张力低,减缓了输送带的振荡波。

(2)软停车。利用电液伺服控制系统使液黏调速组件从接合工况转入调速工况缓慢降速,进入分离工况后再停车,停车时间可从几秒钟延长至几分钟,防止了输送带的急停止引起的撒落物料现象。

(3)自动控制、无级调速。对带式输送机可实现多点驱动自动控制,操作灵活、响应快,可无级调速,实现检修(验带)速度和运人速度。

(4)过载保护。超载时可由电子控制器自控或人为指令降低控制油压,增大油膜厚度,降低输出转速和力矩,保护传动系统不受损坏。

(5)效率高。在稳定运行时为接合工况,无滑差损失,与各类调速装置相比,效率最高。

(6)降低电动机容量,减少投资。

CST 液黏调速装置在使用上也存在一定的缺点:

(1)对传动油质要求较高,油质稍有污染即可能影响传动,所以需要经常换油。

(2)控制系统比较复杂,对维护保养技术要求较高。

(3)目前 CST 几乎全部是国外产品,故障排除及维修服务比较麻烦。

(4)由于是进口产品,所以价格相对较高。

五、导管控制的液黏调速离合器(MDC)结构原理

352. 什么是导管控制的液黏调速离合器,其传动原理是什么?

由于液力偶合器传递功率与其转速的 3 次方成正比,所以在高功率、低转速传动的应用场合,使用标准的调速型液力偶合器是不经济的,而导管控制的液黏调速离合器在此类应用场合更为适用。导管控制的液黏调速离合器的结构如图 7 - 5、图 7 - 6 所示,其实质是液黏调速离合器与导管油位调节系统的组合。在液黏调速离合器中,推动环形活塞移动并使主动和从动摩擦片接合的压力由 ω 阀或压力比例阀控制,而在导管控制的液黏调速离合器中则是由导管调节工作腔内的油环厚度来控制。目前开发的液黏调速离合器的控制系统均比较复杂、可靠性相对较差,这也是制约这项技术发展的关键。而由德国福依特公司研制的用导管控制的液黏调速离合器(MDC)将调速型液力偶合器的导管控制系统与液黏传动系统相组合,简化了控制系统,有望成为低转速、大功率机械的理想调速产品。

353. 导管控制的液黏调速离合器(MDC)是怎样工作的?

导管控制的液黏调速离合器传递的转矩通过改变推力盘组件承受的接触压力来实现,

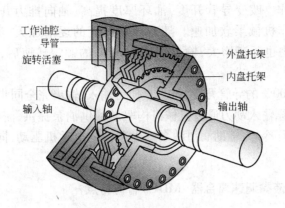

图 7-5 MDC 立体结构图

（标注：工作油腔、导管、旋转活塞、输入轴、外盘托架、内盘托架、输出轴）

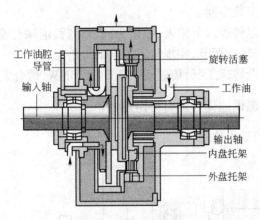

图 7-6 MDC 剖面图

（标注：工作油腔、导管、输入轴、旋转活塞、工作油、输出轴、内盘托架、外盘托架）

此压力随着环状腔体内形成的油环厚度而变化。工作油在环状腔体内以输入转速旋转,油环的厚度变化通过导管调节,油环旋转形成离心力并产生轴向推力作用于推力盘组件,油环越厚,离心力越大,所产生的轴向推力越大,摩擦片间的间隙越小,传递的力矩也越大。

导管控制的液黏调速离合器的工作状态见图 7-7。

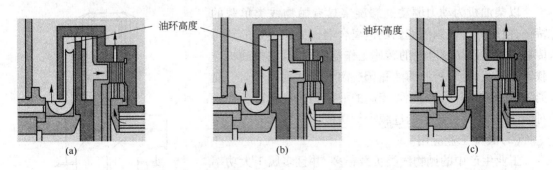

（标注：油环高度、油环高度）

图 7-7 导管控制的液黏调速离合器（MDC）工作状态

(a)启动；(b)部分负载工作；(c)正常工作

（1）启动。导管开度为零,油环厚度最小,轴向推力较低,摩擦片脱离,电动机空载启动。

（2）部分负载工作。改变导管开度，油环厚度提高，轴向推力开始建立，主动与从动摩擦片逐渐结合，工作机械柔软加速。随着导管开度的逐渐加大，油环的离心力不断加大，加在推力盘上的力也逐渐增大，输出轴达到95%的额定转速后，输入、输出形成同步运行。

（3）正常工作。100%的导管开度，推力盘使得输入、输出完全同步，消除滑差损失。

系统的工作油依靠输入动力通过机械机构驱动的供油泵提供，流经内部推力盘组件到外部的冷却器得以循环冷却；辅助润滑油泵则由单独的电动机驱动，同时提供马达、工作机械的润滑用油。

354. 导管控制的液黏调速离合器（MDC）有何特点？

导管控制的液黏调速离合器具有以下特点：
（1）结构紧凑，节省安装空间。
（2）高效率，95%额定转速以上输入、输出为同步运行，消除滑差损失。
（3）对工作机械的变转速调节，实现特定工况的经济运行。
（4）能适应高功率、低转速工况，传递功率0.8～5.5MW，适合大功率低转速机械选用。

355. 导管控制的液黏调速离合器有何用途？

（1）船舶推进装置的动力传输（见图7-8）。

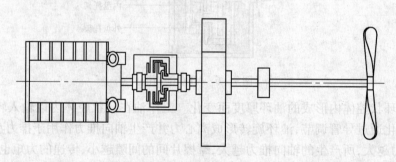

图7-8　采用导管控制的液黏调速离合器的船舶驱动装置

以柴油机为动力驱动的螺旋桨具有抛物线类负载的特征，使用导管控制的液黏调速离合器作为螺旋桨的动力传输装置可以拓宽叶轮的转速工作范围，并且在柴油机空载转速以上，导管控制的液黏调速离合器达到同步运行而消除滑差损失。另外，导管控制的液黏调速离合器还提供对柴油机、螺旋推进器的过载保护功能。

（2）其他工业应用。

工业生产中的抛物线类负载很多，并且多属于大功率应用场合，如循环水泵、冷却水泵、风机、立式深井泵等，对于低速传动场合，导管控制的液黏调速离合器则更具优越性。由于其紧凑的结构设计，导管控制的液黏调速离合器非常适合于立式安装方式的应用（见图7-9），对于某些

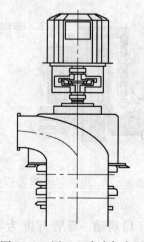

图7-9　用于立式冷却水泵

设备的改造也很方便。

六、CST 液黏调速装置的选型匹配

356. CST 液黏调速装置主要生产厂家有哪些？

CST 液黏调速装置主要由美国和日本的厂家生产。国内目前尚没有正规的生产企业，少量的企业研制类似 CST 结构的液黏调速装置，但没有形成批量生产。CST 的美国生产厂商主要有双盘公司和罗克韦尔公司，CST 的日本生产厂商主要是新泻控巴达株式会社。

357. 日本新泻控巴达株式会社生产的 CST 如何选型匹配？

日本新泻控巴达株式会社生产的 CST 主要通过容量线图（即功率图谱）来选型匹配。当 CST 用于离心泵、流体搅拌机时，应选用图 7 – 10（a）所示的容量线图；当 CST 用于风扇鼓风机、离心式压气机时，应选用图 7 – 10（b）所示的容量线图。图 7 – 11 为日本新泻控巴达株式会社生产的 CST 液黏调速装置的安装尺寸图，其安装尺寸见表 7 – 8。

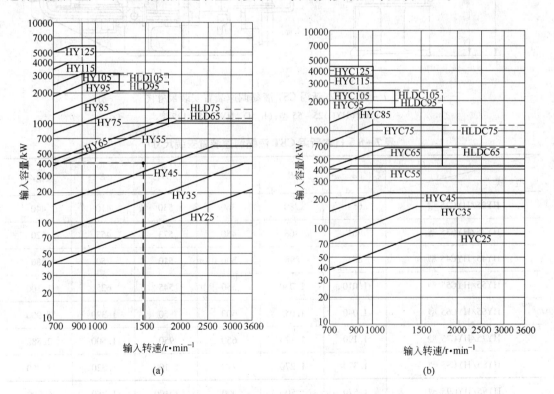

图 7 – 10　日本新泻 CST 液黏调速装置功率图谱

【例 7 – 1】　电动机功率 400kW，转速 1480r/min，CST 用于水泵调速，请选择合适的 CST 规格。

解：因为 CST 是用于水泵调速，所以应当按图 7 – 10（a）所示的功率图谱选型。首先在纵坐标上找到 400kW 的坐标点，在横坐标上找到 1480r/min 的坐标点。由纵坐标点和横坐

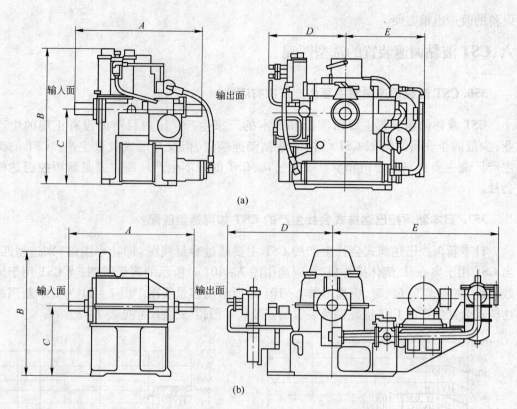

输入面 输出面

(a)

输入面 输出面

(b)

图 7 – 11　日本新泻 CST 液黏调速装置安装尺寸图
(a)HY(HYC)25 ~ 55 型;(b)HY(HYC)65 ~ 125 型

表 7 – 8　日本新泻 CST 液黏调速装置安装尺寸

型　式	A	B	C	D	E	质量/kg
HY25/HYC25 型	654	780	360	530	410	440
HY35/HYC35 型	761	868	450	573	455	520
HY45/HYC45 型	854	898	500	510	750	780
HY55/HYC55 型	1.010	1.030	550	545	625	1.100
HY65/HYC65 型	1.040	1.055	600	850	1.320	1.900
HY75/HYC75 型	1.190	1.125	650	950	1.500	2.580
HY85/HYC85 型	1.320	1.270	710	1.100	1.320	3.750
HY95/HYC95 型	1.570	1.500	900	1.100	1.250	6.200
HY105/HYC105 型	1.800	1.600	1.000	1.100	1.250	7.250
HY115/HYC115 型	2.000	1.750	1.120	1.180	1.310	9.140
HY125/HYC125 型	2.200	2.000	1.250	1.300	1.700	12.000

标点平行和垂直画线,两坐标轴线的交点落在哪个型号内即可选择该型号的 CST。由图可见,此例应选择 HY55 型的 CST。

358. 美国罗克韦尔公司 CST 系列产品的型号是如何标记的?

CST 系列产品的标记如下:

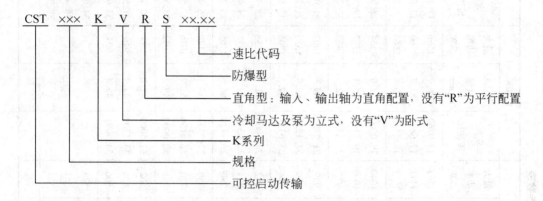

【标记举例】

CST420K. 31. 63:CST 平行轴,冷却泵及马达为卧式,规格 420K,速比 31:63;

CST420KV. 31. 63:CST 平行轴,冷却泵及马达为立式,规格 420K,速比 31:63;

CST420KR. 34. 72:CST 直角轴型,冷却泵及马达为卧式,规格 420K,速比 34:72;

CST420KS. 34. 72:CST 平行轴,防爆,冷却泵及马达为卧式,规格 420K,速比 34:72。

359. 美国罗克韦尔公司生产的 CST 如何选型匹配?

当已知带式输送机传动滚筒功率时,可根据式(7-1)计算 CST 的规格。

$$P_C \geq S_t P \qquad (7-1)$$

式中 P_C ——CST 的计算功率,kW;

S_t ——CST 的服务系数,$S_t = 1.25 \sim 1.4$(用于带式输送机);

P ——传动滚筒轴功率,kW。

【例 7-2】 已知带式输送机传动滚筒轴功率 $P = 300\text{kW}$,带速 $v = 3\text{m/s}$,电动机转速 1480r/min,传动滚筒直径 $D = 1000\text{mm}$,试计算选用什么规格的 CST。

解:(1)计算转速比。

1)传动滚筒转速 $n_2 = \dfrac{60v}{\pi D} = \dfrac{60 \times 3}{3.14 \times 1} = 57.3\text{r/min}$

2)电动机转速 $n_1 = 1480\text{r/min}$

3)转速比 $n = n_1/n_2 = 1480/57.3 = 25.8$

(2)计算 CST 功率 P_C。 $P_C = S_t P = 1.35 \times 300 = 405\text{kW}$

(3)查表确定 CST 规格。查表 7-9 可知,420K 型号的 CST 在实际传动比为 25.8125、输出轴转速为 57.3r/min 时,最大传递功率 416kW,与以上计算结果基本相符,故可确定选配 420K 型的 CST。

表 7－9　罗克韦尔公司 CST K 系列性能参数表

| 280K | | | 420K | | | 630K | | | 750K | | | 1120K | | | 1950K | | |
实际传动比	输出轴转速/r·min⁻¹	最大功率/kW	实际传动比	输出轴转速/r·min⁻¹	最大功率/kW	实际传动比	输出轴转速/r·min⁻¹	最大功率/kW	实际传动比	输出轴转速/r·min⁻¹	最大功率/kW	实际传动比	输出轴转速/r·min⁻¹	最大功率/kW	实际传动比	输出轴转速/r·min⁻¹	最大功率/kW
15.3750	96.3	418	16.8536	87.8	626	16.6250	89.0	969	16.7143	88.5	1147	17.0769	86.7	1566	17.1000	86.5	2610
15.9948	92.5	418	17.4186	85.0	616	17.2308	85.9	935	17.2585	85.8	1111	17.6842	83.7	1566	17.6707	83.8	2610
16.6500	88.9	418	18.0000	82.2	597	17.8684	82.8	901	17.8293	83.0	1075	18.3243	80.8	1566	18.2700	81.0	2610
17.3438	85.3	413	18.6098	79.5	577	18.5405	79.8	869	18.4286	80.3	1040	19.0000	77.9	1554	18.9000	78.3	2610
17.6591	83.8	405	19.2500	76.9	558	19.2500	76.9	837	19.0586	77.7	1006	19.7143	75.1	1502	19.5632	75.7	2548
18.8613	78.5	380	19.9231	74.3	539	20.0000	74.0	805	19.7218	75.0	972	20.4706	72.3	1452	20.2622	73.0	2460
19.4698	76.0	368	20.6316	71.7	520	20.7941	71.2	775	20.4208	72.5	939	21.2727	69.6	1402	21.0000	70.5	2374
20.3500	72.7	352	21.3784	69.2	502	21.6364	68.4	744	21.1587	69.9	906	22.1250	66.9	1353	21.7800	68.0	2289
21.2909	69.5	336	22.1667	66.8	484	22.5313	65.7	715	21.9388	67.5	874	23.0323	64.3	1305	22.6059	65.5	2205
22.2991	66.4	321	23.0000	64.3	467	23.4839	63.0	686	22.7647	65.0	842	24.0000	61.7	1258	23.4818	63.0	2123
23.3819	63.3	306	23.8824	62.0	450	24.5000	60.4	657	23.6407	62.6	811	25.0345	59.1	1211	24.4125	60.6	2042
24.5481	60.3	292	24.8182	59.6	433	25.5862	57.8	630	24.5714	60.2	780	26.1429	56.6	1165	25.4032	58.3	1963
25.5300	58.0	280	25.8125	57.3	416	26.7500	55.3	602	25.5622	57.9	750	27.3333	54.1	1120	26.4600	55.9	1884
26.8828	55.1	266	27.0968	54.6	396	28.0000	52.9	575	26.6190	55.6	720	28.6154	51.7	1076	27.5897	53.6	1807
28.3533	52.2	252	28.2333	52.4	380	29.3462	50.4	549	27.7488	53.3	691	30.0000	49.3	1032	28.8000	51.4	1731
29.9574	49.4	239	29.2069	50.7	368	30.8000	48.1	523	28.9592	51.1	662	31.5000	47.0	989	30.1000	49.2	1656
31.7143	46.7	226	30.5000	48.5	352	32.3750	45.7	498	30.2593	48.9	634	33.1304	44.7	946	31.5000	47.0	1583
33.6469	44.0	213	31.6296	46.8	339	34.0870	43.4	473	31.6593	46.7	606	34.9091	42.4	904	33.0120	44.8	1510
35.7829	41.4	200	33.1154	44.7	324	35.9545	41.2	448	33.1714	44.6	578				34.6500	42.7	1439
38.1563	38.8	188	34.7200	42.6	309	38.3333	38.6	420	34.8095	42.5	551				36.4304	40.6	1368
			36.4583	40.6	295				36.5901	40.4	524				38.3727	38.6	1299
			38.3478	38.6	280				38.5325	38.4	498						

七、导管控制的液黏调速装置(MDC)选型匹配

360. 导管控制的液黏调速装置有几种规格?

导管控制的液黏调速装置由德国福依特公司生产,简称 MDC,按摩擦片的接合直径,可分为 524mm、630mm、775mm、927mm 和 1072mm 5 个规格。

361. 导管控制的液黏调速装置 MDC 怎样选型匹配?

德国福依特公司生产的 MDC 主要按功率图谱进行选型匹配。图 7 – 12 为 MDC 的功率图谱,图 7 – 13 为该产品的连接尺寸示意图,表 7 – 10 为连接尺寸,选型时可按功率图谱选择合适型号,然后查表得出其连接尺寸。

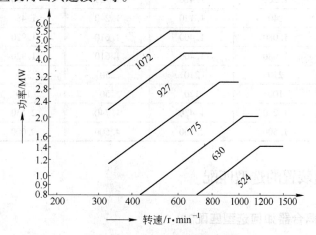

图 7 – 12　MDC 选型功率图谱

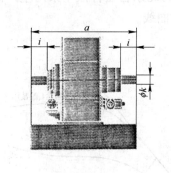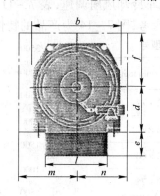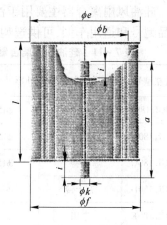

图 7 – 13　MDC 连接尺寸图

表 7 – 10　MDC 连接尺寸

规　格		524	630	775	927	1072
水平安装	a	1.260	1.420	1.725	2.180	2.400
	b	930	1.200	1.260	1.620	1.880
	d	560	600	710	850	1.000

规　格		524	630	775	927	1072
水平安装	e	560	500	520	470	470
	f	700	800	1.000	1.200	1.380
	i	210	210	250	350	350
	ϕk	100	120	150	190	220
	l	600	880	920	1.200	1.400
	m	600	800	850	1.000	1.150
	n	570	720	750	930	1.080
	充油量(l)	400	550	800	1.100	1.400
	重量/kg	1.100	2.000	3.600	7.500	9.800
垂直安装	a	1.260	1.420	1.725	2.180	2.400
	ϕb	840	1.120	1.240	1.480	1.700
	ϕe	1.080	1.400	1.610	1.920	2.200
	ϕf	1.080	1.400	1.610	1.920	2.200
	i	210	210	250	350	350
	ϕk	100	120	150	190	220
	l	1.230	1.420	1.740	2.130	2.400
	重量/kg	1.500	2.500	4.500	9.000	12.000

八、其他液黏调速装置的选型匹配

362. 硅油风扇离合器如何选型匹配？

硅油风扇离合器主要用于汽车冷却风扇调速,表 7 – 11 为北京普立特汽车泵厂生产的产品型号和适用车型,可供选型参考,图 7 – 14 为产品的特性曲线。

表 7 – 11　硅油风扇离合器型号

规格型号	适用车型	外形尺寸/mm × mm
BGL 180	BJ213(切诺基)	$\phi 152 \times 77$
BGL 180A	BJ2020	$\phi 152 \times 77$
BGL 180C	福特	$\phi 152 \times 60$
BGL 180D	五十铃	$\phi 140 \times 75$
BGL 180E	丰田	$\phi 140 \times 75$
BGL 130	标致	$\phi 110 \times 50$

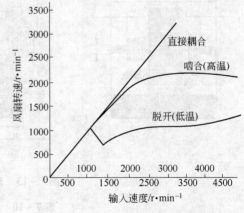

图 7 – 14　硅油风扇离合器特性曲线

363. GL 型硅油离合器如何选型匹配？

GL 型硅油离合器是将液体黏性传动与离心重块式离合器组合而成,用于大惯量设备的启动。电动机启动时,GL 型硅油离合器的从动离心块处于与主动轮的分离状态,电动机近似于空载启动。随着启动时间加长,主动轮通过硅油的黏滞力带动从动轴转动并加速,使离心块在离心力作用下外移,逐步加压缓慢改变其与主动轮内缘的间隙,最终实现完全接合同步传动。图 7 – 15 为 GL 型硅油离合器结构图,图 7 – 16 为该产品的启动特性曲线,表 7 – 12 为 GL 型硅油离合器的技术参数表,可以参考图 7 – 16 和表 7 – 12 选配合适型号产品。该产品由保定惠阳航空螺旋桨制造厂生产。

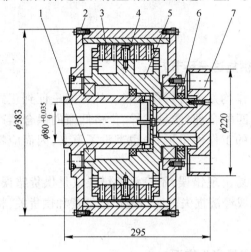

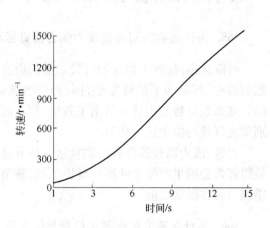

图 7 – 15　GL – 150 型硅油离合器结构图

图 7 – 16　GL – 150 型硅油离合器启动特性

1—单面密封轴承;2—主动轮;3—离心块;4—回位弹簧;
5—被动轮;6—油封;7—法兰盘

表 7 – 12　GL 型硅油离合器

项目 型号	额定输入转速 /r · min^{-1}	传递功率/kW	启动时间/s	外形尺寸 $L \times D$/mm × mm
GL – 45	1500	45	30 ~ 60	350 × φ345
GL – 150	1500	132	10 ~ 20	295 × φ383

364. 液黏测功机如何选型匹配?

液黏测功机可以认为是液黏调速离合器的派生产品,最简单的办法是将液黏调速离合器的输出轴与测力矩的制动杠杆相连,这样便可以当测功机使用。当然专用的液黏测功机要复杂得多。北京理工大学开发的液黏测功机型号及性能参数如表 7 – 13 所示,可以参考此表选用合适型号的液黏测功机。

表 7 – 13　YC 型液黏测功机

项目 型号	额定转速/r · min^{-1}	额定功率/kW	最高转速/r · min^{-1}	最大力矩/N · m	备　注
YC50	1500	50			最大力矩发生在低转速
YC630	1500	630	3300	12000	
YC350 – D	2500	350		8500	
YC200A	530	200	3000	3600	
YC200B	1600	200	3200	8900	

第八章 液力偶合器订货与供货注意事项

一、液力偶合器订货与供货的重要性

365. 为什么要特别重视液力偶合器订货与供货这一环节？

可以这样说，液力偶合器订货之前的所有工作均是为订货作准备。从方案论证到正式选型匹配，都是为了最终能够订购到选型准确、匹配合理、质量优异、价格低廉的偶合器产品。如果在订货或供货环节出了差错，那么前面的工作做得再好，也都没了意义，因而应特别重视订货与供货这一环节。

再者，液力偶合器订货与供货这一环节最容易出现错误，不论订货错误或是供货错误，最终都将会给生产带来麻烦并延误工期，甚至造成经济损失。所以应严把订货和供货关，将错误消灭在供货之前。

366. 为什么液力偶合器在订货与供货环节容易产生错误？

订货与供货环节之所以容易出现错误，是因为信息传递渠道太长、中间环节太多，易使信息失真，主要体现在以下几方面。

A 设计院自身信息传递失真

（1）设计手册版本陈旧，内容与实际不符。设计院所依据的设计资料有设计手册和各偶合器厂样本，有些设计手册版本陈旧，所列产品型号和连接尺寸已经与现行产品有很大出入。再者有的设计手册所列偶合器型号、规格及连接尺寸并非全国统一标准，有的设计院依据设计手册选型，结果所选的型号、规格、尺寸与实际不符，这就为后续订货埋下隐患。

（2）设计者对型号的理解不是很清楚。以 YOX_{IIz} 系列制动轮式偶合器为例。这是一种外轮驱动制动轮式偶合器，有全国基本统一的连接尺寸，但是有的设计人员想要选 YOX_{FZ} 内轮驱动制动轮偶合器，却标示 YOX_{IIz} 的连接尺寸，这就使型号与尺寸不符，造成订货混乱、错误。

（3）样本混用、订货与生产厂产品不对号。有的设计人员标明选用甲厂的产品，却误用了乙厂样本上的型号、数据，结果在订货时到甲厂就找不到所需产品的型号和所要求的尺寸。

（4）随意乱改连接尺寸。虽然偶合器产品全国的型号和尺寸不统一，但对于某个偶合器生产厂来说，型号和尺寸还是基本统一的。有设计人员为设计方便，随意变化偶合器的尺寸，尤其是轴向尺寸，往往变化很大，长的长短的短，稍不注意就会当作常规产品来订货或供货，回来就安装不上。

B 设计院与主机厂间信息传递失真

通常设计院负责一个大的工程设计，然后将图纸转到各主机厂生产，由主机厂的技术部门按设计院图纸编制生产工艺，然后投入生产。在这个过程中，还可能产生信息传递失真的错误。

（1）在编制外购件目录时,将偶合器的参数搞错。

（2）变更设计时未变更偶合器。例如某带式输送机、原设计电动机功率315kW,1500r/min,选配$YOT_{CB}560$调速型液力偶合器。后用户要求扩容,电动机功率改为450kW,而偶合器却未变,幸亏订货时偶合器厂提出匹配不对,才避免了订货错误。否则就会造成偶合器长期超载,达不到最高额定转速。

（3）变更供应商未校核偶合器相关参数。每个主机厂大多有固定的偶合器供方,而设计院所指定的供方不一定是主机厂常联系的供方。主机厂根据惯例选用非设计院指定供方的产品,结果造成连接尺寸错误。

（4）原设计选型匹配中的错误未能及时发现,造成最终订货错误。

C　主机厂设计部门与主机厂供应部门(或供应商)信息传递失真

（1）主机厂技术部门与供应部门的联系有疏漏。例如指示不清,书写不规范,技术部门向供应部门提供的订货要求有遗漏等。

（2）供应部门对技术部门所提供的订货要求理解不一致。例如YOXs400偶合器,技术部门的本意是要订双腔400的,而供应部门理解为订单腔水介质400的了。再如技术部门指定要订YOX_L400立式偶合器,而供应部门却误以为是要订V带轮式偶合器。因供应部门与技术部门沟通不畅或理解有偏差,导致订货错误的事例非常多。

D　供应部门自身的问题

（1）采购人员不懂技术。有些采购人员对公差配合、电动机型号、减速器型号等技术问题不明白,往往给供方提供一些错误信息。

（2）采购人员不懂偶合器。许多采购人员不懂偶合器,不懂得采购偶合器应提供哪些参数和提出哪些要求,不懂调速型液力偶合器配置,所以经常发生订货错误。

（3）订货程序不规范。有些采购人员图省事,仅凭口头传达让供方供货。由于没有文字依据,所以发生错误了还无法追溯。

（4）连接尺寸图填写不规范

1)缺项。没有按连接尺寸图的要求填写内容。例如有的不填工作机性质,有的不填电动机功率,有的不填键槽尺寸,有的不填偶合器总长等。

2)连接尺寸图使用不规范。没有按要求填写连接尺寸图。

3)连接尺寸图乱用。有的用外轮驱动制动轮式偶合器的连接尺寸图填写内轮驱动制动轮式偶合器的内容,有的用普通型偶合器的连接尺寸图填写制动轮式偶合器的内容,结果图示与要求不符,易引起误会。

4)书写不规范。在图中乱改乱画,且不清晰,尤其经传真之后模糊不清,容易误导供方,产生供货错误。

5)偶合器型式表达不清楚。例如经常发生乱写偶合器型号的现象,不是按样本选型,常出现一些无法查到的型号,给供货带来困难。

6)技术要求不明确。对偶合器使用环境、配置要求等表达不明确,或虽表达清楚,但要求不合理。

E　需方与供方沟通不利而造成信息失真

（1）沟通方式落后、不规范。例如有的需方以口头方式订货,有的以传真方式订货,而传真又不清楚,这都可能造成信息传递失真。

（2）不能及时解决供方提出的问题。供方的经营人员在接到订单后，第一步要审核所订偶合器是否符合技术标准，需方所提供的参数和要求能否满足投产要求。在审核时必然提出一些问题，此时需方的采购人员必须对提出的问题一一解答，对不能解答的问题应转本厂技术部门解决。如果迟迟不作答复或不耐烦，就会造成订货错误。

（3）供、需双方对订货要求理解不一致。

（4）供方未能及时将供货情况向需方反馈，任意修改需方要求。例如，需方所标的偶合器总长不合理、做不出来，供方未向需方说明而私自按标准尺寸供货，结果货到之后安装不上。

F　供方管理不规范，信息传递混乱

（1）供方的经营人员与技术人员沟通不利。供方的经营人员大部分不精通偶合器技术，需要技术部门作技术支持。有时经营人员不懂装懂，独自解决自己力所不及的技术问题，就会出现错误。

（2）供方的经营人员与生产部门沟通不利。供方的经营人员在接到订单签订合同时，应当与生产部门沟通，确定供货日期和满足需方要求能力。如果沟通不力，就会造成履行合同能力下降，甚至无法供货。

（3）供方的技术人员与需方的采购人员、技术人员沟通不利。对于需方所提供货要求不明确、缺项、要求不合理等问题，往往需要供需双方的技术人员进行沟通。如果供方的技术人员不懂主机性质和技术要求，就难以与对方沟通。

G　验货不认真，未能将不合乎要求的供货检查出来

（1）缺少双方都承认的符合标准的验货准则。

（2）缺少符合实际的验货方法，有一些用户根本不知道如何检验偶合器。

（3）验货不及时，有的到货好几个月甚至几年不检验，等用时检验才发现问题，早已过了异议期或保质期了。

由以上分析可见，订货与供货这个环节，信息传递的过程长，信息传递的环节多，程序复杂，稍有不慎，即可造成订货或供货错误，所以应当予以特别重视。

二、保证液力偶合器在订货与供货环节不出差错的措施

367. 保证液力偶合器在订货与供货环节不出差错有哪些措施？

要想保证订购到选型准确、匹配合理、质量优异、价格低廉的产品，必须保证从设计院选型匹配直至主机厂技术部门、供应部门订货层层把关不出差错。要做到这一点，需注意以下几方面问题：

（1）样本要保证是最新版本。偶合器生产厂经常更新产品，样本内容也几经变动。如果所采用的不是最新有效版本，则选型就可能出现错误。

（2）最好不改变设计院原来指定的偶合器生产厂。因目前国内外偶合器的型号、规格、连接尺寸大部分不一样，若改变了指定供方，就很可能出现错误。

（3）必须更换供方时应做好审核工作。有时因各种原因必须更换供方，必须仔细核对各项技术要求，尤其要核对连接尺寸，以防出现错误。

（4）采用规范的订货程序。一定要以书面合同的方式订货，不准口头传达，所有技术要

求必须书面传递给供方,一切要求必须有据可查,具有可追溯性。

(5)使用标准的单位制和规范的书写格式,字迹清晰、内容完整,具有唯一性,不准含糊不清、自相矛盾。

(6)使用规范的连接尺寸图。不要用其他产品的连接尺寸图替代,按规定填好订货连接尺寸图,不要缺项。

(7)非常规产品未经需方确认不准投产。偶合器有特殊要求时,应让供方在完成设计后,将设计方案传至需方确认,这样可避免因双方理解不同而出现错误。

(8)供需双方要密切沟通,必要时双方的技术人员要参入选型与审核,这可避免因订货人员不懂技术而产生错误。

368. 为什么有特殊要求的偶合器在订货时供需双方要搞好确认工作?

常规的偶合器是指符合样本标准尺寸的产品,即偶合器的各参数不超过样本中允许的尺寸和范围。通常这类产品在订货时不易出现错误。非常规特殊要求的偶合器是指所要求的尺寸规格或其他技术参数与常规不一样的产品,最常见的是限矩型液力偶合器有轴向尺寸变动(长或短)、孔径超大、外径超小、连接形式变动等;调速型液力偶合器有轴向尺寸变动、中心高变动、地脚尺寸变动等。所有这些变动,都需要供方按要求作变形设计。有时因供需双方的理解有差异,会造成供方所作的变形设计不符合需方要求,所以供方完成变形设计后,必须传至需方进行验证,经需方确认签字传回之后,再正式投产,这样就可以保证所供货物不会出现错误。

三、液力偶合器订货执行标准及其注意事项

369. 液力偶合器订货主要执行哪些标准?

液力偶合器标准有国家标准和行业标准两种,其中行业标准又分为机械行业标准、煤炭行业标准和建筑行业标准三种。详见第二章第八节液力偶合器的相关标准。订货时应根据需要选用合适的标准。

370. 在签订液力偶合器购销合同时填写引用标准一栏有哪些注意事项?

(1)引用标准要有针对性。例如,订购限矩型液力偶合器就应当引用《限矩型液力偶合器出厂试验》(JB/T 9004. 1—1999)标准;订购调速型液力偶合器要引用《调速型液力偶合器传动装置出厂试验方法与出厂试验指标》(JB/T 4238. 1、JB/T 4238. 2)标准。有的在订货时填写引用标准为《液力偶合器型式和基本参数》(GB/T 5837—1993),此标准只规定了型式和参数,未规定出厂试验方法和指标,因而针对性不强。

(2)煤矿井下使用的偶合器应引用煤炭行业标准。煤矿井下使用的偶合器有特殊要求,不能引用机械行业标准。限矩型液力偶合器要引用《刮板输送机用液力偶合器》(MT/T 208—1995)标准;调速型液力偶合器要引用《煤矿用调速型液力偶合器检验规范》(MT/T 923—2002)标准。

(3)建筑行业应引用《塔式起重机用限矩型液力偶合器》(JG/T 72—1999)标准。这一标准与机械行业标准的最大不同处就是其转差率不是固定在 $s=4$,而是规定了 $s=4$、$s=7$、

$s = 10$ 三个挡次转差率与功率的对照范围,因而偶合器的选型与机械行业不同。例如,同是YOX220 限矩型液力偶合器,按机械行业标准,最大只能传递 3kW(输入转速 1500r/min),而按建筑行业标准,最大可传递 5.5kW。

(4)不是引用标准越多越好。有的需方在招标或签订合同时,把有用没用的标准全写上了,本来是订限矩型液力偶合器,结果把调速型的标准也写上了,本来是订油介质偶合器把煤炭行业标准也写上了,从表面看似乎标准写了很多,但重点不突出,而且还可能产生矛盾。

(5)不提倡自定标准。有用户在订货时脱离国家或行业标准,另行规定标准,往往提出苛刻的要求,甚至与国标、行标矛盾。这种自定的标准往往没有经过实践考核,也没有经过有关部门批准,不能作为双方订货与供货时的依据。

四、签订液力偶合器购销合同注意事项

371. 为什么要重视液力偶合器购销合同的签订?

液力偶合器购销合同是以法律形式固定的买卖合约,是约束供需双方责任与义务的法律文件。购销合同一般采用工商行政管理部门颁发的标准文本,规定了标的内容、供货范围、质量标准、质保期限、验收标准、结算方式、违约责任等重要内容,是供需双方解决矛盾纠纷甚至打官司的法律依据,因此应当特别重视购销合同的签订。

372. 液力偶合器购销合同有哪些主要内容?

(1)产品名称、型号、数量、金额、供货时间。这一条款内容的重点是名称、型号和供货时间,最常发生的错误是型号不对,由于型号写错了有可能使供方产生供货错误。其次是供货时间要合情合理,不能脱离实际。

(2)质量标准、用途及保质期限。所采用的质量标准必须是双方都承认的国家或行业标准。油介质偶合器质保期为一年,水介质偶合器质保期由双方协定。

(3)交、提货地点。应明确交货的具体地点,不能笼统地表示为某某市,这样将来提货产生纠纷时责任不清。

(4)运输方式及到达站港和费用负担。常因到达港站表达不明确而产生提货纠纷。例如,合同中未注明送货到厂,而配货站为省运费而将货物卸到了较远的地方,让用户自提,于是产生了纠纷,误了供货期。

(5)验收标准、方法及提出异议期。验收标准和方法应注明是货到需方自行验收还是需方到供方厂验收,以及安装后调试验收。提出异议期应当符合实际,能保证在异议期之内将货验完。常发生的问题是过了异议期才验货,出了问题而供方不认账。

(6)随机备品、配件、工具数量及供应办法。应明确随机备品、配件的种类、数量和收费。在这方面经常发生的问题是:备品、配件供应范围不清,收费方式不清,需方认为已包含在总货款内,而供方认为应单独付费,结果起了争执。

(7)结算方式及期限。这一款也经常发生纠纷,主要是如何付款和要不要质保金的问题。到底怎样付款应在合同中写清楚,质保金的比例、质保金的返还日期也要写清楚。经常因为合同中付款方式不明确而使供需双方产生争执。

(8)解决合同纠纷的方式和提交什么机构仲裁。有的供方不注意这一款的审核,往往

产生问题,例如有的需方在合同中注明由需方所在地法院仲裁,而供方离需方很远,应诉成本非常高,明知其中有欺诈行为,也无法为自己辩护,白白吃了哑巴亏。

(9)合同附件技术协议。有些在合同中无法说明的技术要求,应在技术协议中表达。技术协议作为合同的附件,具有相同的法律效力。

373. 签订液力偶合器购销合同时有哪些注意事项?

(1)质量标准需要填写清楚。在第368问中介绍了液力偶合器订货时应执行的质量标准。要注意所执行的标准必须能够保证偶合器的质量,不能乱写。例如,如果订购水介质偶合器就必须采用《刮板输送机用液力偶合器》(MT/T 208)标准,而不能用 JB/T 9004 标准,因为后一种是油介质偶合器标准。如果用错标准,将来要是供错货就无法追究责任。

(2)所要求的质保期应当与所采用的标准一致。例如,如果订购水介质偶合器,那么就应采用 MT/T 208 标准,该标准规定平均无故障工作时间为 2000h,寿命为 10000h,但有许多用户采用此标准订货却要求质保期为一年。对于水介质偶合器来说,这实际上无法达到,由于要求与标准矛盾,所以供需双方经常为质保期的事产生纠纷。

(3)验收方法应约定清楚。偶合器到货后怎样验收,双方应当在合同中明确。经常发生货到以后,需方不立即验货,而是直到安装时才验货。有时因工程延误,安装时已过质保期,且因保管不当,偶合器已经损坏,常发生供需双方纠纷。还有的订货时未规定解体检验,到货后需方单方面解体检验,检验后重新装配各密封处被损坏,导致漏油。由于事先未规定解体检验,所以供方不负维修责任,双方为此纠纷不休。

(4)运输方式及到达站港和费用负担应在合同中写清楚。这也是常产生麻烦的事项。有的订货合同中未注明将货送到厂,结果配货站让需方自行提货而需方不提,还有的未注明运费由谁付,结果供需双方互相推托。

五、签订液力偶合器技术协议注意事项

374. 订购液力偶合器为什么有时要签订技术协议?

对于合同中无法表达的技术要求,供需双方应当签订技术协议。通过技术协议规范液力偶合器的技术要求,为液力偶合器供货提供技术保障和质量保证。尤其调速型液力偶合器需要表达动力机与工作机性质、参数、旋向、配置、安装尺寸等诸多要求,这些要求在合同中根本写不下,所以必须另外附加技术协议。此外,还有的用户对加工工艺、使用材料、检验方法、安装尺寸、使用性能等提出特殊要求,也必须签订技术协议,将这些要求以法律文件的形式固定下来,以防止因表达不清、理解差异等原因而导致供货错误。

375. 签订技术协议时有哪些注意事项?

(1)语言简明、表达清晰:语言表达越简明越好,要清清楚楚、明明白白。

(2)标注清楚、要求明确:不允许有模棱两可的表述和相互矛盾的内容。

(3)内容全面、不得漏项:应当把所要求的内容全部表达出来,不得缺项。

(4)所有要求必须有依据(符合标准),有验收指标,有检验方法,对于那些空洞的、无法检验的要求最好不提。

六、液力偶合器招标与投标注意事项

376. 编制液力偶合器招标书应注意哪些事项？

编制液力偶合器招标书的要求与编制技术协议的要求大体相同,要注意以下几点:

(1)尽量采取格式化的方式:诸如规格、型号、技术参数、性能、质量指标、使用要求、质量保证等应采用表格化的表达方式,便于投标者阅读和回答,也便于审标人考核。

(2)写好投标须知:要将投标要求写清楚,如投标方式、议标与定标程序、报价及付款方式等都要写得清楚、具体。

(3)要尽量简练,不要故弄玄虚:有的招标书规定得过于详细,甚至连用什么材料、怎么加工都规定了,这一般没什么必要。我们要求的是产品功能和可靠性,只要能保证正常使用就可以了,不要提没有必要的要求。

377. 编制液力偶合器投标书应注意哪些事项？

(1)与招标书一一对应,绝对不准出现不响应的项目,绝对不能漏项。如果不响应或漏项在评标时就要扣分,给中标带来不良影响。

(2)对招标书中有异议的地方,必须提出自己的意见。通常在招标书中有"异议"的章节,因各种原因投标方无法满足招标方要求,或招标方要求不合理,引用标准不当的都要如实提出。如果不提出异议,则视为完全同意招标方要求,若真的中了标再提出异议或不能满足要求就违约了。

(3)与招标书一样要尽量格式化表达。有许多招标书已为投标人制定了格式化的投标书,投标人只要按要求填表即可。

(4)投标书一般分为资质证明、技术与质量保证和报价三部分,其中技术与质量是保证部分,应当由懂技术的人编写。

七、填写液力偶合器订货连接尺寸图注意事项

378. 什么是液力偶合器订货连接尺寸图,它有什么作用？

用以表达所订偶合器型号、规格、连接尺寸、技术要求及其他信息的简图称为连接尺寸图。连接尺寸图通常固定表格化,用时只要按要求填写即可。没有填内容的连接图,通常称为"哑图"。连接图是订货和供货的依据,是订货最基本的技术要求,供方投产和需方验货均依据连接图的要求进行,所以订货时一定要填好连接图。

379. 限矩型液力偶合器订货连接尺寸图有哪些内容和要求？

随着偶合器的品种不同,连接尺寸图的内容也不同。但大致上它们共同的内容有以下几项。

(1)型号:主要表明所订偶合器的型号,必要时也标明与偶合器配套的电动机、减速器或制动器型号。

(2)偶合器简图:表达偶合器的基本结构及主要尺寸,包括轴向长度、径向最大直径、输

入端轴孔直径及轴伸、输出端轴孔直径及轴伸以及其他尺寸。

(3)偶合器输入孔、输出孔剖面或向视图:表达输入孔或输出孔的键槽尺寸。

(4)供方信息:包括供方名称、联系人、联系电话等。

(5)需方信息:包括需方名称、联系人、联系电话等。

(6)订货信息:包括订货型号、订货数量、供货日期、合同签订日期等。

(7)动力机与工作机信息:包括电动机型号、功率、转速,工作机种类、特性等,必要时还要标出减速器型号、尺寸等。

(8)简单明了的技术要求:例如,要求整机做平衡、减速器端不准承受偶合器质量等。

(9)供需双方签字盖公章宣布合同生效:订货连接图作为订货合同的附件与合同具有同等法律效力,双方均需签字盖单位公章。

380. 填写限矩型液力偶合器订货连接尺寸图应注意哪些事项?

(1)要用专用的"哑图",特别是制动轮式偶合器、V带轮式偶合器、易拆卸式偶合器等特殊结构偶合器更要注意采用所订型号偶合器的"哑图",不可以混用。

(2)传动形式要标清楚,是内轮驱动还是外轮驱动,偶合器主轴孔与什么相连都要标清楚。

(3)偶合器的总长要标注合理。凡是可以用标准尺寸的就不要乱填其他尺寸。易拆卸式偶合器的总长应等于各部分之和,而不应与之矛盾。

(4)键槽尺寸要填写正确。有许多用户根本不标键槽尺寸,如果是执行国标可以不标,但要写上执行什么标准;如果是特殊键或老标准就一定要标出来。此外查表要准确,有的将轴的键槽深度和公差尺寸标到了孔上,容易误导供方。

(5)供、需双方的信息要填清楚,一旦发现问题要能快速联系解决。

(6)动力机、工作机功率、转速、种类、特性要标清楚,以便于供方审核选型匹配是否合理。

381. 调速型液力偶合器订货连接尺寸图有哪些内容和要求?

调速型液力偶合器的订货连接图通常不以"哑图"的形式出现,而是用如图 8-1 所示的安装图。因为在一般情况下调速型液力偶合器产品是固定的,其基本连接尺寸不变。通常在订货时需方索要安装图核对安装尺寸是否符合要求,或用来作机组基础设计的依据。调速型液力偶合器的安装图有以下内容:

(1)偶合器的型号、额定转速、额定功率范围等。

(2)偶合器外形结构简图,通常需要主视、侧视和俯视三个视图,以表达偶合器外形尺寸和安装尺寸,包括输入轴与输出轴两轴端间尺寸、中心高、地脚尺寸、进油与出油法兰定位尺寸等。

(3)所配电动执行器、电动操作器型号。

(4)输入轴、输出轴轴端要素,包括轴径、公差、轴伸、键宽等。

(5)输入端、输出端标示。

(6)油标及放油孔位置。

(7)进油法兰、出油法兰尺寸,为安装冷却器接管提供参数。

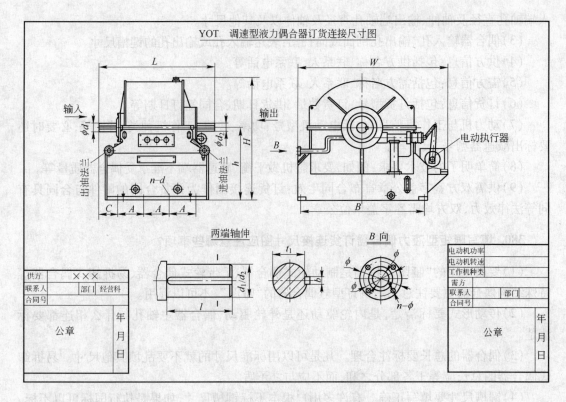

图 8-1　调速型液力偶合器订货连接尺寸图

（8）其他特殊要求。

382. 填写调速型液力偶合器订货连接图应注意哪些事项？

（1）安装图不可以混用。常出现选用甲厂产品而用乙厂的安装图,选用对开箱体式偶合器而用了回转壳体式偶合器的安装图的现象,结果使安装图与所要订的偶合器产生矛盾,容易使订货出现错误。

（2）安装尺寸一定要填写清楚。包括地脚尺寸、中心高、轴向尺寸、输入轴与输出轴轴头参数等。

（3）一定要注明偶合器地脚螺栓孔的定位尺寸,通常以输入端轴端至第一个螺栓孔中心的距离作为定位尺寸。如果此定位尺寸不对,则地脚孔的位置错误,机组无法安装。

（4）当输入端、输出端箱体凹进去时,为防止联轴器与箱体干涉,应注明箱体凹进去的具体尺寸。当外置轴带油泵时,为防止油泵体与联轴器干涉,也应注明联轴器的最大安装尺寸。

（5）如有特殊要求应在连接图中注明。例如,需要配高位油箱、油箱需要加大、需要为电动机或减速器供润滑油等,均要在连接图中注明,为供方变形设计提供依据。

383. 填写卧式直线连接的限矩型液力偶合器连接图有哪些注意事项？

卧式直线连接的限矩型液力偶合器的订货连接图如图 8-2～图 8-4 所示。填写时注意以下几点：

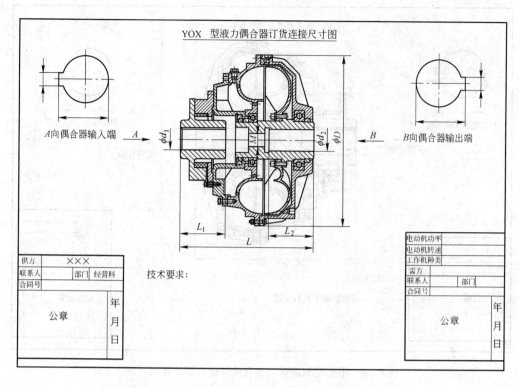

A向偶合器输入端

A

B

B向偶合器输出端

ϕd_1

ϕd_2

ϕD

M

L_1

L_2

L

供方	×××	
联系人	部门	经营科
合同号		
公章		年月日

技术要求：

电动机功率	
电动机转速	
工作机种类	
需方	
联系人	部门
合同号	
公章	年月日

图8-2 外轮驱动直连式限矩型液力偶合器连接尺寸图

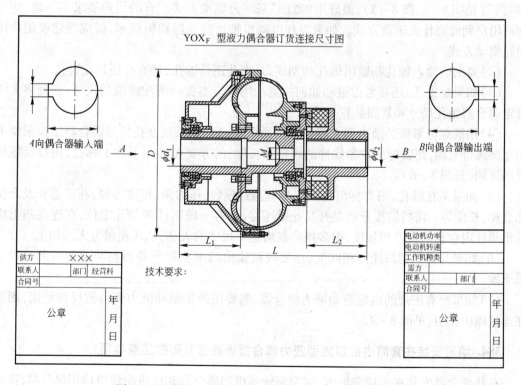

YOX_F 型液力偶合器订货连接尺寸图

A向偶合器输入端

A

B

B向偶合器输出端

D

ϕd_1

ϕd_2

M

L_1

L_2

L

供方	×××	
联系人	部门	经营科
合同号		
公章		年月日

技术要求：

电动机功率	
电动机转速	
工作机种类	
需方	
联系人	部门
合同号	
公章	年月日

图8-3 内轮驱动直连式限矩型液力偶合器连接尺寸图

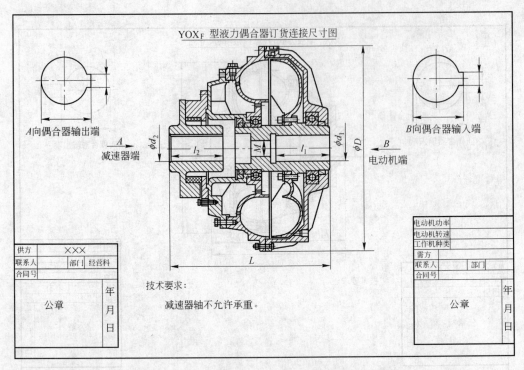

图 8-4　用外轮驱动偶合器反传的偶合器连接尺寸图

（1）要明确是外轮驱动还是内轮驱动,通常外轮驱动和内轮驱动偶合器各自有自己的"哑图"（见图 8-2、图 8-3）,最好用"哑图"来区分驱动方式。有的用户要求不明确,应当询问用户到底要什么驱动方式。如果发现电动机轴比减速器轴粗很多,就应当建议用户用内轮驱动方式。

（2）要明确输入轴孔和输出轴孔的型式,是直孔还是锥孔,是直孔还是花键孔。

（3）如果是锥孔,还要考虑锥轴如何拉紧。用户应当提供所配锥轴的尺寸,否则将无法确定偶合器锥孔尺寸和紧固装置尺寸。

（4）用圆螺母紧固的液力偶合器连接图见图 8-5。如果是锥孔且受偶合器结构限制不能用圆螺母紧固,则要标出拉紧螺栓的规格和长度,需方要在锥轴上加工螺孔,用拉紧螺栓紧固锥轴（见图 8-6）。

（5）如果是花键孔,则要标出花键代号、齿数、模数、压力角、精度等级,花键总长及定位孔直径、长度等。需特别提及的是凡是花键连接,均有一段圆柱轴与孔定位,在连接图上应标出圆柱定位孔的直径和长度,很多用户忽略这一尺寸的表达,从而使供方无法加工。

（6）如果与弗兰德减速器相匹配,还要校核输出端半联轴节是否与减速器的散热风扇罩干涉。

（7）如果没有正规的内轮驱动液力偶合器,需要用外轮驱动液力偶合器反传使用,则要在连接图中注明,见图 8-4。

384. 填写安装在套筒内的限矩型液力偶合器连接图有哪些注意事项?

有些偶合器安装在连接套筒内,如刮板输送机用偶合器和塔机回转机构用偶合器,这类偶合器在填写订货连接图时应注意以下事项:

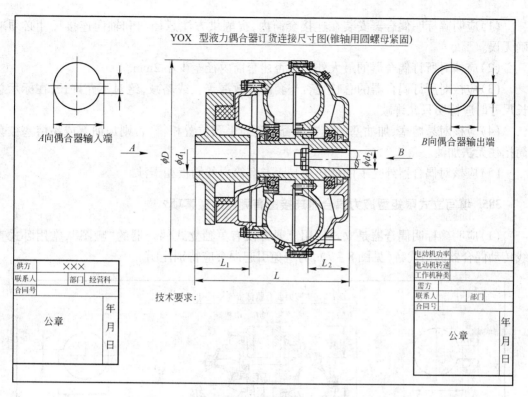

图 8-5　用圆螺母紧固的液力偶合器连接尺寸图

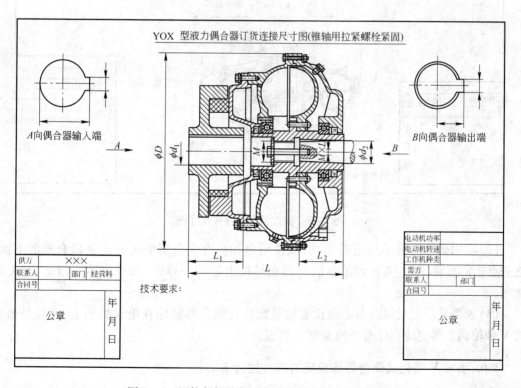

图 8-6　用拉紧螺栓紧固的液力偶合器连接尺寸图

（1）应明确标明偶合器安装在连接套筒内,提醒供方注意径向和轴向连接尺寸必须准确无误。

（2）应核对所订偶合器的最大外径是否比套筒内径至少小2mm。

（3）应核对所订偶合器的总长是否与套筒有效深等长或略减,绝对不允许长,在标示总长尺寸时应标明只允许减。

（4）应核对易熔塞、加油塞的位置是否与套筒手孔位置相符,否则加油塞或易熔塞被套筒挡住无法加油。

（5）应核对偶合器外壳上的散热板是否与套筒内的筋板相干涉。

385. 填写立式限矩型液力偶合器连接图有哪些注意事项?

（1）应明确标明偶合器是立式使用。通常没有单独立式偶合器的"哑图",常用卧式直线传动偶合器的图代替(见图8-7),为避免引起误会应特别注明。

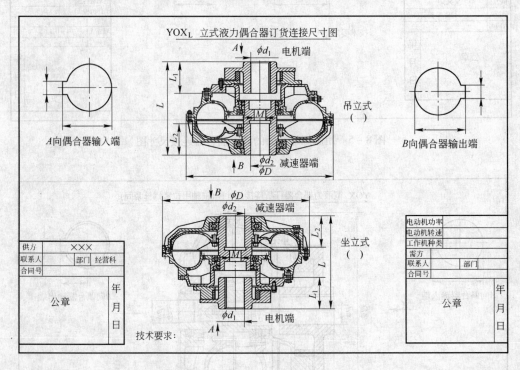

图8-7 立式偶合器连接尺寸图

（2）应明确标明是坐立还是吊立,或说明电动机在偶合器的上面还是偶合器的下面。这一点非常重要,因为坐立和吊立偶合器在结构上是不一样的,如果表达不清楚,将无法使用。

（3）如果是吊立式偶合器必须设置拉紧螺栓将偶合器紧固在电动机轴上,尤其是吊立式V带轮偶合器更应当注意加拉紧螺栓紧固。

386. 填写V带轮式偶合器连接图有哪些注意事项?

（1）必须用专用的V带轮式偶合器的"哑图"(见图8-8)填写,而不能用其他"哑图"

代替。

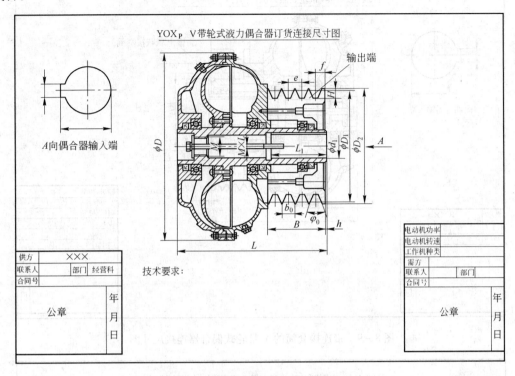

图 8 - 8　V 带轮式偶合器连接尺寸图

（2）必须将 V 带轮的所有参数标示清楚,包括外径、节径、槽数、槽型、槽深、角度、槽间距、带轮总厚、第一槽至端面距离等都必须标明白。

（3）必须标明拉紧螺栓的规格和长度。

（4）必须标明是卧式使用还是立式使用,若立式使用要标明是坐立还是吊立。

（5）带连接套筒可换 V 带轮偶合器,应标明连接套筒与 V 带轮的连接尺寸（见图 8 - 9）。

（6）由需方自制 V 带轮的,双方应通过沟通确定总体结构和 V 带轮连接尺寸,确保 V 带轮定位准确,安装紧固可靠。

387. 填写制动轮式限矩型液力偶合器连接图有哪些注意事项?

（1）必须用与型号相符的"哑图"填写。因为制动轮式偶合器有内轮驱动和外轮驱动两种结构型式,而两种结构型式尺寸又不一样,所以不能用错图。如果用错"哑图",图与文字表达相矛盾,就会给供方造成误解,很可能将货供错。图 8 - 10 为内轮驱动制动轮式偶合器的连接尺寸"哑图",图 8 - 11 为外轮驱动制动轮式偶合器的连接尺寸"哑图"。

（2）内轮驱动制动轮式和外轮驱动制动轮式偶合器的尺寸不可以混用。经常发生的错误是内轮驱动制动轮偶合器用了外轮驱动制动轮偶合器的尺寸,结果造成总体尺寸长和结构不合理。也有的用内轮驱动偶合器的连接尺寸,却要外轮驱动偶合器的结构,结果无法制造。

（3）制动轮要素必须标示清楚,包括制动轮直径、宽度及制动轮端面至输出轴端的距离等。

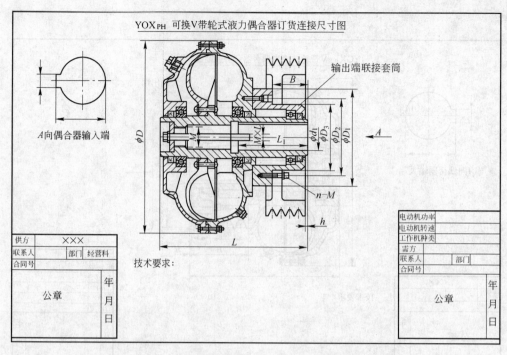

图 8-9　带连接套筒的 V 带轮式偶合器连接尺寸图

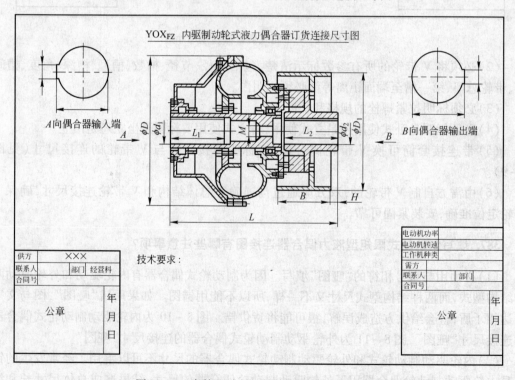

图 8-10　内轮驱动制动轮式偶合器连接尺寸图

（4）制动轮的外表面是否进行高频淬火要标清楚。

（5）制动轮是否需要动平衡应明确提出。

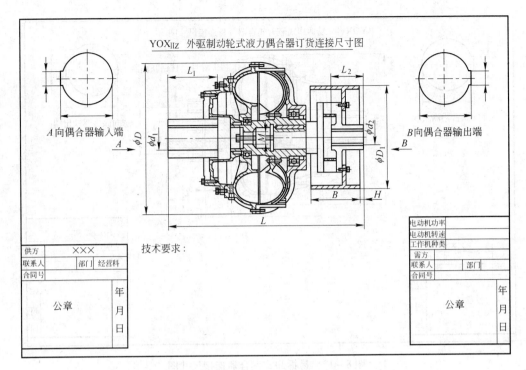

图 8 - 11 外轮驱动制动轮式偶合器连接尺寸图

388. 填写易拆卸式限矩型液力偶合器连接图有哪些注意事项?

（1）总长必须核算准确。易拆卸式偶合器的轴向总长等于各部分之和（见图 8 - 12），如果核算错误，则总长就不对，影响将来安装。特别要注意的是随着轴孔的孔径变化，轴伸也在变化，所以同一规格的偶合器，如果所配的电动机、减速器不同，其轴向总长也不同，必须一一核算而不能一个型号统一尺寸。

（2）在计算偶合器总长时，必须考虑留有拆卸用轴向空间，如果忽略此空间，则将来安装后无法在不移动电动机的情况下将偶合器拆卸，即失去易拆卸功能。

（3）最好将输出端的弹性套柱销联轴器的规格尺寸标出来。因为有时在订购备机时，往往不订联轴器只订偶合器，如果初始订货连接图标示不清楚，则二次订货就没有依据。

（4）要保证有柱销的拆卸空间，尤其与德国弗兰德公司减速器匹配时，因该减速器有散热风扇罩，所以有可能挡住柱销而拆不下来，要经过核算确保有足够的拆卸空间。

389. 填写易拆卸制动轮式限矩型液力偶合器连接图有哪些注意事项?

易拆卸制动轮式偶合器是易拆卸偶合器与制动轮式偶合器的组合（见图 8 - 13），在填写连接图时，除了要注意这两种偶合器的注意事项之外，还要特别注意以下几点：

（1）易拆卸制动轮式偶合器没有内轮驱动，电动机轴一定要与偶合器输入端的刚性联轴节相连，减速器轴一定要与偶合器输出端的半联轴节相连，所以在填写输入、输出端尺寸时一定不能填错。

（2）计算轴向总长时，除了要考虑各部的轴向长之和，还要加上输出端弹性套柱销联轴器两半联轴节之间的间隙。

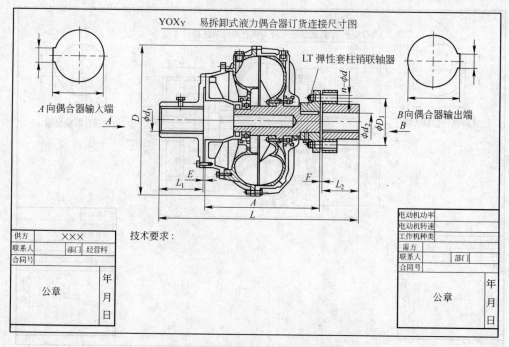

图 8－12　易拆卸式偶合器连接尺寸图

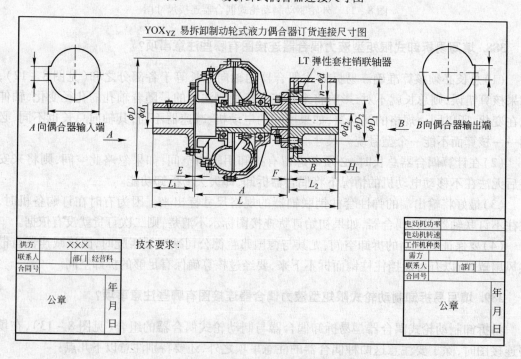

图 8－13　易拆卸制动轮式偶合器连接尺寸图

（3）制动轮的定位尺寸，即制动轮边至输出轴端的距离要填写清楚。

（4）要核对柱销能否拆卸下来。如果拆不下来，那就失去了易拆卸功能，尤其当与弗兰德减速器匹配时，因散热风扇与制动轮紧挨着，手根本伸不进去，柱销也就无法拆下来，所以等于不可能不移动电动机而将偶合器拆下。解决的办法一是加大拆卸空间，二是让制动轮向偶合器方向拆卸,这样就有了柱销拆下来的空间。

390. 填写水介质液力偶合器连接图有哪些注意事项?

(1)型号必须写对,要能清楚辨识为水介质偶合器。为防止型号不明确,应注明以清水或难燃液为介质。

(2)水介质偶合器一般用在煤矿井下,需要防爆,应明确表明是否防爆。

(3)水介质偶合器输出端有花键连接和平键连接两种,在填写连接图时,应当将连接方式和相关尺寸填清楚,见图8-14。

(4)水介质偶合器大部分安装在连接套筒内,应当注意第382问中的所有事项。

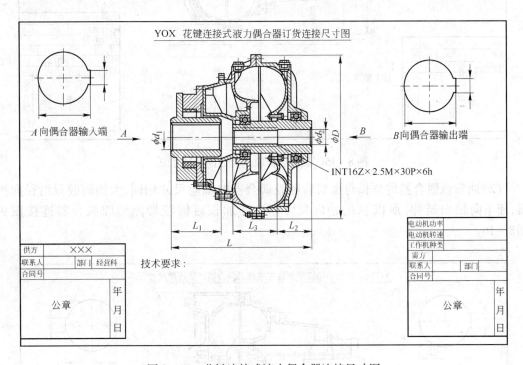

图8-14 花键连接式液力偶合器连接尺寸图

391. 填写加长后辅腔限矩型液力偶合器连接图有哪些注意事项?

(1)一定要将型号填清楚,为防止因型号不清而产生误解,最好注明是加长后辅腔偶合器。

(2)加长后辅腔偶合器的轴向尺寸加长,不能用标准后辅腔偶合器的轴向尺寸。

(3)加长后辅腔制动轮式偶合器和加长后辅腔易拆卸制动轮式偶合器填写连接图时,同时要注意第385、386、387问的各项注意事项。

加长后辅腔限矩型液力偶合器连接图见图8-15。

392. 填写加长后辅腔带侧辅腔偶合器连接图有哪些注意事项?

(1)一定要将型号写清楚,为防止误解还应当将名称写清楚。

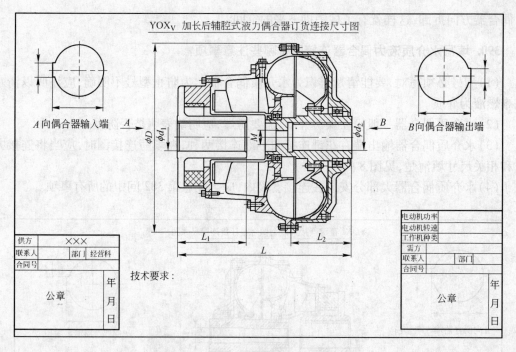

图 8 - 15 加长后辅腔偶合器连接尺寸图

（2）通常该偶合器的总长与加长后辅腔偶合器的轴向尺寸相同，大侧辅腔只沿径向扩展，而不向轴向延伸，所以总的轴向尺寸不变。加长后辅腔带侧辅腔偶合器连接图见图 8 - 16。

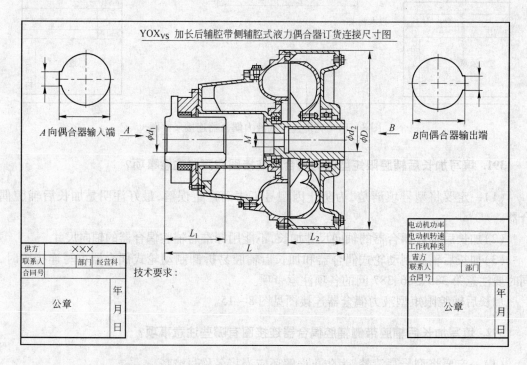

图 8 - 16　加长后辅腔带大侧辅腔偶合器连接尺寸图

393. 填写分体装拆式限矩型液力偶合器连接图有哪些注意事项？

分体装拆式限矩型结构的偶合器在德国福依特公司基本型称为 TVN,派生出 TVYN、TVFN、TVVYN、TVVFN、TVVYSN、TVVFSN 等多种型号。该结构偶合器的主要特点是输入端带刚性联轴节,输出端带弹性联轴器,如果输入端的刚性联轴节的定位止口很浅,而输出端设置可以解体的弹性套柱销联轴器或膜片联轴器,则就成为易拆卸式的了(见图 8-12)。如果输入端刚性联轴节伸入偶合器后辅腔的中空部分且输出端装配不能拆解的弹性联轴器,则该偶合器虽不具备易拆卸功能,不能在不移动电动机和工作机的情况下装拆偶合器,但具备分体拆装功能。即安装时可以先把输入端的刚性联轴节从偶合器上拆下,用热装法将其装到电动机轴上,然后再将输出端的前半联轴节从偶合器上拆下,用热装法将其装到减速器轴上,最后将偶合器安装到输入端联轴节上,移动电动机带动偶合器与输出端前半联轴节通过弹性体结合即可。在填写该偶合器连接图时应注意以下几点:

(1)该偶合器在国内没有统一的型号,故在连接图中应将结构特点标明。

(2)该偶合器订货方式有两种。一种是只订偶合器本体(包括输入端刚性联轴节),偶合器主轴外伸一段连接轴,如图 8-17 所示,偶合器厂不供输出端联轴器,由用户自制。双方通过连接图确认偶合器总长和偶合器主轴与输出端联轴器孔的配合尺寸。另一种是供方全部供货,其连接图如图 8-18 和图 8-19 所示,相当于外轮驱动制动轮式偶合器去掉制动轮的结构。在填写连接图时必须把偶合器主轴与联轴器的连接尺寸填清楚,以便订备件时用。因为供方提供输出端联轴器,所以应把联轴器的规格尺寸和输出孔的尺寸填清楚。

(3)由于各厂偶合器本体的轴向长度不一定一样,所以必须按实际情况计算轴向总长,如果变换供方,则应重新校核。

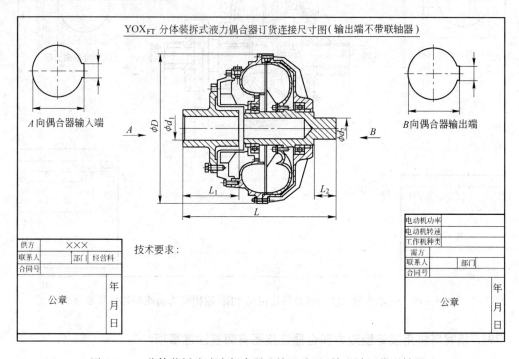

图 8-17　分体装拆式液力偶合器连接尺寸图(输出端不带联轴器)

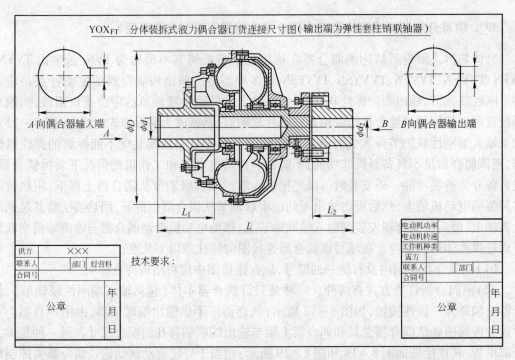

图 8-18　分体装拆式液力偶合器连接尺寸图（输出端为弹性套柱销联轴器）

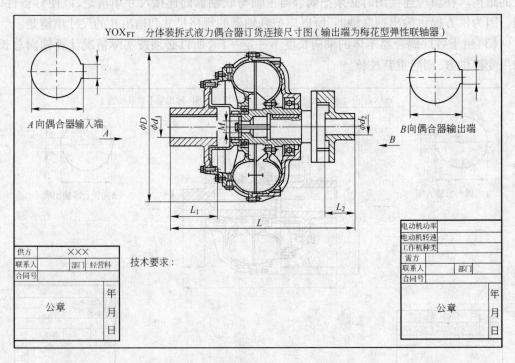

图 8-19　分体装拆式液力偶合器连接尺寸图（输出端为梅花型弹性联轴器）

394. 填写塔机用限矩型液力偶合器连接图有哪些注意事项？

塔式起重机的行走机构、回转机构多用液力偶合器传动。塔机用的偶合器有两种，一种是偶合器不带弹性联轴器(俗称硬连接),其连接图如图8-20所示。另一种是偶合器带弹性联轴器(俗称软连接),其连接图如图8-21所示。填写塔机用偶合器连接图时应注意以下几点:

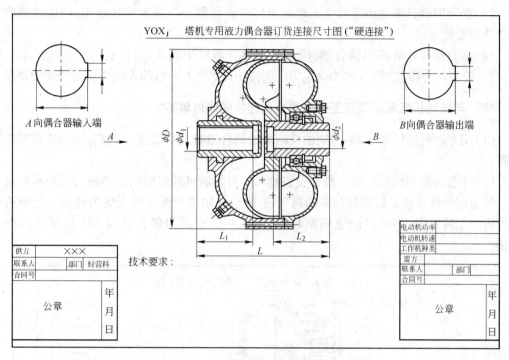

图8-20 硬连接塔机用的偶合器连接尺寸图

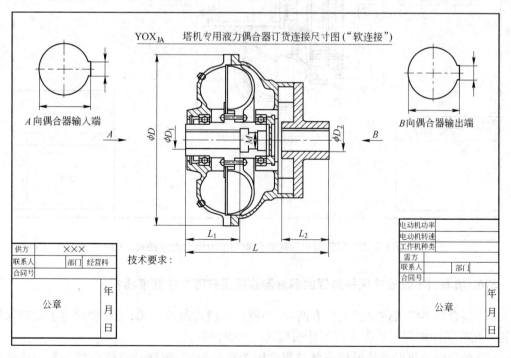

图8-21 软连接塔机用的偶合器连接尺寸图

（1）必须明确标明是硬连接还是软连接偶合器。

（2）必须注明是否安装在连接套筒内，如果安装在套筒内，则轴向尺寸和径向尺寸都必须有明确要求，且易熔塞和加油塞的位置必须与连接套筒的手孔位置相符合。

（3）必须明确是坐立还是吊立。塔机上用的偶合器大部分为立式使用，所以必须明确偶合器的安装方式。

（4）必须标明是塔机用偶合器，因塔机用偶合器属于间歇运行，所以额定转差率选得大，与一般的偶合器选型不同。如不注明是塔机用，则供方审核的人就会误以为选型错误。

395. 与柴油机匹配的限矩型液力偶合器连接图如何填写？

（1）用专用的连接图，因为与柴油机匹配的偶合器有独特的连接方式，所以应用专用连接图。

（2）注意与柴油机的连接要符合安装要求。与柴油机匹配的限矩型液力偶合器的输入端一般通过弹性套柱销联轴器与柴油机飞轮相连，联轴器与柴油机飞轮的连接一定要符合柴油机的安装要求，不可以随意确定尺寸，图 8-22 所示为偶合器与 195 柴油机匹配的连接。

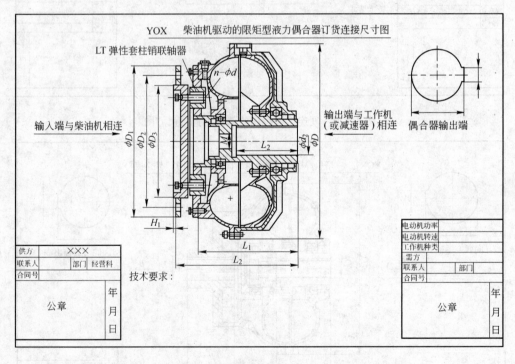

图 8-22　与柴油机匹配的限矩型液力偶合器连接尺寸图

396. 填写带不喷液热保护装置的偶合器连接图有哪些注意事项？

（1）偶合器不喷液热保护装置有两种：一种是机械式温控开关，另一种是电子式热保护装置。在连接图中应明确表示选用什么型式的热保护装置。

（2）必须注明热保护装置的安装位置。因为若是侧装，则偶合器侧面应设置不喷液易熔塞或感应器。如果是径向安装,则偶合器外径上应设置不喷液易熔塞或感应器。常发生这样的情况,需方未注明安装位置,供方按常规处理,结果货到后发现热保护装置的安装位置与偶合器上不喷液易熔塞的位置不对应。

(3)最好注明不喷液易熔塞的熔化温度,按常规不喷液易熔塞的熔化温度应至少比喷液易熔塞低10℃,但可能有的厂家不了解会将熔化温度搞错,所以提醒一下是必要的。

(4)应有不喷液热保护装置的安装尺寸图,此图供需方在钻铰底座安装孔时用。

八、液力偶合器易损件及其订购注意事项

397. 限矩型液力偶合器有哪些易损件?

限矩型液力偶合器易损件明细见表8-1。

表8-1 限矩型液力偶合器易损件明细

序 号	易损件名称	易 损 原 因	说 明
1	轴 承	正常运行2年内不用换,若安装不同心或油液有杂质,有可能几个月就坏了	大部分采用深沟球轴承,采购方便,每台偶合器有两架轴承
2	油 封	磨损或安装不同心或油质不对,油质不清洁都可能使油封失效	橡塑材料的油封易老化,储备时间不宜过长,油封属于标准件,采购方便
3	易熔塞	偶合器过热后易熔塞中的易熔合金熔化	易熔塞是一次性使用,偶合器过热喷液后需换用新的,应当多储备一些
4	易爆塞	偶合器超压后易爆塞中的易爆片破裂	易爆塞本体一般不坏,易爆片是易损件,易爆片采购时要检验煤安证,易爆片可以多储备
5	弹性盘或弹性块	磨损,当找正不同心时磨损加快	梅花型弹性盘或弹性块应当多储备些
6	后半联轴节或前半联轴节	一般不会损坏,安装不同心会加速磨损,发生事故也可能损坏	后半联轴节与偶合器本体相连,前半联轴节通过弹性体与后半联轴节相连,一般不会损坏,可适当少量储备
7	O形密封圈	老化,拆装损坏	偶合器的O形密封圈大部分是非标的,经常拆卸易损坏的是加油塞或易熔塞密封圈,应在订购易熔塞时要求带密封圈

398. 订购限矩型液力偶合器易损件有哪些注意事项?

(1)轴承和油封是标准件,用户可以自行订购,不用非得到偶合器厂订购。

(2)易熔塞最好订购原生产厂的,如果不方便也可以订购其他厂的,但订购时一定要将易熔塞的螺纹参数和熔化温度写清楚。

(3)易爆塞的尺寸基本统一,易爆片应当向有煤安标志的生产厂采购。

(4)弹性盘或弹性块的规格尺寸全国不统一,有少部分厂家的弹性盘可以靠到《梅花型

弹性联轴器》(GB 5272—85)标准,大部分属于非标的。在订购备件时,一定要向原生产厂订购,而不能随意订购,因为这样订来的备件安装不上。

(5)如果前半联轴节或后半联轴节损坏,也要向原生产厂订购,因为各厂偶合器的结构是不一样的。

399. 调速型液力偶合器有哪些易损件?

调速型液力偶合器易损件明细见表 8 - 2。

表 8 - 2 调速型液力偶合器易损件明细

序 号	易损件名称	易 损 原 因	说 明
1	轴 承	磨损、安装找正不同心、油液杂质多、油中混水、工作油不循环开机、冷却水不循环开机、偶合器发热	调速型偶合器大部分有 4 架轴承,常用深沟球轴承、单列滚柱轴承和四点接触球轴承,系标准产品,易采购,大修或轴承故障时换轴承。正常运行 3 年大修一次,大修前应采购备件,可按说明书的易损件目录采购
2	油 封	磨损、油液有杂质、安装不同心、老化	调速型液力偶合器的输入、输出端盖处往往用油封密封,属于标准件易采购,但易老化不宜储备
3	O 形密封圈	磨损、老化	调速型液力偶合器的节流板,输入、输出端盖处用 O 形圈密封,大部分是非标件,须向原生产厂采购,易老化不宜多储备
4	滤油器	油液杂质多、滤网被破坏堵死	有油泵吸口滤油器和管路滤油器两种,其中泵吸口滤油器的滤网常堵塞或破损,应适当储备
5	空气滤清器	灰尘堵塞使滤清器失效	在灰尘大的环境使用,应适当多储备几个滤清器,以备定期更换
6	油 泵	磨损失效,油质差卡滞、泵轴断裂、轴瓦磨损、密封失效、油液混进水泵锈蚀	油泵不常发生故障,使用超过 3 年,有可能磨损,有时泵轴会折断,大修前应采购油泵
7	油泵驱动齿轮副	轴承损坏后主轴振动,造成齿轮损坏,油质差磨损,长期使用磨损	油泵驱动齿轮副有主动齿轮和被动齿轮两个,主动齿轮安装在输入轴上,被动齿轮安装在特制的轴承座或挂装在油泵轴上,其中挂装在油泵轴上的齿轮最容易损坏,可适当储备

400. 订购调速型液力偶合器易损件有哪些注意事项?

(1)轴承、油封属于标准件,可以就近采购,但不允许随意更换原轴承型号。

(2)滤油器和空气滤清器虽也是常规产品,但各厂家的产品尺寸不一样,所以最好仍采购原厂产品。

(3)油泵与油泵驱动齿轮一定要采购原生产厂产品,因为各厂偶合器所用油泵并不一样。

九、进口偶合器选配备品备件注意事项

401. 进口偶合器在性能和结构上与国产偶合器有什么不同?

(1)进口偶合器在性能上与国产偶合器基本上差不多,换言之也就是说国产偶合器在性能上与国外产品没有很大的差距,可以用国产偶合器替代进口偶合器。

(2)由于结构设计和规格尺寸不一样,所以进口偶合器无法用现成的国产偶合器替代,国产偶合器的零部件也无法用在进口偶合器上。

(3)进口偶合器的连接尺寸大部分与国产偶合器不一样。

(4)原由大连液力机械厂引进英国液力驱动公司的 GST50 和 GWT58 两个型号的调速型液力偶合器,其连接尺寸与原产国一样。原由大连液力机械厂引进德国福依特公司的 TVA562、TVA650、TVA750、TVA866 4 个型号的限矩型液力偶合器,其连接尺寸与原公司一致。

402. 进口偶合器国产化或采购备品备件时应注意哪些事项?

(1)不能生搬硬套外国的偶合器型号规格,因为我国的标准与外国的标准在规格系列的规定上有出入,如果硬要按原规格选配国产偶合器一般是无法做到的。

(2)应当以输入转速和传递功率来选配国产偶合器,只要能传递足够功率、只要各项性能基本符合要求就可以了,不必追求一模一样。

(3)要选购与国外产品连接尺寸相近的国内产品。例如,调速型偶合器中心高最好一致,若不一致最好能低点(可加垫板),千万别高了,高了还得砸地基。如果连接尺寸相差太大,则变形设计困难。

(4)国外产品所用轴承与国内尺寸一样可以互换,油封规格不一定与国内一样,可以只考虑内径,外径不对再设法修改相关件。

(5)可以通过测绘的方法绘制出进口产品损坏件的图纸,然后委托国内厂家制造,实在没办法的再进口。例如,泵轮、涡轮等功能部件,如果在国内制造还不如从国外买便宜。

十、限矩型液力偶合器现场测绘方法及注意事项

403. 限矩型液力偶合器为什么要进行现场测绘,现场测绘有几种方法?

有时因为订备机或维修需要确定在线运行的限矩型液力偶合器的型号、规格、连接尺寸,而又找不到可依据的资料,这就必须进行现场测绘,获得需要的技术参数。现场测绘有停机解列测绘法和不停机根据动力机、减速器、工作机铭牌参数估测法两种。

404. 什么是限矩型液力偶合器解列测绘法,应按什么步骤测绘?

将液力偶合器从机组中解列拆下后进行测量并绘制简图的方法称为解列测绘法,解列测绘按以下步骤进行。

(1)测偶合器轴向总长。将偶合器的前半联节、弹性盘装到偶合器上,测出轴向总的长度,或在未解列之前测量电动机轴肩至减速器轴肩之间的长度。

（2）测偶合器的最大外圆直径。如果不知道偶合器的规格，可以由此大约测知偶合器叶轮的有效直径（详见第406问）。

（3）测偶合器输入端（与电动机连接的一端）和输出端（与减速器连接的一端）轴孔直径和深度，查看轴孔磨损情况，如有磨损应如实记录轴孔的尺寸和形位公差，同时还应检查电动机轴的磨损情况，为下一步修复或订购偶合器做准备。

（4）测量偶合器输入轴孔、输出轴孔的键槽尺寸，包括键宽和键深。

（5）如果是制动轮式偶合器，还应测量制动轮的直径和宽度，以及制动轮端面至输出轴端的距离。

（6）如果是V带轮偶合器，除测量偶合器本体的各部尺寸以外，还应测量V带轮的全部尺寸。

（7）如果是易拆卸偶合器，除测量偶合器本体的全部尺寸外，还要测量输出端弹性套柱销联轴器的所有尺寸。

（8）如果是锥孔，还要把锥孔的全部要素测出来，包括锥孔大端尺寸、锥孔小端尺寸、锥孔长度、锥轴的紧固方式、圆螺母或拉紧螺栓的规格尺寸等。

（9）如果是花键孔，则要将花键孔的全部要素测出来，包括花键的模数、齿数、压力角、齿顶圆直径、花键长度、定位圆孔直径与长度等。

（10）将以上测量所得的数据，绘制到"哑图"上或简图上，即完成了现场测绘工作，所绘制的连接图就可以作为订货的依据了。

（11）如果在停机解列后，偶合器上有型号和出厂编号，则以上工作可以省去，可先向偶合器生产厂家询问此编号偶合器的具体参数。如果年代久远查不到了，再按以上步骤测绘。

405. 怎样在不停机的情况下估测液力偶合器的连接尺寸？

很多时候，偶合器机组不能停机。要在不停机的情况下将偶合器的连接尺寸测出来，这就需要采取一定的办法，以下简单介绍几种。

（1）查看动力机铭牌：可以将铭牌擦干净，然后用照相机拍照，得到电动机或柴油机的型号之后，找相应的样本查找轴径、轴伸和键槽宽度，注意最好向该电动机制造厂索要尺寸，因有时不同厂生产的电动机尺寸不一样。

（2）同理将减速器或工作机的铭牌擦干净拍照下来，向铭牌上标注的生产厂家索要样本，查找轴径、轴伸、键槽等相关尺寸。

（3）最难测的是偶合器轴向总尺寸，可用以下办法测量。

1）拉钢丝测量法。找两根长一点的钢丝，两个人扯一根钢丝，从电动机或减速机上方靠近电动机轴肩或减速机轴肩，注意目测两根钢丝要与回转轴线垂直（或测量两根钢丝等距离），由另一个人用尺测量出钢丝之间的距离即可。注意，测量时要特别小心，防止旋转件挂到人体，发生事故。

2）地脚距离估测法。先测电动机底脚螺栓孔的中心至轴肩的距离，因为距离较短目测误差不会太大。然后测减速器地脚螺栓孔的中心至轴肩的距离，同理，因为距离短目测误差不会太大。最后测电动机底脚螺栓孔中心到减速器地脚螺栓孔中心的距离。最后将测得的总距离减去两个分距离，即是偶合器的总长。

3）标杆估测法。用尺大约量一下偶合器的总长，找一个木杆按测量的长度卡齐，将木杆放在机组前作为标杆(摆放的高度最好与机组中心平齐,这样测量误差小),目测将标杆的一端与电动机轴肩对齐,然后再目测标杆的另一端与减速器轴肩的距离,这种方法因将目测的距离缩小了,所以误差也不会太大。

4)也可以在机组前摆放标杆,然后用照相机拍照,将图像输入计算机,因标杆长度已知,所以用比例法即可知道实际尺寸,只要拍摄的角度对,镜头对准正中,这个方法的误差也不会太大。

(4)不论怎样测,最好将机组布置拍照下来,尤其制动轮式偶合器或内轮驱动偶合器,拍照下来一目了然,省去许多解释。

406. 怎样通过测量偶合器的大外径估算偶合器的规格?

有些时候用户订购备机却不知道偶合器规格,这时候就要通过测量和估算大体上确定偶合器的规格(即工作轮有效直径)。如果有样本,可以测出大外径,然后查表确定。如果没有样本,可以按测得的外径减去偶合器法兰宽,即是工作轮有效直径,大外圆直径与工作腔有效直径的大约关系见表 8-3。

表 8-3　偶合器大外圆直径与工作腔有效直径的大约关系　　　　(mm)

序号	规　格	大外圆直径与有效直径之差	序号	规　格	大外圆直径与有效直径之差
1	200~280	≈45	3	400~450	≈80
2	320~360	≈55	4	500~875	≈80~90

现场往往没有测量直径的工具,可用卷尺将偶合器大外圆围起来,然后将测量的尺寸除以 3.14,即是偶合器大外圆的大约尺寸。用此方法就可以估算出偶合器的工作轮有效直径。例如,有一进口偶合器,不知道是什么规格的,用卷尺围起来测量偶合器大外圆的周长为 1990mm,则偶合器大外圆直径为 1990/3.14 = 634mm,用 634 减去 80 等于 554,即偶合器的有效直径约为 550~560mm,因无 550 这个规格,所以可以确定偶合器的工作轮有效直径为 560mm。

407. 现场测绘时怎样确定偶合器的驱动方式?

偶合器有内轮驱动和外轮驱动两种驱动方式,现场测绘时一定要将驱动方式搞明白。可按以下方法区分:

(1)内轮驱动。电动机轴插在偶合器主轴孔内,包括内轮驱动制动轮式偶合器和一般内轮驱动偶合器,都是电动机通过偶合器主轴驱动腔内的工作轮作泵轮工作,所以只要看电动机轴与偶合器主轴相连,减速器轴与半联轴节(俗称对轮)相连,就可以断定为内轮驱动。

(2)外轮驱动。电动机轴与半联轴节相连,减速器轴伸进偶合器的主轴孔内,也就是电动机通过偶合器上的联轴器驱动与外壳相连的工作轮工作。

408. 限矩型液力偶合器现场测绘有哪些注意事项?

(1)注意安全,特别是不停机测绘更要注意,防止旋转件挂碰。

(2)尽量准确,停机测量一般是准确的,不停机测量也要设法尽量准确。

（3）查看设备铭牌时要注意产品出厂的日期，因为产品不断更新，如果年代久远就有可能尺寸变更了，所以应询问生产厂某年某月的产品与现在产品的连接尺寸是否一样。

（4）最好能确定偶合器生产厂家，然后将测量尺寸与该厂样本相比较，这样确定的型号或尺寸相对较准确。

（5）一般电动机的轴头尺寸基本上是标准的，轴径与机座号相对应，可以通过测量电动机中心高的办法确定机座号，然后查电动机轴径。但减速器轴径系列不标准，全国不统一，不可以随意确定，必须按铭牌上所示的厂家样本为准来确定尺寸。

409. 测绘国外进口的限矩型液力偶合器有哪些注意事项？

（1）国外偶合器规格与国内不一样。例如，意大利的偶合器用英寸作为规格单位，德国福依特公司的偶合器用毫米作规格单位，且规格系列的设置与我国不一样，在测绘时应按实际测量，不可以套用我国的规格系列。只有准确测好了，才能为国产化提供依据。

（2）国外偶合器的结构和连接方式与我国也不完全一样。如果是整机转换，则可以不测其具体结构，只测外形尺寸和连接尺寸即可。但如果需要配制损坏件，则要按件仔细测量。

（3）国外偶合器的特性与我国偶合器不完全一样。例如，意大利传斯罗伊公司的限矩型液力偶合器，按他们的匹配表 11K 相当于我国的 280mm 偶合器，可匹配 15kW 电动机，而我们却不行（有可能我们的匹配方法即转差率的选择与他们不同）。因此在测绘时不仅要测偶合器，还要把电动机、减速器、工作机各要素均测明白，这样才能为国产化提供选型依据。

十一、调速型液力偶合器现场测绘方法及注意事项

410. 调速型液力偶合器怎样进行现场测绘？

调速型液力偶合器现场测绘比限矩型液力偶合器容易，因调速型偶合器大部分有箱体，回转组件在箱体内，测量比较安全。调速型液力偶合器现场测量也分为停机解列测量和不停机测量两种。

（1）停机解列测量。停机解列测量主要测箱体中心高、地脚螺栓孔的尺寸和位置、输入轴端至输出轴端的距离及输入轴与输出轴端要素、仪表盘的位置、进油法兰与出油法兰的位置等，总之要测量偶合器的安装尺寸，保证另购的偶合器与原偶合器地基、联轴器、进出油管能够顺利连接。

（2）不停机测量。不停机测量的项目与停机测量相同，其中轴向尺寸和轴头尺寸不好测，轴向尺寸测量可采用限矩型偶合器测量用的拉钢丝法和标杆测量法，尽量将距离测准，其余尺寸比较好测。

411. 调速型液力偶合器现场测绘时应注意哪些事项？

（1）首先最好通过标牌或外形确认偶合器的生产厂，然后设法找到该厂的样本，这样测起来省事。

（2）如果什么也没有，则不解体就无法确定偶合器规格，因为各厂的设计不同，外形尺

寸差别很大,仅凭外形难以确定准确的规格尺寸。

(3)测量地脚尺寸时,一定要注意将定位尺寸测准。通常调速型液力偶合器的地脚定位尺寸为输入端轴端至地脚第 1 个螺栓孔中心的距离,这个尺寸如果错了,就是地脚螺孔距离对了也不行(箱体轴向审位)。

(4)不仅要测偶合器本身,还要测电动机和工作机。应当将电动机与工作机铭牌上的参数记录下来或照下来。

412. 进口调速型偶合器国产化现场测绘时应注意哪些事项?

(1)与限矩型液力偶合器一样,进口的调速型液力偶合器与国产的在结构和安装尺寸上不一样,应当引起注意。

(2)最好找到原偶合器的样本和说明书,这样便于测绘。

(3)如果没有样本和说明书,则不解体不能确定偶合器规格。但如果整机换用,则可以根据电动机的功率和转速重新选型匹配,而原偶合器的参数仅供参考。

(4)重点要测准连接尺寸,如果不改动地基,则新配偶合器的地脚尺寸及第一个地脚螺栓中心至输入轴端的定位尺寸均要测准。

十二、液力偶合器出厂检验与交工验收

413. 限矩型液力偶合器出厂检验与交工验收有哪些准则和内容?

(1)引用标准。

《液力偶合器　型式和基本参数》(GB/T 5837—1993)

《液力偶合器　通用技术条件》(JB/T 9000—1999)

《限矩型液力偶合器　出厂试验》(JB/T 9004.1—1999)

《限矩型液力偶合器　型式试验》(JB/T 9004.2—1999)

《普通型、限矩型液力偶合器铸造叶轮技术条件》(JB/T 4234—1999)

《普通型、限矩型液力偶合器易熔塞》(JB/T 4235—1999)

《刮板输送机用液力偶合器》(MT/T 208—1995)

《刮板输送机用液力偶合器检验规范》(MT/T 100—1995)

《刮板输送机用液力偶合器易爆塞》(MT/T 466—1995)

《塔式起重机用限矩型液力偶合器》(JG/T 72—1999)

(2)检验依据。

1)各相关标准。

2)顾客订货合同或合同修改通知单。

3)顾客订货连接尺寸图。

4)顾客订货技术要求。

5)顾客订货时交付的技术资料(如电动机、减速器连接尺寸图等)。

6)顾客订货时提供的样机。

7)顾客订货时提出的特殊检验要求。

8)顾客提供的检验工具(如锥度塞规等)。

（3）检验项目及指标。

限矩型液力偶合器出厂检验与交工验收项目及指标见表8-4。

表8-4　限矩型液力偶合器检验项目及指标

序号	检 验 项 目		验收要求及指标	备　注
1	合同履行	产品型号	符合合同要求	
		订货数量	符合合同要求	
		连接尺寸	符合订货连接尺寸图要求	轴孔及键槽一律用塞规检验
		特殊要求	符合顾客订货技术要求	
2	使用性能	额定转差率 s	不大于4%	
		输入转速 n_B	符合合同要求和该产品转速范围	
		传递功率 P_B	符合合同要求和该产品功率范围	
		过载系数 T_g	不大于2.5	特殊要求按合同规定
		波动比 e	不大于1.6	
3	加工	叶　轮	符合 JB/T 4234—1999 规定	
		主件主项合格率	不小于85%	
4	装　配	平　衡	除主轴外,所有回转件静平衡 G6.3 级	特殊要求做动平衡
		清洁度	所有零件清洗干净	
		连接与紧固	所有结合面不得有损伤、连接牢固、可靠,有防松措施	
		外观质量	铸造表面无缺陷,机加工表面无碰伤、划缕,外露件涂油防锈,外表面喷漆	
5	出厂试验	振　动	在额定转速下不得有异常振动与噪声	
		密　封	不准许有任何渗漏	
6	安全装置	易熔塞	检查易熔塞安装位置、数量和熔化温度是否符合要求	按 JB/T 4235—1999 和顾客特殊要求检验
		易爆塞	检查易爆塞安装位置和数量,检查易爆塞中的易爆片合格证	按 MT/T 208—1995 检验
		机械式温控开关	检查偶合器安装不喷液易熔塞的位置是否符合要求,检查易熔熔化温度是否合适	
7	标志与包装	标　志	检查标牌与打字内容和字迹是否符合要求	
		包　装	符合 JB/T 9000—1999 要求	
		随机主件	符合 JB/T 9000—1999 要求	
		随机配件	检查配件是否符合合同要求,外购配件要有说明书、合格证	
8	可追溯性	出厂编号	要有便于追溯和查找的产品出厂编号	
		出厂记录	出厂产品要有记录,质量状况可追溯	
		用户档案	建立用户档案,用户反映问题及时记录	

序号	检验项目		验收要求及指标	备 注
9	发 货	标 识	包装箱标识清楚,符合合同要求	
		验 货	验明货物,保证不发错货	
10	顾客验收	开箱检验	检查货物型号、数量、连接尺寸、随机文件、随机配件是否符合要求	
		装机试运行	检查偶合器连接尺寸、输出转速、传递功率、过载系数等性能是否合格	
		振 动	无异常振动与噪声	
		密 封	无任何渗漏	
		投入运行	签写验收单,投入正式运行	
11	可靠性	可靠性	平均无故障工作时间:油介质偶合器大于 4000h;水介质偶合器大于 2000h	
		寿 命	油介质偶合器 20000h;水介质偶合器 10000h	
12	售后服务	故障登记	建立用户报修档案,记录产品维修情况,统计产品可靠性和使用寿命	
		故障维修	接通知后及时赶到现场维修,不修复不撤离	

414. 调速型液力偶合器出厂检验与交工验收有哪些准则和内容?

(1)引用标准。

《液力偶合器　基本型式和基本参数》(GB/T 5837—1993)

《液力偶合器　通用技术条件》(JB/T 9000—1999)

《调速型液力偶合器、液力偶合器传动装置出厂试验方法》(JB/T 4238.1—2005)

《调速型液力偶合器、液力偶合器传动装置出厂试验技术指标》(JB/T 4238.2—2005)

《调速型液力偶合器、液力偶合器传动装置型式试验方法》(JB/T 4238.3—2005)

《调速型液力偶合器、液力偶合器传动装置型式试验技术指标》(JB/T 4238.4—2005)

《调速型液力偶合器叶轮　技术条件》(JB/T 9001—1999)

《煤矿用调速型液力偶合器检验规范》(NT/T 923—2002)

(2)检验依据。

1)各相关标准。

2)顾客订货合同或合同修改通知单。

3)顾客订货连接尺寸图。

4)顾客订货技术要求。

5)顾客订货时的技术资料(如电动机、工作机、减速机连接尺寸图等)。

6)顾客订货时提出的特殊检验要求。

7)顾客订货时提供的样机。

8) 顾客订货时提供的检验工具。

9) 顾客订货时对配套件,如轴承、密封件、调控系统的仪器仪表等指定供方要求。

(3) 检验项目及指标。

调速型液力偶合器出厂检验及交工验收项目及指标见表 8-5。

表 8-5　调速型液力偶合器检验项目及指标

序号	检验项目		验收要求及指标	备注
1	合同履行	产品型号	符合合同要求	
		订货数量	符合合同要求	
		连接尺寸	符合合同要求	
		技术要求	符合顾客技术要求	
		配件指定供方	配件供方符合顾客要求	
		配　置	偶合器配置符合顾客要求	
		随机技术文件	符合顾客要求	
		随机备件	符合顾客要求	
2	使用性能	额定转差率 s	不大于 3%	
		转　向	符合顾客要求	面对电动机尾端观察
		输入转速 n_B	符合合同要求和该产品的转速范围	
		最高输出转速 n_T	在额定负荷工况下最高输出转速达要求	
		传递功率 P_B	符合合同要求和该产品的功率范围	
		调速范围	符合合同要求和该产品的调速范围	
3	加　工	叶　轮	符合 GB/T 9001—1999 之要求	
		主件主项合格率	不小于 85%	
4	装　配	平　衡	一律做动平衡,平衡精度 G2.5 级	
		装配找正精度	符合顾客认可的产品装配工艺要求	
		清洁度	所有零件清洗干净,出厂试验后冲洗油箱和滤油器	
		外观质量	加工表面无碰伤、划缕,外露件涂防锈漆,喷漆光泽	
5	出厂试验	整机振动	按 JB/T 4238.1—2005 检测,符合 JB 4238.2—2005 要求	
		过热密封检查	按 JB/T 4238.1—2005 检测,各处无渗漏	
		轴承温度	正常值低于 85℃,报警值 90℃	滑动轴承
		供油泵流量	符合设计要求和运行换热要求	
		溢流阀开启压力	0.35MPa	
		工作油出口油压	正常值 0.15~0.3MPa,报警值 0.3MPa,停机值 0.35MPa	
		噪　声	转速小于 1500r/min,噪声小于 90dB 转速不小于 3000r/min,噪声小于 95dB	

序号	检验项目		验收要求及指标	备注
6	标志与包装	标志	产品标牌、各处指定标牌内容清楚、字迹清晰	
		包装	符合 JB/T 9000—1999 要求	
		随机文件	符合 JB/T 9000—1999 要求	
		随机配件	符合合同要求,所有配件均有合格证、说明书	
7	可追溯性	出厂编号	要有便于追溯与查找的产品出厂编号	
		出厂记录	出厂产品要有记录,质量状况可追溯	
		用户档案	建立用户档案,能反映用户订货情况、产品使用情况	
8	发货	标识	包装箱标识清楚,符合合同要求	
		验货	按合同和技术要求检查货物符合要求	
9	顾客验货	开箱验货	按合同和技术要求检查货物符合要求	
		随机文件	检查随机文件是否完整	
		随机备件	检查随机备件是否齐全	
10	安装调试	基础	符合设计要求	
		偶合器安装找正	侧母线偏移不大于 0.05mm,轴向跳动不大于 0.05mm,中心高找正公差 ±0.05mm	
		中心高热膨胀预留量	按公式计算并检验	
		冷却器安装	有防止冷却器油向偶合器倒灌的措施,有放气阀	
		电气安装	所有耗电设备接通,所有控制仪器仪表接通	
		防护装置安装	防护装置安装正确牢固	
11	试运行	注油	加注合格工作油,油位正确	
		油路清洗	用润滑油泵清洗油路,更换滤油器	无辅助油泵的除外
		试运行前检查	检查偶合器和电动机、工作机是否处于待运行状态,检查电动机、偶合器的转向是否正确	
		启动辅助油泵	滑动轴承得到润滑	无辅助油泵的除外
		启动动力机	当润滑油压力达 0.17MPa 时	无辅助油泵的除外
		关闭辅助油泵	要求当润滑油压力达 0.175MPa 时,辅助油泵自动停机	
		低速稳定运行检查油温、油压(在偶合器最大发热工况点附近测量)	检查工作油温度压力是否在规定范围内工作油出口油温:正常值 45~88℃,报警值 90℃,停机值 95℃ 工作油进口油压:正常值 0.15~0.3MPa,报警值 0.3MPa,停机值 0.35MPa 润滑油压力低于 0.15MPa,辅助油泵自动启动	

序号	检验项目		验收要求及指标	备 注
11	试运行	调速运行检查输出转速	检查各导管开度的输出转速是否符合要求 检查最大导管开度时,输出转速是否达到要求 检查最低稳定运行时的输出转速 检查调速范围是否符合要求	
		停机检查辅助油泵启动	移动导管至零位,关闭电动机,检查辅助油泵自动打开的压力是否符合规定	
		电动执行器等控制系统检查	电动执行器、限位器准确,控制系统工作可靠	
		冷却器换热能力检查	检查偶合器发热情况,检查冷却水流量是否符合要求	
		振动检查	用振动测量仪检查偶合器运转平稳性,记录测点和不同转速不同导管开度的振动值,应符合 JB/T 4238.2—2005 要求	
		轴承温度	正常值低于 85℃,报警值 90℃,停机值 95℃,检查测温元件、温度表、温度传感器显示和传递是否准确	
		溢流阀开启压力	0.35MPa	
		密封检查	各处无渗漏	
		转向检查	转向符合工作机要求,导管方向正确	
12	热机运行 72h	负载功率检查	工作机达最大载荷,检查工作机转速是否达到最高要求	
		偶合器温升检查	在最大发热工况下连续运行,检查偶合器工作油温是否符合要求	
		运行数据检测	检测在工作机热机状态下偶合器各运行参数是否正常	
			热机运行 72h,如一切正常予以验收	
13	可靠性	可靠性	平均无故障工作时间大于 5000h	
		寿 命	大修期不低于 16000h,寿命不低于 80000h	
14	售后服务	故障登记	建立顾客报修登记制度,记录产品维修情况,统计产品可靠性和使用寿命	
		故障维修	接通知后及时赶到现场,故障不排除不撤离	

415. 液力偶合器到货验收应注意哪些事项?

(1)限矩型液力偶合器应在合同异议期内将偶合器检验完毕,如发现不合格要及时反馈给供方,寻求解决。

（2）调速型液力偶合器不经试车无法确认质量,所以必须货到后抓紧安装调试。

（3）必须按交工验收程序进行验货,尤其调速型液力偶合器。必须进行试运行和热机72h 检验,不能图省事不经试运行即开机生产。

（4）运行中发现属于供方责任的质量问题,应及时反馈,不能带病工作,不能超过保质期才追溯责任。

（5）调速型液力偶合器应在机组安装就位后通知供方参加调试验收工作。

第九章 液力偶合器使用维护简介

一、液力偶合器工作液体

416. 液力偶合器传动用工作液体有什么重要作用？

液力传动是利用液体作为工作介质来传递动力的，因此，工作液体对于液力传动元件正常工作有重要作用。此外，液力传动油对于保证热平衡系统、润滑系统和控制系统的正常运行也发挥重要作用。总之，液力偶合器传动用工作液体对于传递动力和维护整机正常运行作用很大，应当按规定正确选用。

417. 液力偶合器传动用工作液体在物理和化学性能上有什么要求？

根据液力传动的工作特点，液力传动工作液体在物理、化学性能方面应符合如下要求：

(1)密度。液力传动传递动力的能力与工作液体的密度成正比。因此密度越大对液力传动越有利。目前常用的以矿物油为主的工作液体密度一般在 $840 \sim 860 kg/m^3$。

(2)黏度。黏度表示液体在流动时分子之间产生摩擦阻力的大小。它是工作液体黏稠度的指标，过大过小都是不适宜的。从减少流体液力损失，提高传动效率来看，工作液体的黏度应该低些，但是也不能太低，否则润滑油膜不易形成，对轴承和齿轮润滑不利。

工作液体的黏度是随温度变化而变化的。为满足各种工况需要，希望工作液体的黏度随温度的变化不要太大。低温时黏度不应太高，高温时黏度不应过低，保持良好的流动性和润滑性。

衡量工作液体温度对黏度影响的指标称为黏度指数。黏度指数高意味着黏度随温度变化小，黏度指数低意味着黏度随温度变化大，因此希望黏度指数越高越好。

(3)闪点。工作液体在规定条件下加热蒸发，与空气形成油气混合气体，其接触火焰即能燃烧的最低温度，就是工作液体的闪点。液力元件工作时其工作液体温度可达 $70 \sim 140℃$，如果长时间在低效区工作，甚至可达 $150℃$。工作液体的闪点应当比工作液体的最高温度高 $20 \sim 30℃$，所以液力传动工作液体的闪点应大于 $180℃$ 为好。

(4)凝点。凝点是指工作液体失去流动时的温度，对工作液体凝点的要求随不同地区不同季节而不同，一般不低于 $-20℃$，在高寒地区露天使用的液力偶合器所用工作液体其凝点应达 $-50℃$。

(5)酸值。因酸性对金属有腐蚀作用，所以要求工作液体中酸值含量不得超标。但也不能认为酸值越低越好，因为有些添加剂本身就是由高分子有机酸组成，它虽使工作液体酸值提高，却并无腐蚀作用。如果发现工作液体中有对金属腐蚀强烈的水溶性酸碱，则应更换工作液体。

(6)颜色。颜色可以表明工作液体中氧化物及硫化物去除的程度。对新的工作液体来说，它可以表示精制程度的好坏，对使用过的工作液体来说，它可以表示氧化、变质的程度。

所以颜色也是工作液体评价指标之一。

418. 液力偶合器传动用工作液体在使用性能上有什么要求？

（1）临界载荷 P_H 值。这是评价工作液体抗压能力的指标，P_H 值是工作液体油膜被破坏的最小作用力。液力传动工作液体的 P_H 值一般不小于 800N。

（2）抗氧化安定性。在高温下工作液体抵抗空气氧化作用的性质称为抗氧化安定性。液力传动工作液体的氧化速度主要与其化学成分、外界条件、接触的金属有关。工作液体被氧化后品质会变坏，生成酸类、碳化物、胶质沉积物等。液力传动工作液体的抗氧化安定性一般要求在 1000h 以上。

（3）抗乳化性。油和水接触后形成一种不易分离的乳化物，工作液体在乳化状态下对机件润滑十分不利。液力传动油抵抗形成乳化液的能力称为抗乳化性。评定液力传动油的抗乳化性的方法是，在油水混合情况下，通入蒸汽使油液乳化，观察分离时间。

（4）水分。油中不允许含有水分，否则不仅腐蚀金属，生成铁皂和铝皂，而且冬季还可能结冰，堵塞管道。液力传动油含有水分应低于 0.2%。

（5）灰分。将工作液体装入白金器皿或坩埚中燃烧后所留残余物与工作液体质量的百分比称为灰分。液力传动油中应含灰分极少，否则说明油质不良。

（6）机械杂质。液力传动油中凡不溶于溶剂的一切悬浮物质，如灰尘、金属末、焦化物等，均属机械杂质。机械杂质过多会加速机件、轴承磨损并堵塞滤油网和管道，应严格控制其含量。

（7）抗泡沫性。工作液体不形成泡沫的能力称为抗泡沫性。在液力传动元件中产生泡沫危害甚大，必须引起重视。

419. 液力传动工作油有几种，各自适合在什么场合使用？

我国液力传动常选用汽轮机油和液力传动油作为工作介质，下面分别介绍两种油的技术要求和适用场合。

A 汽轮机油

（1）汽轮机油的标准有什么变化？

在早年出版的液力传动教材中，普遍推荐选用 20 号汽轮机油作为液力传动介质。而后在 GB 2537—81 标准中，改为 HU22 汽轮机油（22 代表油运动黏度平均值）。为向国际标准靠拢，后来废除 GB 2537—81 标准，发布实施了《L – TSA 汽轮机油》（GB 11120—89）标准。

（2）新老标准油的牌号为什么不一样？

在新标准中，液力传动推荐选用 L – TSA32 汽轮机油，32 代表油运动黏度的平均值。为什么新老标准在油的牌号上有这么大的区别呢？这是因为两个标准所用的检测温度不一样。GB 2537—81 标准中检测黏度时的温度为 50℃，而 GB 11120—89 标准中，检测温度为 40℃，因为检测温度低了，所以油的黏度也就大了。从实质上看，原 HU22 与现在的 L – TSA32 汽轮机油黏度相同。

（3）新标准中为什么没有密度的标准？

在 GB 11120—89《L – TSA 汽轮机油》标准中，将密度列为"报告"项目，不作为具体的检测要求。但是对于液力传动来说，油的密度是非常重要的一个技术指标。据专家解释，随原油产地不同，精炼油的密度也不同。通常以大庆原油为原料的精炼油的相对密度 L-TSA32 约为 0.86，L-TSA46 为 0.87。

（4）按新标准液力传动应选择什么牌号的汽轮机油？

推荐选用 L-TSA32 汽轮机油，在夏季选择 L-TSA46 汽轮机油也可以。

B　液力传动油

（1）液力传动油的标准中有哪些变化？

液力传动油的标准也几经变动。在最早的液力传动教材和手册中，推荐选用 6 号和 8 号液力传动油，而后根据《液压油类分组、命名、代号》（GB 2512—81）标准，分为 YLA-N32（原 6 号）、YLA-N46（原 8 号）普通液力传动油和 YLB-N32 抗磨液力传动油。有一些有关液力传动的标准，依据此标准规定了液力传动用油。

现在 GB 2512—81 标准已废除，而代替 GB 2512—81 标准的 GB/T 7631.2—87 标准中，又没有关于流体动力系统（即液力传动）的相关内容。所以，原标准所规定的 YLA-N32、YLA-N46、YLB-N32 等牌号也不能再用了。

（2）液力传动油有什么技术要求？

液力传动油目前尚无国家标准和行业标准，只有企业标准。表 9-1 为中国石油天然气股份有限公司润滑油分公司液力传动油的企业标准。

表 9-1　液力传动油的技术要求（Q/SY RH2042—2001）

项　目		质　量　指　标			试 验 方 法
		6 号	8 号	8D 号	
运动黏度 /mm²·s⁻¹	100℃	5.0~7.0	7.5~8.5	7.5~8.5	GB/T 265
	−20℃，不大于	—	—	2000	
黏度指数，不小于		100	100	100	GB/T 1995 或 GB/T 2541
闪点/℃，不低于		160	155	155	GB/T 267
凝点/℃，不高于		−30	−35	−50	GB/T 510
水溶性酸和碱		—	无	无	GB/T 259
水分/%，不大于		痕迹	痕迹	痕迹	GB/T 260
腐蚀试验		合格	合格	合格	SH/T 0195
机械杂质，不大于		0.01	0.01	0.01	GB/T 511
水载能力		报告	报告	报告	GB/T 3142
抗磨损性能		报告	报告	报告	SH/T 0189
泡沫性（泡沫倾向）		报告	报告	报告	GB/T 12579

注：1. 本标准为中国石油公司润滑油分公司的企业标准。

　　2. 以大庆原油为原料生产的 6 号液力传动油的相对密度（20℃）为 0.86，8 号液力传动油的相对密度为 0.87。

　　3. 对于新疆地区原油生产的，其黏度指数可不小于 90。

（3）6 号和 8 号液力传动油牌号中的数字代表什么？

6 号、8 号液力传动油中的数字代表在 100℃ 时油的平均黏度。

（4）液力传动油的标准中为什么也没有"密度"的具体指标？

同汽轮机油一样，随原油产地不同，所生产的液力传动油的密度也不一样，所以标准中对密度未作具体规定,只列为"报告"项目。根据专家解释,采用大庆油田原油为原料生产的液力传动油,6号液力传动油的相对密度为0.86,8号液力传动油的相对密度为0.87。

（5）各类液力传动油适用于什么场合？

1）6号液力传动油：适用于内燃机车及载重矿山机械、工程机械等的液力传动系统。通常限矩型液力偶合器、调速型液力偶合器和液黏调速离合器推荐选用6号液力传动油。液力变矩器也大部分用6号液力传动油。

2）8号液力传动油：适用于带液力自动换挡变速箱的轿车及进口车辆的液力传动系统,有些液力变矩器也选用8号液力传动油。

3）8D号液力传动油：适用于高寒地区露天作业,对于凝点要求很低的场合。例如,露天使用的石油机械、滑雪场牵引车等所用偶合器。

420. 若现场一时买不到规定的液力传动油可否用其他油替代,有何不良影响？

（1）用什么油替代液力传动油？

液力传动油要求具有高密度、低黏度、高闪点、低凝点、抗氧化、抗乳化、抗泡沫、高润滑性等特性,这是一般油所无法达到的。若一时买不到规定的液力传动油,可以按以上要求选择性能相近的液压油替代。由于L-HM46和L-HM68液压油在100℃时的运动黏度相当于6号和8号液力传动油,且闪点也与液力传动油基本相同,所以在夏季可以用L-HM68液压油替代液力传动油。在冬季可以用L-HM46液压油替代液力传动油。若买不到这两种油,用L-HM32液压油替代也可以。

（2）用液压油替代液力传动油有什么不良影响？

1）液压油的品质没有液力传动油好,液压油中用于改善品质的添加剂没有液力传动油那样多和那样全,所以其抗氧化性、抗乳化性、抗泡沫性均不如液力传动油,长期使用对液力传动不利。

2）液压油的凝点（或倾点）比液力传动油高,Q/SY RH2042—2001标准中,6号液力传动油的倾点不高于-30℃,8号液力传动油的凝点不高于-35℃,而L-HM46液压油的倾点只有-9℃。所以不能在低温环境下使用。

二、限矩型液力偶合器安装与拆卸

421. 限矩型液力偶合器在安装之前应做哪些检查？

限矩型液力偶合器安装前的检查项目与内容见表9-2。

表9-2 限矩型液力偶合器安装前的检查项目与内容

序 号	检查项目	内 容
1	检查安装连接尺寸是否符合要求	包括电动机轴轴径、轴伸、键、减速机轴径、轴伸、键与偶合器的轴孔、孔深、键槽是否相配,偶合器总体连接尺寸是否合乎要求,V带轮偶合器的带轮尺寸,制动轮偶合器的制动轮尺寸是否符合要求等
2	检查电动机轴、工作机（减速器）轴的径向跳动	跳动值应小于0.03,否则不能进行装配。检查电动机轴、工作机轴有无碰伤

序　号	检 查 项 目	内　　容
3	检查偶合器的孔径、键槽是否合格	检查输入轴孔、输出轴孔是否合格,检查键槽棱角是否去毛刺修圆
4	检查联轴器	检查与偶合器配套的联轴器和弹性体尺寸是否合适,不允许两半联轴器金属直接接触,弹性体应能顺利地安装到半联轴节上
5	检查偶合器外观有无缺陷	检查偶合器在供货时外观有无碰伤,有无明显质量缺陷,检查所配附件是否齐全
6	检查电动机、偶合器、工作机的安装基础是否牢靠	安装基础刚度必须足够,否则会引起振动
7	检查驱动方式是否合理	检查偶合器是内轮驱动还是外轮驱动,如发现驱动方式不合理时,应在安装前予以更正
8	检查防护罩的连接尺寸是否合适	检查防护罩的安装尺寸是否与偶合器相配,不合适的要在安装前改正,避免开车时产生撞击
9	立式偶合器检查	立式偶合器的加油塞一定要位于上方,否则无法加油
10	安装在套筒内的偶合器检查	检查偶合器的总长是否比套筒的安装空间小 1～2mm。检查偶合器的加油塞位置是否与套筒手孔位置相适应
11	偶合器输入轴孔与输出轴孔同轴度检查	将偶合器输出轴立于平板上,转动偶合器检查输入轴孔的跳动。因为是弹性连接,允许有一定的跳动,但不应超差太大,通常应小于 0.35

422. 限矩型液力偶合器的安装步骤和要求是什么?

限矩型液力偶合器的安装步骤和要求见表 9－3。

表 9－3　限矩型液力偶合器的安装顺序与要求

序　号	步　骤	要　求
1	检验并修磨键槽	将键从电动机轴或减速器轴上取下,插装到偶合器轴孔或半联轴节孔的键槽里,合格后取下,不合格的修磨直至能顺利装进为止
2	检查键高	检查键高是否符合要求
3	涂　油	将电动机轴、减速器轴、偶合器轴孔、半联轴节孔涂油
4	安装半联轴器	(1)外轮驱动:半联轴器安装在电动机轴上; (2)内轮驱动:半联轴器安装在减速器轴上; (3)半联轴器允许用加热法安装,但加热必须均匀,温度不宜超过100℃
5	安装偶合器本体	(1)外轮驱动:偶合器本体安装在减速器轴上,即减速器轴插进偶合器主轴孔内; (2)内轮驱动:偶合器本体安装在电动机轴上,即电动机轴插进偶合器主轴孔内; (3)不允许敲击偶合器壳体,不推荐选用热装法; (4)可以用铜棒垫着敲击偶合器主轴后端; (5)可以在电动机轴或减速器轴上加工螺孔,然后用安装螺杆将偶合器拉进,见图 9－1 (6)条件允许应采取立式安装,这样对中找正比较容易

序　号	步　骤	要　求
6	安装联轴器弹性体	将弹性体安装在任一半联轴节上,注意:安装时不允许损坏弹性体
7	两半联轴器接合	将电动机平稳地推向减速器一侧,使两半联轴器通过弹性体接合。注意:两半联轴器不允许有直接金属接触

423. 限矩型液力偶合器怎样安装,为什么安装时不准用锤直接敲击偶合器壳体?

大部分限矩型液力偶合器从外部看由偶合器本体(包括后半联轴节)、前半联轴节和弹性体三部分组成。前半联轴节大部分由铸钢或铸铁制成,允许用常规方式,包括垫铜棒锤击或加热膨胀装配。只是加热温度不要超过100℃,加热要均匀,防止零件变形。装配前尤其要检查轴和孔、键和键槽的尺寸,防止尺寸不对装不上而将零件损坏。

限矩型液力偶合器本体大部分用铝合金制造,由于铝合金强度较低,所以用锤敲击偶合器壳体后会使之变形、开裂、漏油,因此,偶合器在安装时严禁用锤直接敲击壳体,或用压板压在壳体上施力,建议用以下方法安装。

A　用拉紧螺栓式工具安装法

(1)首先在电动机轴或减速器轴上钻铰一个螺孔。

(2)制作如图9-1所示的安装工具。

(3)将偶合器吊至与电动机轴或减速器轴等高。

(4)在偶合器主轴后端的孔内装安装法兰。

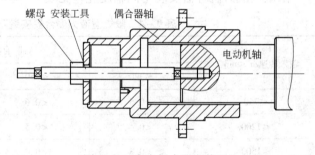

图9-1　液力偶合器安装工具

(5)旋转安装工具的螺纹将偶合器拉到电动机轴上。

(6)最后用拉紧螺栓将偶合器与电动机轴或减速器轴紧固。

B　在主轴后端加垫板锤击安装法

(1)在偶合器主轴后端垫上安装法兰,注意:必须垫法兰,而不能直接用锤敲击偶合器主轴,防止将主轴密封面或拆卸螺孔破坏。

(2)垫铜棒用锤通过法兰击打偶合器主轴,慢慢地将偶合器装到电机轴或减速器轴上。

C　热油加热安装法

有些大型偶合器在常温下安装比较困难,可以用热油加热偶合器,使主轴孔膨胀,然后再进行安装。操作如下:

(1)隔火加热液力偶合器工作油,温度控制在140~150℃,注意油温不可太低,因热油加进偶合器腔体后会降温,油温也不能过高,油温过高会着火。

(2)将加热的油注入偶合器内,为了加大热膨胀效果,可以多注些油,待试运转时再调整。

（3）为内孔千分表测量主轴内孔，当内孔扩大0.03～0.05mm后方可进行安装。

（4）按实际传递功率大小调整充液量，待偶合器冷却后再试运行。

D 火焰加热安装法

一般不推荐使用这种方法，因为掌握不好会损坏油封。条件不允许使用以上方法的，可使用这一方法，只要掌握好火候，也可以达到较好效果。

（1）使用喷灯或瓦斯火焰烘烤偶合器主轴内孔，注意：必须加热均匀，主轴温度不要超过100℃。因为温度过高会使油封老化甚至烧焦，使主轴产生变形。

（2）用内孔千分表测量主轴内孔，当内孔扩大0.03～0.05mm后方可进行安装。

（3）为防止油封加热受损，可以先将偶合器充液和在油封部位用湿布蒙盖。

（4）动作要快，防止装到半途轴孔缩了装不进去，推荐立式安装，因为立式安装比较容易对中。

E 制冷安装法

有条件的可以使用液氮等制冷剂将电动机轴或减速器轴制冷，使之外径缩小，这样便可与偶合器主轴孔有足够的装配间隙，从而使安装变得顺利。

424. 限矩型液力偶合器对安装找正精度有什么要求？

限矩型液力偶合器安装不同轴度允差见表9-4。

表9-4　限矩型液力偶合器安装不同轴度允差表　　　　　　（mm）

输入转速/r·min⁻¹	偶合器规格			
	≤320	≤450	≤650	≤1250
≤750	<0.5	<0.6	<0.7	<0.8
≤1200	<0.4	<0.5	<0.6	<0.7
≤1500	<0.3	<0.4	<0.5	<0.6

425. 限矩型液力偶合器安装时有几种找正方法，需要注意什么问题？

（1）用卡尺、塞尺、刀口尺找正。找正方法如图9-2所示，其操作和注意事项如下：

1）先测量两半联轴节的外径是否一样大，测量两半联轴节的端面与孔是否垂直。若不一样大或不垂直，有条件的可以将其车成一致。注意：这非常重要，如果两半联轴节的外径不一样大、端面与孔不垂直，则找正的结果就是假的。

2）在两半联轴节的端面与孔垂直的前提下，用塞尺或卡尺测量两半联轴节端面之间的间隙，旋转90°、180°再测，直到各位置所测

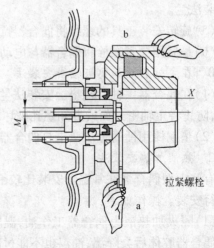

图9-2　用卡尺、塞尺、刀口尺找正示意图
a—用塞规或卡尺测量；b—用刀口尺测量

间隙基本相等即可视为已经找正(见图9-2中的a处)。

3)在两半联轴节的外径基本相等的前提下,用刀口尺检测两半联轴节外径的缝隙,旋转90°、180°再测,直到各位置所测缝隙基本相等即可视为已经找正(见图9-2中的b处)。

(2)用千分表找正。找正方法如图9-3所示。

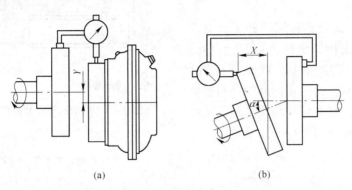

(a)   (b)

图9-3 用千分表找正示意图

(a)用千分表测量外径跳动;(b)用千分表测量端面跳动

(3)用千分表支架找正。

先将偶合器周边紧固螺栓卸下一个,用螺栓将千分表支架紧固在偶合器上,将千分表头插入支架孔中,并用顶丝轻轻紧固,旋转偶合器外壳,在每90°的位置上观察外径和端面跳动数值,符合表9-4的规定即可。用千分表支板的找正方法与此相同,见图9-4。找正后拆下找正工具,重新旋紧原偶合器紧固螺栓。

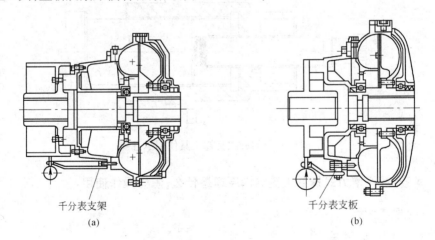

千分表支架   千分表支板

(a)   (b)

图9-4 用千分表支架和千分表支板的找正示意图

(a)用千分表支架找正;(b)用千分表支板找正

(4)用加长连接套筒找正,找正方法如图9-5所示。

先测量偶合器的总长,按总长先将电动机与减速器布置好,目测使之成一条直线。将加长连接套用螺钉顶在电动机轴上,千分表座被吸在套筒上,旋转电动机轴找正减速器轴(注意:必须找两点)。找正后,紧固减速器地脚螺栓,在电动机座的一侧紧固两块限位板,拆下找正工具,将电动机脱开,安装偶合器和前半联轴节、弹性块,然后将电动机推向减速器,使偶合器的后半联轴节、前半联轴节和弹性块结合,让电动机底座紧靠两块限位板,紧固电动机地脚螺栓后复查找正精度。

426. 限矩型液力偶合器如何拆卸,有几种拆卸工具?

限矩型液力偶合器常用拆卸工具有两种,一种是直接用拆卸螺杆拆卸,另一种是用螺套螺杆增力式拆卸工具拆卸。当直接用拆卸螺杆拆卸时,为防止拆卸螺杆与被拆卸轴头挤压变形,特在螺杆轴头上加装圆柱推力轴承,见图9-6、图9-7。

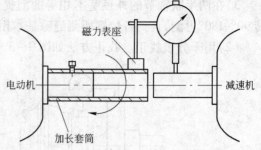

图9-5 用加长连接套筒找正示意图

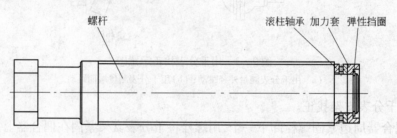

图9-6 螺杆式拆卸工具

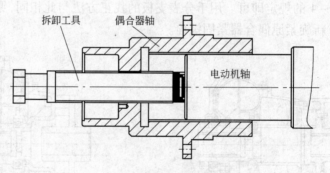

图9-7 螺杆式拆卸工具使用示意图

427. 螺套、螺杆增力式拆卸工具结构原理是什么,怎样操作使用?

A 结构原理

由图9-8可见,螺套、螺杆增力式拆卸工具由螺套和螺杆两部分组成,螺套有内、外螺纹,内螺纹与拆卸螺杆相配合,外螺纹与偶合器主轴上的拆卸螺孔相配合。对于螺杆来说拆卸螺套相当于一个螺母,对于偶合器主轴拆卸孔来说,拆卸螺套相当于一个螺杆。螺套外螺纹的螺距($P=2$)比螺套内螺

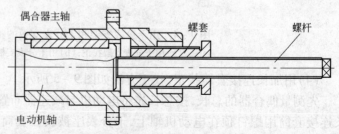

图9-8 偶合器螺套、螺杆增力式拆卸工具使用示意图

纹的螺距($P=3$)小 1mm。当螺杆固定时,旋转螺套,螺套在螺杆上每转一圈前进 3mm,而螺套每转一圈带动偶合器主轴却只前进 2mm,实质上等于偶合器主轴相对螺杆反方向移动 1mm,即将偶合器主轴拆离电动机轴或减速器轴 1mm。这种拆卸工具有两大优点:

(1)用小直径的螺杆顶住被拆卸的轴头但不旋转,可避免拆卸螺杆随电动机轴转动,避免拆卸螺杆头与被拆卸轴头的摩擦、损坏。

(2)由于螺套与螺杆的螺距相差 1mm,因而此工具的实质是一种螺纹差动增力机构,可以通过转动螺套比较省力地将偶合器主轴拆下。

B 操作过程

(1)螺杆、螺套和偶合器主轴拆卸孔内抹上甘油,避免加力旋转时将螺纹损坏。

(2)将螺套旋入偶合器拆卸螺孔内,但不要旋入过长。

(3)将螺杆旋入螺套内,直至顶到电动机轴或减速器轴头上。

(4)用扳手卡住螺杆不动。

(5)用扳手旋转螺套,将主轴渐渐顶出。

(6)如果螺套进到底,主轴仍未拆下,则反方向旋转螺套回到起始位置。

(7)重复以上动作,直至将主轴顶下。

C 注意事项

(1)要卡住螺杆,不能旋转螺杆,如果旋转螺杆等于用单螺杆拆卸,发挥不了增力作用,而且可能将螺杆头顶坏。

(2)如果自制拆卸工具,螺套的外径一定要与偶合器拆卸孔相配合,而且内螺纹的螺距要比外螺纹的螺距大 1～2mm,即内螺纹用标准粗牙螺纹的螺距,而外螺纹用细牙螺纹的螺距。

三、限矩型液力偶合器充液与检查

428. 为什么限矩型液力偶合器必须正确充液,充液不正确有哪些危害?

工作液体是液力偶合器传递力矩、保证主动与从动间实现柔性传动的工作介质。对同一台偶合器,充液量的多少直接影响偶合器泵轮力矩系数和过载系数等特性。基本规律是:在规定范围内充液量越多,偶合器泵轮力矩越高,传递功率越大;当外载荷一定时,偶合器充液量越多,效率越高,但偶合器的启动力矩和过载系数也提高。也就是说偶合器的特性和优异功能均是在正确充液的条件下产生的,因而正确充液是偶合器正常运行的保证。如果充液不正确就会使偶合器产生各种故障,甚至无法工作,所以应当特别重视偶合器的充液。

(1)液力偶合器传递功率的能力与充液率大体上成正比,因而必须准确充液才能传递额定功率。若充液不足,则传递功率不足,偶合器发热喷液。

(2)液力偶合器过载保护功能也与充液率有关。若充液率过大,则偶合器额定传递功率过大,过载系数增大,失去过载保护功能。

(3)此外,液力偶合器充液率还与稳定运行有关。通常高充液率运行稳定,波动比小;低充液率偶合器特性曲线波动比大,不稳定区扩大。

429. 什么是限矩型液力偶合器的充液范围,为什么充液范围与传递功率相对应?

每一个液力偶合器均有其一定的传递功率范围,通常称之为"功率带"。因为液力偶合器传递功率的能力与充液率大致成正比,所以偶合器的充液率与传递功率范围相对应。充液率范围规定为偶合器总容积的40%～80%,充液时不准超出此范围。若充液率超过80%,则偶合器升温后,工作液体膨胀,易将偶合器油封顶翻或将壳体胀裂,而且也使偶合器降低甚至丧失过载保护能力。若偶合器充液率低于40%,则不仅会使偶合器特性变坏,而且还可能使轴承得不到润滑,过早损坏。

430. 什么是液力偶合器"充液率-传递功率"对照曲线,它有什么用处?

因为液力偶合器充液率与传递功率大体成正比,所以每一个充液率就对应一个传递功率值。通过试验找出它们之间的对应关系,并绘制成曲线,即是液力偶合器"充液率-传递功率"对照曲线。"充液率-传递功率"对照曲线可作为偶合器充液的主要依据,在偶合器首次充液调试时,先找到该偶合器的"充液率-传递功率"曲线(见图9-9),再按电动机功率找到应充的工作液体数量,按此数量充液后进行试运行。然后根据实际情况进行充液量调整,就可以达到稳定运行的目的。

例如:YOX500 限矩型液力偶合器,若输入转速1500r/min,传递150kW功率,查曲线知应充液19L;若输入转速1000r/min,传递功率30kW,则应充液13L。

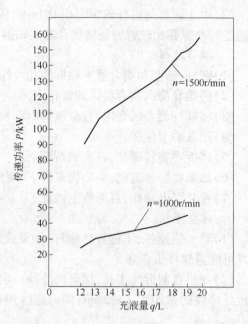

图9-9 YOX500 限矩型液力偶合器
"充液率-传递功率曲线"

431. 什么是液力偶合器"充液率-传递功率"对照表,它有什么用处?

许多偶合器生产厂家通过试验,将偶合器传递功率所对应的充液量制成表格,用户只要按输入转速和传递功率去查表,即可知道充液量。表9-5是某偶合器厂的限矩型液力偶合器"充液率-传递功率"对照表。

表9-5 YOX 系列限矩型液力偶合器"充液率-传递功率"表

配用偶合器(i=0.96)		选用电动机			配用偶合器(i=0.96)	
充液量/L	规 格	功率/kW (转速1500r·min⁻¹)	机座号	功率/kW (转速1000r·min⁻¹)	规 格	充液量/L
0.55	200	1.1	90S	0.75	220	1.25
0.65	200	1.5	90L	1.1	250	1.65
1.15	220	2.2	100L1/2	1.5	250	1.80
1.10	250	3			280	1.50
1.45	250	4	112M	2.2	280	2.40

配用偶合器($i=0.96$)		选用电动机			配用偶合器($i=0.96$)	
充液量/L	规　格	功率/kW（转速 1500r·min⁻¹）	机座号	功率/kW（转速 1000r·min⁻¹）	规　格	充液量/L
1.85	280	5.5	132S1/2	3	320	4.00
2.50	280	7.5	132M1/2	4	320	4.2
				5.5	340	5.10
3.70	320	11	160M1/2	7.5	360	6.20
4.5	320	15	160L	11	400	8.00
5.10	340	18.5	180M	—	—	—
6	360	22	180L	15	400	10
5.00	双腔 360	30	200L1/2	18.5	450	10.20
6.50	400			22	450	11.50
5.80	双腔 360	37	225S	—	—	—
8.00	400					
6.20	双腔 360	45	225M	30	500	13.00
9.50	400					
9.00	450	55	250M	37	500	16.00
11.00	450	75	280S	45	500	19.50
12.00	500	90	280M	55	560	21.00

注:1. 本表只作初选偶合器规格、充液量的参考,准确充液量应通过试验确定。

2. 本表所列数值均为 $i=0.96$ 时的参数,当吊车类慢启动机械选用偶合器且 $i=0.93$ 时,偶合器规格应降低 1～2 级。

3. 皮带轮式、立式等内轮驱动偶合器,传递功率约比正常降低 8%,选型时应予以注意。

432. 怎样用估算法确定液力偶合器的充液量?

如果在现场找不到充液量 – 传递功率曲线,也找不到传递功率 – 充液量对照表,可以用估算的方法计算出大概的充液量,然后再通过实际运行加以调整。先找到产品样本或说明书,找到该偶合器最大传递功率所对应的充液量,例如:YOX560 偶合器,在输入转速 1500r/min 时,最大传递功率为 270kW,所对应的最大充液量为 27L,如果需要传递 220kW,则可估算出充液量 q。

$$q = 220/270 \times 27 = 22L$$

因为偶合器传递功率的能力与充液量不完全是线性关系,所以估算的充液量并不一定准确,需要在现场经过验证。

433. 为什么液力偶合器充液过多会失去过载保护功能?

液力偶合器充液过多,会使输出力矩提高,当偶合器输出力矩超过电动机和工作机的额定力矩之后,就会失去过载保护功能。这是因为液力偶合器是依靠加大滑差使偶合器发热导致易熔塞喷液来实施过载保护的,若偶合器充液过多,就会使其传递力矩能力过强,工作机超载之后,偶合器不超载。由于偶合器输出力矩等于输入力矩,所以将超载力矩传到电动机,使电动机超载,偶合器失去过载保护功能。此外,如果偶合器全充满油,则过载时工作腔内的油无法向辅助腔分流,于是偶合器的力矩无法降低,失去过载保护能力。

434. 为什么液力偶合器充液过少会造成频繁喷液?

液力偶合器充液过少,传递功率不足,不能使工作机在额定工况下工作。为了加大扭矩适应工作机的需要,只好加大滑差、降低转速,在偏离额定工况点下工作。由于限矩型液力偶合器 $\eta = i$,即效率等于转速比,所以滑差加大,转速比降低之后效率降低。效率降低之后偶合器损失的功率转化成热量增多,促使偶合器升温,当达到易熔塞的保护温度之后,易熔塞便喷液保护,造成偶合器频繁喷液,所以限矩型液力偶合器绝对不能充液过少。

435. 限矩型液力偶合器的充液率如何确定?

(1)查看充液率－传递功率曲线。偶合器生产厂家在性能试验台上通过调整不同的充液率,对应测量所传递功率得出充液率－传递功率曲线,如图9－9所示。查看时先找到所选型号偶合器的充液率－传递功率曲线,按输入转速和传递功率要求查看充液率。例如:YOX500 限矩型液力偶合器,若输入转速 1500r/min,传递 150kW 功率,查曲线知应充液19L;若输入转速 1000r/min,传递功率 30kW,则应充液 13L。

(2)查看充液率－传递功率对照表。许多偶合器生产厂家通过试验,将偶合器传递功率所对应的充液量制成表格,用户只要按输入转速和传递功率去查表,即可知道充液量。表9－5 为某偶合器厂限矩型液力偶合器充液率－传递功率对照表。

(3)充液量估算法。如果在现场找不到充液率－传递功率曲线,也找不到充液率－传递功率对照表,可以用估算的方法计算出大概的充液量,然后再通过实际运行加以调整。先找到产品样本或说明书,找到该偶合器最大传递功率所对应的充液量,例如:YOX560 偶合器,在输入转速 1500r/min 时,最大传递功率为 270kW,所对应的最大充液量为 27L,如果需要传递220kW,则可估算出充液量 q。

$$q = 220/270 \times 27 = 22L$$

因为偶合器传递功率的能力与充液量不完全是线性关系,所以估算的充液量并不一定准确,需要在现场经过验证。

(4)充液角估算法。有的立式液力偶合器的加油口即是80%充油率(最大传递功率)的位置,可以根据实际工况估算一下充液量。卧式偶合器加油口与中垂线的角度称为充液角。偶合器80%充液率所对应的充液角约为45°,可根据具体情况估算合适的充液角。

因为偶合器传递功率的能力与充液量不完全是线性关系,所以估算的充液量并不一定准确,需要在现场经过验证。

436. 限矩型液力偶合器在充液时如何计量?

限矩型液力偶合器充液量的计量有以下几种方法:
(1)用量杯计量。用量杯或饮料瓶计量充液量。
(2)观察注油孔。有些偶合器,特别是立式偶合器,注油口的位置就是80%充液率的位置,可以先将油充至80%,然后通过试验确定合适的充液率。

(3)观察充液角。许多进口偶合器在壳体上画线,对应所传递功率的充液率。例如,英国STC475偶合器,当传递功率为90kW时,其充液角为50°(注油口与垂直线的交角)。由于各偶合器结构不同,所以充液角也各不相同,充液时可按产品说明书上规定的充液角充液。如果找不到说明书或说明书上未标充液角,可以大概估算一下,一般80%充液率所对应的充液角为45°左右,可以先按此角度充液,再通过试验确定准确的充液量(见图9-10)。

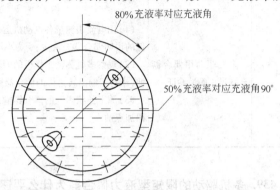

80%充液率对应充液角

50%充液率对应充液角90°

图9-10 水平安装的限矩型液力偶合器充液角示意图

437. 限矩型液力偶合器应按怎样的顺序充液?

限矩型液力偶合器充液顺序见表9-6。

438. 限矩型液力偶合器为什么要在调试时验证充液的正确性,怎样验证?

由于实际运行工况与计算工况有时不完全相符,所以根据计算工况选定的充液率不一定适合实际运行的要求。例如,传递功率、过载系数等都有可能不对,这就必须通过调试验证充液的正确性,验证的项目和方法见表9-7。

表9-6 限矩型液力偶合器充液顺序

步骤	内 容	说 明
1	拧下注油塞	两个注油塞全拧下,一个加油一个放气
2	确定充液量	按第435问介绍的方法确定充多少工作液体
3	充 液	用178~150μm(80~100目)滤网过滤工作液体后注入偶合器腔内,边充液边转动偶合器主轴,防止腔内存气工作液充不进去
4	拧上注油塞	注意不要将注油塞上O形圈或密封垫损坏
5	试运行	按第438问介绍的"充液正确性验证"方法检查充液量是否正确
6	标定充液刻度或充液角	充液量调整正确之后,拧下注油塞,慢慢转动偶合器直到注油塞孔口刚刚溢出工作液为止,测出并记录此时偶合器的充液角或充液口到基础的高度,作为以后检查充液率的依据
7	运 行	拧上注油塞开车运行,观察注油塞处有无漏油现象,并设法消除

表9-7 液力偶合器充液正确性验证项目和方法

序号	验证项目	验 证 方 法
1	额定转速验证	工作机满负荷运行,用转速表测量偶合器输出轴或工作机主轴的转速,若$n_T \geqslant 0.96n_d$,则说明偶合器额定力矩不小于工作机额定负荷时力矩(因若偶合器额定力矩小于工作机额定力矩,则偶合器无法在额定工况点下工作,必然加大转差率,降低输出转速)。若偶合器额定输出转速达不到要求,则说明充液不足,适当调整后重试
2	过载保护验证	(1)将工作机或偶合器涡轮制动,检查电动机超载电流,并计算电动机超载时转矩。若在允许的范围内,则说明偶合器的过载系数合格。若电动机超载转矩过大,则说明偶合器充液量过多,适当降低充液量后重试。 (2)将工作机或偶合器涡轮制动,测量电动机超载时转速,若电动机超载时转速$n_{dj} = (0.97 \sim 0.95)n_d$($n_d$为电动机额定转速),则说明偶合器过载系数合格。若$n_{dj} < 0.95n_d$,则说明偶合器充液量过多。若$n_{dj} > 0.97n_d$,则说明偶合器充液量过少

序 号	验证项目	验 证 方 法
3	延时启动时间验证	在工作机启动过程中,检验启动时间。若启动时间过快,说明充液量过多;若启动时间过长,说明充液量过少,调整充液量后重试,直至合格为止
4	多机驱动用偶合器充液量正确性验证	(1)用电流表测量各电动机运行电流,电流高的说明偶合器充液多、受力大;电流低的说明偶合器充液少、受力小。适当调整各自充液率,直至电流基本平衡为止。 (2)观察多机驱动工作机的同步运行情况,对于输出转速高的偶合器可适当放点油,或对于输出转速慢的偶合器适当加点油。 (3)测工作状态下的偶合器输出转速,输出转速高的应稍放点油,输出转速低的应稍加点油

439. 多机驱动的限矩型液力偶合器为什么要逐台调整充液率,怎样调整?

多机驱动的机器是依靠液力偶合器来协调同步运行和均衡功率的。而液力偶合器协调同步运行和功率平衡是依靠调整各偶合器的充液率完成的,因而多机驱动的偶合器必须逐台调整充液率,否则不能发挥应有的作用。多机驱动的偶合器充液率调整有以下几个方法:

(1)测电流法。测量多机驱动的各电动机电流,电流大的说明负载大,电流小的说明负载小。可把负载大的电动机所带的偶合器稍稍放点油,也可向电流小的电动机所带的偶合器内稍稍加点油,直至各电动机电流平衡为止。

(2)观察法。用肉眼观察多机驱动的机器运行,从而发现各电动机是否均衡驱动。例如:悬挂式输送机两个驱动站的电动机带偶合器驱动,该驱动站若链条有一段拉得很紧,说明该驱动站的偶合器输出转速高;若链条有一段松弛,说明该驱动站的偶合器输出转速低,可以向转速低的偶合器补加一点油,也可以把输出转速高的偶合器放一点油。

在调整各偶合器充液率时,不能急于求成,必须一点点慢慢调整。

440. 双速电动机或变频调速电动机驱动的限矩型液力偶合器如何确定充液率?

双速电动机或变频电动机驱动的限矩型液力偶合器应当按低速级传递功率的需要进行充液。例如:某台机器采用 YD280M－6/4　55/67kW 双速电动机,选配 YOX500 限矩型液力偶合器,如果按高速级充液,只充 9L 左右即可传递 67kW,但是在低速级却只能传递 20kW,根本无法传递 55kW。所以不能按高速级的要求充液,而只能按低速级的要求充液。YOX500 偶合器当输入转速为 1000r/min 时,最大传递功率为 50kW,现在要求传递 55kW,只好加大滑差,估计由原 $i = 0.96$ 变为 $i = 0.95 \sim 0.94$ 即可满足要求。充液时按输入转速 1000r/min 传递最大功率选择充液量即可。

441. 加长后辅腔的限矩型液力偶合器怎样选择充液率?

一般的限矩型液力偶合器是按总腔容的 50% ~ 80% 进行充液,但加长后辅腔的限矩型液力偶合器却不可以按此方法充液。原因是所加长的后辅腔使总腔容扩大,目的是为了在过载或启动时工作腔内工作液体能够更多地向后辅腔分流,以降低力矩。若按常规充液,则工作液体不仅占据了工作腔,而且还占据了部分后辅腔,这样就降低了分流容积,使加大的后辅腔容积失去作用。加长后辅腔限矩型液力偶合器在充液时,若有说明书应按说明书规定的充液量充液,若没有说明书,可以按常规偶合器略多一点的充液量充液,也可以按加长后辅腔偶合器总容积的70%左右充液(指最大充液量)。

442. 限矩型液力偶合器为什么不能全充满油?

(1)偶合器全充满油,工作升温后油液膨胀会将油封顶翻,破坏密封,甚至还有可能将偶合器壳体胀裂。

(2)为了在启动或过载时限制力矩上升,限矩型液力偶合器大多设置前辅腔、侧辅腔、后辅腔等,在启动或过载时通过向辅助腔分流,来降低工作腔的充液率并从而降低传递力矩。若偶合器腔内全充满了油,则这些辅腔在正常运行时已充满了油,当启动或过载时工作液体无法从工作腔向辅助腔分流,从而使偶合器工作腔无法降低充液量,也就无法降低传递力矩,失去过载保护和延时启动功能。所以限矩型液力偶合器必须按规定充液,绝对不可以全充满。

(3)试验证明,限矩型液力偶合器80%充液率已经可以达到最大传递功率,超过80%充液率,不仅不能提高功率,反而可能降低功率。

由以上分析可知,液力偶合器绝对不可以全充满油,最大充液率只能达到80%。

443. 限矩型液力偶合器为什么要定期检查充液情况,怎样检查?

限矩型液力偶合器在运行中温度较高,会使部分工作液体自然损耗,若不及时补充就可能降低传递功率能力,所以应定期检查偶合器的充液状况。上文中已提到在充液时,应将偶合器的充液角记录。检查充液状况时,先将注油塞打开,转动液力偶合器至注油口刚刚有油液溢出为止,将此时的实际充液角与原始充液时记录的充液角相比对,若发现油液耗损,应补充加油达原来的充液角。

444. 限矩型液力偶合器为什么首次运行500h后要换油?

限矩型液力偶合器在首次充液运行中,由于泵轮、涡轮、外壳、辅助腔残存的杂质、污垢、金属屑、飞刺等脱落进油里,油液被污染。经500h磨合后将已污染的油换掉再换上新的洁净油,对于延长轴承寿命和减少早期故障有较大作用,因而首次运行500h后应当换油。

445. 限矩型液力偶合器为什么要定期换油,换油周期多长为好?

(1)液力偶合器工作油既充当传动介质又充当轴承润滑油,所以必须保证油干净,否则便会加速轴承磨损,降低偶合器使用寿命。

(2)限矩型液力偶合器工作温度超过70℃,在较高温度下,油液会老化变质,如不及时换掉会加速偶合器轴承损坏,降低偶合器使用寿命。

(3)液力偶合器工作液体长期冲刷腔体,会产生金属微尘,尤其当叶轮磨损后油中金属微尘会更多,这会加速轴承磨损,而轴承磨损后又会进一步促使油液被污染。

由以上分析可知,为延长偶合器使用寿命和降低故障,应当定期换油。通常在首次使用500h换油一次,而后每使用2000h换油一次。

446. 限矩型液力偶合器换油时应注意哪些问题?

(1)换油时要清洗偶合器腔体,最好用煤油冲洗偶合器腔体,最后将煤油控净,保证偶合器达清洁度要求。

(2)换用合格的工作油,一要牌号对,二要清洁无杂质、无水。

(3)充油时要用滤布将油过滤,充液器具要干净,防止充液时将杂质带进油里。

(4)充油结束后,要仔细旋紧加油塞,注意千万不要将加油塞中的O形密封圈损坏。

(5)充液量要与原测试的量一致,不可以随意加多或减少,要防止腔内窝空气加不进油。

447. 限矩型液力偶合器易熔塞喷液以后,重新充液时应注意什么问题?

偶合器易熔塞喷液以后,重新加油除了注意定期换油时应注意的问题以外,还应当注意以下问题:

(1)检查一下易熔塞喷液的原因。如属于充液不足而喷液的,则应适当增加充液量。如属频繁喷液,且无法再增加充液量的,则应检查偶合器规格是否选小。无法改换偶合器的,可换用140℃保护温度的易熔塞。

(2)检查工作机是否超载,如超载则要排除工作机超载故障,否则重新加油后还得喷液。

四、限矩型液力偶合器安全保护装置使用与维护

448. 限矩型液力偶合器的易熔塞在使用中应注意哪些事项?

(1)易熔塞喷液后,应换用新的合格易熔塞,绝对不可以用实心螺塞替代。

(2)经常检查易熔塞清洁情况,去除污垢,防止影响喷液。

(3)选用合适的保护温度,频繁启动、环境温度高的场合,可选用140℃的易熔塞。

(4)安装易熔塞时要防止将O形密封圈损坏,破坏密封。

(5)偶合器上的易熔塞安装螺孔大多装有钢丝螺套,拆卸时注意不要将钢丝螺套旋出或损坏,若小部分旋出又旋不进去的,可用扁铲将旋出部分卡断。

(6)应适当多配备一些易熔塞,并仔细保管,以备喷液时换用。

449. 水介质限矩型液力偶合器易爆塞在使用中应注意哪些问题?

(1)易爆塞中的易爆片受压破裂后,应换用新的易爆片,绝对不可用铜片或实心螺塞替代。

(2)随时检查易爆塞,去除污垢,防止影响喷液。

(3)易破片必须在指定的有"煤安标志"证明的供方采购。

(4)安装易爆片时要防止将密封垫损坏,破坏密封。

(5)应适当多配备一些合格的易爆片,不要停机后再采购。

450. 限矩型液力偶合器机械式温控开关在使用中应注意哪些问题?

(1)装在液力偶合器壳体上的不喷液易熔塞的保护温度应比正常易熔塞的保护温度至少低10℃。

(2)机械式温控开关支架上的限位开关拨叉,离不喷液易熔塞柱销端面距离约2mm,离近了旋转时易撞上,离远了不喷液易熔塞的柱销弹出后碰不到限位开关拨叉,无法起作用。

(3)安装机械式温控开关,仍然要安装常规易熔塞做最终保护。

五、限矩型液力偶合器所带弹性联轴器的使用与维护

451. 限矩型液力偶合器所带弹性联轴器如何使用与维护?

限矩型液力偶合器常用联轴器有两种:

(1)梅花型弹性联轴器:几乎所有的限矩型偶合器均用此种联轴器。

(2)弹性套柱销联轴器:易拆卸式偶合器用此种联轴器。

限矩型液力偶合器所用联轴器使用与维护时应注意以下几项:

(1)安装找正时,一定要使电机—偶合器—减速器三机同心,否则就会过早损坏联轴器。

(2)凡是联轴器中的弹性体过早损坏的,肯定是三机找正不同心所致,在更换联轴器弹性体的同时要检查找正精度。

(3)随时检查联轴器弹性体的磨损情况,发现有磨损及时更换。千万不要等弹性体全磨坏了,两半联轴节金属相撞时才更换,这有可能会造成偶合器壳体破裂爆炸。

(4)国内外偶合器生产厂家限矩型液力偶合器所用联轴器尺寸目前不统一,当需要更换联轴器或弹性体时,应选用原生产厂的,防止采购不对安装不上。

(5)易拆卸式限矩型液力偶合器所用弹性套柱销联轴器安装时,应保证足够的弹性柱销拆卸空间,当拆卸空间不够时,应适当加长输出端半联轴节的长度。

452. 为什么联轴器的弹性元件磨损后要及时更换,不更换有何危害?

液力偶合器设置弹性联轴器的目的是为了补偿两轴相对偏移,这种补偿作用主要是通过联轴器中的弹性元件的弹性变形实现的。若弹性元件磨损、老化甚至完全不起作用,两半联轴节金属相撞,就会加大启动冲击,严重时会撕裂偶合器壳体,发生偶合器爆炸事故。所以在运行中要随时检查联轴器弹性体的磨损情况,发现有磨损要及时更换,绝对不允许两半联轴节金属相碰。

453. 为什么弹性联轴器的弹性元件在短时间损坏要首先检查三机安装同心度?

有的机组运行不长时间,偶合器弹性联轴器的弹性元件就损坏了。产生这样的故障主要是三机找正不同心造成的,应首先检查三机找正精度,而不要先怀疑弹性元件质量不合格。因若三机找正同心,弹性元件所受的是挤压力,只要选型对,一般是不可能挤坏的。如果三机安装不同心,则弹性元件不仅受挤压力,还同时受不同心所形成的剪切力,使弹性元件与两半联轴节产生"啃咬",很快便损坏了。

六、液力偶合器常见故障及排除方法

454. 限矩型液力偶合器有哪些常见故障,如何排除?

限矩型液力偶合器的常见故障及排除方法见表9-8。

表9-8　限矩型液力偶合器常见故障及排除方法

故　障	产　生　原　因	排　除　方　法
工作机达不到额定转速	驱动电动机有毛病或连接不正确	检查电动机的电流、电压、转速及连接方式有无问题
	工作机运转不灵活或被卡住	检查工作机故障并排除
	工作机超载,偶合器被迫加大转差率	排除工作机超载
	偶合器匹配不合理,传递功率不足	重新选择合适的偶合器
	偶合器充液量过少,传递功率不足	重新调整足够的充液量
	偶合器漏油充液率降低,造成传递功率不足	排除偶合器漏油故障,更换失效密封件
	偶合器全充满油了	按规定充油,不得超过80%的充油度
	轴、孔安装不合格或产生滚键	检查安装情况并进行修理
易熔塞喷液	偶合器充液不足,传递功率不足,效率降低,偶合器发热	按规定充入足够的油
	偶合器漏油,传递功率降低,效率降低	检查漏油部位,更换失效密封件
	工作机超载或被卡住,耗用功率过大	检查并排除工作机故障或超载
	电动机在"星形"状态下运行太久	及早换成"三角形"接线
	电动机或工作机发热,促使偶合器发热	排除电动机或工作机故障
	偶合器匹配不合理,选型规格过小,功率过小,转差率过大,偶合器发热	重新选择较大规格偶合器,保证足够功率
	环境温度过高,偶合器散热不好	外加冷却风扇,强制冷却
	启动过于频繁	(1)排除不应有的频繁启动; (2)适当选择加大规格偶合器; (3)适当提高易熔合金熔化温度
	易熔合金熔化温度过低	适当选择较高熔化温度的易熔合金
设备运转不稳产生振动和噪声	电动机与减速机安装不同轴	按规定值重新安装找正
	基础刚度不够,引起振动	加固基础,增加刚度
	偶合器、电动机或工作机轴承损坏	更换损坏轴承
	偶合器出厂平衡精度低	重新进行偶合器平衡,特别要检查容积是否平衡
	偶合器修理后失去平衡	重新进行平衡
	电动机或减速机底座松动	检查并紧固地脚螺栓
	配合的轴、孔磨损,配合间隙大	检查轴、孔配合精度,并予以维修
	弹性元件磨损,金属相撞	更换弹性元件

故 障	产 生 原 因	排 除 方 法
设备运转不稳产生振动和噪声	电动机或工作机出现故障	检查并排除故障
	偶合器内工作轮叶片损坏	更换或维修
	轴承磨损后,产生窜动,致使偶合器工作轮"扫膛"	更换轴承和已损坏的工作轮
漏 油	壳体漏油	更换漏油壳体或用密封胶堵漏
	外径大法兰结合面漏油	更换失效O形圈或用密封胶堵漏
	偶合器两轴端漏油	(1)加油过多,受热后将油封顶翻,降低充油度; (2)油封损坏,更换合格油封
减速机断轴	减速机轴径远远小于电动机轴,用外轮驱动,减速机轴负担不起偶合器的质量	改用内轮驱动偶合器
	基础刚度不够,受扭矩后变形,造成电动机、偶合器、减速机不同轴	加强基础刚度
	安装严重不同轴	重新安装调整,达到三机同轴

455. 调速型液力偶合器有哪些常见故障,如何排除?

调速型液力偶合器的常见故障及排除方法见表9-9。

表9-9 调速型液力偶合器常见故障与排除方法

序号	故障现象	可能的原因	排除方法
1	动力机达到额定转速而工作机不能启动	导管位置不对: (1)执行器有故障; (2)驱动信号不灵; (3)控制油压力过低; (4)导管装反了	向100%导管位置移动导管: (1)检修执行器; (2)检查并排除驱动信号故障; (3)检查并调整控制油压; (4)调整导管至正确位置
		油泵不供油或供油不足: (1)工作油低于5℃; (2)油位过低; (3)吸油管位置过高; (4)工作油泵压力过低; (5)工作油产生泡沫; (6)供油泵吸口滤油器堵塞	按以下处理方法达到油泵供油: (1)启动电加热器加热工作油,关闭冷却器冷却水; (2)检查油位是否在油标上限与下限之间; (3)加长吸油管至最低油位以下; (4)检查油泵是否内泄或有其他故障并予以排除; (5)检查并排除油泵故障,调节工作油流量; (6)检查油质,更换工作油,检查有无吸空现象,检查液压系统密封性; (7)检查并清洗滤油器

序 号	故 障 现 象	可 能 的 原 因	排 除 方 法
1	动力机达到额定转速而工作机不能启动	易熔塞喷液	检查易熔塞是否喷液并更换
		工作机有故障,启动力矩过高	检查并排除工作机故障
		偶合器工作腔进不去油: (1)安全阀压力值过低; (2)油路堵塞或泄漏; (3)泵损坏; (4)泵转向错误; (5)泵吸油管路密封差进空气	排除故障,使工作腔进油通畅: (1)上紧弹簧,调高压力; (2)疏通油路; (3)检查并维修供油泵; (4)调整泵的转向; (5)维修管路,加强密封
2	输出转速振荡、执行器和导管周期性移动	工作油产生泡沫	检查油质并更换,检查有无吸空或漏气现象
		工作油泵压力过低	检测工作油泵压力,并使其达到要求
		积聚在冷却器中的空气周期性地进入偶合器	检查冷却器的排气孔是否堵塞并排除
		工作油泵流量过低	检测工作油泵,增加工作油流量
		控制系统出现故障	检查并维修控制系统
3	输出转速不受控制、调速不灵	定位器或控制回路出现故障	排除控制系统故障
		执行器出现故障	检查并排除执行器故障
		导管移动不灵敏	检查导管配合,使之移动灵敏
4	输出转速达不到最高转速	导管未在 100% 位置	检查并调整导管开度
		执行器限位调整不正确	重调限位
		转速表失灵	校正或更换
		易熔塞熔化	检查并消除原因,更换易熔塞
		工作油流量太低	重新调整工作油流量,检查并排除工作油泵的故障和滤油器故障
		工作机有故障	排除工作机故障
		偶合器功率不足(匹配不对)	重新选型匹配
		电动机匹配过小(电机过载)	重新匹配电动机
		导管开度标识不准确,100%开度不是偶合器最大充液量	检查导管 100% 位置是否是工作腔最大充液量
		导管装反了	重装
5	输出转速达不到最低转速(调速范围不对)	限位调整不正确	重调限位
		导管行程不到底	检查并更换导管
		导管开度标识不准确,所标的零位实际上不是导管的零位	将导管插到底后往回返 3 ~ 5mm 作为零位,重新校正刻度盘

序号	故障现象	可能的原因	排除方法
6	润滑油压力过低而不能启动	辅助油泵电动机有故障或接线不正确	检查电动机并正确接线
		外部供油未加节流阀,压力过低	调整节流孔板通径,达到要求压力
		润滑油滤油器堵塞	更换并清洗滤油器,检查压差监控
		限压阀开启压力设置过低	调整减压阀压力达要求
		油路系统有泄漏	检查并维修油路系统达无泄漏
		油位过低	加油达油位要求
7	双筒滤油器压差过高	滤油器堵塞	更换并清洗滤油器
8	工作油泵压力过低	油位过低,吸油管半吸空	提高油位,加长吸油管
		泵磨损内泄	检查并修理供油泵
		工作油含有泡沫	检查油质,必要时更换
		油中含水	检查冷却器油腔和水腔是否串通
		排气不良	检查冷却器排气孔是否阻塞
10	进、出油口压力过高	进油口节流孔过小	节流孔放大
		油路堵塞	疏通油路
		安全阀压力值过高	调整安全阀
11	进油口压力过低	进口节流板孔过大	节流孔缩小
		管路系统漏油	检查并堵漏
		冷却器阻力过大	检查冷却器,使其管阻达要求
	出油口压力过低	安全阀压力过低	拧紧弹簧调高压力
		进口节流孔过大	改小过流孔
		泵吸油管漏气	重新调整吸油管
		供油泵机械磨损	维修供油泵
12	偶合器润滑油冷却器出口温度过高	润滑油冷却器换热能力不足: (1)冷却器选型不对; (2)冷却水流量过低; (3)冷却水温度过高; (4)冷却水被污染、冷却器结垢	提高冷却器换热能力: (1)加大冷却器规格; (2)提高冷却水流量; (3)降低冷却水温度; (4)检查冷却系统,清洗冷却器
		润滑油流量过低	调高流量
		轴承温度过高	排除轴承故障
13	偶合器润滑油冷却器进口温度过高	轴承温度过高	排除轴承故障
		工作油温度过高	检查并排除故障
		流量过低	加大流量
		易熔塞熔化,偶合器效率低	查找原因,换用新的易熔塞

序号	故障现象	可能的原因	排除方法
14	轴承温度过高	轴承损坏	修复及更换轴承
		润滑油温度过高	检查润滑油冷却器
		润滑油压力过低: (1)滤油器阻塞; (2)压差控制器失灵; (3)油位过低; (4)减压阀压力过低; (5)节流板孔过大	检查并调整、维修润滑油系统: (1)更换并清洗; (2)检查并维修; (3)补水; (4)重新调整; (5)改小节流孔
15	偶合器工作油过热	冷却器换热能力不足: (1)冷却器匹配不对; (2)冷却水流量不足; (3)冷却水温度过高; (4)冷却水被污染,冷却器结垢	提高换热能力: (1)加大冷却器换热面积; (2)加大冷却水流量; (3)降低冷却水温度; (4)修复冷却器,清除结垢
		油箱中的油位不对: (1)油位过高,旋转件浸油摩擦生热; (2)油位过低,泵吸油不足	调整油位达要求: (1)适当降低油位; (2)适当提高油位
		油泵供油不足: (1)油泵机械磨损内泄; (2)泵吸口滤网阻塞	提高油泵供油量: (1)维修油泵,提高效率; (2)清洗滤网
		工作油流量过低: (1)工作油量选择不对; (2)油泵供油不足; (3)管路泄漏; (4)安全阀溢流过多	增加工作油流量: (1)重新选择,调整流量; (2)维修油泵,清洗滤网; (3)检查并堵漏; (4)上紧弹簧,调高压力
		偶合器匹配不对,规格选小,效率降低	适当加大偶合器规格,提高效率
		工作机长期在偶合器的最大发热点下工作	尽量避开最大发热点,偶合器不能当减速机用
		选用冷却器时,没有弄清工作机特性,最大发热功率计算不对	计算冷却器换热面积时,先弄清工作机性质,再按不同性质工作机计算发热功率
16	机组运行不均衡,产生振动和噪声	安装不同心	重新调整安装精度
		基础刚度不够	加固基础
		联轴器损坏	检查并维修联轴器故障
		机组支承不均衡,产生扭振	重新调整,支承应受力均匀
		机座螺栓松动	拧紧螺栓
		偶合器连接件松动	检查并维修

序号	故障现象	可能的原因	排除方法
16	机组运行不均衡,产生振动和噪声	偶合器旋转件平衡精度差	重新平衡
		偶合器或电动机、工作机轴承损坏	检查并更换
		电动机振动大	维修电动机
		工作机振动大	排除工作机故障,风机叶轮定期除尘
		偶合器工作轮损坏(偶合器内部有噪声)	拆卸偶合器检查并维修
		产生共振	查共振原因,消除共振
17	漏油	轴端漏油: (1)弹性联轴器旋转引起真空效应将油吸出; (2)密封装置失效; (3)密封处轴有划痕; (4)密封装置被污垢封住	排除轴端漏油故障: (1)加隔离罩; (2)更换合格密封件; (3)抛光; (4)清除污垢,更换密封装置
		空气滤清器处漏油: (1)工作油温过高,油变成蒸气,喷出滤清器,形成油雾; (2)空气滤清器高度不够; (3)导管行程不对,导管勺头被挡住,工作油无法导出,从导管壳体与外壳的缝隙处冲出,甩成油环,直接排到滤清器中	排除漏油故障: (1)降低工作油温; (2)加装套筒,提高滤清器高度; (3)调整导管行程,避免导管勺头被挡住
		导管与排油体处漏油: (1)装导管时未用装配工具,导管处油封被键槽划伤; (2)油封磨损老化	(1)使用装配工具,避免划伤油封; (2)更换
		管路漏油: (1)焊接管路开焊; (2)管路有应力,受热后胀裂; (3)管路过长无支承,沉降开焊; (4)法兰结合面失去密封	维修管路: (1)重焊; (2)焊接后消除管路应力; (3)修复裂口,加支承; (4)更换密封垫或密封胶
		冷却器管路接反	重新正确安装
18	导管移动不灵活	开机前,未先开冷却器,致使工作油温过高,导管变形	开机前,先开冷却器,更换新导管

七、液力偶合器检修概述

456. 什么是液力偶合器的寿命?

按标准规定液力偶合器的寿命是指叶轮或外壳损坏无法修理需要更换时的运行时间。

按相关标准规定,限矩型液力偶合器用于带式输送机、球磨机、斗轮堆取料机等机械的寿命不得小于20000h,用于煤矿井下刮板输送机的液力偶合器使用寿命不得低于10000h,调速型液力偶合器的寿命不得低于80000h。

457. 为什么液力偶合器要定期大修而不能等到全坏了时再大修?

同其他机器一样,液力偶合器应当定期大修,而不能等到全坏了时再大修。如果等到全坏了时再大修,很可能叶轮、主轴、轴承和其他功能部件全都损坏,这样不仅大修困难,而且提高维修成本、延长维修时间、增加维修难度。常有这样的情况,当偶合器出现异常时不及时维修,导致叶轮、主轴等功能部件损坏,最终使偶合器瘫痪无法使用,连拆卸也非常困难。所以偶合器应规定合理的大修期,定期进行检修。

458. 液力偶合器大修期以多长时间为好?

德国福依特公司的调速型液力偶合器大修期推荐为8年。我国达不到这个水平,按《调速型液力偶合器、液力偶合器传动装置　试验　第4部分:型式试验技术指标》(JB/T 4238.4—2005)标准,调速型液力偶合器的大修期应不低于16000h。通常使用条件比较好的调速型液力偶合器大修期为3~5年,限矩型液力偶合器标准未规定大修期,一般1~2年应大修一次。

459. 为什么提倡大修与技术改造相结合?

液力偶合器在运行中可能出现各种故障,这些故障的出现有可能是设计、制造方面的原因,也有可能是使用方面的原因,还有可能是不适合使用条件的原因。应当将大修与技术改造相结合,借大修这个机会,把原有的缺陷彻底根除,不合理的地方加以改进,这对于提高偶合器的可靠性和安全运行作用很大。

460. 为什么液力偶合器在大修时应把运行中经常发生的故障告诉维修者?

将偶合器在运行中经常发生的故障告诉维修者,可使维修者心中有数,找出经常发生故障的原因并予以排除,这样便可以提高大修质量。有些故障比如振动,仅靠拆卸检查是看不出来的,所以应当将使用的信息传达至维修者,这对于提高大修质量作用很大。

461. 为什么偶合器大修前最好先购一台备机?

偶合器大修往往是借主机停机的时间进行,要求在极短时间内完成,实际上这是很困难的。因为没有预检之前,很难断定什么地方坏了,也很难确定什么时间能修完,所以在大修前最好先购一台备机,这样既不影响生产,也可以稳稳当当地把偶合器修好。

462. 液力偶合器大修的费用怎样预算?

关于大修费用的预算,各偶合器生产厂并不一致。有以下两种取费方法:

(1)总包法:就是根据偶合器规格型号和损坏程度,双方协商一个合理的大修价格,并确定验收标准,偶合器在维修中需要换件时不再收费。总包法的好处是比较简便,省去了换件估价的麻烦,缺点是因为是总承包,所以有可能供方为了自己的利益而少换件,使维修质量下降。

(2)维修费加换件费法:维修费中不含换件费,预检后供方将准备换用的零件及原因通知需方,由双方协商换件明细并估算换件费用。这个方法的好处是可以保证换件数量和质量,对提高大修质量有利,缺点是比较麻烦。

关于大修的费用目前没有统一的取费标准,零件的价格更是一家一个样。通常大修总包的费用占整机原价的30%~40%之间比较合理,维修费占整机原价的20%~30%比较合理。

463. 为什么在大修时偶合器拆卸后要进行预检?

大修偶合器拆卸后,应将所有零件进行清洗,而后由检查人员按原零件尺寸、公差和技术要求逐项进行检查,并将现有精度与原精度要求进行对比,确定不合格零件和不合格项,最后由双方技术人员研究确定换件明细,并制定修复方案。预检是大修质量的保证,只有通过预检才能准确知道什么件该换什么件不该换,什么件应当进行修复,什么件可以让步使用。维修方案和维修工艺也是在预检的基础上制定的,所以应当特别重视预检工作。

464. 大修后偶合器的验收标准是什么?

到目前为止没有液力偶合器大修的验收标准。通常仍然执行限矩型、调速型液力偶合器的出厂试验标准,其性能要求与新机一样,不能让步。零件的主件主项合格率可以适当放宽,某些性能指标值允许达极限值或略超差。

465. 大修后偶合器的质量保证是怎样规定的?

目前尚没有统一的偶合器大修产品的质量保证规定,通常按以下办法执行:

(1)大修产品除双方约定外,一般供方不负责派人员指导安装调试。

(2)大修产品的保修期一般为半年,质保期内实行"三包"。

(3)大修产品质保期内发生属于供方责任的故障,供方负责免费服务。

(4)大修产品质保期内发生零件损坏故障,属于费用总包的,供方负责免费维修、换件;属于维修费加换件费的,若是新换的零件损坏,由供方负责免费维修、换件;属于原有老件损坏的,由需方负担换件费,供方负担维修费。

附　录

附录一　国内限矩型液力偶合器部分生产厂家产品型号对照表

生产厂	外轮驱动直连	内轮驱动直连	水介质直连	立式直连	双腔	带轮式	内轮驱动制动轮式	外轮驱动制动轮式	易拆卸式	易拆卸制动轮式	大后辅腔式	大后辅腔加侧室式	大后辅腔易拆卸式	大后辅腔易拆卸制动轮式	大后辅腔内轮驱动制动轮式	大后辅腔外轮驱动制动轮式	静压泄液式
大连营城液力偶合器厂	YOX、TVA YOX_{II}	YOX_F	YOX_S	YOX_L	YOX_D	YOX_P	YOX_{FZ}	YOX_{WZ} (YOX_{IIZ})	YOX_Y	YOX_{YZ}	YOX_V	YOX_{VS}	YOX_{VY}	YOX_{VYZ}	YOX_{VFZ}	YOX_{VWZ} (YOX_{VIIZ})	YOX_J
大连液力机械有限公司	YOX、TVA YOX_{II}	YOX_F	YOX_S	YOX_C	YOX_{SQ} YOX_D	YOX_R YOX_L	YOX_{ZL}	YOX_{IIZ}	YOX_E	ZYOXE YOX_{ZL} ZTVAE	YOX_Y	YOX_{YS}	YOX_{YE}	YOX_{YEZ}		YOX_{YZ}	
广东中兴液力传动有限公司	YOX	YOX_n	YOX_S		YOX_S	YOX_n	YOX_{nz}	YOX_{IIZ}	YOX_A	YOX_{AZ}	YOX_V	YOX_{VS}	YOX_{VA}	YOX_{VAZ}		YOX_{VIIZ}	
沈阳煤机配件厂	YOX、TVA	YOX_n	YOX_S			YOX_N	YOX_{nz}	YOX_{IIZ}	YOX_Z	YOX_{EZ}	YOX_Y	YOX_{YS}					
张家口煤矿机械有限公司	YL		YOX_D														
蚌埠液力机械厂	YOX		YOX_S YOX_{SII}		YOX_S	YOX_D		YOX_Z									
大连液力偶合器厂	TOX、TVA YOX_{II}	YOX_F	YOX_S	YOX_C	YOX_D	YOX_R YOX_L	YOX_{ZL}	YOX_{IIZ}	YOX_E	YOX_{EZC}	YOX_Y	YOX_{YS}	YOX_{YE}	YOX_{YEZ}		YOX_{YZ}	

生产厂	外轮驱动直连	内轮驱动直连	水介质直连	立式直连	双腔	带轮式	内轮驱动制动轮式	外轮驱动制动轮式	易拆卸式	易拆卸制动轮式	大后辅腔式	大后辅腔加侧室式	大后辅腔易拆卸式	大后辅腔易拆卸制动轮式	大后辅腔内轮驱动制动轮式	大后辅腔外轮驱动制动轮式	静压泄液式
长沙第三机床厂	YOXD…MT YOXJ…MT					YOXD…T YOXJ…T	YOXD…NZ YOXJ…NZ	YOXD…Z YOXJ…Z	YOXD…A	YOXD…AZ	YOX_Y					$YOX_Y…Z$	YOX_J
上海交华液力机械有限公司	YOX	YOX_F				YOX_P	YOX_Z	YOX_{ZII}	YOX_e YOX_f	YOX_{ZIII}							
桂林叠彩建筑机械厂	YOX																YOX_J
上海交大南洋机电科技有限公司	YOX					YOX_P	YOX_{nz}										
新乡市金田液力传动有限公司	YOX,TVA YOX_{II}		YOX		YOX_S	YOX_N	YOX_{NZ}	YOX_{IIZ}	YOX_A	YOX_{AZ}	YOX_V	YOX_{VS}				YOX_{VIIZ}	
淄博华汇液力机械厂	YOX		YOX_S														YOX_J
唐山开滦液力传动有限公司	YOXD		YOXD														
威海九鼎液力传动有限公司	YOX		YOX_{MK}		YOX_D	YOX_N	YOX_Z	YOX_{BZ}	YOX_A	YOX_{AZ}	YOX_V	YOX_{VS}					
铜川液力联轴器厂	YOXD		YOXD				YOX_{FZ}										
北京起重运输机械研究所	YOX_{II}	YOX_F															

附录二 国内调速型液力偶合器与液力偶合器传动装置部分生产厂家产品型号对照表

生产厂	出口调节安装板箱体	出口调节对开箱体	复合调节非增速型	出口调节回转壳体	出口调节圆筒箱体	出口调节独立支承	出口调节立式	出口调节侧装式	阀控式	双腔离合式	后置齿轮降速型	前置齿轮增速型	后置齿轮增速型
大连液力机械有限公司	GWT、GST YOT_{GC}	YOT_{GCD} $YOT_{FC\cdots CL}$		YOT_{HC}	$YOT_{HC\cdots A}$ $YOT_{GC\cdots R}$	YOT_{PC}	YOT_{CC}	YOT_{GC}	YOT_{CF}	YOI_{SQ}	YOCHJ	$YOCQ_Z$	$YOCH_Z$
广东中兴液力传动有限公司	YOT_{CS}	YOT_{CH} YOT_{CP}		VOT_{CK}	YOT_{CR}	YOT_{CH}	YOT_{CL}	SVTL		YOT_{FED}	YOT_{CHJ}	YOT_{FQZ}	
上海电力修造总厂有限公司		YOT_C	YOT									YOT	
上海交大南洋机电科技有限公司		$YOT_{C\cdots B}$ $YOT_{C\cdots H}$									$YOC_{H\cdots B}$ $YOC_{H\cdots H}$		
上海711研究所		YOT		SVN SVN_n								YOTZ.	
安徽电力修造厂		YOT_C											
大连创思福液力偶合器成套设备公司	YOT_{CG}	YOT_{CGP} YOT_{CHP}									YOCH	YOCQ	
蚌埠液力机械厂		YOT_C										OH YOCQ	
沈阳水泵厂	YOT_C	YOT	YOT										
大连福克液压有限公司	YOT_C	YOT_{PC}		YOT_{XC}		YOT_{DC}			YOT_{FD} YOT_{JF}		YOCJ	YOCZ	
大连营城液力偶合器厂	YOT_{CB}	YOT_{CD}		YOT_{CH}	YOT_{CR}	YOT_{CF}	YOT_{CL}			YOI_{SQ}	YOCJ		
威海九鼎液力传动有限公司		YOT_{LC}			YOT_{LZ}				$YOTC\cdots$ LCO2				

生产厂	出口调节安装板箱体	出口调节对开箱体	复合调节非增速型	出口调节回转壳体	出口调节圆筒箱体	出口调节独立支承	出口调节节立式	出口调节侧装式	阀控式	双腔离合式	后置齿轮降速型	前置齿轮增速型	后置齿轮增速型
邯郸力源液力机械有限公司		YOT											
上海煤科院运输机电研制中心		YT/YOTC											
沈阳煤机配件厂	YOT_{GC}												
大连恒通液力机械有限公司											YOZJ		
北京起重运输机械研究所	YOT_{GC}												

注：$YOT_{FC}\cdots CL$ 为轧钢厂除鳞泵专用型。

参 考 文 献

［1］上海煤矿机械研究所.安全型液力联轴器.北京:化学工业出版社,1975.

［2］《机械设计手册》联合编写组.机械设计手册上册第二分册.北京:化学工业出版社,1979.

［3］吉林工业大学,等.工程机械液压与液力传动.北京:机械工业出版社,1979.

［4］北方交通大学,等.内燃机车液力传动.北京:中国铁道出版社,1980.

［5］朱经昌等.车辆液力传动.北京:中国铁道出版社,1980.

［6］罗邦杰.液力机械传动.北京:人民交通出版社,1983.

［7］匡襄.液力传动.北京:机械工业出版社,1986.

［8］方佳雨,等.煤矿机械液力传动.北京:煤炭工业出版社,1987.

［9］童祖楹,等.液力偶合器.上海:上海交通大学出版社,1988.

［10］杨乃乔.液力偶合器.北京:机械工业出版社,1989.

［11］王正宾.液力传动.北京:中国铁道出版社,1992.

［12］王正实.液力传动装置.北京:中国铁道出版社,1993.

［13］陆肇达.液力传动原理与液力传动工程.哈尔滨:哈尔滨工业大学出版社,2000.

［14］李有义.液力偶合器.哈尔滨:哈尔滨工业大学出版社,2000.

［15］杨乃乔.液力调速与节能.北京:国防工业出版社,2000.

［16］马文星.液力传动理论与设计.北京:化学工业出版社,2004.

［17］中国电工技术学会电控系统与装置专业委员会.风机水泵交流调速节能技术.北京:机械工业出版社,1990.

［18］刘应诚,等.液力偶合器应用与节能技术.北京:化学工业出版社,2006.

［19］魏宸官,等.液体粘性传动技术.北京:国防工业出版社,1996.

［20］刘应诚.液力偶合器实用手册.北京:化学工业出版社,2008.

［21］周明衡.联轴器选用手册.北京:化学工业出版社,2005.

［22］李壮云.液压、气动与液力工程手册.北京:化学工业出版社,2008.

［23］刘应诚.液力偶合器使用与维护500问.北京:冶金工业出版社,2009.

冶金工业出版社部分图书推荐

书　名	作者	定价(元)
液力偶合器使用与维护 500 问	刘应诚	49.00
真空镀膜设备	张以忱	26.00
维修电工技能实训教程	周辉林	21.00
冶金通用机械与冶炼设备	王庆春	45.00
机械制造装备设计	王启义	35.00
轧钢车间机械设备	潘慧勤	32.00
液压可靠性与故障诊断(第2版)	湛从昌	49.00
真空获得设备(第2版)	杨乃恒	35.00
现代流体力学的冶金应用(英文版)	李宝宽	25.00
真空低温技术与设备(本科教材)(第2版)	徐成海	45.00
工程流体力学(本科教材)(第3版)	谢振华	25.00
轧钢机械(本科教材)(第3版)	邹家祥	49.00
电液比例与伺服控制(本科教材)	杨征瑞	36.00
液压传动与气压传动(本科教材)	朱新才	39.00
液压与气压传动实验教程(本科教材)	韩学军	25.00
现代机械设计方法(本科教材)	臧　勇	22.00
机械故障诊断基础(本科教材)	廖伯瑜	25.80
冶金机械安装与维护(本科教材)	谷士强	24.00
机械可靠性设计(本科教材)	孟宪铎	25.00
机械制造工艺及专用夹具设计指导(本科教材)	孙丽媛	14.00
机械电子工程实验教程(本科教材)	宋伟刚	29.00
通用机械设备(高职高专)(第2版)	张庭祥	26.00
液压传动(高职高专)	孟延军	25.00
机械设备维修基础(高职高专)	闫嘉琪	28.00
采掘机械(高职高专)	苑忠国	38.00
工厂电气控制设备(高职高专)	赵秉衡	20.00
高炉炼铁设备(高职高专)	王宏启	36.00
冶金液压设备及其维护(培训教材)	任占海	35.00
冶炼设备维护与检修(培训教材)	时彦林	49.00
轧钢设备维护与检修(培训教材)	袁建路	28.00
电气设备故障检测与维护(培训教材)	王国贞	28.00